기능성식품학

FUNCTIONAL FOOD

개정판

기능성식품학

이형주 · 장해동 · 이기원 · 이홍진 · 강남주 · 김서영 · 양희

수 학 사

개정판을 내며

건강하게 오래 살고 싶은 것은 모든 사람의 소망이며 행복의 요건인데 건강에 가장 크게 영향을 미치는 요인은 식생활과 운동이다. 특히 식품은 고령화 사회에 필연적으로 수반되는 각종 만성질환에서 발병 원인의 1/3 이상을 점하고 있다. 따라서 건강 유지와 질병 예방을 위해 각 개인이 적절한 기능성 식품을 선택할 수 있도록 하는 것은 식품 및 보건 당국은 물론이고 학계, 연구기관, 관련 산업계의 공동 임무라 할 수 있다.

최근 과학 기술의 발달로 식품에 함유되어 있는 각종 성분이 세포 내 신호전달체계와 유전자 발현 또는 각종 단백질의 활성에 깊이 관여한다는 사실과 그 작용 메커니즘 등이 밝혀지면서, 식품 성분에 의한 만성질환 예방과 건강 유지 가능성이 크게 부각되고 있다. 뿐만 아니라 4차산업 시대를 맞이하여 다양한 융합 기술을 활용하여 장래에는 개인별 유전자 특성과 나이, 성별, 직업 등 생활환경에 알맞은 맞춤형 식품을 제공할 수 있을 것으로 예측되면서 이러한 발전이 미래의 인류 생활방식에도 크게 영향을 끼칠 것으로 예상된다. 이에 관련된 학문은 식품생명공학의 주요 분야로서 전반적인 생명공학의 발전에도 크게 기여할 것이며, 또한 기능성 식품이 선도하는 고부가가치 식품산업은 우리나라의 미래 성장 동력으로 간주되고 있다.

초판 머리말에서도 언급하였듯이 이 책에서는 기능성 식품학과 관련하여 그동안 저자들이 학계에 발표하고 강단에서 강의한 내용 등을 정리하여, 대학이나 대학원에서 기능성 식품학을 공부하는 학생과 관련 연구에 종사하는 연구원들이 교재나 참고서로 이용할 수 있도록 하였다. 내용의 구성은 기능성 식품의 정의, 법규, 시장 등을 포함하여 현황을 개관한 후에 매우 다양하게 나타나는 기능성 식품의 효능과 작용 메커니즘 등을 각각의 기능별로 살펴볼 수 있도록 하였으며, 부록으로는 여러 제도를 소개하여 이론과 실제 적용에 있어 두루 도움이 되도록 하였다.

이 책이 처음 출간된 2011년 이후 지금까지 법규, 시장, 학술 연구 등 기능성 식품 분야의 모든 부문에서 크고 작은 변화와 성장이 있었다. 점점 더 가속화되는 변화들로 더는 미룰 수 없어 8년 만에 개정판을 출간하게 되었다. 아낌없는 성원을 보내 주시는 독자 여러분께 좀 더 일찍 개정판을 출간하지 못한 송구한 마음을 담아 최대한 최신 내용을 담고자 노력하였다.

무엇보다도 이번 개정판 출간을 진행하면서 새롭게 합류한 집필진과 박인실, 이재석, 박유빈, 정찬혁 등 자료 정리에 참여해 준 연구원들에게 모두 감사를 표한다. 또한 이 책을 출판하는 데 많은 조언과 도움을 제공한 수학사의 이영호 사장님과 직원들에게도 감사의 뜻을 전한다.

저자 일동

차례

PART I 기능성 식품의 개발

제1장 식품과 건강

제2장 기능성 식품의 발달 및 시장 현황

PART I

기능성 식품의 개발

제1장 식품과 건강

제2장 기능성 식품의 발달 및 시장 현황

제3장 건강기능식품의 정의 및 법규

01 식품과 건강

| 제1절 | 성인병의 발병 추이

1. 성인병의 발병 원인

일반적으로 성인병은 40세 안팎의 중년 이후에 발병이 증가하는 병들을 일컬으며, 빠르면 40대에 접어들기 전부터 병이 진행되는 경우도 있다. 이와 유사한 개념으로 사용되는 만성질환(chronic disease)은 보통 6개월 혹은 1년 이상 계속되는 질환으로 병의 경과에 따른 분류이다.

최근 들어 많은 사람들이 성인병이라는 만성질환에 시달리고 있다. 성인병은 스트레스, 식생활의 불균형 그리고 운동 부족 등 다양한 생활환경 때문에 발생하는 것으로 생활습관병, 문화병이라고도 한다. 성인병은 증세가 명확하지 않고 긴 시간 동안 만성적으로 진행이 되어 질병으로 나타나므로 조기 발견과 예방 및 치료가 중요하다.

서양에서는 동물성 지방과 당분의 지나친 섭취가 비만, 심혈관계 질환, 그리고 허혈성 심장병의 증가로 이어져 큰 사회문제가 되고 있는데, 우리나라도 식생활의 서구화와 생활습관의 변화 등으로 이미 고령사회로 진입하였다. 평균수명이 늘고 있는 현재와 같은 상황에서는 건강한 노후생활을 위해 바람직한 식습관을 갖고, 건강을 저해하는 일상생활에서의 잘못된 습관들을 고쳐 성인병을 예방하는 것이 무엇보다 중요하게 되었다.[1]

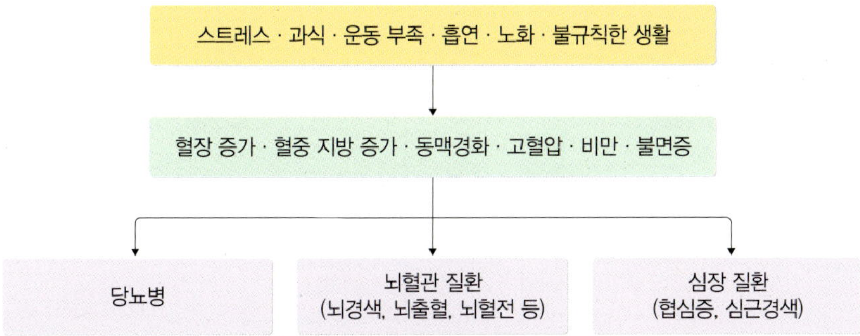

그림 1-1 • 성인병의 발병 과정[2]

2. 성인병의 발병 추이

1) 성인병의 질환별 유병률 추이

(1) 비만 유병률 추이

OECD 국가 중 10개 이상의 국가에서 성인의 절반 이상이 과체중 혹은 비만으로 분류되고 있다. 이에 비해 일본과 한국 그리고 몇몇 유럽 국가의 비만율은 훨씬 낮은 상황이다. 실제로 각국의 비만율은 일본과 한국이 각각 3.7%와 5.3%인 데 반해 미국과 멕시코의 경우 30% 이상이어서 OECD 국가 간에도 10배 정도 차이가 난다(그림 1-2).

대부분의 국가에서 과체중, 비만화 현상은 성, 연령, 인종, 소득, 교육 수준과 관계없이 모든 인구집단에 영향을 미쳤다. 우리나라의 경우 보건복지부가 발표한 자료에 의하면 전체 인구 중 비만 인구는 34.8%에 해당하며 남자는 42.3%, 여자는 26.4%로 남자의 비만율이 더 높은 것으로 조사되었다(그림 1-3).

(2) 당뇨병 유병률 추이

2015년 OECD 국가에서의 당뇨병 환자는 9,000만 명 이상으로 대부분의 선진국에서 당뇨병이 주요 사망 원인이었다(그림 1-4). 그러나 당뇨병 자체가 원인이 되어 사망하는 사람은 소수이며, 당뇨병 환자 중 50%는 심혈관계 질환에 의해 사망하고 10~20%는 신부전증으로 사망하였다.[3]

우리나라의 당뇨병 유병률은 인구 7명 중 1명 정도인 것으로 조사되었으며, 보건복지부가 발표한 자료에 따르면 남자의 경우 10년 동안 10% 이상 증가하는 경향을 보였다(그림 1-5). 이렇게 우리나라의 당뇨병 유병률이 OECD 기준보다 높은 원인은 당뇨병에

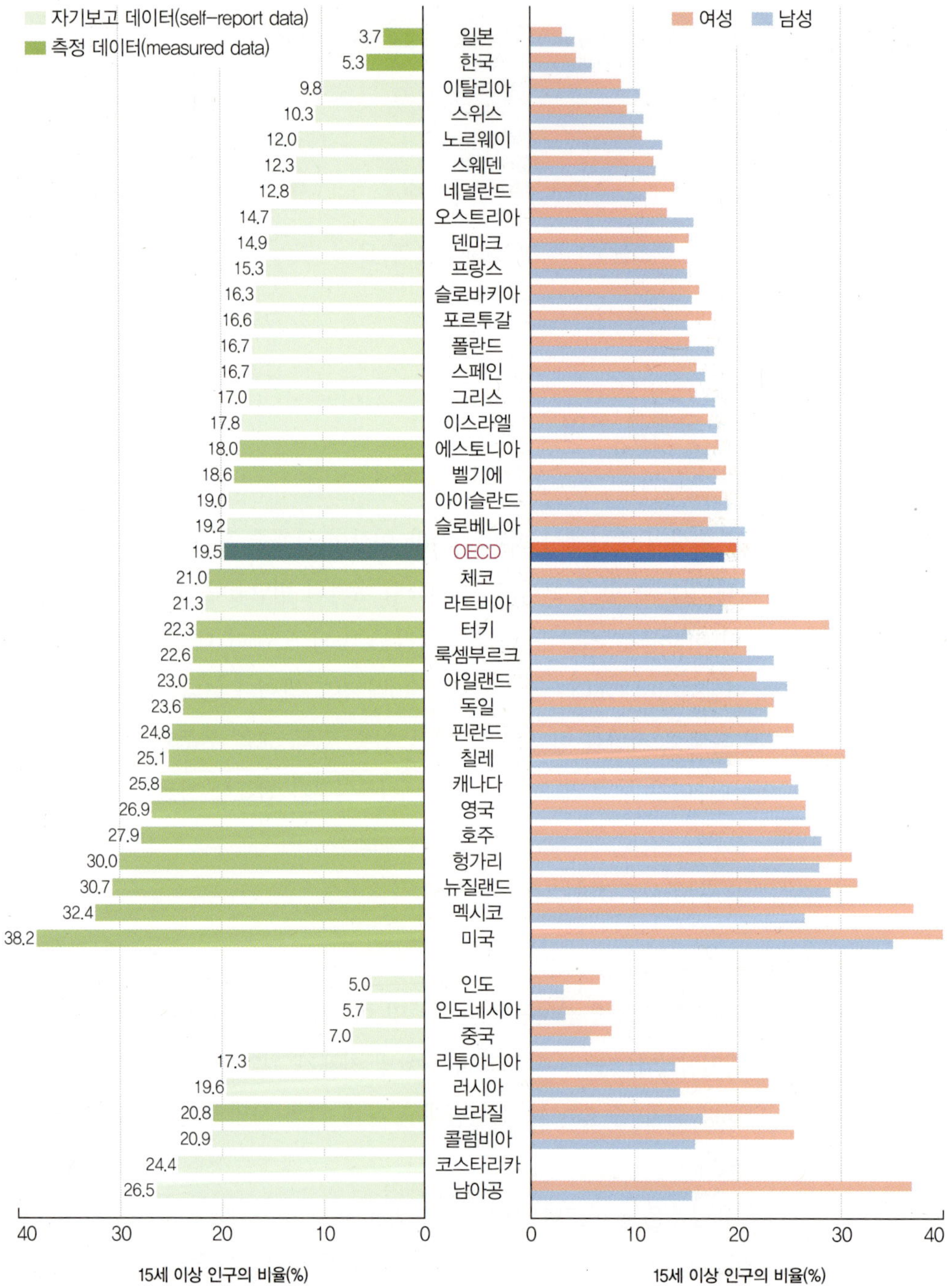

그림 1-2 • OECD 국가의 비만율[4]

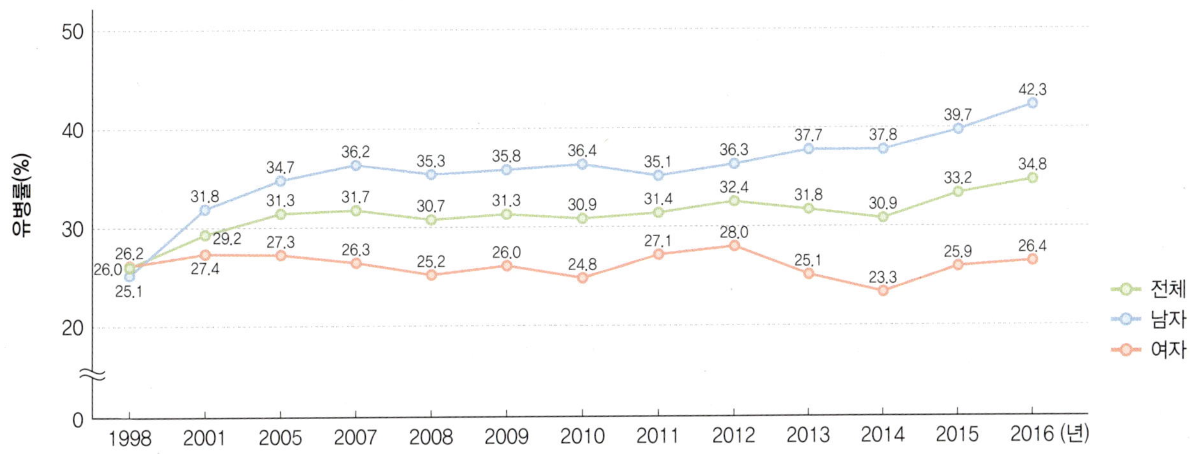

그림 1-3 • 우리나라 비만 유병률 추이[5]

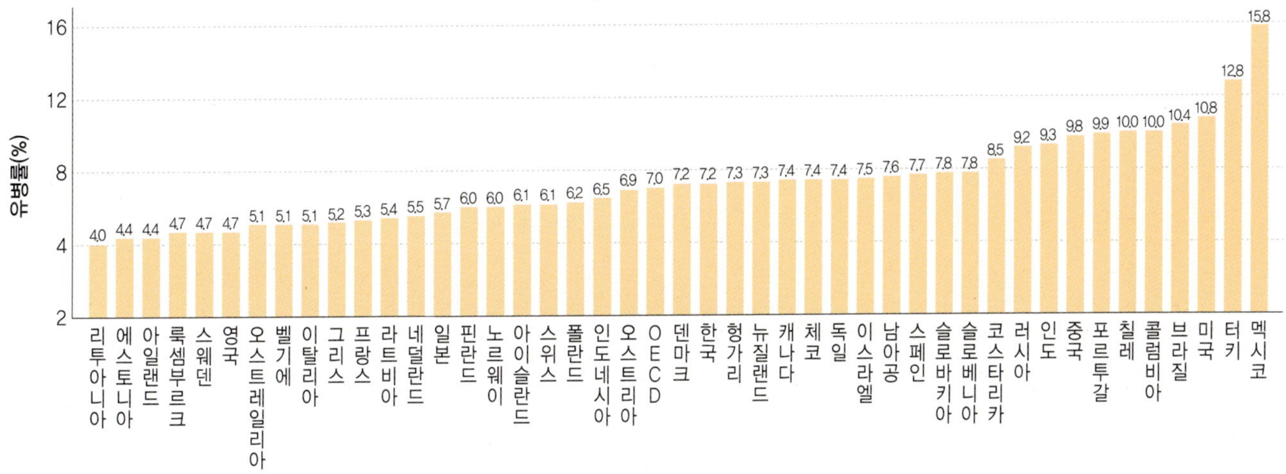

그림 1-4 • OECD 국가의 당뇨병 유병률[3]

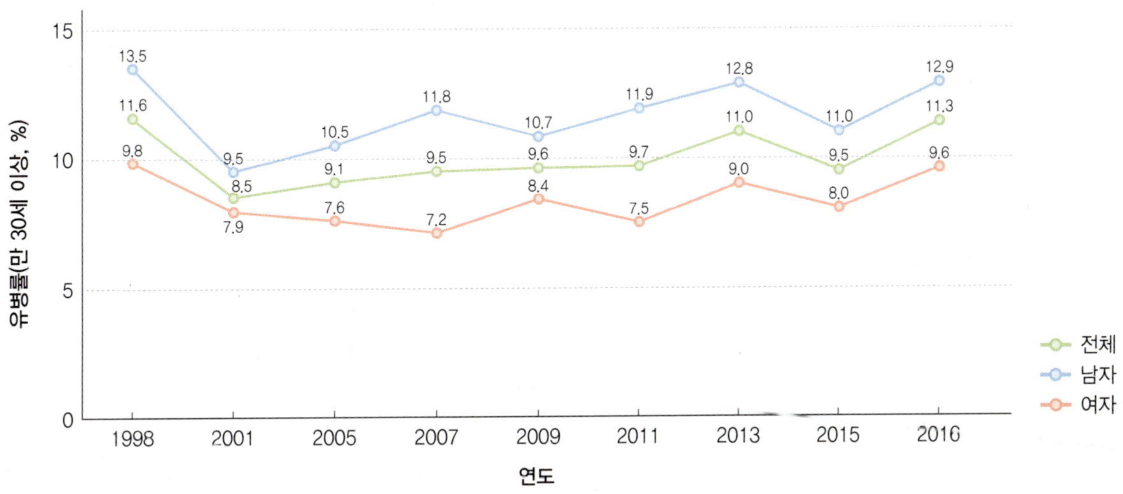

그림 1-5 • 우리나라 당뇨병 유병률 추이[6]

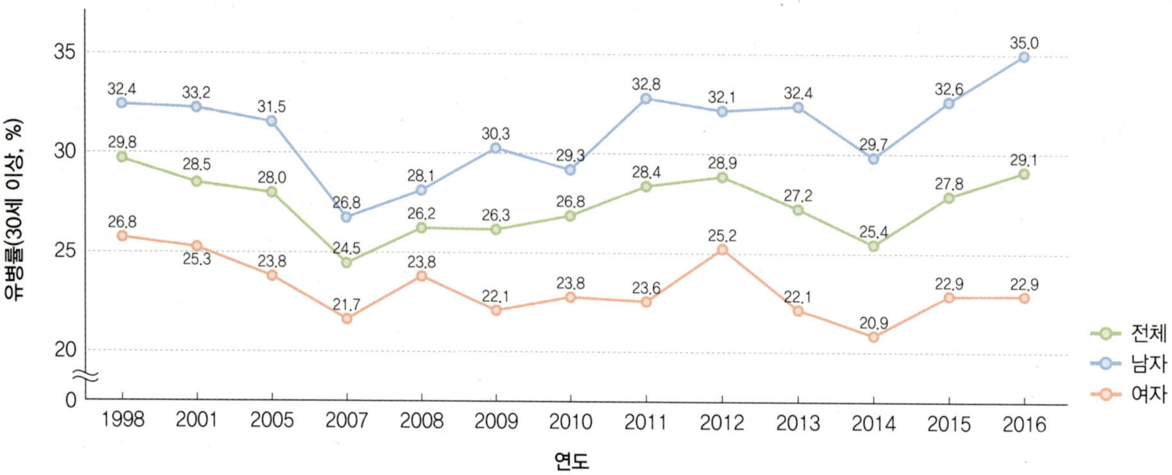

그림 1-6 • 우리나라 고혈압 유병률 추이[6]

고중성지방혈증

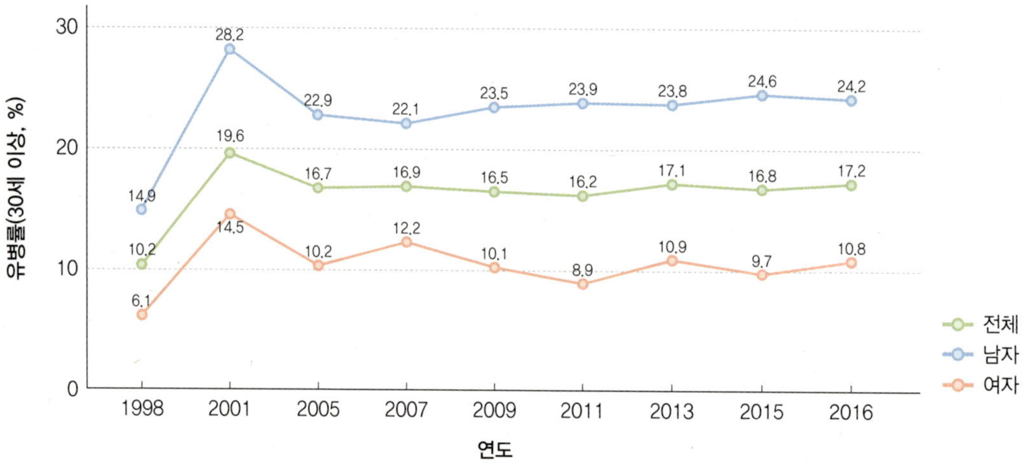

고콜레스테롤

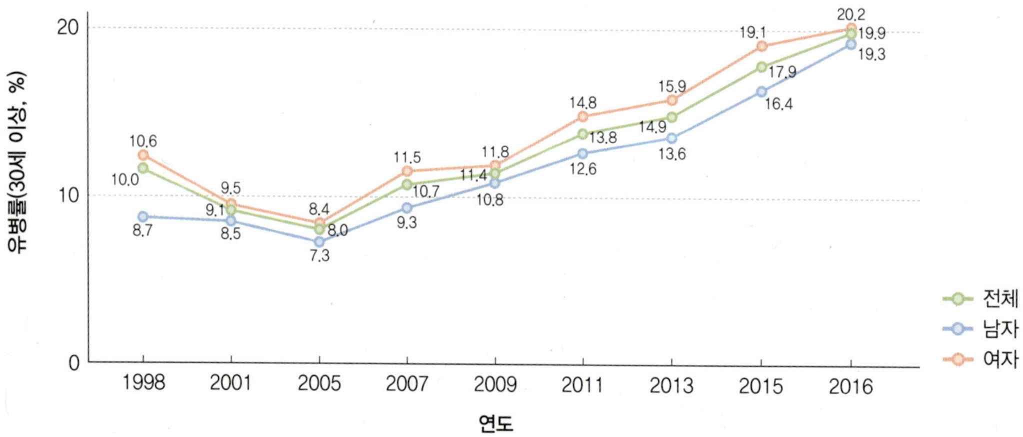

그림 1-7 • 우리나라 고중성지방혈증 및 고콜레스테롤 유병률 추이[7]

대한 지식 부족, 대체 식품만으로 당뇨병을 조절하려는 태도, 당뇨병에 대한 그릇된 상식 때문인 것으로 나타났다. 당뇨병의 발생 요인은 스트레스 등의 환경적 요인과 운동 부족, 식생활의 불균형 등이므로 예방과 치료에는 적절하고 올바른 식이요법과 꾸준한 운동이 필수이다.

(3) 심혈관 질환 유병률 추이

국민건강영양조사에 따른 고혈압의 유병률 추이를 살펴보면 최근 10년 동안 꾸준히 증가하는 추세이다. 고혈압과 관련 깊은 질환인 뇌졸중은 우리나라 인구 10만 명당 95.8명이 사망하여 헝가리(129.5명), 포르투갈(111.2명), 체코(106.5명), 그리스(98.5명)에 이어 세계 5위로 발생률이 매우 높다. 따라서 다른 성인병과 마찬가지로 고혈압 역시 평소 건강한 생활습관과 균형 잡힌 식습관을 통한 예방이 필수적이며 질병 발생 시 올바른 영양 관리와 규칙적인 운동이 필요하다.

한편, 국내에서는 콜레스테롤 외에도 중성지방(triglyceride)의 과잉 섭취가 문제되고 있다. 이러한 문제는 유전적 차이에 기인하기도 하지만, 한국 식단 특유의 고탄수화물 식이, 과음, 높은 흡연율 등도 고지혈증의 주원인이다. 2016년 국민건강영양조사에 따르면 고콜레스테롤혈증과 고지혈증의 유병률은 각각 19.9%와 17.2%로 나타났고 지난 5년간 다른 만성질환들에 비해 빠른 증가 속도를 보였다. 더욱이 한국인의 경우 좋은 콜레스테롤인 HDL 콜레스테롤 수치가 30~40%로 그리 높지 않다고 밝혀져 있다.[8]

3. 성인병과 식생활

1) 성인병의 특징 및 예방

성인병은 주로 40대 이후 성인에게 많이 발생하기 때문에 성인병이라고 일컬어지지만 서구화된 식사와 스트레스 등으로 인해 점차 발병 연령대가 낮아지고 있는 추세이다. 성인병은 체내에 특별한 자각증상과 고통 없이 진행되는 것이 특징이며 자각증상이 나타날 때에는 이미 병이 상당히 진행된 상태인 경우가 많다. 성인병은 조기 발견이나 완치가 매우 어렵기 때문에 치료보다는 예방이 중요하다. 따라서 균형 잡힌 식사와 올바른 식습관을 가지는 것은 물론 운동과 같은 건강한 생활습관을 통해 성인병을 예방하는 것이 필수이다.

표 1-1 • 대표적인 성인병[9]

분류	항목	질병 종류
신경성 질환	뇌혈관 장애	동맥경화, 뇌혈전, 뇌출혈
순환기	고혈압	고혈압, 동맥경화, 심근경색
신장 질환	만성 신부전	사구체신염, 전립선비대
호흡기	기관지염	폐렴, 폐암, 만성 기관지염
소화기	소화기궤양, 암, 간, 담도, 췌장 질환	위·십이지장궤양, 위암, 대장암, 간염, 췌장염, 담석증, 간암
혈액 질환	빈혈, 혈액 질환	철결핍성 빈혈, 신장 장애
내분비	대사 장애	비만, 당뇨병, 갑상선 질환

2) 성인병과 식생활과의 관계

과식, 편식 등 잘못된 식습관으로 인해 비만, 당뇨 등의 성인병이 증가하는 추세이며, 이는 식생활과 밀접한 관계가 있으므로 성인병을 예방하기 위해서는 바른 식습관은 필수이다. 식염은 하루 10 g 이하, 설탕은 하루 50 g 이하로 제한하는 등의 올바른 식습관은 고혈압, 뇌졸중과 같은 심혈관계 질환을 예방할 수 있으며, 비만이나 당뇨 같은 만성질환의 예방에도 효과적이다.

표 1-2 • 질병과 영양과의 관계[9]

질병	영양 섭취 상태
고혈압	식염의 과잉 섭취
뇌졸증	식염의 과잉 섭취, 단백질의 부족
비만	과음(알코올), 과식, 운동 부족, 스트레스
당뇨병	유전적 체질, 과식, 과음, 운동 부족
간장병	과음
담석, 비장염	지방의 과잉 섭취
위·십이지장궤양	과음, 과식, 스트레스
식도암	뜨거운 음식과 자극성 식품의 과잉 섭취
대장암	식이섬유 섭취 부족, 지방 과잉 섭취

제2절 식습관의 변화 및 영향

1. 식습관의 변화

지난 40년 동안 한국인의 식습관은 급격한 경제적 성장과 함께 놀라울 만큼 변화하였다. 도시화, 노령화, 여성의 사회적 지위 향상, 식품 소비의 서구화, 외식과 가공식품의 증가와 같은 여러 변화들은 식품 소비 구조의 다양화를 유발하였다. 이러한 변화에 의해 우리 사회는 고단백 및 고지방 식단에 점차 익숙해졌으며, 그 결과 영양 불균형 관련 질병도 급격히 증가하여 심혈관계 질환, 암, 비만, 당뇨, 뇌 질환 등의 성인병 및 만성질환이 주요 사망 원인으로 대두되었다. 이러한 성인병 및 만성질환 발병에 있어서 식습관이 크게 관련되어 있다고 알려짐에 따라 질병 예방의 목적으로 식품의 역할이 주목받고 있다.

현대인의 영양소 섭취 양상을 살펴보면, 표 1-3에서 알 수 있듯이 탄수화물 및 곡류 식품의 섭취는 감소되고 동물성 및 지방성 식품의 섭취는 꾸준히 증가하고 있다. 우리나라는 1970년대 이후 영양 결핍의 문제는 해결하였으나 가공식품, 고지방식이, 육류 소비 증대 등 서구화된 식습관으로 인해 성인병에 의한 사망자 수가 꾸준히 증가하고 있는 추세이다.

1) 식품과 영양소의 섭취 실태

한국인의 영양소 섭취 실태는 국민건강영양조사 결과로 파악할 수 있다. 국민건강영양조사는 1969년부터 1995년까지 매년 실시된 국민영양조사와 1971년에 도입된 국민건강 및 보건의식행태조사를 통합한 것으로 현재는 3년 주기로 실시되고 있다.

1998년도 국민건강영양조사를 살펴보면 한국인들의 식습관이 점차적으로 바람직하지 못한 방향으로 변화하고 있음을 알 수 있다.[10] 도시화 비율(그림 1-8)이 증가함에 따라 아침 결식, 불규칙적인 식사, 간식 및 외식의 빈도가 증가하였다(그림 1-9). 또한 쌀 소비량은 감소한 반면 밀가루의 소비는 증가하여 결과적으로 주식의 형태가 쌀에서 밀가루로 변하고 있는 것으로 조사되었으며 식물성 식품보다는 육류 등 동물성 고지방 식품의 섭취가 늘어난 것이 큰 특징이다. 이러한 식습관 변화에 의해 포화지방산, 콜레스테롤, 총지질 섭취량 등이 증가하고 있으며, 식품 섭취 구조의 변화로 인하여 영양소

표 1-3 • 영양소별 1일 섭취량 추이(전체, 만 1세 이상, 1998~2017)[6]

(단위 : %)

영양소별(1)	영양소별(2)	1998 평균(표준오차)	2001 평균(표준오차)	2005 평균(표준오차)	2007 평균(표준오차)	2008 평균(표준오차)	2009 평균(표준오차)	2010 평균(표준오차)	2011 평균(표준오차)	2012 평균(표준오차)	2013 평균(표준오차)	2014 평균(표준오차)	2015 평균(표준오차)	2016 평균(표준오차)	2017 평균(표준오차)
에너지(kcal)	소계	1,931.1 (18.5)	1,880.8 (16.9)	1,979.1 (15.4)	1,830.8 (19.7)	1,868.4 (14.9)	1,884.6 (13.1)	2,065.8 (17.0)	2,029.9 (17.8)	1,994.2 (18.9)	1,994.2 (18.9)	2,055.0 (15.5)	2,085.6 (18.3)	2,007.8 (17.2)	1,921.3 (19.6)
단백질(g)	소계	72.8 (0.9)	70.1 (0.7)	75.0 (0.7)	65.9 (0.9)	66.7 (0.6)	67.5 (0.6)	74.3 (0.8)	73.5 (0.8)	72.4 (0.9)	72.4 (0.9)	71.6 (0.7)	73.2 (1.0)	71.8 (0.8)	72.0 (0.9)
지방(g)	소계	40.8 (0.6)	41.6 (0.6)	45.2 (0.6)	37.7 (0.7)	38.9 (0.6)	39.9 (0.5)	45.4 (0.6)	45.0 (0.7	45.2 (0.7)	45.2 (0.7)	47.8 (0.6)	48.9 (0.8)	49.4 (0.7)	47.9 (0.9)
포화지방산(g)	소계	– (-)	– (-)	– (-)	– (-)	– (-)	– (-)	– (-)	– (-)	– (-)	– (-)	256.3 (4.30)	273.1 (5.50)	280.7 (4.90)	238.3 (4.70)
콜레스테롤(mg)	소계	– (-)	– (-)	– (-)	– (-)	– (-)	– (-)	– (-)	– (-)	– (-)	– (-)	14.0 (0.20)	14.5 (0.20)	14.8 (0.20)	15.8 (0.30)
탄수화물(g)	소계	314.1 2.9	294.5 (2.6)	301.1 (2.2)	293.7 (3.0)	299.1 (2.2)	300.6 (2.1)	323.1 (2.6)	318.4 (2.3)	311.6 (2.8)	311.6 (2.8)	308.5 (2.4)	312.1 (2.5)	292.9 (2.3)	294.8 (2.7)
식이섬유(g)	소계	– (-)	– (-)	– (-)	– (-)	– (-)	– (-)	– (-)	– (-)	– (-)	– (-)	22.9 (0.3)	22.7 (0.3)	21.3 (0.2)	23.8 (0.3)
칼슘(mg)	소계	501.3 (7.7)	494.6 (6.3)	552.5 (6.8)	468.7 (8.1)	488.2 (5.7)	491.5 (5.0)	525.3 (5.7)	515.2 (6.1)	501.5 (7.7)	501.5 (7.7)	488.7 (5.1)	497.5 (5.7)	470.0 (5.4)	509.1 (6.0)
인(mg)	소계	1,058.8 (11.0)	1,133.1 (10.3)	1,229.3 (10.3)	1,081.4 (13.1)	1,118.2 (9.2)	1,125.7 (8.0)	1,208.4 (10.2)	1,184.1 (10.0)	1,159.4 (11.8)	1,159.4 (11.8)	1,084.7 (8.9)	1,092.7 (11.4)	1,051.3 (10.0)	1,072.3 (11.4)
나트륨(mg)	소계	4,516.9 (61.6)	4,877.3 (55.1)	5,256.6 (55.4)	4,464.1 (64.3)	4,630.2 (49.1)	4,645.4 (43.2)	4,831.1 (56.0)	4,789.3 (62.2)	4,583.1 (67.6)	4,583.1 (67.6)	3,754.7 (43.6)	3,889.6 (62.1)	3,668.9 (48.6)	3,477.2 (39.4)
칼륨(mg)	소계	2,500.4 (29.8)	2,794.8 (29.4)	2,773.2 (24.5)	2,710.6 (40.1)	2,843.0 (29.4)	2,848.1 (26.0)	2,998.5 (32.3)	2,934.4 (29.9)	2,918.0 (39.1)	2,918.0 (39.1)	2,973.8 (29.9)	2,973.5 (33.0)	2,853.8 (32.6)	2,730.0 (28.0)
철(mg)	소계	12.3 (0.2)	12.1 (0.2)	13.8 (0.2)	13.1 (0.3)	13.4 (0.2)	13.5 (0.2)	14.6 (0.2)	14.6 (0.2)	14.5 (0.3)	14.5 (0.3)	17.3 (0.5)	16.9 (0.2)	16.3 (0.2)	12.8 (0.2)
비타민 A(μgRE)	소계	606.8 (11.8)	619.4 (11.3)	781.3 (12.2)	736.1 (19.1)	771.4 (16.0)	768.5 (14.8)	800.0 (20.5)	812.5 (21.8)	863.8 (30.7)	863.8 (30.7)	767.2 (20.9)	720.1 (15.6)	– (-)	– (-)
비타민 A(μgRAE)	소계	– (-)	– (-)	– (-)	– (-)	– (-)	– (-)	– (-)	– (-)	– (-)	– (-)	– (-)	– (-)	400.1 (10.30)	344.3 (6.40)
티아민(mg)	소계	1,338.0 (15.1)	1,270.8 (16.7)	1,307.9 (12.9)	1,238.8 (20.7)	1,239.7 (13.2)	1,260.1 (11.7)	1,394.0 (15.0)	1,361.2 (14.8)	1,358.9 (17.0)	1,358.9 (17.0)	2,012.9 (19.7)	2,014.6 (20.2)	1,941.0 (18.2)	1,395.8 (17.5)
리보플라빈(mg)	소계	1,085.8 (14.8)	1,145.3 (13.3)	1,212.0 (12.1)	1,069.9 (15.9)	1,157.6 (12.3)	1,189.4 (11.1)	1,292.0 (13.6)	1,278.2 (15.2)	1,281.4 (17.3)	1,281.4 (17.3)	1,387.8 (15.3)	1,404.7 (17.3)	1,375.5 (15.8)	1,540.5 (20.0)
나이아신(mg)	소계	15.4 (0.2)	16.6 (0.2)	17.0 (0.2)	14.7 (0.2)	15.1 (0.2)	15.5 (0.1)	17.1 (0.2)	17.0 (0.2)	16.9 (0.2)	16.9 (0.2)	16.4 (0.2)	16.6 (0.2)	15.9 (0.2)	13.5 (0.2)
비타민 C(mg)	소계	122.7 (2.4)	133.2 (2.4)	99.1 (1.6)	93.2 (2.9)	100.1 (1.9)	100.4 (1.8)	105.1 (2.0)	103.9 (1.9)	105.3 (2.4)	105.3 (2.4)	98.7 (2.7)	97.2 (3.0)	96.7 (2.5)	62.7 (1.6)
급원별 에너지 섭취분율(%)	단백질	14.9 (0.1)	15.1 (0.1)	15.5 (0.1)	14.7 (0.1)	14.6 (0.1)	14.6 (0.1)	14.6 (0.1)	14.6 (0.1)	14.7 (0.1)	14.7 (0.1)	14.5 (0.1)	14.5 (0.1)	14.8 (0.1)	15.0 (0.1)
	지방	18.2 (0.2)	19.3 (0.2)	20.3 (0.2)	18.2 (0.3)	18.3 (0.2)	18.7 (0.2)	19.2 (0.2)	19.4 (0.2)	19.7 (0.2)	19.7 (0.2)	20.9 (0.2)	20.9 (0.2)	22.0 (0.2)	21.5 (0.2)
	탄수화물	66.8 (0.2)	65.7 (0.2)	64.2 (0.2)	67.1 (0.3)	67.1 (0.2)	66.8 (0.2)	66.2 (0.2)	66.0 (0.2)	65.6 (0.2)	65.6 (0.2)	64.6 (0.2)	64.7 (0.2)	63.2 (0.2)	63.6 (0.2)

1) 비타민 A는 1990년까지는 IU 단위 사용, 1991년부터 2015년까지 레티놀 당량(Retinol Equivalents, RE)으로 산출해 왔으나, 영양소 섭취기준이 레티놀 활성 당량(Retinol Activity Equivalents, RAE)으로 변경됨에 따라 2016년부터 레티놀 활성 당량으로 산출

2) 단백질 급원 에너지섭취분율 : {(단백질 섭취량)×4}의 {(단백질 섭취량)×4＋(지방 섭취량)×9＋(탄수화물 섭취량)×4}에 대한 분율

* 지방 및 탄수화물 에너지 섭취분율 : 단백질 에너지 섭취분율과 같은 정의에 의해 산출

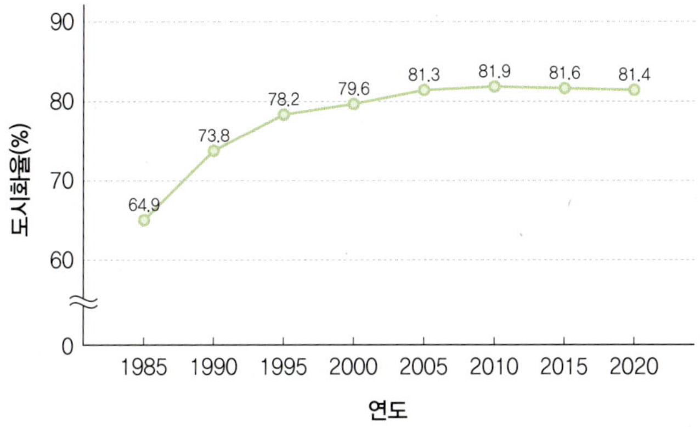

• 감소율 = 감소면적/경지면적×100 • 도시지역(동 · 읍) 내 거주인구/전국인구(주민등록인구 기준)

그림 1-8 • 우리나라 도시화율 변화 추이[11]

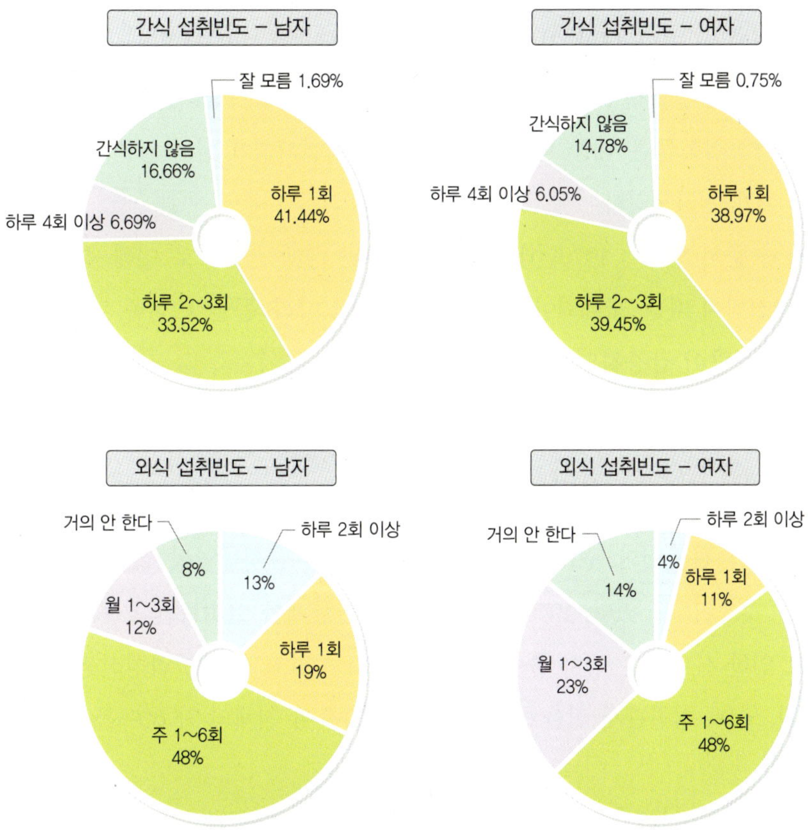

그림 1-9 • 우리나라 간식과 외식 섭취 빈도[7, 12]

섭취 양상이 변화하고 있다.

2) 식습관의 변화에 영향을 미치는 요소[13]

- **자연적인 영향** : 자연적인 조건, 즉 기후와 토질 그리고 지리적인 조건 등에 의해 쌀을 주식으로 하게 되었다.
- **가족의 전통** : 한 가정의 식생활은 음식을 조리 또는 제공하는 사람에 의해 다음 세대까지 전해져서 가정 고유의 식습관을 형성하게 되어 가정의 전통적인 식생활의 방향이 결정된다.
- **핵가족제도와 주거생활의 영향** : 가족 구성원의 수가 감소하여 대가족에서 핵가족으로 가족제도가 변화하였다. 이에 따라 주방의 위치 변화와 구조적인 축소 등 주택 구조가 변화했으며, 식품의 준비 과정이 간소화되고 가공식품의 비율이 증가하는 등의 변화가 나타났다.
- **대중 매체, 친지와 영양 지식의 영향** : 도시화와 여성의 사회적 지위 향상 등으로 인해 주부들의 식사 준비를 간편하게 하기 위한 여러 가공식품들이 등장하였다. 이러한 가공식품들은 대중 매체를 통해 용도와 편의성이 널리 알려지면서 소비자들에게 쉽게 전파되었다.
- **경제 수준의 향상** : 1970년대 이후 가속화된 경제 성장으로 인해 경제 수준이 향상, 발전됨에 따라 구매력이 증가하였고, 그에 따라 동물성 식품, 과실, 각종 음료 등의 소비량이 급증하였다.

2. 식습관의 변화가 질병에 미치는 영향

지난 40년간 한국인의 주요 사망 원인을 살펴보면 급성감염성 질환에서 만성질환으로 변화한 것을 알 수 있다. 1970년대부터 사망률 통계를 살펴보면 호흡기 질환, 소화기 질환으로 인한 사망률은 점차 줄어드는 것을 볼 수 있고 현재는 악성신생물(암), 순환기계통 질환, 당뇨, 심혈관계 질환 등으로 인한 사망률이 전체의 약 60%를 차지하고 있다(그림 1-11).

만성질환은 장기간에 걸친 환경 자극 및 신체의 퇴화로 인해 발생하며 증세를 자각하기가 힘들고 완치가 어려우므로 예방하는 것이 가장 효과적이다. 이러한 만성질환의 예

방을 위해서는 올바른 식생활이 무엇보다 중요하다.[14]

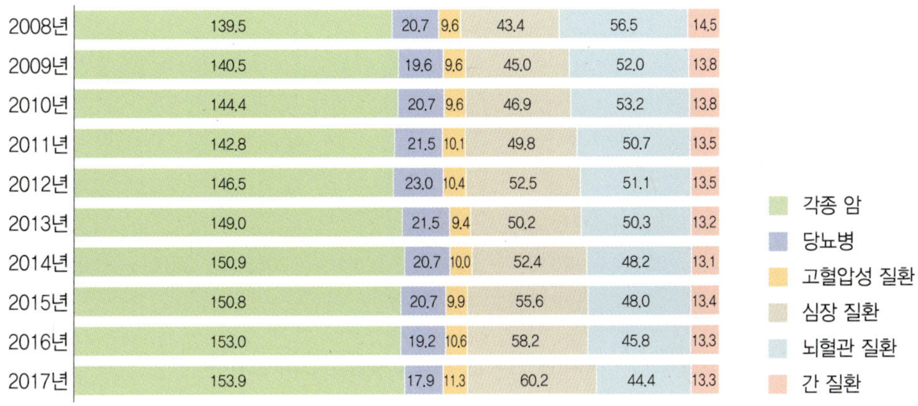

그림 1-10 • 주요 만성질환 사망률[15]

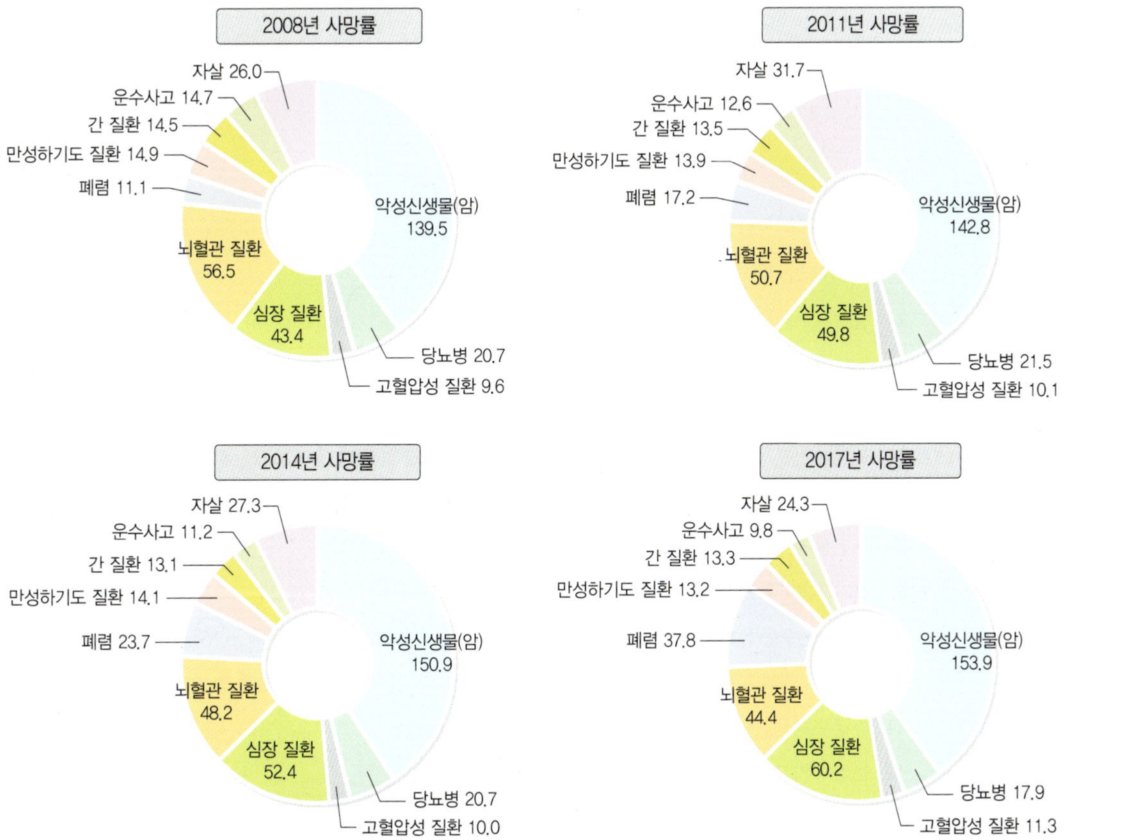

(단위 : 인구 10만 명당)

그림 1-11 • 시대별 한국인의 주요 사망 원인의 변화[15] (계속)

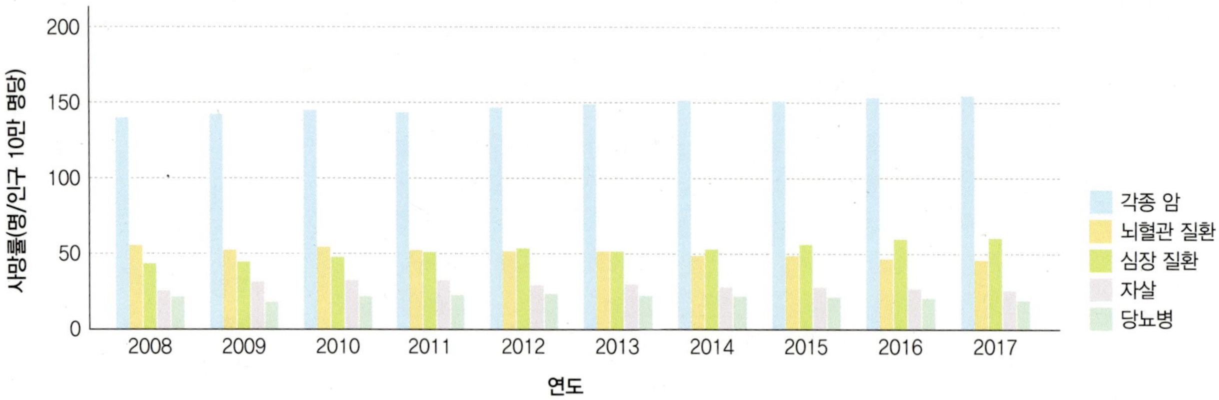

그림 1-11 • 시대별 한국인의 주요 사망 원인의 변화[15]

참고문헌

1 doopedia 두산백과 (http://www.doopedia.co.kr)

2 김일성·주동식·김동수·김종대, 식품과 건강, 신광문화사, 2004 (p.33)

3 IDF diabetes Atlas, 7th Edition, 2015.

4 OECD 대한민국 정책센터 (http://www.oecdkorea.org) '-한눈에 보는 보건지표 2009' (p.57)

5 보건복지부 질병관리본부, 2016 국민건강통계(국가승인통계 제117002. 국민건강영양조사)

6 보건복지부, 국민건강영양조사

7 보건복지부 질병관리본부, 국민건강통계

8 한기훈, 한경 Better life: 한국인 질병탐구, 한국경제신문, 2010. 7. 20

9 김일성·주동식·김동수·김종대, 식품과 건강, 신광문화사, 2004 (p.34, p.35)

10 안홍석·배현숙·이금주·박진경, 디지털시대 영양과 건강, 성신여자대학교 출판사, 2002 (p.12)

11 환경부, 환경통감, 각 연도별

12 보건복지부, 아동구강건강실태조사

13 김일성·주동식·김동수·김종대, 식품과 건강, 신광문화사, 2004 (pp.37-38)

14 안명수·이승민, 건전한 식생활의 이해, 성신여자대학교 출판사, 2008 (p.29)

15 통계청, 사망원인통계연보, 각 연도별

기능성 식품의 발달 및 시장 현황

제1절 기능성 식품의 발달

기능성 식품이란 영양 섭취 외에 건강 증진 또는 질병 예방을 목적으로 하는 식품으로, 식품의 1차 기능인 영양성과 2차 기능인 기호성 외에 3차 기능인 생체 조절을 강조한 것을 의미한다. 기능성 식품은 혈압 강하, 혈전 예방, 콜레스테롤 저하, 체중 조절, 치아·뼈·장 건강 개선 등의 기능성을 가지며 이를 위하여 물리적, 생화학적, 생물공학적 방법 등이 사용된다.[1]

1. 기능성 식품의 등장 배경

1980년대 이후 급속한 산업화로 인하여 경제 및 생활 수준이 향상되고, 더불어 서구화된 식습관, 노년 인구와 만성질환의 증가, 영양 과잉 또는 영양 편중, 운동 부족, 환경오염의 문제가 대두되면서 기존의 영양실조, 의료 혜택의 부재로 인한 결핵 등의 전염성 질환으로 인한 문제와는 다르게 생활습관병 만연에 대한 대책이 시급한 상황이다. 특히 평균수명의 연장으로 인한 노인 인구의 증가로 건강 증진에 대한 사람들의 요구가 커지고 있다.

기능성 식품은 1984년 일본에서 시작된 문부성 특정 연구사업의 하나인 '식품 기능의 계통적 해석과 전개'에서 기본 개념이 제시되었다. 우리나라에서는 1990년대 후반부터 다양한 기능성을 표시한 식품이 유통되기 시작하였으나 부작용에 대한 불만이 제기됨에 따라 2002년 8월 「건강기능식품에 관한 법률」이 제정되면서 '건강기능식품'이라는 용어가 통용되기 시작하였다. 그 후에 건강기능식품의 품질 향상 및 안전성 확보, 유통 경로의 관리 등을 위하여 2004년 1월부터 「건강기능식품에 관한 법률」이 전면 시행되었다.

2. 세계 기능성 식품의 발달

1) 일본

일본은 1986년부터 영양 성분을 공급하고 특별한 보건 용도에 적합한 식품이라는 개념으로 기능성 식품을 정의하여 사용하기 시작하였다. 따라서 일본에서의 기능성 식품은 식품 성분이 갖는 생체 방어, 생체리듬의 조절, 질병의 방지와 회복 등 생체 조절 기능을 가지도록 가공된 식품을 의미한다. 또한 1991년부터는 '특정보건용식품(foods for specified health use)'제도를 시행하고 있으며, 이에 따라 보건기능식품은 특정 보건 목적으로 섭취하는 사람에게 해당 목적을 기대할 수 있다고 표시된 식품을 의미한다.[2] 그 밖에 신체의 건전한 성장, 발달 및 건강의 유지에 필요한 영양 성분인 단백질, 지방산, 무기질, 비타민 등의 보급, 보완을 목적으로 한 식품인 영양기능식품, 업계 단체가 개별적으로 규정하는 건강보조식품, 승인 및 허가를 받지는 않았으나 건강 기능성이 어느 정도 증명되어 있는 건강 기능성 지향식품, 표시규제 범위 안에서 건강성을 표시할 수 있는 건강식품으로 나뉜다.

2) 미국

미국에서는 1983년 「식품·의약품 및 화장품법」이 제정된 이후에 「영양표시교육법」과 「식이보충제건강교육법」의 개정으로 건강기능식품이 주목을 받게 되었다. 일반식품 이외에도 기능성 식품, 특별식이용도식품, 의료용 식품, 식이보조제 등이 인정되고 있다. 1990년에 「영양표시교육법(Nutrition Labeling & Education Act, NLEA)」을 제정하고, 기능성 식품을 식품 성분 중 한 가지 이상을 함유하면서 식사를 보충할 수 있는 식품으로 정의하였으며, 이는 「식이보충제건강교육법」과 「영양표시교육법」에 근거한다.

3) 중국

중국은 1995년 「식품위생법」이 정비되고 부속법으로 「보건식품관리법」이 제정됨에 따라 중국에서 제조 또는 수입되어 판매되는 모든 보건식품은 용도, 성분, 생산, 유통, 판매, 표시, 광고 등의 규제를 받는다.

표 2-1 • 국가별 기능성 식품 관련 제도 및 법령[3]

구분	일본	미국	중국
정의	영양 성분을 보급하고, 특별한 보건 용도에 적합한 식품	식품 성분 중 한 가지 이상을 함유하면서 식사를 보충하는 식품	특별한 기능을 가진 식품
관련 법률	영양개선법(2004), 보건기능식품 제도(2001)	식이보충제건강교육법(1994)	보건식품관리법(1996)
적용 범위	비타민, 미네랄, 허브 등 국가 허가 품목 및 개별 허가된 품목	비타민, 미네랄, 아미노산, 허브 등	기능성이 인정되어 국가가 허가한 품목
유용성 표시	영양소 기능 표시 특정 보건 용도 표시	건강 강조 표시 인체의 구조 및 기능에 대한 표시	면역 조절, 노화 방지, 혈당 조절 등 24가지 기능성에 대한 규정과 절차에 의해 표시

제2절 기능성 식품 시장 현황

1. 국내

국내 건강기능식품 시장의 규모는 1990년대 건강보조식품에서 출발하여 10여 년간 지속적으로 성장하였고 2017년에 이르러서는 2조 2,374억 원까지 확대되었다.[4] 2004년 「건강기능식품에 관한 법률」에 의거한 품목 신고의 제도화, 경기 침체, 단가 하락에 의한 매출 감소로 1조 1,500억 원으로 다소 감소한 것으로 나타났으나, 그 후로 「건강기능식품 공전」 개정 등을 거쳐 현재 성장 단계에 있다. 유통 구조의 다각화, 대기업 및 제약회사 등의 시장 참여 증대, 일반 식품 유형으로 제형의 확대 등으로 인한 긍정적 요인들이 나타나고 있으며, 이에 따른 건강기능식품의 대중화 및 시장 활성화를 확인할 수 있다.

2017년 식품의약품안전처에서 발표한 통계자료에 따르면 건강기능식품 제조업 및 판매업에 해당하는 업체는 총 8만 9,000여 곳으로 2014년에 비하여 8% 감소하였으며 내수용 및 수출용 건강기능식품 생산 현황은 2014년에 비하여 37% 증가한 2조 2,374억

원을 기록하였다. 건강기능식품 중에서는 홍삼이 2017년 총생산액 중에서 1조 357억 원을 기록하였으며, 다음으로 개별인정형(2,449억 원), 비타민 및 무기질(2,259억 원), 프로바이오틱스(2,173억 원) 등이 높은 비중으로 나타났다.[4]

제품별 시장 현황으로는 칼슘 보충용 제품이 다수의 업체에서 출시되었으며 매년 20% 이상의 성장세를 보이고 있다. 비타민의 경우에는 「건강기능식품에 관한 법률」에 따라 특수 영양 식품군으로 분류되어 있으며, 대표 품목으로는 비타민 C, E 또는 미네랄 복합 소재 제품이 출시되고 있다. 또한 스쿠알렌과 정제어유, 화분 가공식품, 효모 식품, 유산균 식품, 클로렐라, 스피루리나 등의 건강기능식품이 지속적으로 높은 성장세를 유지하고 있다. 최근 5년간 비타민 및 무기질, 프로바이오틱스, 루테인이 크게 성장하였으며, 밀크씨슬 추출물, EPA 및 DHA 함유 유지, 알로에 겔, 인삼은 감소 추세에 있다.[4]

건강기능식품 제조업체의 경우에는 「건강기능식품에 관한 법률」의 도입 시기인 2004년부터 236개소에서 2017년 496개소로 약 52% 정도 증가하였으며, 품목 수도 2만 1,500개로 증가하였다. 또한, 벤처기업의 경우에 2005년에서 2007년 사이에 두 배 이상 증가하였으며, 전문 유통 업체의 경우도 2005년 748개소에 비하여 2007년(840개소), 2010년(1,481개소), 2014년(2,176개소), 2017년(2,979개소) 등에도 꾸준한 증가 추세를 보였다.[4]

이처럼 해마다 상승세를 보이는 건강기능식품 분야는 최근 들어 건강기능식에 대한 국내 소비자들의 높은 관심도를 반영한다고 할 수 있으며, 특히 한국이 본격적으로 고령화사회로 진입함에 따라 건강에 대한 관심과 그 수요가 증가하고 있음을 보여 주고 있다. 따라서 건강기능식품 시장의 지속적인 확대는 계속 이어질 전망이다.[5]

표 2-2 • 건강기능식품 관련 업체 현황[6]

(단위 : 개소)

		2006년	2007년	2008년	2009년	2010년	2011년	2012년	2013년	2014년	2015년	2016년	2017년
건강기능식품 제조업	소계	337	345	356	385	397	424	435	449	460	487	487	496
	전문 제조업	313	319	328	349	361	386	396	407	414	434	433	439
	벤처 제조업	24	26	28	36	36	38	39	42	46	53	54	57
건강기능식품 판매업	소계	46,911	47,709	55,819	60,688	72,234	80,181	83,982	92,611	97,580	94,691	95,305	88,834
	일반 판매업	45,833	46,649	54,538	59,370	70,753	78,591	82,246	90,687	95,404	92,217	92,587	85,855
	유통 전문 판매업	1,078	1,060	1,281	1,318	1,481	1,590	1,736	1,924	2,176	2,474	2,718	2,979

2. 외국

1) 일본

일본의 보건기능식품 시장을 주도하는 품목은 유산균, 올리고당, 식물섬유 등의 정장 작용을 하는 식품들로, 이들이 전체 시장의 약 90%를 차지하였으나 2003년에는 64%로 감소하였다. 최근에는 정장 효과를 가지는 보건기능식품보다는 생활습관병인 성인병을 예방하기 위한 제품이 증가하고 있으며, 대두단백(콜레스테롤 조절), 식물섬유(혈당 조절), 펩타이드(고혈압) 등이 출시되고 있다. 일본의 건강보조식품의 유통은 방문판매(52.9%), 통신판매(16.3%), 약국(14.7%)을 통하여 주로 이루어지고, 시장 규모로는 2015년 약 106억 달러였으며 지난 5년간 매년 1% 미만의 성장률을 기록하고 있다. 일본의 건강기능식품의 2020년까지 평균 성장률은 전 세계 주요 국가 중 가장 낮은 수치를 기록할 것으로 전망된다.

2) 미국

미국의 기능성 식품 시장 규모는 2015년 약 386억 달러였으며 향후 5년간 6%의 성장이 예상된다. 비타민(36%), 허브(18%), 기타 특수 기능식품(43%)이 있다. 그 밖에도 체중 조절 관련 제품이 2000년과 2005년 사이에 약 95% 이상의 급격한 성장을 보였다. 앞으로도 저칼로리 기능성 스낵이 꾸준한 성장세를 보일 것으로 예상한다.[7] 기능성 식품의 판매 경로로는 다단계 판매, 메일/DRTV/라디오, 대형 마켓, 건강기능식품 판매 전문점, 개인 전문 판매원, 인터넷 등으로 구성되어 있다.[7] 미국의 기능성 식품 시장의 성장률은 건강과 웰빙에 관한 관심도의 증가와 더불어 제품의 맛, 질의 개선이 주요 영향을 미친 것으로 보고 있다. 따라서 앞으로도 계속적인 증가 추세를 보일 것으로 예상된다.

3) 유럽

2016년 기준 유럽의 건강기능식품 시장은 미국(35%)에 이어 2위로 세계 시장의 약 32%를 차지하고 있다. 유럽 내에서는 독일이 56억 달러, 프랑스가 25억 달러, 영국이 15억 달러를 기록하였다. 유럽 내 국가별 관심 제품군을 살펴보면 영국은 에너지 충전, 치아 건강, 유방암, 콜레스테롤 저하 등이, 프랑스는 에너지 충전, 콜레스테롤 저하, 면역 증가, 변비 예방, 독일은 면역 증가, 치아 건강, 에너지 충진, 소화기관 건강 순으로 나타났다. 따라서 유럽 내 주요 건강기능식품 시장은 주로 에너지 충전, 뼈 또는 치아 건강, 심장병 예방 등에 집중되어 제품이 개발, 판매되고 있다. 제품군별 기능성 식품 및 음료 시장에서는 유제품이 큰 비중을 차지하고 있으며, 특히 소프트드링크와 요구르트 등의 제품이 차지하는 비율이 높다. 그 밖에 스프레드, 우유, 시리얼 등의 제품도 높은 판매 추세를 보이고 있다. 유럽의 기능성 소재 제품들은 대부분 약품의 형태보다는 식품 및 음료에 첨가하여 섭취하는 형태이며, 이런 기능성 식품의 소비는 지속적으로 증가하고 있다.[8]

4) 개발도상국의 기능성 식품 시장 성장

개발도상국에서 기능성 식품은 특정 원료 생산의 비용적인 면에서 경쟁적 우위를 가질 수 있다. 특히 특정 재래 식물종의 건강 증진 효능에 대한 전통적인 지식과 생물종이 다양하기 때문에 기능성 식품 원료의 좋은 공급원이 될 수 있다. 러시아의 경우 유제품 분야 기능성 식품 시장의 주도권을 잡았으며 앞으로도 높은 성장률을 보일 것으로 예상된다. 인도의 기능성 식품산업은 정부 차원에서 지적 재산법, 식품 관련 법률 제정 등의 노력을 기울이고 있어 활발한 성장이 기대된다. 브라질은 미량영양소 강화, 프로바이오틱 제품, 콜레스테롤 저하 스프레드 등이 주요 제품이며, 시장 규모가 약 19억 달러에 이를 것으로 추정된다. 개발도상국 중 다수의 국가에서 기능성 식품과 같은 고가격 식품을 구매할 수 있는 소득층이 증가하고 있기 때문에 이들 국가에서의 기능성 식품 시장의 성장을 기대할 수 있다.[9]

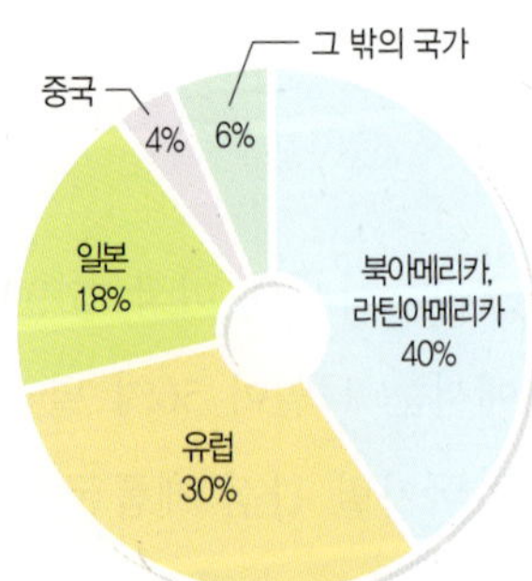

그림 2-1 • 세계 건강기능식품 시장 동향

참고문헌

1 doopedia 두산백과 (http://www.doopedia.co.kr)

2 식품과학기술대사전, 한국식품과학회, 2008

3 건강기능식품과 기능성식품소재 시장현황, 데이코D&S, 2007

4 건강기능식품 생산실적, 식품의약품안전처, 2018

5 김태억·김성우, 기능성식품산업 시장현황 및 천연물 소재 연구개발, 한국생명공학정책연구센터, 2009

6 식품의약품안전처 건강기능식품정책과, 건강기능식품산업현황, 2019.02

7 가공식품 세분시장 현황 체중조절식품 시장, 2015

8 김미경 외, 건강기능식품, 교문사, 2010

9 허정회, 주요 국가의 기능성식품시장 현황, 한국농촌경제연구원, 2009

03 건강기능식품의 정의 및 법규

국민소득 증가과 여성의 사회 참여 증가로 현대인의 식생활은 점차 서구화되고 있으며, 그로 인해 증가한 지방과 단백질 섭취는 각종 성인병 및 암의 발생률을 높이고 있다. 이러한 성인병 및 만성 대사 질환의 발생은 건강한 식생활을 통해 예방할 수 있음이 역학조사를 통해 증명되었고, 이에 따라 몸에 좋은 기능성 식품이 주목받게 되었다. 하지만 체계가 잘 정립되지 않아 여러 가지 문제가 발생하였고, 이에 우리나라에서는 '건강기능식품'이라는 용어를 규정하고 법제화하였다. 건강기능식품은 2004년에 관련 법령이 본격적으로 시행된 이래 활발하게 연구 및 개발이 이루어지고 있다.

제1절 건강기능식품의 정의

1. 건강기능식품의 정의 및 구분

1) 건강기능식품의 정의

(1) 건강기능식품이란

2015년 2월 3일에 개정된 「건강기능식품에 관한 법률」에 의하면 '건강기능식품'이란 인체에 유용한 기능성을 가진 원료나 성분을 사용하여 제조한 식품을 말한다(제3조 1호). 여기서 '기능성'이라 함은 인체의 구조 및 기능에 대하여 영양소를 조절하거나 생리학적 작용 등과 같은 보건 용도에 유용한 효과를 얻는 것을 말한다(제3조2호).

(2) 건강기능식품의 명칭

건강기능식품에 대한 정의는 공식적으로 발표된 것은 없고 국가마다 약간의 개념 차이가 있다. 미국 영양학회(American Dietetic Association, ADA)에 의하면 기능성식품은 '알려진 기존 영양소를 포함하고 있는 것 이상으로 건강에 이득을 줄 수 있는 건강식품 또는 식성분'이라고 정의하고 있다. 건강기능식품의 명칭은 designer foods, functional foods, nutritional foods, nutraceuticals, medical foods, pharmafoods, therapeutic food, fitness foods, vitafoods 등이 있으나 1989년 미국 국립암연구소의 피어슨(Herbert Pierson) 박사가 처음 사용한 designer foods에 건강기능식품의 의미가 포함된다.[1]

(3) 건강기능식품의 조건

건강기능식품은 다음과 같은 조건을 만족해야 한다. 우선 ① 제조 목표가 명확해야 하며 ② 식이를 통해 효과가 나타나야 하고 ③ 화학구조가 규명되어 있는 기능성 성분을 함유하고 있어야 한다. 그리고 ④ 식품 중에서 결합형 또는 유리형으로서 존재 형태가 명확해야 하며 ⑤ 기능 성분의 작용 메커니즘이 밝혀져 있어야 한다. 또한 ⑥ 식품 중에 안전하게 존재해야 하며 ⑦ 식품으로서 누구에게라도 받아들여질 수 있어야 한다.

2) 건강기능식품의 구분 및 분류

(1) 건강기능식품의 구분

「식품위생법」에서 '식품'은 "모든 음식물(의약으로 섭취하는 것은 제외한다)을 말한다(제2조1호)"고 정의하고, '의약품'은 「약사법」에서 "대한약전(大韓藥典)에 실린 물품 중 의약외품이 아닌 것, 사람이나 동물의 질병을 진단·치료·경감·처치 또는 예방할 목적으로 사용하는 물품 중 기구·기계 또는 장치가 아닌 것, 사람이나 동물의 구조와 기능에 약리학적(藥理學的) 영향을 줄 목적으로 사용하는 물품 중 기구·기계 또는 장치가 아닌 것 중의 하나에 해당하는 물품을 말한다"고 하였다. 일반 식품과 건강기능식품 및 의약품의 차이를 비교하여 보면(표 3-1), 우선 형태에서는 큰 차이가 없으나 관련 법규상으로 일반 식품은 「식품위생법」의 적용을 받고, 건강기능식품은 「건강기능식품에 관한 법률」을, 의약품은 「약사법」의 적용을 받는다. 또한, 섭취 대상은 일반 식품의 경우 건강인과 환자를 대상으로 하며 건강기능식품은 건강인과 반 건강인을, 의약품은 질병을

표 3-1 • 건강기능식품과 일반 식품, 의약품의 차이

	식품		의약품
	일반 식품	건강기능식품	
관련 법규	식품위생법	건강기능식품에 관한 법률	약사법
섭취 대상	건강인, 환자	건강인, 반건강인	환자
안전성	위해성 배제	위해성 배제	위해/이익 균형
표시	기능성 표시 못함	기능성 표시 가능(영양소 조절, 생리학적 작용 등의 보건 용도에 유용한 효과)	유효성 표시 가능(질병의 진단, 치료, 경감, 처치 또는 예방 효과)

가진 환자를 대상으로 한다.

(2) 건강기능식품의 분류

① 기능성 식품과 약효식품

- **기능성 식품**(functional food) : 일반적인 식품과 형태가 유사하고 식사의 한 부분으로 섭취되는 식품이며 기본적인 영양학적 역할 외에 생리학적으로 유익하고 만성질환의 위해를 감소시키는 효과가 있는 것으로 입증된 식품
- **약효식품**(nutraceutical) : 일반적인 식품과 달리 식품을 원료로 하여 분말, 과립, 액상, 정제, 캡슐 등이나 기타 의약 형태로 제조, 판매되는 제품이며 생리학적으로 유익하거나 만성질환에 대한 보호 효과가 입증된 식품

② 식이보조제

식이보조제(dietary supplement)는 일반식이로 발생할 수 있는 영양 결핍증을 예방할 수 있을 정도의 충분한 양의 비타민이나 미네랄을 제공하기 위한 순수 영양 성분 제제

③ 환자용 식품

환자용 식품(medical food)은 과학적인 의료 진단을 통해 산정된 환자의 상태에 따른 영양 요구 조건을 충족시키기 위하여 조제된 식품 또는 질병을 특정 식이로 개선할 수 있도록 조제된 식품

④ 특수 식이용 식품

특수 식이용 식품(food for special dietary use)은 건강한 사람과 영양 요구는 동일하지만 식품 알레르기 예방과 같이 특별한 식이 조건의 필요를 충족시키기 위하여 조제된 식품

2. 건강기능식품 기능성 원료 인정 및 분류

우리나라의 건강기능식품 기능성 원료는 고시된 원료와 개별인정 원료로 나눌 수 있다. 고시된 원료는 식품의약품안전처장이 고시한 원료 또는 성분으로 비타민, 무기질, 식이섬유와 같은 영양소 28종과 기능성 원료 67종, 총 95종이 등재되어 있다(2016년 12월).

고시형 원료는 「건강기능식품공전」에 등재되어 있는 원료로 제조 기준, 기능성 등 요건에 적합할 경우 누구나 사용이 가능하다. 개별인정형 원료는 「건강기능식품공전」에 등재되어 있지 않은 원료로 영업자가 원료의 안전성, 기능성, 기준 규격 등의 자료를 제출하여 식품의약품안전처장으로부터 인정을 받아야 하며, 인정받은 업체만이 동 원료를 사용할 수 있다. 다만, 인정받은 날로부터 6년이 경과하고 품목 제조신고가 50건 이상(생산 실적이 있는 경우에 한함)인 경우 고시형 원료로 전환될 수 있다.

기능성 원료 인정 절차는 다음과 같다. 고시되지 않은 기능성 원료는 건강기능식

자료 제출 → 심사 → 기능성 원료 인정

기준 규격	안전성	기능성
• 원료의 특성, 제조공정 • 지표(기능) 성분, 유해물질, 시험법 등	• 섭취 근거, 안전성 정보, 섭취량 평가 • 인체 적용 시험, 독성 시험 등	• 연구 유형, 연구의 질, 연구의 양 • 지표의 관련성, 결과의 일관성 등

기준 규격	• 원료 : 원재료(사용 부위, 학명), 성상, 물성 등 • 제조공정 : 상세 공정, 추출용매, 효소, 식품첨가물 등 • 기능(지표) 성분 : 함량(공인검사기관 성적서), 규격, 시험법(공인법/밸리데이션), 수율, 주요 공정별 함량 변화 • 유해물질 : 검출량(공인검사기관 성적서), 규격, 시험법 등
안전성	• 섭취 근거 : 전통적 사용기록, 국내외 인정/사용 현황 • 안전성 정보 : 부작용, 상호작용 등 DB 검색 결과, 국내외 학술지, 정부(국제)보고서 등 • 섭취량 평가 : 국민건강영양조사 결과 등과 비교(원물, 기능(지표 성분)으로도 환산) • 인체 적용 시험 등 : 혈액/혈액생화학적 안전성 지표 등 • 독성 시험 : 단회 투여, 90일 반복 투여 독성, 유전독성(복귀돌연변이, 염색체 이상, 소핵), 필요 시 특수 독성 추가 (GLP기관이 OECD 가이드라인에 준하여 시험한 보고서)
기능성	• 연구 유형 : RCT, Double Blind, Parallel 또는 Crossover, *In vivo*, *In vitro* • 연구의 양과 질 • 지표의 관련성 • 결과의 일관성

그림 3-1 • 건강기능식품의 기능성 원료 심사 절차[2]

품 제조업자 또는 수입업자가 그 안전성 및 기능성에 관한 자료를 식품의약품안전처장에게 제출하여 기능성 원료로 인정을 받아 사용하여야 한다. 건강기능식품은 안전성 평가를 실시한 후 문제가 없는 경우에 한해 기능성 평가를 실시한다. 안전성 평가는 제안한 방법에 따라 섭취하였을 때 원료가 인체에 위해가 없음을 확인할 수 있는 과학적 자료를 제출하여야 하며, 그 자료로는 섭취 근거 자료, 해당 기능 성분 또는 관련 물질에 대한 안전성 정보 자료, 섭취량 평가 자료, 영양 평가 자료, 생물학적 유용성(bioavailability) 자료, 임상 시험 자료(중재 실험, 역학조사 등), 독성 실험 자료 등을 사용할 수 있다.

기능성 평가에 대한 내용은 해당 원료의 섭취로 얻을 수 있는 보건 용도의 유용한 효과를 기재해야 하는데 기능성에 관한 자료는 임상 시험, 동물 실험, 시험관 내 실험(*in vitro*), 총설(review), 메타 분석(meta-analysis), 전통적 사용 근거 자료 등을 사용할 수 있다.

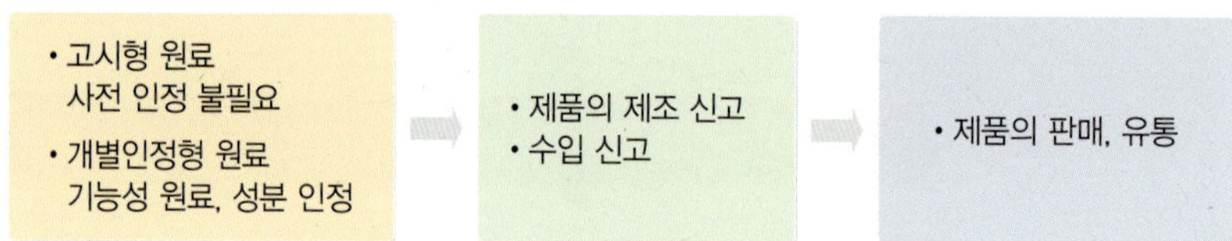

그림 3-2 • 건강기능식품의 생산, 수입, 판매

3. 건강기능식품의 제조 및 표시 기준

1) 제조 기준

건강기능식품은 우수건강기능식품 제조 및 품질 관리 기준에 따르고 있다. 우수건강기능식품 제조(Good Manufacturing Practice, GMP)란 소비자에게 신뢰받는 안전하고 우수한 품질의 건강기능식품을 제조하도록 하기 위한 기준으로 전 세계적으로 그 도입이 확산되고 있는 추세이다. GMP에서는 작업장의 구조, 설비를 비롯하여 원료의 구입에서 생산, 포장, 출하에 이르기까지 전 공정에 걸쳐 생산과 품질의 관리에 관한 체계적인 기준이 확립되어 있다. 이 기준은 제한된 자원(인력, 예산, 설비 등)으로 건강기능식품의 건전성, 기능성, 안전성을 사전에 확보할 수 있는 예방 시스템이며, 실시간 모니터링을 통한 기록 관리 시스템으로 「건강기능식품에 관한 법률」 제22조에 근거하며, 우수한 건강기능식품을 제조·공급하는 것을 목적으로 한다.

2) 표시 기준

건강기능식품의 표시 기준(법 제17조)에서는 용기, 포장에 다음과 같은 사항을 표시하도록 규정하고 있다.

- 건강기능식품이라는 문자 또는 건강기능식품임을 나타내는 도형
- 기능 성분 또는 영양소 및 그 영양권장량에 대한 비율(영양권장량이 설정된 것만 해당한다)
- 섭취량 및 섭취 방법, 섭취 시 주의사항
- 유통기한 및 보관 방법
- 질병의 예방 및 치료를 위한 의약품이 아니라는 내용의 표현
- 그 밖에 식품의약품안전처장이 정하는 사항

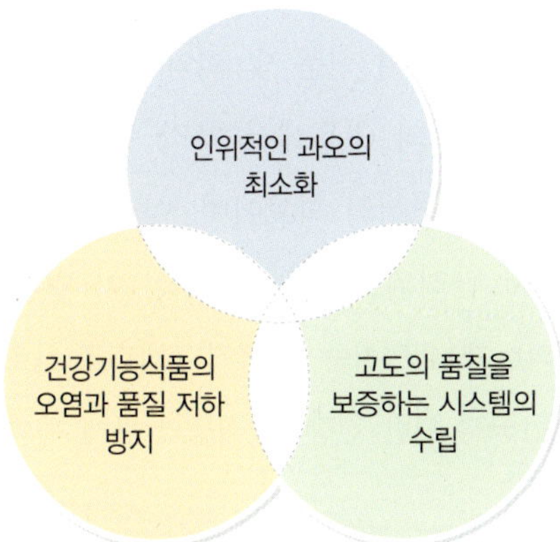

그림 3-3 • GMP 중요 요소

그림 3-4 • 건강기능식품의 표시 도형[3]

표 3-2 • 건강기능식품의 필수 표시 항목과 금지 표시 항목[4]

필수 표시 항목	금지 표시 항목
• 건강기능식품이라는 표시 • 기능 성분 또는 영양소 및 그 영양권장량에 대한 비율(영양권장량이 설정된 것에 한함) • 섭취량 및 섭취 방법, 섭취 시 주의사항 • 유통기한 및 보관 방법 • 질병의 예방 및 치료를 위한 의약품이 아니라는 내용의 표현 • 그 밖에 식품의약품안전처장이 정하는 사항	• 질병의 예방 및 치료에 효능·효과가 있거나 의약품으로 오인(誤認)·혼동할 우려가 있는 내용의 표시·광고 • 사실과 다르거나 과장된 표시·광고 • 소비자를 기만하거나 오인·혼동시킬 우려가 있는 표시·광고 • 의약품의 용도로만 사용되는 명칭(한약의 처방명을 포함)의 표시·광고 • 다른 업체 또는 그 업체의 제품을 비방하는 표시·광고 • 심의를 받지 아니하거나 심의받은 내용과 다른 내용의 표시·광고

제2절 건강기능식품에 관한 법률

1. 건강기능식품에 관한 법률의 제정 배경

「건강기능식품에 관한 법률」은 건강기능식품의 안전성 확보 및 품질 향상과 건전한 유통·판매를 도모함으로써 국민의 건강 증진과 소비자 보호에 이바지함을 목적으로 한다(법 제1조). 기존에는 건강기능식품을 「식품위생법」에 따라 일반 식품과 같은 기준을 적용하여 규제하여 왔으나 2002년 8월 「건강기능식품에 관한 법률」을 제정, 공포하고 2004년 1월 31일에 시행규칙이 공포됨에 따라 전면적으로 「건강기능식품에 관한 법률」이 시행되게 되었다. 과거에는 과학적인 기능성 평가 방법이나 인정 제도의 부족과 광고, 표시 등의 불분명한 규제로 과대, 허위 광고가 조장되었고, 제품의 사용 목적이 불명확하여 품질 보장 수단이 제한적이었으나 법률을 제정함으로써 건강기능식품을 일반 식품과 차별화하고 의약품에 관한 규율과도 차별화하여 식품 및 의약품 체계를 합리적으로 정비하게 되었다. 「건강기능식품에 관한 법률」의 내용에서 가장 중요하고 핵심적인 사항 중의 하나는 건강기능식품의 안전성과 기능성의 확보이며, 이러한 안전성과 기능성은 '건강기능식품의 기준과 규격' 안에서 관리되도록 하고 있다. 이 법의 내용 중 기준·규격과 관련된 조항으로는 제3조(정의), 제14조(기준 및 규격), 제15조(원료 등의 인정), 제19조(건강기능식품의 공전), 제24조(기준·규격 위반 건강기능식품의 판매 등의 금지) 등이다.

개념적으로 건강기능식품은 전통 식품과 약품의 중간에 위치한다. 즉, 건강기능식품은 원래 식품이고 식품의 형태를 띠지만 특정한 건강 증진 효능을 가진다. 대부분의 국가에서 이러한 혼성 제품에 대한 적절한 범주는 결여되어 있으며, 개별 제품이 식품이나 약품 중 하나의 범주에 들어가게 되면 별개의 매우 엄격한 규제를 받게 된다.[5]

2. 건강기능식품에 관한 법률

건강기능식품 법령은 크게 법률과 하위 법령인 시행령, 시행규칙 및 고시로 구성된다.

1) 건강기능식품에 관한 법률, 시행령 및 시행규칙

「건강기능식품에 관한 법률」과 시행령, 시행규칙에 정한 범위는 표 3-3과 같다.

표 3-3 • 건강기능식품에 관한 법률, 시행령 및 시행규칙

건강기능식품에 관한 법률	시행령	시행규칙
제1장 〈총칙〉 목적, 책무, 정의	-	-
제2장 〈영업〉 영업의 종류 및 시설 기준, 허가, 신고, 제조 기준, 준수 사항, 교육 등	종류, 허가, 포상금, 과태료 등	허가 신청, 변경, 신고, 영업자 준수 사항 등
제3장 〈기준 및 규격과 표시·광고 등〉 기준·규격, 원료 인정, 표시·광고 심의, 기준, 공전 등	-	품목 신고, 수입 신고 등
제4장 〈검사 등〉 출입·검사·수거, 자가 품질검사	소속기관의 장, 직무 등	출입·검사, 검사 의뢰, 자가품질 검사 등
제5장 〈우수 건강기능식품 제조 기준 등〉 우수건강기능식품 제조 기준, 건강기능식품 이력 추적 관리 등록 기준 등	-	업소 지정 신청, 교육 훈련, 출입·검사, 등록 기준, 등록 사항 등
제6장 〈판매 등의 금지〉 위해, 기준·규격 위반, 표시 기준 위반, 유사 표시 금지	포상금 지급	-
제7장 〈건강기능식품 심의위원회 및 단체 설립〉 심의위원회, 단체 설립	심의위원회 구성, 단체 설립 인가 등	설립 인가 신청 서류 등
제8장 〈시정명령·허가 취소 등 행정제재〉 시정명령, 폐기 처분, 시설 개수 명령, 영업 허가 취소, 품목의 제조 정지, 폐쇄 조치, 과징금 처분 등	권한 위임, 과징금 등	행정 처분 기준, 검사 의뢰 절차, 방법, 과징금 징수 절차 등
제9장 〈보칙〉 다른 법률과의 관계, 국고 보조, 포상금, 수수료 등	권한 위임	행정 처분, 수수료 등
제10장 〈벌칙〉 벌칙, 양벌 규정, 과태료 등	권한 위임, 과태료 부과·징수	-

2) 건강기능식품의 고시

건강기능식품에 관련하여 주요한 고시는 그림 3-5와 같다.

- 건강기능식품의 기준 및 규격
- 건강기능식품 기능성 원료 및 기준규격 인정에 관한 규정
- 건강기능식품 표시 및 광고 심의기준
- 건강기능식품의 표시기준
- 우수건강기능식품 제조기준
- 건강기능식품의 원재료 진위검사에 관한 규정
- 기능성 원료 등의 재평가 실시에 관한 규정

그림 3-5 • 건강기능식품의 고시

3. 건강기능식품 분류 : 고시형, 개별인정형

1) 고시형 건강기능식품

고시형 건강기능식품은 식품의약품안전처장이 품목별로 기준, 규격을 고시하는 건강기능식품으로 현재 시중에서 판매 중이며 고시된 기능을 표시할 수 있으므로, 추가로 기능성 및 안전성의 평가가 필요하지 않다.

다음은「건강기능식품공전」에 수록되어 있는 기능성 원료의 분류이다.

표 3-4 • 식품의약품안잔처장이 고시한 원료 또는 성분 (95종)

(2016. 12 기준)

구분	기능성을 가진 원료 또는 성분
영양소 (28종)	• 비타민 및 무기질(또는 미네랄) 25종 : 비타민 A, 베타카로틴, 비타민 D, 비타민 E, 비타민 K, 비타민 B_1, 비타민 B_2, 나이아신, 판토텐산, 비타민 B_6, 엽산, 비타민 B_{12}, 비오틴, 비타민 C, 칼슘, 마그네슘, 철, 아연, 구리, 셀레늄(또는 셀렌), 요오드, 망간, 몰리브덴, 칼륨, 크롬 • 필수지방산 • 단백질 • 식이섬유
기능성 원료 (67종)	• 인삼, 홍삼, 엽록소 함유식물, 클로렐라, 스피루리나, 녹차 추출물, 알로에전잎, 프로폴리스추출물, 코엔자임Q_{10}, 대두이소플라본, 구아바잎추출물, 바나바잎추출물, 은행잎추출물, 밀크씨슬(카르두스 마리아누스)추출물, 달맞이꽃종자추출물, 오메가-3 지방산 함유유지, 감마리놀렌산 함유유지, 레시틴, 스쿠알렌, 식물스테롤/식물스테롤에스테르, 알콕시글리세롤 함유 상어간유, 옥타코사놀 함유유지, 매실추출물, 공액리놀레산, 가르시니아캄보지아추출물, 루테인, 헤마토코쿠스추출물, 쏘팔메토 열매추출물, 포스파티딜세린, 글루코사민, N-아세틸글루코사민, 뮤코다당·단백, 알로에겔, 영지버섯자실체추출물, 키토산/키토올리고당, 프락토올리고당, 프로바이오틱스, 홍국, 대두단백, 테아닌, 엠에스엠(Methyl sulfonylmethane, MSM), 폴리감마글루탐산, 마늘, 히알루론산, 홍경천추출물, 빌베리추출물, 라피노스, 크레아틴, 유단백가수분해물, 상황버섯추출물, 토마토추출물, 곤약감자 추출물 • 식이섬유(15종) : 구아검/구아검가수분해물, 글루코만난(곤약, 곤약만난), 귀리식이섬유, 난소화성말토덱스트린, 대두식이섬유, 목이버섯식이섬유, 밀식이섬유, 보리식이섬유, 아라비아검(아카시아검), 옥수수겨식이섬유, 이눌린/치커리추출물, 차전자피식이섬유, 폴리덱스트로스, 호로파종자식이섬유, 분말한천

「건강기능식품에 관한 법률」 제14조1항의 규정에 따르면 고시형 건강기능식품이란 식품의약품안전처장이 품목별로 제품의 기준 및 규격을 고시하는 건강기능식품을 말한다. 그에 따른 세부 조항들은 '건강기능식품의 기준과 규격'에 수록되어 있는데, 여기에는 건강기능식품의 제조부터 유통에 이르는 생산 전 과정에 적용되는 기준 및 규격이 제시되어 있다. 이렇게 '건강기능식품의 기준과 규격'에 명시된 품목들은 별도의 인정 절차 없이 품목 제조 신고 및 수입 신고가 가능하다. 또한「건강기능식품공전」에서는

기준 및 규격의 관리를 위하여 원료별 상세 제조 기준 및 섭취량도 정하고 있다.

「건강기능식품공전」에 수록된 원료는 크게 영양소와 기능성 원료로 분류되며, 기능성 원료는 그 기능성 특성에 따라 터펜류, 지방산 및 지질류, 당 및 탄수화물류, 페놀류, 발효미생물류, 아미노산 및 단백질류로 나뉜다.

2) 개별인정형 건강기능식품

식품의약품안전청장이 고시하지 않은 식품의 기준과 규격에 대하여 건강기능식품제조업·수입업 영업자가 해당 식품의 기준, 규격, 안전성 및 기능성 등에 관한 자료를 제출하게 하고 검사를 거쳐 그 기준과 규격을 인정하는 경우 개별인정형 건강기능식품으로서 생산, 판매할 수 있다(법률 제14조2항, 제15조2항). 현재 식품의약품안전처에서 고시한 품목 이외에 건강기능식품이나 기능성을 추가로 표시하고자 하는 경우 필요한 자료들을 제출하여야 하며, 영업자가 개별적으로 개발한 제품의 경우 자체적으로 해당 식품의 기준, 규격을 명시하여 식품의약품안전처장의 인정을 받으면 된다. 인정을 받기 위해서는 건강기능식품 인정에 관한 규정과 건강기능식품 기능성 원료 인정에 관한 규정에 의한 심의를 거쳐야 한다.

표 3-5 • 기능성별 개별인정형 기능성 원료 목록[6]

(2016년 기준)

번호	기능성		기능성 원료	건수
1	간 건강	간 건강에 도움	도라지추출물, 밀크씨슬 추출물, 발효울금, 복분자추출물(분말), 브로콜리스프라우트분말, 표고버섯균사체추출물(분말), 표고버섯균사체, 유산균발효마늘추출물	8
		알콜성 손상으로부터 간 보호에 도움	유산균 발효 다시마추출물, 헛개나무과병추출물	2
2	갱년기 남성 건강	갱년기 남성의 건강에 도움	MR-10민들레등복합추출물, 마카 젤라틴화 분말, 옻나무 추출분말	3
3	갱년기 여성 건강	갱년기 여성의 건강에 도움	프랑스해안송껍질추출물, 백수오 등 복합추출물, 석류추출물, 홍삼(홍삼농축액), 석류농축액, 회화나무열매추출물, 오미자추출물	7
4	과민피부 상태 개선	면역과민반응에 의한 피부 상태 개선에 도움	*L. sakei* Probio 65, 감마리놀렌산 함유 유지, 과채유래유산균(*L. plantarum* CJLP133), 프로바이오틱스 ATP	4
5	관절/뼈 건강	관절 건강에 도움	CMO함유FAC(Fatty acid Complex), N-아세틸글루코사민, Dimethylsulfonylmethane (MSM), 가시오갈피 등 복합추출물, 강황추출물, 글루코사민, 까마귀쪽나무 열매 주정추출물, 닭가슴연골분말, 로즈힙분말, 보스웰리아 추출물, 비즈왁스알코올, 전칠삼추출물 등 복합물, 지방산복합물, 차조기등 복합추출물, 초록입홍합추출오일, 호프추출물, 황금추출물등 복합물, 참당귀추출분말	18
		뼈 건강에 도움	가시오가피숙지황 복합추출물, 대두이소플라본, 흑효모배양액분말, 유단백추출물	4

(계속)

번호	기능성		기능성 원료	건수
6	기억력 개선	기억력 개선에 도움	구기자추출물, 녹차추출물/테아닌복합물, 당귀등추출복합물, 비파엽추출물, EPA 및 DHA 함유 유지, 원지추출분말, 은행잎추출물, 인삼가시오갈피 등 혼합추출물, 테아닌등복합추출물, 피브로인 효소가수분해물, 홍삼(홍삼농축액), 천마 등 복합추출물(HX106)	12
7	긴장 완화	스트레스로 인한 긴장 완화에 도움	L-테아닌, 아쉬아간다 추출물, 유단백가수분해물, 돌외잎추출물	4
8	눈 건강	눈의 피로도 개선에 도움	빌베리추출물, 헤마토코쿠스추출물	2
		눈 건강에 도움	들쭉열매추출물, 루테인/지아잔틴복합추출물, 루테인복합물, 루테인지아잔틴복합추출물20%, 마리골드추출물(루테인에스테르), 지아잔틴추출물, EPA 및 DHA 함유 유지	7
9	면역 기능 개선	면역력 증진에 도움	L-글루타민, 게르마늄효모, 금사상황버섯, *Enterococcus faecalis* 가열처리건조분말, 당귀혼합추출물, 동충하초 주정추출물, 스피루리나, 클로렐라, 청국장균배양정제물(폴리감마글루탐산칼륨), 표고버섯균사체, 효모베타글루칸, 인삼다당체추출	12
		과민면역반응 완화에 도움	*Enterococcus faecalis* 가열처리건조분말, 구아바잎추출물등복합물, 다래추출물, 소엽추출물, 피카오프레토 분말 등 복합물, 합성 PLAG	6
10	배뇨 기능 개선	방광에 의한 배뇨 기능 개선에 도움	호박씨추출물 등 복합물	1
11	수면질 개선	수면의 질 개선에 도움	감태추출물	1
12	어린이 성장발육	어린이 키 성장에 도움	황기추출물등복합물(HT042)	1
13	여성 질 건강	유산균 증식을 통한 여성 질 건강에 도움	UREX 프로바이오틱스	1
14	월경 전 상태 개선	월경 전 변화에 의한 불편한 상태 개선	감마리놀렌산 함유 유지	1
15	위 건강/소화 기능	헬리코박터균 증식 억제 및 위 건강에 도움	감초추출물	1
		위 불편감 개선에 도움	매스틱검	1
		위점막을 보호하여 위 건강에 도움	비즈왁스알코올	1
		담즙 분비를 촉진하여 지방 소화에 도움	아티초크추출물	1
16	요로 건강	요로 건강에 도움	크랜베리추출물, 파크랜 크랜베리추출분말	2
17	운동 수행 능력	운동 능력 향상에 도움	마카 젤라틴화 분말, 크레아틴, 헛개나무과병추출분말	3
		지구력 증진에 도움	동충하초 발효 추출물	1
18	인지 능력 향상	인지 능력 개선에 도움	*Lactobacillus Helveticus* 발효물, 도라지추출물(DRJ-AD), 참당귀뿌리추출물, 참당귀추출분말, 포스파티딜세린	5
19	장 건강	장내 유익균 증식 및 유해균 억제에 도움	갈락토올리고당, 구아검가수분해물, 대두올리고당, 라피노스, 락추로스파우더, 밀전분유래 난소화성말토덱스트린, 이소말토올리고당, 자일로올리고당, 커피만노올리고당분말, 프락토올리고당	10
		면역을 조절하여 장 건강에 도움	프로바이오틱스(VSL#3)	1

(계속)

번호	기능성		기능성 원료	건수
19	장 건강	배변활동 원활에 도움	대두올리고당, 라피노스, 목이버섯, 무화과페이스트, 분말한천, 이소말토올리고당, 자일로올리고당, 커피만노올리고당, 프락토올리고당	9
20	전립선 건강	전립선 건강 유지에 도움	쏘팔메토열매추출물, 쏘팔메토열매추출물 등 복합물	2
21	정자 운동성	정자 운동성 개선에 도움	마카젤라틴화분말	1
22	체지방 감소	체지방 감소에 도움	*Lactobacillus gasseri* BNR17, L-카르니틴타르트레이트, 가르시니아캄보지아껍질추출물, 공액리놀렌산(유리지방산), 공액리놀렌산(트리글리세라이드), 그린마떼추출물, 그린커피빈추출물, 깻잎추출물, 녹차추출물, 대두배아추출물등복합물, 돌외잎주정추출분말, 락토페린(우유정제단백질), 레몬 밤 추출물 혼합분말, 마테열수추출물, 미역 등 복합추출물(잔티젠), 발효식초석류복합물, 보이차추출물, 서목태(쥐눈이콩) 펩타이드 복합물, 식물성유지 디글리세라이드, 와일드망고 종자추출물, 중쇄지방산(MCFA) 함유 유지, 콜레우스포스콜리추출물, 키토산, 키토올리고당, 풋사과추출폴리페놀, 핑거루트추출분말, 히비스커스등복합추출물	27
23	치아 건강	충치 발생 위험 감소에 도움	자일리톨	1
24	칼슘 흡수 촉진	칼슘 흡수에 도움	폴리감마글루탐산, 프락토올리고당	2
25	피로 개선	피로 개선에 도움	발효생성아미노산복합물, 헛개나무과병추출물, 홍경천추출물	3
26	피부 건강	자외선에 의한 피부 손상 피부 건강을 유지하는 데 도움	소나무껍질추출물등복합물, 메론추출물, 포스파티딜세린, 프로바이오틱스HY7714, 핑거루트추출분말, 홍삼·사상자·산수유복합추출물	6
		피부 보습에 도움	AP콜라겐 효소분해 펩타이드, Collactive 콜라겐펩타이드, N-아세틸글루코사민, 곤약감자추출물, 민들레등 복합추출물, 쌀겨추출물, 옥수수배아추출물, 저분자콜라겐펩타이드, 지초추출분말, 포스파티딜세린, 히알루론산, 프로바이오틱스HY7714, 콩 보리 발효복합물, 밀배유추출물, 핑거루트추출분말	15
27	항산화	항산화에 도움	녹차추출물, 대나무잎추출물, 메론추출물, 복분자추출물(분말), 비즈왁스알코올, 유비퀴놀, 코엔자임Q_{10}, 토마토추출물, 포도종자추출물, 프랑스해안송껍질추출물, 홍삼(홍삼농축액)	11
28	혈당 조절	식후 혈당 상승 억제에 도움	L-arabinose, nopal추출물, 계피추출분말, 구아바잎추출물, 난소화성말토덱스트린, 동결건조누에분말, 마주정추출물, 바나바잎추출물, 상엽추출물, 서목태(쥐눈이콩) 펩타이드 복합물, 솔잎증류농축액, 실크단백질 효소가수분해물, 알부민, 인삼가수분해 농축액, 잔나비걸상버섯균사체(인정취소), 지각상엽추출혼합물, 콩발효추출물, 타가토스, 탈지달맞이꽃종자추출물, 피니톨, 홍경천등복합추출물, 히드록시프로필메틸셀룰로스	22
29	혈압 조절	높은 혈압 감소에 도움	L-글루타민산유래 GABA함유분말, 가쯔오부시올리고펩타이드, 나토균배양분말, 서목태(쥐눈이콩) 펩타이드 복합물, 연어 펩타이드, 올리브잎추출물, 정어리펩타이드, 카제인가수분해물, 코엔자임Q_{10}, 포도씨효소분해추출분말, 해태올리고펩티드	11
30	혈중 중성지방 개선	혈중 중성지방 개선에 도움	DHA농축유지, 글로빈 가수분해물, 난소화성말토덱스트린, 대나무잎추출물, 식물성유지 디글리세라이드, 정어리정제어유, 정제오징어유	7
31	혈중 콜레스테롤 개선	혈중 콜레스테롤 개선에 도움	녹차추출물, 대나무잎추출물, 보리베타글루칸추출물, 보이차추출물, 사탕수수왁스알코올, 스피루리나, 식물스타놀에스테르, 씨폴리놀 감태주정추출물, 아마인, 알로에복합추출물, 알로에추출물, 적포도발효농축액, 클로렐라, 홍국쌀, 창녕양파추출액	15

(계속)

번호	기능성		기능성 원료	건수
32	혈행 개선	혈행 개선에 도움	DHA농축유지, L-아르기닌, 나토균배양분말, 나토배양물, 메론추출물, 은행잎추출물, 정어리정제어유, 정제오징어유, 카카오분말, 프랑스해안송껍질추출물, 홍삼(홍삼농축액)	11
총계				263

1) _____ : 고시된 원료로 전환된 원료
2) 인정된 기능성 원료는 총 263개이나, 동일한 원료에서 2개 이상 기능성이 인정된 경우가 포함되어 합산되었음

참고문헌

1 허태련, 식품과학, 유한문화사, 2008

2 식품의약품안전평가원 영양기능연구팀, 건강기능식품 기능성 원료 심사, 2016

3 건강기능식품의 표시기준 제6조 1항 (2018.5.2 일부개정)

4 건강기능식품에 관한 법률 제3장 17조 및 18조 (2018.6.12 일부개정)

5 허정회, 주요 국가의 기능성식품시장 현황, 한국농촌경제연구원, 2009

6 식품의약품안전처, 건강기능식품 기능성 원료 인정 현황, 2016

MEMO

PART II

기능성 식품의 효능 및 전망

04 항산화 효과

1. 항산화의 정의 및 개요

1) 활성산소 및 산화 스트레스

(1) 활성산소의 정의[1]

활성산소(reactive oxygen species, ROS)는 유해산소라고도 하며, 분자 내에 산소를 가지고 있으면서 반응성이 강하여 세포 내의 다른 유기물과 반응하는 물질을 말한다. 활성산소의 종류에는 슈퍼옥사이드 라디칼($\cdot O_2^-$), 하이드록시 라디칼($OH\cdot$), 산화질소($NO\cdot$), 퍼옥시 라디칼($ROO\cdot$) 등과 같은 라디칼형과 과산화수소(H_2O_2), 일중항산소($^1O_2$), 차아염소산($HOCl$), 퍼옥시나이트라이트($ONOO^-$) 등과 같은 비라디칼형이 있다.

표 4-1 • 활성산소의 분류

라디칼형 활성산소	비라디칼형 활성산소
슈퍼옥사이드 라디칼($\cdot O_2^-$) 하이드록시 라디칼($OH\cdot$) 산화질소($NO\cdot$) 퍼옥시 라디칼($ROO\cdot$)	일중항산소($^1O_2$) 차아염소산($HOCl$) 퍼옥시나이트라이트($ONOO^-$)

(2) 활성산소의 발생 과정[2]

슈퍼옥사이드 라디칼은 세포 내 호흡 과정인 미토콘드리아 전자전달계에서 발생되며 효소적 또는 비효소적 반응에 의하여 과산화수소와 일중항산소로 바뀌기도 한다. 하이드록시 라디칼은 활성산소 중에서 가장 반응성이 강한 것으로 과산화수소가 철과 구리 등의 양이온과 반응하는 펜톤반응(Fenton reaction)에 의해 생성된다.

$$Fe^{2+}(Cu^{+}) \longrightarrow OH^{-} + OH\bullet + Fe^{3+}(Cu^{2+})$$

산화질소는 고등생물에서 아르지닌(arginine)이 산화질소 합성효소(nitric oxide synthase, NOS)에 의하여 시트리닌(citrinine)이 되면서 발생되며, 슈퍼옥사이드 라디칼과 반응하여 퍼옥시나이트라이트가 된다.

활성산소는 세포 내에서뿐만 아니라 세포 외적인 요인으로 인해 발생되기도 하는데 그 예로는 담배 연기, 매연, 오존, 자외선, 농약 등이 있다.

(3) 활성산소의 역할과 산화스트레스[2]

활성산소는 세포 내에서 적정량으로 존재할 때 세포 내에서 또는 세포와 세포 사이의 신호 전달, 평활근 확장 등의 다양한 생리적 기능을 나타낸다.

산화스트레스는 활성산소의 발생과 항산화 체계와의 불균형을 의미한다. 심한 산화스트레스로 인해 세포 내에서 필요 이상으로 발생되는 활성산소는 세포 내에 존재하는 지질, 단백질, 핵산 등의 유기물질과 반응하여 산화 반응을 일으켜 유기물질의 생화학적 특성을 변화시키기 때문에 세포에 해로운 결과를 초래한다. 산화스트레스가 일정 기간 지속되면 심혈관계 질환, 암, 당뇨, 알츠하이머 등을 일으키는 것으로 알려져 있다.

2) 항산화 활성과 항산화제[3]

활성산소의 발생을 저지하거나 이미 발생된 활성산소와 반응하여 소거하는 능력을 항산화 활성(antioxidant activity)이라 하며, 이러한 활성을 가진 물질을 항산화제(anti-oxidant)라고 한다.

항산화제에는 효소 항산화제와 비효소 항산화제가 있다. 효소 항산화제로는 슈퍼옥사이드 변환효소(superoxide dismutase, SOD), 글루타티온 과산화효소(glutathione per-oxidase), 글루타티온 환원효소(glutathione reductase), 카탈레이스(catalase) 등이 있다.

비효소 항산화제는 합성 항산화제와 천연 항산화제 두 가지로 구분된다. 합성 항산화제로는 butylated hydroxyanisole(BHA), butylated hydroxytolune(BHT), tertiary butylhydroquinone(TBHQ)와 갈산(gallic acid)의 에스터형인 propyl gallic acid(PG)

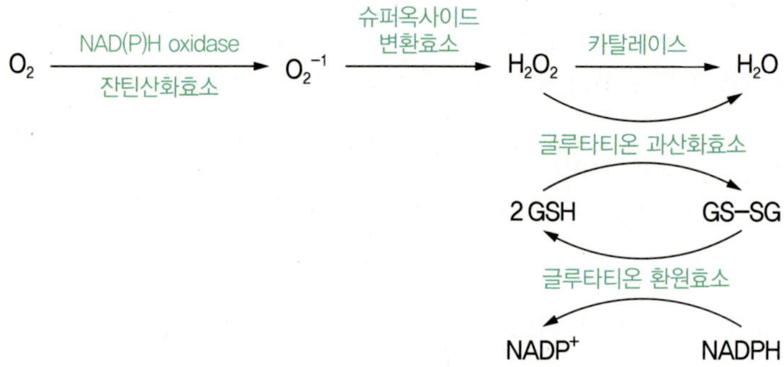

그림 4-1 • 효소 항산화제의 작용

등이 있다. 합성페놀계 항산화제는 유지에서의 용해도를 증가시키기 위해 알킬기를 첨가하기도 한다. 합성 항산화제는 주로 유지 식품의 산화 방지를 위하여 사용되고 있으며 유지 함량의 0.02% 이하로 첨가하도록 우수건강기능식품 제조(good manufacturing practise, GMP)에서 권장하고 있다. 그러나 합성항산화제는 안전성 측면에서 끊임없이 의문이 제기되어 1980년 이후로 천연 항산화제로 대체되고 있다.

천연 항산화제는 식물과 동물로부터 추출되거나 동식물의 조리 또는 가공 과정에서 생성된다. 대부분의 천연 항산화제는 페놀계 화합물이며 가장 잘 알려진 천연 항산화제로는 비타민 C(ascorbic acid), 토코페놀(tocopherol), 플라보노이드(flavonoid) 그리고 페놀산(phenolic acid)이 있다. 플라보노이드는 C_6–C_3–C_6을 기본 골격으로 하여 화학적 구조에 따라 플라본(flavone), 플라본올(flavonol), 플라바논(flavanone), 플라반올(flavanol), 이소플라본(isoflavone) 등으로 이루어져 있으며 플라보노이드는 대부분 과일, 채소, 곡류, 콩류, 허브 등에 함유되어 있다.

표 4-2 • 항산화제의 분류

효소 항산화제	비효소 항산화제	
	합성 항산화제	천연 항산화제
슈퍼옥사이드 변환효소(superoxide dismutase) 글루타티온 과산화효소(glutathione peroxidase) 글루타티온 환원효소(glutathione reductase) 카탈레이스(catalase)	BHA(butylated hydroxyanisole) BHT(butylated hydroxytolune) TBHQ(tertiary butylhydroquinone) PG(propyl gallic acid))	비티민 C(ascorbic acid) 비타민 E(tocopherol) 플라보노이드(flavonoid) 페놀산(phenolic acid)

3) 체내 항산화 체계

생물체 세포 내에는 세포 내에서 발생하는 활성산소를 효과적으로 제거하는 효소 및 비효소 항산화 체계가 존재한다.

효소 항산화 체계에는 슈퍼옥사이드 전환효소, 글루타티온 과산화효소, 글루타티온 환원효소, 카탈레이스 등이 있으며, 비효소 항산화제로는 비타민 C와 E, 베타-카로틴(β-carotene), 요산(uric acid), 글루타티온(glutathione), 멜라토닌(melatonin), 코엔자임 큐(coenzyme Q) 등이 있다.

4) 산화적 스트레스와 생활습관병

(1) 심혈관계 질환

혈액에 존재하는 저밀도지단백 콜레스테롤(low-density liporotein cholesterol, LDL)의 활성산소에 의한 산화는 동맥경화 등 심혈관계 질환 발생에 관여한다는 것이 일반적인 정설이다. 저밀도지단백 콜레스테롤의 산화는 당화 및 응집과 함께 혈관 내피세포와 평활근세포의 손상을 초래하는 요인 중의 하나이며, 결국에는 동맥경화 등의 심혈관계 질환으로 이어지게 된다. 따라서 혈중 저밀도지단백 콜레스테롤 산화를 억제시키는 것은 심혈관계 질환의 예방에 있어서 효과적인 방법으로 알려져 있다.

(2) 암

활성산소의 축적으로 인한 산화스트레스는 세포 내 DNA(암유전자, 종양억제유전자 포함), 지질, 단백질(예를 들어 DNA 수선효소)에 손상을 줌으로써 암을 일으킬 수 있다. 특히 반응성이 큰 하이드록시 라디칼은 DNA의 푸린(purine) 및 피리미딘(pyrimidine) 염기를 공격하여 돌연변이를 유발하는 등 암의 발생과 연관이 큰 것으로 밝혀졌다. 이와 같은 사실은 실험동물과 사람 소변에 함유된 변형된 DNA의 대사물인 8-하이드록시데옥시구아노신(8-hydroxydeoxyguanosine, 8-OHdG)의 함량을 분석함으로써 확인할 수 있다.

(3) 당뇨병

미토콘드리아가 생성하는 활성산소의 발생을 억제시킴으로써 당뇨병의 후유증 발생을 감소시킨다는 사실과, 당뇨 환자의 경우 혈장 지질과산화물과 그 외 다른 산화지표가 정상인보다 높지만 글루타티온과 같은 항산화 방어체계는 낮다는 사실로부터 산화스트레스가 당뇨병과 연관이 있음을 알 수 있다. 제1형과 제2형 당뇨병의 공통된 특성인 고농도의 혈당은 여러 경로를 통해 활성산소의 발생을 증가시켜 당뇨병 후유증을 일으키게 된다.

2. 기능성 평가 방법

1) 시험관 내 실험[4]

시험관 시험법에는 2,2-diphenyl-1-picrylhydrazyl(DPPH) 시험법을 위시한 다양한 시험법이 사용되고 있으며 항산화 활성을 나타내는 원리는 hydrogen atom transfer (HAT)와 single electron transfer(SET)에 따라 두 가지로 분류된다. HAT 시험법에는 oxygen radical absorbance capacity(ORAC), total radical-trapping antioxidant parameter(TRAP), total oxidant scavenging capacity(TOSC)가 있으며, SET 시험법에는 ferric reducing anti-oxidant power(FRAP)와 Copper reduction 시험법이 있다. DPPH 시험법과 trolox equivalent antioxidant capacity(TEAC) 시험법에서는 HAT와 SET 원리가 함께 적용된다.

표 4-3 • 작용 메커니즘에 따른 항산화 시험법 분류

항산화 시험법	작용 메커니즘	
	HAT(hydrogen atom transfer)	SET(single electron transfer)
ORAC	○	
TRAP	○	
TOSC	○	
FRAP		○
Copper reduction		○
DPPH	○	○
TEAC	○	○

(1) ORAC 시험법[5]

ORAC 시험법은 퍼옥시 라디칼(peroxyl radical)에 의해서 야기된 산화에 대한 항산화 물질의 저해 정도를 측정하는 방법으로 라디칼 반응을 저해하는 HAT에 의한 전통적

인 항산화 활성을 나타낸다. 퍼옥시 라디칼은 형광을 내는 형광물질(탐침, probe)과 반응하여 형광을 내지 못하게 하므로 시료를 반응액에 첨가한 후 항산화 활성을 나타내는 전 기간 동안 형광을 측정하여 항산화 활성을 분석한다. 다른 전형적인 항산화 시험법은 유도기간(lag phase)을 측정하기 때문에 시료가 갖고 있는 항산화 활성의 일부분만 측정하게 되는 데 반해 ORAC 시험법은 시료가 나타내는 항산화 활성 전체를 분석할 수 있다. 측정된 항산화 활성은 대표적 항산화제인 비타민 E 유도체, 트롤록스(trolox) 1 μM와 비교하여 트롤록스 당량(trolox equivㄴㄴㄴalent, TE)으로 표시된다. ORAC 시험법은 현재 사용 중인 시험관 내 실험법 중에서 임상 시험법과 상관관계가 가장 높은 항산화 시험법 중 하나이다.

(2) TRAP 시험법[6]

2,2′-azobis(2-amidinopropane) dihydrochloride(AAPH 또는 ABAP)로부터 생성된 퍼옥시 라디칼과 탐침과의 반응을 저해하는 항산화물질의 활성을 측정하는 시험법이다. 따라서 사용되는 탐침은 낮은 농도에서 퍼옥시 라디칼과 반응할 수 있어야 하며 퍼옥시 라디칼과 반응한 탐침은 반응하지 않은 탐침과 분광학적으로 큰 차이가 있어야 한다. 탐침의 산화는 형광 또는 비색에 의해 측정된다. 측정된 TRAP 값은 시료의 유도시간(lag time) 또는 반응시간(reaction time)을 트롤록스(비타민 E 유도체)와 비교하여 표시한다. TRAP 시험법은 글루타티온, 비타민 C, 알파-토코페롤, 베타-카로틴과 같은 비효소적 항산화제의 활성을 측정할 수 있기 때문에 혈청 또는 혈장의 세포 내 항산화 활성을 분석하는 데 자주 사용되고 있다.

(3) TOSC 시험법[2]

TOSC 시험법은 하이드록시 라디칼, 퍼옥시 라디칼, 퍼옥시나이트라이트 같은 강력한 산화제에 대한 항산화물질의 흡수 능력을 정량할 수 있다. 이 시험법에서 산화되는 기질은 에틸렌(ethylene) 가스를 형성하는 알파-케토-감마-메티오부티르산(α-keto-γ-methiobutyric acid)이다. 에틸렌 가스 분석은 가스크로마토그래피(gas chromatography, GC)에 의해 실시되며, 시료의 항산화 활성은 대조군 반응에 비해 에틸렌 형성을 저해하는 능력으로 측정된다. TOSC 시험법은 반응시간 동안 실험 지점을 가장 잘 정의하는 곡선 아래 면적(area under curve, AUC)을 사용한다. 이 시험법은 세 가시 산화제, 즉 하이드록시 라디칼, 퍼옥시 라디칼, 퍼옥시나이트라이트에 대한 항산화 활성을 분석할 수 있으나, 한 가지 시료에 대해 가스크로마토그래피로 여러 번의 주사가 필요한 품질 관리(quality control, QC) 분석에는 현실적으로 사용하기 어렵다는 단점을 가지고 있다.

(4) FRAP 시험법

이 시험법은 ferric 2,4,6-tripyridyl-s-triazine(Fe+3-TPTZ)이 착색물질로 환원되는 것을 측정하는 방법이다. 원래는 혈장의 환원력(reducing power)을 분석하기 위하여 개발되었으나 식물에서 유래한 항산화물질의 활성을 측정하는 방법으로 활용되고 있다. FRAP 시험법은 0.7 V보다 작은 산화환원전위를 갖는 물질의 환원력을 측정할 수 있기 때문에 세포와 조직에서 환원력을 가진 물질을 찾아내는 데 매우 유용한 방법이다. 이온을 환원시키는 능력은 대부분의 항산화제가 갖고 있는 라디칼을 소거하는 과정(수소를 공여하는 능력)과는 상관관계가 없다. FRAP 시험법의 메커니즘은 전적으로 전자를 공여하는 능력이기 때문에 다른 항산화 활성 시험법과 함께 사용함으로써 항산화의 활성과 관련된 주요 작용 메커니즘을 알아내는 데 유용하게 활용된다. 이 시험법은 TEAC 시험법과 함께 산화환원 반응이 매우 빠르게(10분 이내) 일어난다는 가정을 바탕으로 하고 있기 때문에 산화환원 반응이 늦게 일어나는 폴리페놀의 항산화 활성 분석에는 적절하지 않으며 또한 글루타티온과 같은 티올(thiol) 항산화제 활성은 분석할 수 없다. 그러나 이 시험법은 간단하고 빠르며 고가의 장비가 필요하지 않고, 자동, 반자동 또는 수동으로 수행이 가능하다는 장점이 있다.

(5) Copper reduction 시험법

FRAP 시험법의 변형된 형태인 구리환원(copper reduction) 시험법은 철(Fe) 대신에 구리(Cu)를 사용하는 항산화 시험법이다. 이 시험법은 시료에 있는 모든 항산화물질이 갖고 있는 Cu(II)로부터 Cu(I)로의 환원력에 기반을 두고 있다. 환원된 Cu(I) 이온은 유기화합물인 bathocuproine(2,9-dimethyl-4,7-diphenyl-1,10-phenanthroline, BCP) 또는 neocuproine(2,9-dimethyl-1,10-phenanthroline)과 반응시켜 각각 490 nm와 450 nm에서 흡광도를 측정함으로써 분석할 수 있다. 항산화 시험법에 있어서 구리(Cu)는 철(Fe)에 비해 유리하다. 그 이유는 티올을 포함한 모든 항산화물질이 별다른 방해 없이 분석이 가능하고 구리(Cu)와의 반응이 철(Fe)보다 빠르기 때문이다.

(6) DPPH 시험법

DPPH 라디칼은 보라색을 나타내는 매우 안정한 유기질소 라디칼 중의 하나이다. DPPH 시험법은 DPPH 라디칼에 대한 항산화물질의 환원 능력에 근거하고 있다. 이 같은 능력은 전자스핀공명(electron spin resonance) 또는 흡광도의 감소를 측정함으로써 평가된다. 항산화 시험법은 분석시료와 반응시킨 후 비색계를 사용하여 515 nm에서 DPPH 색깔의 감소를 측정하는 것에 근거하고 있다. DPPH 시험법은 전자를 공여하는 능력에 기반을 둔 시험법이지만 수소를 공여하는 능력도 관계된다고 할 수 있다. DPPH 시험법의 장점은 간단하고 빠르며, 장비로 비색계만 필요하다. 그러나 시료가 DPPH와 같이 515 nm에서 빛을 흡수하는 물질을 함유하고 있을 경우 결과의 해석이 매우 복잡해지기 때문에 주의해야 한다. DPPH 시험법에서의 중요한 요소는 DPPH의 라디칼 부위에 시료가 잘 접근할 수 있도록 하는 입체적 접근성이다. 즉, 작은 분자는 DPPH 라디칼 부위에 쉽게 접근할 수 있기 때문에 높은 항산화 활성을 나타내게 된다. DPPH는 지방산화에 관계된 반응성이 매우 강한 퍼옥시 라디칼과는 다른 비교적 안정한 질소 라디칼이다. 따라서 퍼옥시 라디칼과 빠르게 반응하는 많은 항산화물질 중 입체적 접근성이 낮은 경우에는 DPPH와 천천히 반응하거나 전혀 반응하지 않을 수도 있다.

(7) TEAC 시험법

이 시험법은 수명이 긴 양이온 라디칼인 ABTS·+에 대한 항산화물질의 소거 능력에 기초하고 있다. TEAC 시험법에서는 ABTS가 퍼옥시 라디칼이나 산화제에 의해 강한 색을 띠는 양이온 ABTS·+로 산화되고 항산화 활성은 ABTS·+ 라디칼과 직접 반응하여 ABTS·+ 라디칼의 색깔을 감소시키는 시료물질의 능력으로 측정된다. 그 측정 결과는 비타민 E 유도체인 트롤록스와 비교하여 트롤록스 당량으로 표시된다. ABTS로부터 ABTS·+로의 산화는 시료물질이 첨가된 후 비효소적 또는 효소적 반응에 의해 수행된다. TEAC 시험법의 장점은 시행하기가 쉽다는 것으로 많은 실험실에서 항산화 활성 분석에 이용된다. ABTS·+ 라디칼과 항산화제와의 반응은 30분 안에 빠르게 일어나기 때문에 이 시험법은 광범위한 pH 영역에서 사용될 수 있고, 항산화제의 작용 메커니즘에 대한 pH 효과를 연구하는 데 활용될 수 있다. ABTS·+ 라디칼은 수용성과 지용성 용매 모두 잘 녹기 때문에 추출물과 인체 용액의 친수성 및 지용성 항산화 능력을 분석하는 데 사용될 수 있다는 장점이 있다. 그러나 TEAC 시험법의 약점은 시험에 사용되는 ABTS·+ 라디칼은 포유동물에서는 발견되지 않는 비생리적 라디칼이라는 데 있다. 또 한 가지 TEAC 시험법에서는 4~6분이라는 한정된 시간 동안 흡광도의 변화를 측정하기 때문에 ABTS·+ 라디칼과 항산화물질과의 반응이 오래 걸리는 경우에는 이 시험에 적합하지 않다.

2) 생체 외 시험

시험관 내 실험법은 빠르고 편리하기는 하지만 ORAC과 TRAP 시험법을 제외하고는 생체 내 시험 결과와 상관성이 별로 없는 경우가 많다. 생체 내 조건과 다른 비생리적 pH와 온도를 사용하는 시험관 내 실험법도 있다. 시험관 내 실험법은 항산화물질의 생체이용도, 흡수 대사 등을 고려하지 않는다. 또한 시험관 내 실험법은 적절한 생물학적 기질, 생체 내에서 생기는 산화제, 항산화물질의 수용성과 지용성 영역에서의 분배 등도 고려하지 않는다. 생물학적 조직은 단순한 화학 혼합물보다 복잡할 뿐만 아니라 항산화물질은 여러 가지 작용 메커니즘을 통하여 활성을 나타내게 된다. 동물 모델이나 임상 시험이 가장 적절한 방법이지만 이러한 방법들은 비용이 비싸고 많은 시간이 필요하기 때문에 초기 단계 항산화제 시험에는 적절하지 않다. 따라서 배양된 세포를 이용하는 생체 외 시험법이 대안이 될 수 있다.

(1) CAC 시험법

CAC 시험법은 세포 내로 들어가 여러 가지 산화제와 반응하여 형광을 내는 2′,7′-dichlorofluorescein diacetate(DCFH-DA)라는 탐침을 사용한다. CAC 시험법에 사용되는 세포는 주로 간세포주인 HepG2를 사용한다. 비극성이고 전하를 띠지 않는 DCFH-DA는 세포막을 쉽게 통과하여 세포질로 들어가면 세포 내 효소인 에스터레이스(esterase)에 의해 형광을 내지 않는 2′,7′-dichlorofluorescein(DCFH)가 된다. 이어서 DCFH는 세포 내에서 발생되는 다양한 활성산소에 의해 산화되어 형광을 내는 2′,7′-dichloro-fluorescein(DCF)로 된다. 측정된 형광의 수준은 세포 내 산화 정도와 비례하기 때문에 세포에 첨가한 시료에 의해서 나타나는 세포 내 항산화 활성을 측정할 수 있다. 형광 분석은 형광 ELISA reader를 사용하거나 흐름세포 측정법(flow cytometry)을 사용한다. 세포 내에서 퍼옥시 라디칼을 발생시키기 위해 AAPH 또는 2,2′-azobis

(2-aminopropane, ABAP)를 사용한다.

(2) Comet 시험법

Comet 시험법은 single cell gel electrophoresis(SCGE) 시험법이라고도 하며, 세포 내에서 발생하는 활성산소에 의해서 세포핵 DNA에 생긴 손상 정도를 분석하는 방법이다. 세포를 산화제와 항산화 시료를 함께 일정 시간 처리한 후 적은 수의 세포를 현미경 슬라이드 위의 한천 겔(agarose gel)에 고정시키고 세포막 분해효소로 처리하여 세포막을 제거한 다음, 핵에 존재하는 DNA를 알칼리 조건에서 풀고 전기영동을 실시한다. 전기영동상에서 DNA 이동거리는 DNA 손상 정도와 밀접한 관련이 있다. Comet 시험법은 핵 내 DNA가 산화 손상을 받았을 때 떨어져 나간 DNA가 전기영동상에서 혜성 모양의 꼬리를 형성한다고 하여 Comet이란 이름이 붙었으며, 떨어져 나간 DNA의 모양과 형태를 분석함으로써 시료의 항산화 활성을 측정한다. 림프구(lymphocytes)는 수집이 쉬운 세포이기 때문에 Comet 시험법에서 가장 많이 사용되고 있다. 특히, Comet 시험법은 사람의 림프구에서 일어나는 산화스트레스에 관련된 문제를 연구하는 데 매우 유용한 방법으로 알려져 있다.

3) 동물 실험 및 임상 시험

생체 내 시험법은 동물과 사람을 통해 수행되는 시험법으로 비용과 시간이 많이 들지만 체내에서 나타나는 시료물질의 항산화 활성을 직접 측정할 수 있다는 장점이 있기 때문에 건강기능식품의 항산화 활성에 대한 강력한 증거 자료로 활용될 수 있다. 보통 혈액이나 간 조직을 가지고 생체 내에서의 항산화 활성을 분석한다.

(1) DNA 손상 분석

일정 기간 항산화 시료를 투여한 다음 산화스트레스에 대한 시료의 항산화 작용을 분석하는 방법 중의 하나이다. 산화스트레스로 인해 손상받은 DNA를 분석하고자 할 때에는 혈액 림프세포를 수집하여 세포 내의 DNA 손상 정도를 Comet 시험법으로 분석할 수 있다.

산화스트레스로 인한 DNA의 손상을 분석하는 또 하나의 방법은 동물이나 사람의 소변을 수집하여 손상된 DNA 대사물로부터 8-하이드록시데옥시구아닌 함량을 enzyme linked immuno absorbant assay(ELISA)나 전기화학검출기(electrochemical detector,

ECD)를 사용하는 고성능액체크로마토그래피(high performance liquid chromatography) 법으로 측정할 수 있다.

(2) 항산화효소 활성 분석

체내에서 항산화 활성에 관련된 효소로는 카탈레이스, 슈퍼옥사이드 변환효소, 글루타티온 과산화효소, 글루타티온 환원효소 등이 있다. 카탈레이스는 대부분의 신체 기관에 존재하는 효소로 특히 간에 많이 존재하며 세포 내에서는 퍼옥시좀(peroxisome)에 위치하고 있다. 카탈레이스는 과산화수소를 산소(O_2)와 물(H_2O)로 환원시키는 작용을 한다. 슈퍼옥사이드 변환효소는 함유한 금속 이온에 따라 구리-아연-슈퍼옥사이드 변환효소, 망간-슈퍼옥사이드 변환효소로 구분된다. 슈퍼옥사이드 변환효소는 반응성이 강한 활성산소인 슈퍼옥사이드의 소거제로서 슈퍼옥사이드를 과산화수소로 바꾸어 주는 작용을 촉매한다. 글루타티온 과산화효소는 환원형 글루타티온(GSH)의 산화형 글루타티온(GS-SG)으로의 반응을 촉매하는 효소이다. 이때 과산화수소가 물로 되거나 산화형 비타민 C(dehydroascorbic acid)가 환원형 비타민 C(ascorbic acid)로 바뀌게 된다. 글루타티온 환원효소는 산화형 글루타티온을 환원형 글루타티온으로 환원시키는 작용을 촉매하며 이때 NADPH가 수소 공여체로 작용한다.

(3) 항산화능 분석

혈액이나 간 조직의 항산화 능력은 시험관 내 실험법에서 사용되는 ORAC 시험법, FRAP 시험법 또는 TEAC 시험법에 의해서 측정된다. 혈액의 경우 혈소판을 제거한 혈장을 사용하여 항산화 능력을 측정한다.

(4) GSH/GSSG

혈액이나 조직의 GSH/GSSG의 비율은 분석하고자 하는 시료에 의한 생체 내 항산화 활성을 잘 나타내 주는 지표이다. GSH/GSSG 비율은 고성능액체크로마토그래피법을 사용하거나 총 GSH와 GSSG를 측정하는 시험 키트를 사용하여 분석한다.

(5) 지질과산화물 분석

생체 내에서 발생되는 산화스트레스는 생체 구성 성분인 지질의 산화를 유도하여 지질과산화물을 생성하게 된다. 생성된 지질과산화물 중 말론다이알데하이드(malondialdehyde, MDA)를 분석하는 티오바비투르산(thiobarbituric acid, TBA) 시험법은 한 분자의 MDA와 두 분자의 TBA를 반응시킨 후 538 nm에서 흡광도를 측정함으로써 분석한다.

(6) Comet 시험법

Comet 시험법은 동물 또는 사람의 혈액을 가지고 분석하되 생체 외 시험법에서 사용하는 Comet 시험법에 준하여 실시한다.

3. 항산화 건강기능식품 및 효능[7]

1) 고시형 건강기능식품

(1) 영양소

① 베타-카로틴

분자량 537의 베타-카로틴(β-carotene)은 천연 카로티노이드(carotenoid)의 한 종류로 8개의 아이소프렌 단위(isoprene units)로 구성되어 있으며, 알파-카로틴의 이성질체이다. 비타민 A의 전구물질인 베타-카로틴은 섭취 시 장과 간에서 레티놀 → 비타민 A의 순으로 전환된다. 베타-카로틴은 녹황색채소(당근, 시금치 등)와 조류에 많이 함유되어 있다.

그림 4-2 • 베타-카로틴 함유 식품 당근

현재 「건강기능식품공전」에서 정하고 있는 베타-카로틴 제품은 합성 베타-카로틴을 원료로 사용하여서는 안 되며, 조류 추출 카로틴 함유 제품, 녹엽식물 추출 카로틴 함유 제품, 당근 추출 카로틴 함유 제품 등이 있다. 최종 제품의 베타-카로틴 함량은 2~50 mg/g으로 규정하고 있다.

베타-카로틴은 신체 보호의 기능을 하는 항산화제이다. 임상 시험 결과에 따르면 베타-카로틴은 구리에 의한 LDL-콜레스테롤 산화의 감소, 혈청 지질과산화물가 감소, DNA 사슬 절단과 림프세포에서 산화된 피리딘 염기의 감소, 호흡 시 펜

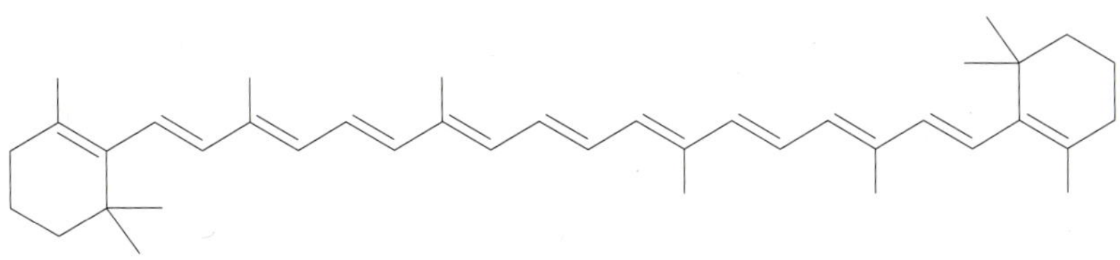

그림 4-3 • 베타-카로틴의 구조

탄(pentane) 감소, 혈청 MDA 감소, 적혈구 구리/아연-슈퍼옥사이드 변환효소의 활성 증가를 통해 항산화 활성을 보인다.

② 비타민 C

비타민 C는 6개의 탄소로 이루어진 락톤(lactone)이며, 환원형 아스코르브산과 산화형 데하이드로아스코르브산을 모두 포함한다. 식물 및 대부분의 동물은 비타민 C의 체내 합성이 가능하지만, 사람, 기니피그, 박쥐, 일부 조류 및 어류는 불가능하므로 반드시 식품의 형태로 섭취해야 한다.

아스코르브산은 에너지, 나트륨 의존성(sodium-dependent) 능동수송으로, 산화형인 데하이드로아스코르브산은 촉진확산에 의해 소장에서 흡수되어 각 조직으로 전달된다. 비타민 C의 섭취량이 증가하면 흡수율은 낮아지고 배설량은 증가하는 특성이 있다. 하루 30~180 mg 정도 섭취하면 약 79~90%가 흡수되지만, 섭취량이 1 g 이상으로 증가하면 흡수율은 50% 미만으로 감소된다. 현재까지의 연구 결과에 의하면 식품으로 섭취할 때와 영양보충제를 통해 섭취할 때의 비타민 C 흡수 정도는 유사하다. 세포와 혈액에서 비타민 C는 아스코르브산 형태로 존재하는데, 아스코르브산이 데하이드로아스코르브산으로 산화되면 다이케토글론산(diketogulonic acid), 옥살산(oxalic acid), 트레온산(threonic acid) 등으로 분해된다. 대사되지 않은 아스코르브산과 옥살산, 트레온산은 소변을 통해 배설된다. 비타민 C를 다량 섭취할 경우 이산화탄소로 대사되어 호흡을 통해 체외로 배출되기도 한다.

비타민 C의 항산화 활성은 활성산소종(reactive oxygen species, ROS)과 활성질소종(reactive nitrogen species, RNS) 등 자유라디칼을 제거하기 때문이다. 비타민 C 라디칼은 반감기가 5~10초로 다른 항산화제의 반감기에 비해 비교적 긴 편이다.

그림 4-4 • 비타민 C 함유 식품인 과일류

자연 식품에 함유된 비타민 C를 섭취하여 나타나는 위해 영향은 보고된 바 없으나 과량의 비타민 C 섭취는 일부 사람에게 오심, 구토, 복부 팽만감, 복통, 설사 등 주로 위장관 증상을 유발하기도 한다. 이 밖에도 요산 배설량 증가, 과도한 철분 흡수, 비타민 B_{12} 수준 저하 등이 보고되었다. 임산부의 경우 임신 중 과량의 비타민 C를 섭취하면 신생아에게 비타민 C 의존증을 유발시킨다는 사례 보고도 있다. 비타민 C 결핍은 결합조직의 콜라겐 합성을 저해하므로 괴혈병을 유발하며, 잇몸 부종 및 출혈, 피부 점상출혈 등이 나타난다. 비타민 C가 소량 부족하다면 만성피로, 코피, 가쁜 숨, 소화 장애, 우울증 등이 유발될 수 있지만 추가 섭취를 통해 쉽게 치유가 가능하다.

③ 비타민 E

자연계에는 비타민 E의 활성을 가진 화합물이 8가지 존재한다. 이 중 4가지는 α, β, γ, δ-토코페롤(tocopherol)이고, 나머지 4종류는 α, β, γ, δ-토코트라이에놀(tocotrienol)이다. 이 중 알파-토코페롤(α-tocopherol)의 생물학적 활성이 가장 크다. 비타민 E의 활성은 국제단위(international unit, IU) 또는 알파-토코페롤 당량(α-TE)으로 나타낸다.

그림 4-5 • 비타민 E 함유 식품인 식물성 기름

비타민 E는 콩, 옥수수, 목화씨, 해바라기씨 등의 식물성기름과 씨눈을 통해 섭취할 수 있다. 동물성 식품의 비타민 E는 대부분 알파-토코페롤의 형태이고, 식물성 식품은 여러 가지 이성질체를 함유한다. 섭취된 비타민 E의 약 30~50%가 흡수되며, 비타민 C와 마찬가지로 섭취량이 증가할수록 흡수율은 감소한다. 흡수 시에는 담즙과 췌장액이 필요하므로, 췌장에 이상이 생긴 낭포성 섬유종이나 담즙 울체성 간질환이 있을 경우에는 비타민 E 흡수가 감소될 수 있다.

비타민 E는 모든 조직에 존재하며, 각 조직에서 비타민 E는 주로 인지질과 함께 세포막에 위치한다. 혈액, 간, 신장과 비장에서는 빠르게 대사되고(반감기 5~7일), 지방 함량이 높은 조직에서는 비교적 천천히 대사된다. 대사 결과 알파-토코페론산(α-tocopheronic acid), 알파-토코페로노락톤(α-tocopheronolactone)과 2,5,7,8-tetramethyl-2-(2′-carboxy ethyl)-6-hydroxychroman(α-CEHC)이 소변으로 배설된다. 그러나 흡수되지 못한 상당량의 비타민 E는 대변으로 배설된다.

비타민 E는 세포막을 구성하는 불포화지방산의 과산화를 막음으로써 항산화 효과를 나타낸다. 다가불포화지방산은 세포에서 만들어진 자유라디칼에 의해 쉽게 산화되는

데, 알파-토코페롤은 이러한 산화 과정을 중단시키고 자유라디칼을 제거한다. 비타민 E가 부족하면 세포가 손상되어 적혈구의 용혈 현상이나 근육 및 신경세포 손상을 일으킬 수 있다.

④ 구리

전이금속인 구리는 생체 내에서 산화형인 Cu^{2+} 또는 환원형인 Cu^{+}의 형태로 존재하며 상호 전환이 가능하다. 구리는 주로 소장 및 위에서 흡수되며 섭취량이 적을 때는 능동 흡수, 섭취량이 많을 때는 확산에 의해 흡수된다. 구리는 견과류, 콩류, 곡류 배아, 간, 초콜릿, 버섯, 말린 과일, 바나나, 토마토, 포도, 감자를 통해 섭취할 수 있으며, 우리나라 남녀 성인의 평균필요량은 600 μg/일이고 권장섭취량은 800 μg/일이다.

구리는 철분의 흡수와 이용을 돕는다. 철분이 소장 세포막을 통과하려면 Fe^{3+}이 되어야 하는데, 구리가 주성분인 셀룰로플라스민(ceruloplasmin)이라는 단백질은 Fe^{2+}을 Fe^{3+}으로 산화시킨다. 또한 구리는 Cu, Zn-슈퍼옥사이드 변환효소에 결합하여 세포의 산화적 손상을 막아 준다.

구리가 부족하면 철의 이용률이 감소하므로 적혈구 합성 저하 등으로 인한 빈혈이 발생한다. 태아 및 신생아의 구리 결핍은 신경 장애 또는 골다공증을 유발하고, 성인의 경우 혈중 콜레스테롤이 증가하는 것으로 보고되어 있다.

그림 4-6 • 구리 함유 식품인 견과류(호두, 잣, 밤 등)

⑤ 셀레늄

셀레늄은 조직에 셀레노메티오닌(selenomethionine)과 셀레노시스테인(selenocysteine)의 형태로 존재하며, 셀레늄을 포함하는 단백질의 구성 성분으로 혈장에 존재한다. 우리나라 성인의 셀레늄 평균필요량은 50 μg/일이며, 권장섭취량은 60 μg/일이다.

셀레늄은 육류, 해산물, 곡류, 견과류 등을 통해 섭취할 수 있다. 육류의 내장과 해산

그림 4-7 • 셀레늄 함유 식품인 해산물(게, 조개, 다랑어 등)

물에는 셀레늄이 0.4~1.5 μg/g 포함되어 있으며, 곡류 및 식물성 식품에 함유되어 있는 셀레늄은 식물이 자란 토양의 셀레늄 함유량에 따라 달라진다.

셀레늄은 흡수가 잘되는 영양소로, 생체이용률은 철분이나 아연의 생체이용률보다 훨씬 높다. 흡수 시 셀레늄을 함유하고 있는 효소의 구성 성분으로 기능하는데, 대표적으로 글루타티온 과산화효소, 티오레독신(thioredoxin), 셀레늄단백질 P, 요오드타이로닌 탈요오드화효소(iodothyronine deiodinase) 등이 있다. 글루타티온 과산화효소와 티오레독신은 체내에서 생산된 과산화수소를 분해하여 항산화 활성을 갖는다. 셀레늄단백질 P는 아직 확실한 기능이 밝혀지지 않았으나 항산화 기능을 하는 것으로 추정된다.

셀레늄이 결핍되면 근육통, 근육 소모, 심근증 등이 나타난다. 셀레늄의 부족증으로 알려져 있는 케산병은 중국 어린이 및 젊은 여성에서 나타나는 풍토성 심장근육 질환으로 급성인 경우 심장 기능 약화가 나타나고, 만성인 경우 심장비대와 함께 심장 기능 이상이 나타난다.

⑥ 망간

망간은 어패류, 땅콩, 종실류, 녹차 등에 다량 함유되어 있으며, 대개의 동물성 식품은 망간을 거의 함유하지 않는다. 섭취 시 망간은 주로 세포 내 미토콘드리아에 존재하기 때문에 간, 신장, 췌장 등 미토콘드리아가 많은 조직에 풍부하게 들어 있다. 망간은 소장에서 흡수되며, 식물성 식품 중의 망간 체내 흡수율은 밀 1.7%, 시금치 3.8%, 상추 5.2%로 대체로 5% 미만이다. 반면 $MnCl_2$의 형태로 섭취했을 때는 흡수율이 7~10%로 높아진다. 흡수된 망간은 α_2-마크로글로불린(α_2-macroglobulin) 또는 알부민과 결합하여 간으로 운반된다. 이 중 일부는 Mn^{3+}로 산화되어 혈장 운반 단백질인 트랜스페린(transferrin)에 결합하여 조직으로 이동하기도 한다.

그림 4-8 • 망간 함유 식품 땅콩

망간은 대부분 담즙을 통해 대변으로 배설된다.

망간을 함유하는 효소에는 아르지네이스(arginase), 글루타민 합성효소(glutamine synthetase), 포스포에놀피루브산 탈탄산효소(phosphoenolpyruvate decarboxylase), 망간-슈퍼옥사이드 변환효소 등이 있다. 슈퍼옥사이드 변환효소는 슈퍼옥사이드 라디칼을 파괴하는 작용을 하여 지질의 과산화를 방지한다. 아르지네이스는 요소 형성 반응을 촉매한다. 글루타민 합성효소는 체내에서 암모니아를 제거하는 반응을 촉진시킨다.

일상적인 식사를 하는 건강한 사람에서는 망간 결핍증이 보고된 바 없다. 하지만 망간이 결핍되면 골격 발달 저해, 성장 지연, 생식 기능 저하, 탄수화물 및 지질 대사 변화가 초래된다.

(2) 페놀류

① 녹차 추출물

녹차는 국내외에서 널리 음용되고 있으며, 우리나라에는 신라시대에 처음으로 도입되었다. 녹차의 물 또는 주정추출물은 식품으로 사용될 뿐만 아니라 산화방지제 및 식품첨가물로도 허용되어 있다. 특히 차에서 추출한 카테킨(함량 : 70~110%)은 '차카테킨'으로 식품첨가물로 허용되어 있다.

그림 4-9 • 찻잎

카테킨은 녹차의 대표적인 항산화 성분이며, 폴리페놀 화합물의 일종으로 특유의 쓴맛을 가지고 있다. 다양한 성분이 녹차 주정추출물 안에 존재하는데, 이 중 epigallocatechin gallate(EGCG)가 가장 많이 포함되고 있으며 생리활성 또한 가장 높다. 녹차 또는 녹차 추출물을 섭취시킨 후 체내 함량을 살펴본 결과, 단량체 카테킨(monomeric catechin)이 가장 많았고 EGCG의 생물학적 유용성이 가장 높았다.

임상 시험 결과에 따르면 녹차 추출물 섭취 시 흡연자와 비흡연자의 혈장 항산화능이 증가되었다. 하루에 2~3잔의 녹차를 마시는 군과 그렇지 않은 군으로 나누어 6개월 동안 관찰한 결과, 녹차를 정기적으로 마시는 군의 세포핵 손상 정도가 감소하였다. 또한 150, 300, 450 mL의 녹차를 마셨을 때 혈장 총항산화능이 농도 의존적으로 증가하였다. 건강한 비흡연자를 대상으로 300 mL를 섭취시킨 경우 혈장의 철 환원력(ferric reducing ability)이 증가되었다.

식품의약품안전처에서 권장하는 하루 섭취량은 녹차 2~7.9 g(160~1,975 mg 카테킨에 해당), 녹차 추출물 중 카테킨 200~630 mg으로, 하루 섭취량은 카테킨 300~1,000 mg으로 설정한다. 이는 녹차 3~20잔/일 정도에 해당한다.

② 프로폴리스 추출물

프로폴리스(propolis)는 꿀벌에 의해 채집된 화분 및 식물의 수액과 꿀벌의 분비물이 혼합되어 만들어진 것으로 수지, 밀납, 방향유, 유기산류 등으로 이루어져 있는 수지 상태의 물질이다. 꿀벌은 벌집의 틈에 프로폴리스를 발라 병균이나 바이러스로부터 스스로를 보호한다. 1965년 프랑스의 레미 쇼방(Remy Chauvin)이 꿀벌의 몸에 박테리아가 거의 없다는 사실을 관찰한 후 연구를 통해 프로폴리스가 항생물질임을 밝혀냈다.

건강기능식품으로 사용되는 프로폴리스 추출물은 프로폴리스에서 왁스를 제거한 후 물, 주정, 또는 이산화탄소를 이용하여 추출해서 식용에 적합하도록 만든 것이다. 총 1% 이상의 플라보노이드를 함유해야 하며, 파라-쿠마르산(ρ-coumaric acid) 및 계피산(cinnamic acid)이 존재해야 한다. 반면 다이에틸렌글리콜은 없어야 한다.

여러 연구자의 연구 결과 시험관 내 실험에서 프로폴리스 추출물의 항산화 활성을 확인하였다. 또한 쥐에게 산화 손상을 유도하면서 식이에 프로폴리스를 포함시켜 항산화 효과를 관찰한 결과 적혈구의 슈퍼옥사이드 변환효소 활성을 유의적으로 증가시켰다. 실제로 건강한 성인에게 하루에 총플라보노이드 16.25 mg에 해당하는 프로폴리스를 섭취하게 한 결과 지질과산화물이 감소하고 혈장의 슈퍼옥사이드 변환효소 활성이 증가하였다.

일부 문헌에 의하면 프로폴리스가 점막 염증 또는 궤양을 일으켜 천식 등의 과민반응을 일으킬 수 있다고 한다. 따라서 천식이 있는 사람은 프로폴리스 섭취를 피하는 것이 바람직하며, 벌꿀에 알레르기가 있는 사람도 섭취에 주의해야 한다.

③ 코엔자임 Q_{10}

코엔자임 Q_{10}은 세포 기능을 유지하기 위한 대사물질로 나이가 들수록 또는 만성질환이 있는 경우에 그 양이 감소된다. 이를 보충 섭취하면 그 수준이 증가됨이 보고되었으나, 코엔자임 Q_{10}이 직접적으로 노화나 만성질환에 도움이 된다는 보고는 없다. 코엔자임 Q_{10}은 유비퀴놀(ubiquinol)을 생산하는 미생물 발효 또는 화학적 합성을 통해 만들 수 있다. 현재까지 동물 실험과 시험관 실험을 통해 저밀도지단백질(low density lipoprotein, LDL)의 산화에 대한 보호 작용이 알려져 있으며, 실제 코엔자임 Q_{10}을 보충 섭취한 성인의 혈중에 코엔자임 Q_{10}의 양과 항산화 지표가 증가함을 확인하였다.

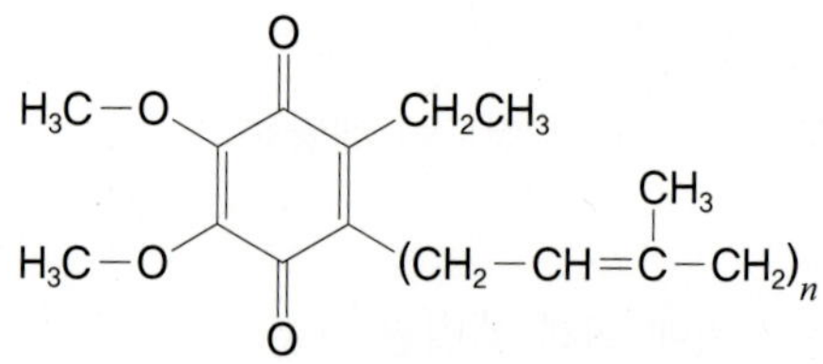

그림 4-10 • 코엔자임 Q_{10}의 구조

따라서 "항산화에 도움을 줄 수 있습니다"로 기능성을 인정받았으나 인체 적용 연구 자료의 부족으로 인정 등급은 '생리활성기능 2등급'에 해당한다. 코엔자임 Q_{10}의 안정성과 기능성을 위한 하루 섭취량은 90~100 mg이다.

(3) 터펜류

① 엽록소 함유 식물

엽록소는 대부분의 식물 및 조류(algae)에서 발견되는 녹색 색소이며, 그 종류로는 엽록소 a, b, c1, c2, d 등이 있다. 그중 가장 보편적인 엽록소는 a와 b이다. 엽록소는 식물의 광합성 작용에서 태양의 빛에너지를 흡수하여 화학에너지의 형태로 바꾸는 중요한 역할을 한다.

엽록소 함유 건강기능식품은 맥류약엽, 알팔파, 엽록소 함유 식용 해조류 및 기타 단일식물을 그대로 사용하거나 이를 착즙·건조하여 식용에 적합하도록 만들어야 한다.

시험관 내 실험에서 엽록소 a, b는 과산화수소로 유발된 DNA 손상을 용량 의존적으로 감소시킨다. 또한 엽록소를 함유한 클로렐라와 스피루리나를 6주 동안 섭취한 결과 혈장 내 항산화 비타민(vitamin C, α-tocopherol)의 수준, 적혈구의 항산화효소인 카탈레이스, 슈퍼옥사이드 변환효소의 활성이 섭취 전과 비교하여 유의적으로 증가하였다. 이러한 효소들이 세포 내에서 활성산소와 지질 과산화물을 제거하여 자유라디칼로 인한 피해로부터 세포를 보호해 준다.

하루 섭취량은 임상 시험에서의 섭취량을 고려하여 총엽록소 8~150 mg로 설정한다. 엽록소 섭취에 대하여 보고된 부작용은 없으나 제시된 섭취량 이상으로 과도하게 섭취하는 것은 바람직하지 않다.

② 클로렐라

클로렐라는 지름 10 μm 이하의 구형 또는 타원형의 단세포로, 1개의 핵과 1개의 엽록소로 이루어져 있다. 클로렐라 원재료를 이용하여 기능성 원료를 제조하였을 때 엽록소 함량은 보통 0.6~25.0 mg/g 정도이다. 원료에 따라 기능 성분인 총엽록소의 함량 기준은 다를 수 있으나, 공통적으로 엽록소의 분해산물인 총페오포바이드(pheophorbide)는 0.1% 이하로 관리해야 한다.

클로렐라는 활성산소 등 자유라디칼 생성을 저해하는 항산화 활성을 보인다. 쥐에게 산화적 손상을 유도하기 위한 고지방식이와 함께 클로렐라를 섭취하도록 하였을 때, 간 조직 내의 GSH가 유의적으로 감소하는 것을 확인하였다. 앞서 '엽록소 함유 식물'에서 제시한 결과 또한 클로렐라의 항산화능을 증명하는 것이며, 쥐에게 동맥경화 유발 식이와 함께 클로렐라를 섭취시킨 경우 간의 Cu-, Zn-슈퍼옥사이드 변환효소와 카탈레이스의 활성도가 대조군에 비하여 상승하였다는 결과도 있다. 클로렐라 등 엽록소 함유 식물 섭취는 직접적인 항산화작용뿐만 아니라 항산화효소 활성을 촉진시킴으로써 세포 내 산화스트레스 감소에 도움을 줄 수 있다고 판단할 수 있다.

하루 섭취량은 총엽록소 기준 8~150 mg로 설정한다.

③ 스피루리나

스피루리나는 남조류의 일종으로 카로티노이드 등의 색소와 리놀렌산 등의 필수지방산이 풍부하다. 스피루리나를 원재료로 하여 제조하였을 경우에는 총엽록소가 0.5% 이상 함유되어 있는 것을 기준 규격으로 한다. 위와 같은 원재료들을 이용하여 기능성 원료를 제조하였을 때 엽록소 함량은 보통 0.6~25.0 mg/g 정도이다. 원료에 따라 기능 성분인 총엽록소의 함량 기준은 다를 수 있으나, 엽록소의 분해산물인 총페오포바이드는 0.1% 이하로 관리해야 한다.

스피루리나의 기능성 분석 결과 항산화작용과 피부 건강에 도움을 줄 수 있을 것으로 판단된다. 앞서 '엽록소 함유 식물'에서 제시한 결과가 스피루리나의 항산화능을 증명한다.

하루 섭취량은 총엽록소 기준 8~150 mg로 설정한다.

2) 개별인정형 건강기능식품

(1) 끼꼬망 포도종자 추출물

포도종자 추출물의 기능 성분은 프로안토시아니딘(proanthocyanidin)이며, 기반 연구를 통해 항산화 활성을 보임을 확인하였다. 인체 적용 연구를 통해 포도종자 추출물을 섭취했을 때 프로안토시아니딘 성분이 혈중에 존재함을 확인하였다. 포도종자 추출물은 포도씨를 물과 주정으로 추출 후 효모 처리하여 제조한다. 포도종자 추출물은 혈액의 항산화 지표를 개선시키는 것이 확인되었다. 따라서 포도종자 추출물은 "인체의 항산화능 증진에 도움을 줄 수 있습니다"로 기능성을 인정받았다. 인정 등급은 기반 연구, 인체 적용 연구와 보충 효과 비교 연구의 결과가 일관되지만 근거 자료의 부족으로 '생리활성기능 2등급'에 해당한다. 포도종자 추출물의 안전성과 기능성을 고려한 하루 섭취량은 포도종자 추출물로 200~300 mg이다.

(2) 피크노제놀 : 프랑스 해안송껍질 추출물

피크노제놀(pycnogenol)은 프랑스 해안송(*Pinus pinaster*) 껍질을 주정추출 후 농축하고 막 여과 분리 및 건조시켜 만든 원료이며, 기능 성분은 프로시아니딘(procyanidin)이다. 현재까지 동물 실험과 시험관 실험을 통해 피크노제놀이 항산화 관련 효소의 활성을 증가시킴을 확인하였다. 실제 피크노제놀을 섭취한 건강한 사람의 항산화 활성이 증가함을 확인하였고, 흡연하는 사람이 피크노제놀을 섭취했을 때 혈소판 응집이 감소됨을 확인하였다. 따라서 피크노제놀은 "인체의 유해한 활성산소를 제거하는 데 도움을 줄 수 있습니다"로 기능성 인정을 받았다. 인정 등급은 인체 적용 연구의 결과들이 일관성을 보이지만 기반 연구의 부족으로 '생리활성기능 2등급'에 해당하며, 피크노제놀의 안정성과 기능성을 감안하여 하루 섭취량은 100~300 mg이다.

(3) 복분자 주정추출 폴리페놀 EA108

복분자는 장미과에 속하는 딸기나무로 복분자 주정추출물의 지표 성분은 엘라그산(ellagic acid)이며 복분자 열매(*Rubus coreanus*)를 주재료로 하여 주정추출 후 여과, 농축하여 만든다. "항산화능 증진에 도움을 줄 수 있으나 임상 시험에서의 확인이 필요합니다"로 기능성을 인정받았다. 인정 등급은 시험관 내 실험 및 동물 실험에서 자유라디칼 제거능과 지방산화 감소능이 뛰어나며 항산화 효능을 가진 것으로 확인되었으나 임상 시험의 결과가 부족하여 '생리활성기능 3등급'에 해당한다.

(4) 유니벡스 대나무잎 추출물

대나무는 외떡잎식물로 열대 지방 중 특히 아시아의 계절풍 지대에 흔하며, 대나무잎은 예부터 염증 치료 및 해열, 뇌졸중에 효능이 있다고 알려져 있다. 대나무잎 추출물의 지표 성분은 트리신(tricin)과 파라-쿠마르산으로 대나무잎을 주정추출, 농축하여 만든다.

대나무잎 추출물은 항산화물질이 풍부하며 다양한 아미노산, 비타민, 미네랄 등을 함유하고 있어 항산화, 고혈압, 동맥경화, 항당뇨, 항노화에 효능이 있어 "혈중 콜레스테롤 및 지질 조절, 항산화 효과에 도움을 줄 수 있으나 임상 시험을 통한 확인이 필요합니다"로 기능성을 인정받았다. 시험관 실험 및 동물 실험에서 혈중 콜레스테롤과 중성지방을 감소시키며 항산화 효능이 있는 것으로 확인되었으나 인체 시험 결과가 부족하여 '생리활성기능 3등급'에 해당한다. 임산부, 수유부 여성은 섭취 시 주의가 필요하다.

그림 4-11 • 대나무잎

표 4-4 • 항산화 관련 고시형 건강기능식품의 분류

구분	원료명	함유 식품
영양소	베타-카로틴	녹황색채소(당근, 시금치), 조류
	비타민 C	과일(딸기, 오렌지, 레몬), 채소(양배추, 시금치, 브로콜리)
	비타민 E	식물성 기름(콩, 옥수수, 목화씨, 해바라기씨), 씨눈, 녹색채소
	구리	패류, 견과류, 콩류, 곡류 배아, 간
	셀레늄	육류, 곡류, 견과류
	망간	어패류, 땅콩, 종실류, 녹차
페놀류	녹차 추출물	녹차
	프로폴리스 추출물	프로폴리스
	코엔자임 Q_{10}	등푸른생선, 땅콩, 시금치
터핀류	엽록소 함유 식물	맥류약엽, 알팔파, 해조류
	클로렐라	클로렐라
	스피루리나	스피루리나

표 4-5 • 항산화 관련 개별인정형 건강기능식품의 분류[8]

원료명	기능(지표) 성분	인정 등급
끼꼬망 포도종자 추출물	프로안토시아니딘(proanthocyanidin)	생리활성기능 2등급
피크노제놀(picnogenol) : 프랑스 해안송껍질 추출물	프로시아니딘(procyanidin)	생리활성기능 2등급

(계속)

원료명	기능(지표) 성분	인정 등급
복분자 주정추출 폴리페놀 EA108	엘라그산(ellagic acid)	생리활성기능 3등급
메론 추출물	슈퍼옥사이드 디스뮤테이즈 (SOD)	생리활성기능 2등급
토마토 추출물	올-트랜스-라이코펜((all-trans)-lycopene)	생리활성기능 2등급
유니벡스 대나무잎 추출물	트리신(tricin), 파라-쿠마르산(ρ-coumaric acid)	생리활성기능 3등급
비즈왁스알코올	1-tetracosanol(C24), 1-hexacosanol(C26), 1-octacosanol(C28), 1-triacotanol(C30), 1-dotriacotanol(C32), 1-tetratriacontanol(C34)	생리활성기능 2등급
유비퀴놀	유비퀴놀(Ubiquinol)	생리활성기능 3등급

참고문헌

1 Barry Halliwell and John M.C. Gutteridge,Free radicals in biology and medicine, Oxford University Press, 1999

2 건강기능식품의 기능성 시험 가이드(I), 식품의약품안전처, 2012

3 Wulf Droge, Free radicals in the physiological control of cell function,Physiology Review 82: 47-95, 2002

4 Prior R.L. et al., Standardized methods for the determination of antioxifnat capacity and phenolics in foods and dietary supplements,Journal of Agricultural and Food Chemistry 53: 4290-4302, 2005

5 Wolfe K.L. et al., Cellular antioxidant activity (CAA) assay for assessing antioxidants, foods, and dietary supplements, Journal of Agricultural and Food Chemistry 55: 8896-8907, 2007

6 Cemeli E. et al., Antioxidants and the comet assay,Mutation Research 681: 51-67, 2009

7 김병태, 건강기능식품 기능성 표시·광고 가이드라인, 식품의약품안전청, 2009

8 식품의약품안전처, 건강기능식품 기능성 원료 인정 현황, 2016년 12월

피부미용 개선

1. 피부미용의 정의 및 개요

일반적으로 피부미용은 물리적·화학적 방법을 통해 피부의 신진대사 및 생리 활성을 촉진시키고 영양을 공급하여 건강하고 아름다운 피부로 관리하는 행위를 말한다. 기능성 화장품의 경우 우리나라 「화장품법」에서는 피부의 미백에 도움을 주는 제품(미백 화장품), 피부의 주름 개선에 도움을 주는 제품(주름 개선 화장품), 피부를 곱게 태워 주거나 자외선으로부터 피부를 보호하는 데 도움을 주는 제품(자외선 차단 화장품)으로 정의한다. 따라서 피부미용 개선을 위한 기능성 식품을 개발하는 데 있어서도 위의 주요 기능을 목표로 하는 것이 유용하다.

사람들이 피부미용에 관심을 가지는 가장 큰 이유는 피부 노화 때문이다. 피부 노화의 원인은 두 가지로 구분된다. 나이에 따라 진행되는 내인성 노화(intrinsic aging, 자연노화)와 자외선에 의하여 진행되는 외인성 노화(extrinsic aging, 광노화)이다. 이 두 가지의 피부 노화는 쉽게 구분이 가능하다. 내인성 노화의 경우는 잔주름이 다수 생기는 반면 외인성 노화의 경우 깊은 주름이 적은 개수로 발생한다. 이는 육안으로도 쉽게 구별된다.

피부는 신체를 덮고 있는 기관으로 외부 환경과 신체를 구분하고 신체를 외부 환경으로부터 보호하는 역할을 담당한다. 피부는 성인 기준으로 약 1.6 m^2 정도의 면적과 약 9 kg 정도의 무게를 가지고 있다. 피부 두께는 연령, 성별, 부위에 따라 차이를 보이며, 일반적으로 남성 피부가 여성보다 두껍지만 여성의 피부가 지방층은 더 두껍게 형

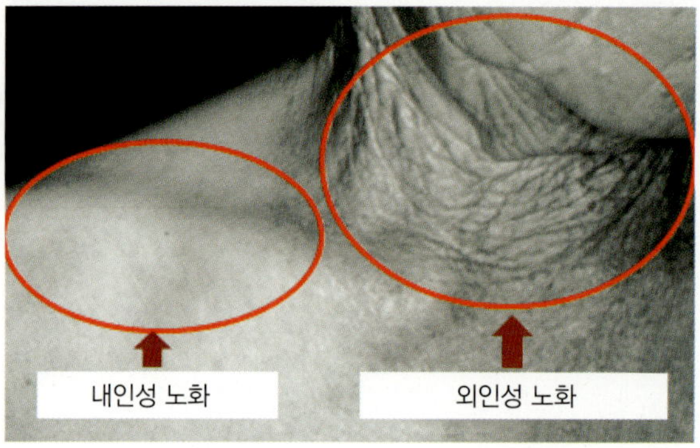

그림 5-1 • 내인성 노화와 외인성 노화의 차이[1]

표 5-1 • 내인성 노화와 외인성 노화의 비교[2]

구분	항목	내인성 노화에 따른 현상	외인성 노화에 따른 현상
표피의 변화	표피의 두께	• 얇아짐	• 두꺼워짐
	각질세포	• 균일한 세포 • 규칙적인 세포 배열 • 극성이 존재 • 위축됨 • 멜라노솜이 균일하게 분산	• 다양한 세포(부정형) • 불규칙적인 세포 배열 • 극성이 소실 • 비대해짐 • 다양한 멜라노솜
	멜라닌세포	• 세포 수 감소 • 균일한 세포 • 멜라노솜 생산 불안정	• 세포 수 증가 • 불규칙한 세포 • 멜라노솜 생산 증가
	랑게르한스세포	• 세포 수 약하게 감소 • 정상적인 세포	• 세포 수 명백히 감소 • 다양한 세포
진피의 변화	글리코사미노글리칸	• 약하게 감소	• 명백히 감소
	탄력섬유조직	• 정상적인 증가 • 세포가 규칙적으로 배열	• 매우 증가 • 변성된 부정형 덩어리 감소
	콜라겐	• 섬유속 굵고 방향성 없음	• 섬유속과 섬유 감소
	망상진피 섬유아세포 비만세포 염증세포	• 얇아짐 • 감소, 불활성화 • 감소 • 염증성 세포 없음	• 비후성 탄력섬유 증상 • 증가, 활성화 • 증가 • 염증성 세포 침윤
	유두진피	• 새로운 콜라겐 grenz zone 없음	• 새로운 콜라겐 grenz zone 있음
	모세혈관	• 중간 정도 감소 • 정상적인 혈관 • 모세혈관 확장 증상 없음	• 명확히 감소 • 비정상적인 혈관 • 모세혈관 확장 증상 있음
	림프관	• 중간 정도 감소	• 대부분 손실

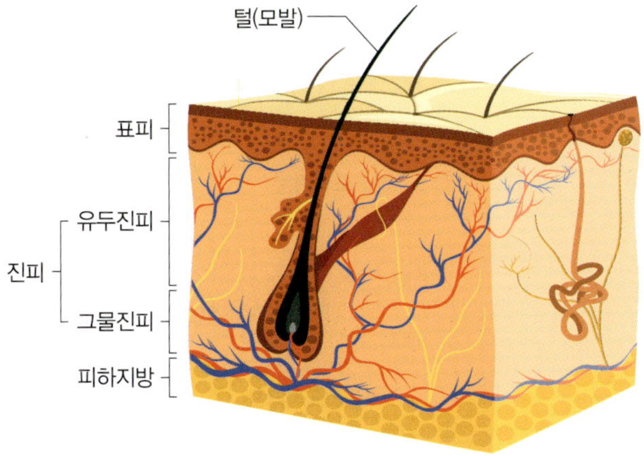

그림 5-2 • 피부의 구조[3]

성하고 있다. 피부는 표면부터 순서대로 표피, 진피, 피하조직의 세 개 층으로 크게 구분된다(그림 5-2).

표피는 세포가 촘촘히 포개어져 쌓인 층으로 두께가 약 0.1~0.3 mm 정도이다. 표피는 바깥쪽에서부터 각질층(stratum corneum), 과립층(stratum granulosum), 유극층(stratum spinosum), 기저층(stratum basale)으로 구성된다. 표피의 유극층에는 이물질의 침입에 대한 방어기구인 면역반응에 관여하는 랑게르한스세포(Langerhans' cell)가 존재하고, 기저층에는 각질을 만드는 각질세포(keratinocytc)와 멜라닌 색소를 합성하는 멜라닌세포(melanocyte)가 존재한다. 멜라닌 색소의 합성은 그림 5-3에서 나타낸 것처럼 타이로신이 타이로시네이스라는 효소에 의해 도파(dihydroxyphenylalanine, DOPA), 도파퀴논(DOPA quinone)으로 산화되어 이루어지며, 검은색 또는 다갈색의 유멜라닌 또는 황적색의 페오멜라닌으로 합성된다.

반면, 진피는 대부분 섬유아세포(fibroblast)로 구성되어 있고 이 섬유아세포는 피부조직을 구성하는 세포외기질(extracellular matrix, ECM)을 생산하는 역할을 한다. 세포외기질에는 글리코사미노글리칸(glycosaminoglycan)과 히알루론산(hyaluronic acid)이라는 다당류와 섬유상 단백질인 콜라겐(collagen), 엘라스틴(elastin) 등이 존재한다. 콜라겐은 피부조직의 형태를 유지하는 작용을 하고, 엘라스틴은 피부조직의 탄성력을 갖게 해준다.

세포외기질은 피부 탄력과 형태에 매우 중요한데 이는 matrix metalloproteinases

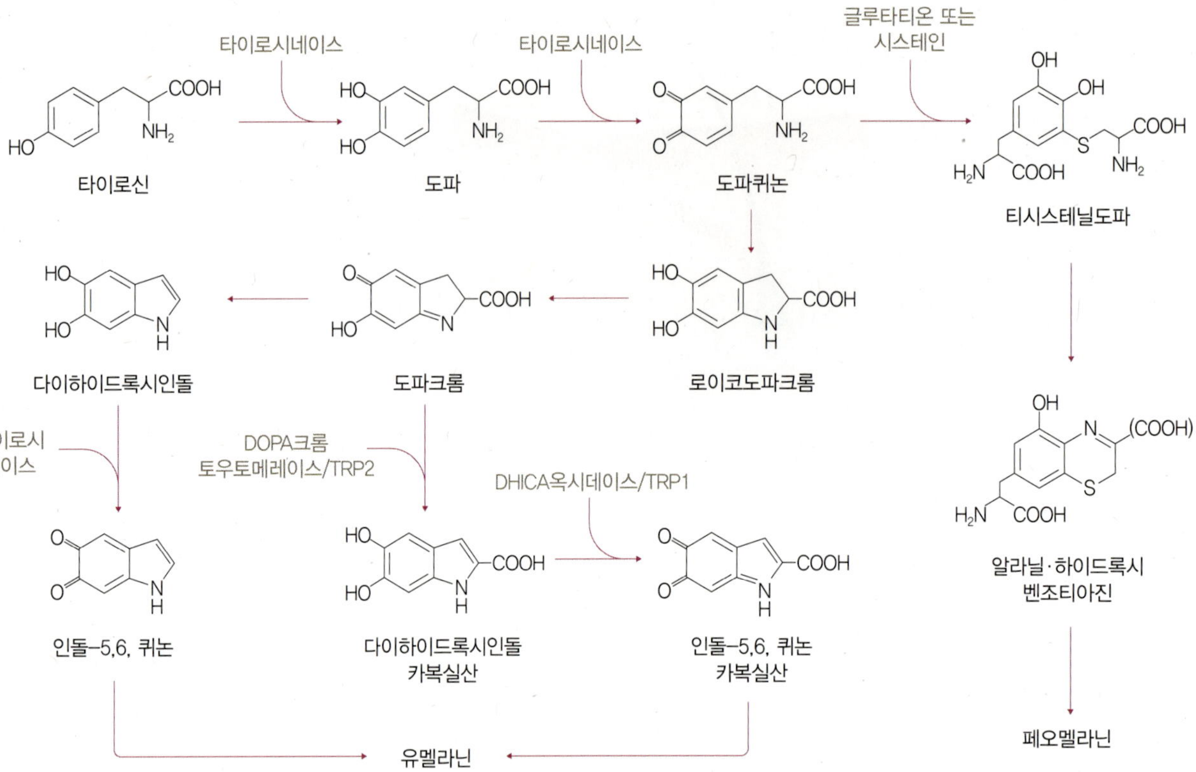

그림 5-3 • 멜라닌 합성 경로[4]

(MMPs)라는 분해효소에 의하여 분해된다. MMP는 각각 분해할 수 있는 기질이 다양하며 그에 따라 여러 종류로 구분된다. 예를 들어 콜라겐을 분해하는 기질을 가지는 분해효소는 MMP-1이며 과발현되면 피부 내 콜라겐이 분해되어 피부조직의 형태가 무너지고 주름이 생성된다. 이는 지속적인 자외선 노출에 따른 활성산소 발생에 의하여 MMP-1의 발현이 촉진되어 발생하는 대표적인 외인성 노화 현상이라 할 수 있다.

표피의 기저층에 존재하는 멜라닌세포에 의한 멜라닌의 과도한 형성은 피부 노화를 일으키는 주요 원인 중 하나인 색소 침착을 일으킨다. 이 역시 염증, 자외선 등 외부의 여러 자극에 의해서 발생할 수 있다.

표피 각질층의 수분에 의해 유지되는 피부 보습은 피부 노화를 결정하는 또 다른 요인이 되는데 피부의 수분량은 피부 노화와 밀접한 연관이 있다. 일반적으로 표피의 각질층은 약 15~30% 정도의 수분을 함유하고 있으나 수분이 10% 미만이 되면 피부가 건조해져 주름이 쉽게 형성된다. '자연 보습 인자(natural moisturizing factor)'라는 수용

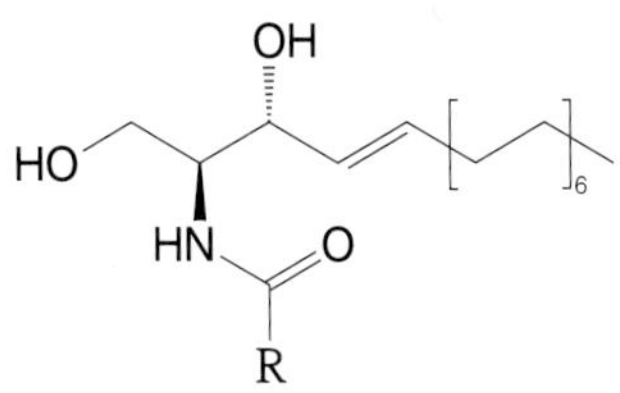

그림 5-4 • 세라마이드의 구조

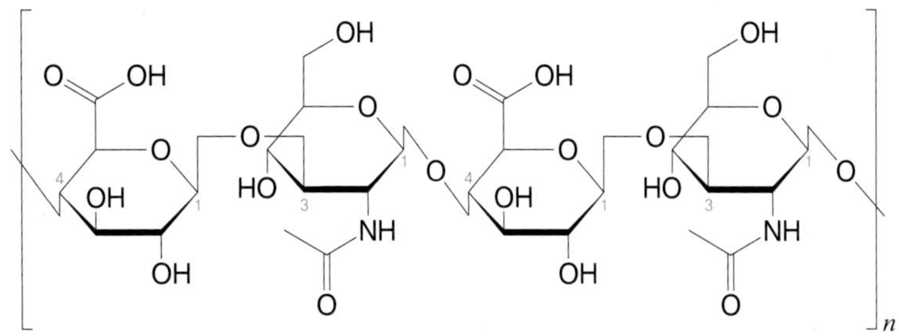

그림 5-5 • 히알루론산의 구조

성 성분은 표피의 각질층과 피지막에 존재하며, 피부의 수분 함량을 결정하는 중요한 인자이다.

현재 산업계에서 가장 많이 이용되고 있는 피부 보습 인자는 세라마이드(ceramide)와 히알루론산이다. 세라마이드는 각질세포 간 지질의 일종으로 피부의 수분을 유지시키고 외부의 자극으로부터 피부를 보호하여 화장품산업뿐만 아니라 아토피(atopic dermatitis) 및 건선(psoriasis)의 치료 및 증상 완화 제품으로도 많이 이용되고 있다. 히알루론산은 피부의 천연 보습 인자로서 콜라겐섬유와 탄력섬유 사이의 빈 공간을 채우는 역할을 하여 피부의 보습 기능을 담당한다. 히알루론산은 피부뿐만 아니라 연골과 안구의 유리체액, 관절의 윤활액에 존재하며 피부에서는 표피세포와 섬유아세포에 의하여 합성된다. 인체에는 총 7~8 g의 히알루론산이 존재하며 이 중 절반 정도가 피부에 존재한다고 알려져 있다.

현재 피부미용에 관한 건강기능식품에 대한 인식은 미미한 실정인 데 반하여, 기능성 화장품의 경우 피부로 사용감을 경험할 수 있다는 점에서 주목을 받고 있어 기능성 화장품산업은 크게 발전하고 있다. 하지만 피부를 통한 기능성 물질의 흡수에는 한계가 있으나, 섭취를 통해 기능성 물질이 피부층에 도달할 수 있다는 효과를 입증하는 연구들이 제시되면서 피부미용 건강기능식품에 대한 관심은 꾸준히 높아지고 있다. 물론 어떤 물질이 섭취를 통해 피부층까지 도달할 수 있는지, 섭취 시 부작용은 없는지 등에 대한 연구가 선행되어야 할 것이다. 실제 건강한 신체에서 건강한 피부가 형성되기에 기능성 식품을 통한 피부미용 개선은 꾸준한 연구를 바탕으로 성장할 것이라 전망된다.

2. 기능성 평가 방법

1) 시험관 내 실험

(1) 피부 주름 관련 시험법

피부 주름 관련 효능 평가의 시험관 내 실험법은 인체 피부세포 배양을 통한 방법이 추천된다. 효능을 평가하려는 물질을 배양된 피부세포에 처리하여 비교군과 대조군에서 세포외기질 중 콜라겐의 합성량을 측정하는 방법, 또는 MMPs 발현 억제 효과를 측정하기 위해 Northern blot analysis, Western blot analysis, RT-PCR, ELISA 방법 등이 이용된다. 과도한 MMPs의 발현은 콜라겐의 합성을 저해하므로 MMPs의 발현을 억제하는 효과가 있는 물질이 피부 주름 개선에 효능을 가질 수 있다.

(2) 피부 미백 관련 시험법

피부 미백 관련 효능 평가의 시험관 내 실험법은 인간 유래 정상 멜라닌세포(normal human melanocyte) 또는 멜라닌 생합성을 할 수 있는 흑색종(melanoma)을 이용해 이루어진다. 타이로시네이스는 멜라닌 합성에 있어 매우 중요한 효소이며 이로 인해 발생한 도파 또는 도파크롬(DOPA chrome) 생성량을 비교하여 평가 물질의 효소 활성 억제 효능을 확인할 수 있다.

(3) 피부 보습 관련 시험법

시험관 내 실험법으로 보습 관련 효능을 확인하기 위한 세포로는 정상 각질세포를 사용하는 것이 일반적으로 제시된다. 측정 가능한 마커로는 [^{14}C]Serine이 있지만 실제로 세포 내에 존재하는 절대량이 적기 때문에 시험관 내 실험을 통한 보습 인자 측정은 용이하지 않다.

2) 동물 실험 및 임상 시험

(1) 피부 주름 관련 시험법

주름 관련 동물 실험에는 누드 마우스가 사용되는데 자외선을 이용하여 주름을 생성하고 이후 시험물질을 경구 투여하여 대조군과 비교함으로써 효능을 검증하게 된다. 레플리카(replica) 방법을 통해 주름 개선 정도를 비교하는 방법과 실험동물의 조직 생검을 통해 H&E염색법(Hematoxylin & Eosin staining, H&E staining)으로 피부조직학적 특징을 대조군과 비교 분석하는 방법도 추천된다.

임상 시험법으로는 주름살이 심한 자원자를 통한 시험이 이루어진다. 자원자에게 시험물질을 경구 투여한 후 주름의 정도를 대조군과 비교 분석하는 방법으로, 동물 모델과 비슷한 방법을 통해 그 효능을 검증할 수 있다. 육안 또는 레플리카를 이용하여 비교하거나, 조직을 생검하여 H&E 염색법을 통해 조직학적 특징을 새로 합성된 콜라겐, 탄력섬유, MMPs의 양을 RT-PCR, Western blot analysis, ELISA 방법 등으로 분석한다.

(2) 피부 미백 관련 시험법

갈색 기니피그(brown guinea pig)는 현재 미백 효과를 측정하기 위해서 가장 많이 사용되고 있는 동물 모델이다. 갈색 기니피그는 UVB를 통해 비교적 쉽게 멜라닌 형성 과정을 일으켜 색소 침착을 관찰할 수 있다. 미백 관련 식품의 기능을 평가하는 실험 방법은 멜라닌 형성 억제와 색소 침착 억제 및 제거 효과를 평가하는 것이 추천된다. 이는 일반적으로 갈색 기니피그에 UV에 의한 색소 침착이 시작되는 전후에 평가 대상 식품의 투여를 통해 이루어진다.

임상 시험법으로는 효능 평가 식품의 경구 투여 후 멜라닌 생성 정도나 색소반의 퇴색 정도, 피부 생검을 통한 타이로시네이스 활성 등을 비교하여 이루어진다. 이는 일반적으로 얼굴의 자연색소반이나 위팔 부분에 UV로 인해 형성된 인위적인 색소에 적용된다.

(3) 피부 보습 관련 시험법

피부 보습 관련 동물 실험에는 기니피그, 쥐, 생쥐 등의 동물이 사용되며 표피 건조화를 유도한 동물 모델도 사용 가능하다. 표피 건조화는 경화유 식이 급여 등을 통해 이루어질 수 있다. 효능 평가 식품을 경구 투여하거나 식이에 혼합하여 섭취시키는 방법을 통해 실험동물의 등 부위 또는 전신에서 관련 인자들을 측정한다.

동물 실험의 경우에는 세라마이드 합성량을 측정하거나 세라마이드 함량 측정을 통해 비교적 쉽게 피부 보습 정도를 측정할 수 있다. 수분 손실량 또는 피부 표면의 보습 상태를 직접 측정하여 확인할 수도 있다. 이외에도 세라마이드의 생성 및 분해와 관련된 여러 효소를 측정하는 것 역시 피부 보습과 관련된 바이오마커로 이용된다. 피부 보습력을 측정할 때는 환경의 영향이 매우 중요하므로 실험 시 사육장의 온도를 22±1℃, 습도를 60±5%로 유지하여야 한다.

임상 시험법으로는 건강한 피부 혹은 건성 피부를 가진 남녀에게 이중맹검법을 사용한다. 이는 피부 보습의 경우는 정상인의 경우에도 개인차가 매우 크기 때문이다. 주로 효능 평가 식품 섭취 전후에 개인의 피부 보습 관련 바이오마커의 변화를 측정하는데 종아리, 팔뚝, 정강이, 손등은 다른 부위에 비해 건조화가 쉽게 일어나므로 주로 측정되는 부위이다. 피부 표면의 보습 상태 또는 수분 손실량은 탐침 등의 비외과적(non-invasive) 방법으로 측정할 수 있다. 또한 간단한 부분 마취를 통해 생검조직을 채취한 후 세라마이드 합성량이나 함량 자체를 측정하는 방법도 사용된다. 또한 HPLC를 이용하여 생검조직이나 표피에서 직접 수용성 물질을 추출한 후 자연 보습 인자의 변화를 측정하는 방법도 있다.

3. 피부미용 개선 건강기능식품 및 효능[5]

현재 식품의약품안전처에서 인정하는 공식적인 건강기능식품의 종류에는 크게 고시형 건강기능식품과 개별인정형 건강기능식품이 있다. 이 중 피부미용 개선에 효과가 있는 고시형 원료는 총 8가지로 엽록소 함유 식물, 클로렐라, 스피루리나, 알로에 겔, 포스파티딜세린, *N*-아세틸글루코사민, 곤약감자 추출물, 히알루론산나트륨이 있다. 개별인정형 원료는 '소나무껍질 추출물 등 복합물' 등 15가지가 있다. 이러한 기능성 식품은 '자외선에 의한 피부 손상으로부터 피부 건강을 유지하는 데 도움'과 '피부 보습에 도움'의 2가지 외에 구체적 효능을 기재할 수 없는 상태이다. 현재 먹는 화장품에 대한 연구는 상대적으로 많이 이루어지지 않은 상태이기 때문에 향후 이 분야의 연구가 필요하다.

1) 고시형 건강기능식품

(1) 엽록소 함유 식물 제품

엽록소는 대부분의 식물, 조류(algae), 남조류(cyanobacteria)에서 발견되는 녹색 색소이다. 엽록소는 a, b, c1, c2, d 등으로 나누어져 있는데 이는 각각의 분자 구조 차이에 의하여 분류된 것이며, 공통적으로 마그네슘을 분자 속에 가지고 있다. 녹색식물은 광합성 과정을 통해 이산화탄소와 물로부터 유기물을 합성하는데, 엽록소는 광합성 과정에서 태양에너지를 이용하는 데 중요한 역할을 한다.

엽록소 함유 식물은 심각한 독성이 보고된 바 없는 오랫동안 안전하게 섭취하여 온 식품이다. 건강기능식품의 엽록소 함유 식물 원료는 다음의 원재료를 그대로 사용하거

그림 5-6 • 엽록소 함유 식품인 청각, 파래

나 식용에 적합하도록 가공하여 만든 것이다.

- 맥류약엽(보리, 밀, 귀리의 어린싹) 또는 어린 이삭 형성 전의 잎 전부 또는 일부
- 알팔파의 성숙한 잎, 잎꼭지, 줄기의 전부 또는 일부
- 엽록소를 함유한 식용 해조류의 전부 또는 일부
- 맥류약엽, 알팔파, 해조류 이외의 식용 식물류로 단일식물 전부 또는 일부

실제로 50세 이상의 건강한 성인 남녀 30명을 대상으로 엽록소 함유 식물(엽록소 함량이 약 27 mg, 81 mg)을 3개월 동안 섭취하게 한 결과, 섭취 전에 비해 피부 주름은 유의적으로 감소하고 피부 탄력은 유의적으로 증가하였다. 콜라겐을 분해하고 리모델링하는 효소인 MMP-1과 유형 I 프로콜라겐(type I procollagen)의 발현이 자외선 조사 후 증가하였으며, 표피 및 진피의 세포 사멸이 복용 전보다 감소하는 것이 관찰되었다. 이상의 결과로 볼 때 엽록소 함유 식물은 피부 건강에 도움을 줄 수 있음이 확인되었다.

(2) 알로에 제품

알로에는 전 세계적으로 약 600여 종이 분포되어 있으며, 세계 여러 지역에서 상처 치유 효과를 위해 오랫동안 사용되어 온 식물이다. 현재도 외부 장기 및 내부 장기의 궤양 등 여러 종류의 상처 치료에 사용되고 있으며, 혈관 생성 촉진, 보습 및 멜라닌색소 형성 억제(알로에 내의 화이트 성분) 효과 등이 알려져 있어 피부 보호 및 미용 제품으로 널리 이용되고 있다. 또한 세포의 재생 및 증식을 유도하여 피부 노화를 방지하는 효과도 알려져 있으며, 알로에 성분 중 알프로젠은 면역 반응과 관련하여 알레르기 반응을 억제하는 데 효과가 있다.

현재 건강기능식품의 원료로는 알로에 베라(*aloe* vera), 아보레센스(*aloe arborescence*),

그림 5-7 • 알로에

사포나리아(*aloe saponaria*)의 잎만 허용되고 있다. 건강기능식품으로 사용되는 알로에 겔은 주로 잎이 큰 알로에 베라의 잎 중 비가식 부분과 외피를 제거한 후 겔 부분을 분리하여 식용에 적합하도록 가공한 것을 말하며, 총다당체가 3% 이상이 되어야 한다고 규정되어 있다.

알로에 겔의 피부 개선 효능 실험 결과를 보면 평균 연령이 56세인 건강인 30명이 하루에 알로에 베라 겔 분말 1.2 g, 3.6 g을 3개월 동안 섭취하면 섭취 후 얼굴 피부의 주름이 감소하고 탄력이 증가하는 피부 미용 개선 결과를 관찰할 수 있었다. 이상의 결과를 종합하여 볼 때 알로에 제품은 피부 건강에 도움을 줄 수 있음이 확인되었다.

시간과 비용이 많이 들어가 임상 시험이 진행되지 못하였으나 알로에를 과다 섭취 시 부작용에 대한 우려도 제기된다. 알로에 과다 복용으로 인해 예상할 수 있는 부작용으로는 복통, 오심, 구토, 전해질 균형 장애(칼륨 부족, 단백뇨, 혈뇨 등) 등이 있다.

(3) *N*-아세틸글루코사민

N-아세틸글루코사민은 갑각류의 껍질이나 연체류의 뼈로부터 얻은 키틴을 키토사네이스(chitosanase)로 분해하고 정제, 가공하여 만든다. 수분 보유 능력이 있는 히알루론산의 전구물질인 *N*-아세틸글루코사민은 나이가 들어감에 따라 체내 보유량은 감소하지만 보충 섭취를 통해 증가될 수 있는 것으로 보고되고 있다. 뿐만 아니라 섭취한 *N*-아세틸글루코사민이 실제로 동물의 피부조직과 사람의 혈액에 영향을 주는 것이 확인되었다. 또한 피부에 보충된 *N*-아세틸글루코사민이 히알루론산의 함량을 증가시킬 수 있음이 시험관 실험에서 확인되었다.[6]

그림 5-8 • *N*-아세틸글루코사민 함유 식품 새우

N-아세틸글루코사민은 피부가 건조한 사람을 대상으로 한 *N*-아세틸글루코사민의 보충 효과 연구에서 피부의 건조 정도와 수분의 보유량 등을 개선시킬 수 있는 것으로 보고되어 피부 보습의 정도가 개선되는 것으로 확인되었다. 따라서 “피부 보습에 도움을 줄 수 있습니다”로 기능성을 인정받았다. 또한 *N*-아세틸글루코사민은 관절 및 연골 건강에도 효과가 있어 이중 기능성이 있음을 인정받았다. 안전하게 기대 효과를 얻을 수 있는 *N*-아세틸글루코사민의 하루 섭취량은 1.0 g이다.

(4) 히알루론산나트륨

히알루론산은 수분 보유 기능이 있는 다당체이다. D-글루쿠론산과 *N*-아세틸글루코사민이 반복적으로 결합하여 구성된 물질이다. 효소를 이용하여 건강한 닭의 벼슬을 가수분해함으로써 만들어진다. 히알루론산 원료는 히알루론산나트륨으로 존재하며 그 함량은 90% 이상으로 표준화되었다.

체내 히알루론산은 나이가 들어감에 따라 양이 감소하지만 보충 섭취하면 증가할 수 있는 것으로 보고되고 있다. 섭취한 히알루론산이 실제로 동물의 피부조직에 영향을 주는 것으로 확인되었다. 피부가 건조한 사람을 대상으로 히알루론산의 보충 효과를 비교한 연구에서 피부의 수분 보유량 증가 등 피부 보습의 정도가 개선되는 것으로 확인되었다. 따라서 "피부 보습에 도움을 줄 수 있습니다"로 기능성을 인정받았으며, 안전하게 기대 효과를 얻을 수 있는 히알루론산의 하루 섭취량은 120 mg이다.

(5) 곤약감자 추출물

곤약감자 추출물은 곤약감자(*Amorphophallus konjac* K. Koch)를 주정으로 추출하여 만든다. 지표 성분인 글루코실세라마이드(glucosylceramide)는 2.3~3.4% 정도로 표준화되어 있다. 옥수수, 쌀 등의 곡물에서 유래된 글루코실세라마이드는 피부가 손상되거나 건조한 사람과 동물의 피부 수분 보유량을 증가시키고 표피의 수분 손실량을 유의적으로 감소시킨다.

건조한 피부를 가진 사람을 대상으로 곤약감자 추출물의 보충 효과를 비교한 연구에서 피부의 수분 보유량과 건조 정도 등을 개선시킬 수 있는 것으로 보고되어 피부 보습에 효과가 있는 것으로 확인되었다. 안전성과 기능성을 확보할 수 있는 글루코실세라마이드의 하루 섭취량은 1.2~1.8 mg이다.

(6) 기타

위의 내용 외에도 포스파티딜세린, 클로렐라, 스피루리나 등이 있으며 영양소 중에서도 비타민 A와 베타-카로틴은 피부와 점막을 형성하고 기능을 유지하는 데 필요한 성분이라고 알려져 있다. 또한 스쿠알렌의 경우 구공전에는 피부 건강에 도움에 된다는 내용이 기재되었으나, 신공전으로 바뀌면서 그 기능이 명확하게 항산화 작용이라고 제시되었다.

2) 개별인정형 건강기능식품

(1) 소나무껍질 추출물 등 복합물

엘지(LG) 소나무껍질 추출물 등 복합물은 프랑스 해안송껍질 주정추출물, 비타민 C, 비타민 E 및 달맞이꽃종자유를 혼합하여 만든다. 사용된 원재료의 지표 성분은 프로시아니딘(procyanidin) 2%, 비타민 C 53%, 비타민 E 6%, 감마리놀렌산 3%로 표준화되었다.

자외선에 의해 발생한 활성산소는 MMP를 활성화하고, TGF-β2 발현을 억제하여 콜라겐의 합성 정도를 낮추기 때문에 피부 주름을 발생시키는데 엘지(LG) 소나무껍질 추출물 등 복합물은 자외선 조사로 인한 콜라겐 분해와 콜라겐 합성 저하 현상을 억제할 수 있음이 동물 실험에서 확인되었다.

주름이 많은 중년 여성을 대상으로 소나무껍질 추출물 등 복합물의 보충 효과를 비교한 연구에서 소나무껍질 추출물 등 복합물의 보충으로 자외선으로 인한 피부 주름이 감소되는 결과를 도출하였다. 따라서 "햇볕 또는 자외선에 의한 피부 손상으로부터 피부 건강을 유지하는 데 도움을 줄 수 있습니다"로 기능성을 인정받았다. 기반 연구와 인체 적용 연구의 수가 충분하지는 않으나 그 결과가 일관성이 있어 인정 등급은 '생리활성기능 2등급'에 해당한다. 안전성과 기능성을 확보할 수 있는 엘지(LG) 소나무껍질 추출물의 하루 섭취량은 1,130 mg이다. 과량 섭취 시에는 위장 장애 등의 부작용이 있을 수 있다.

(2) 기타

멜론 추출물, 홍삼·사상자·산수유 복합추출물, 핑거루트 추출분말, 프로바이오틱스 HY7714, 쌀겨 추출물, AP 콜라겐 효소분해 펩타이드, 지초 추출 분말, 민들레 등 복합

로열젤리, 버섯 가공식품 등 건강기능식품 → 일반식품 변경

2009년까지 건강기능식품으로 생산 및 판매되어 오던 로열젤리 가공식품, 버섯 가공식품, 자라 가공식품, 효모 식품, 효소 식품, 화분 가공식품이 2010년부터는 건강기능식품이 아닌 일반식품 품목에 속하게 되었다.

자료 : 기능식품신문(http://www.nutradex.co.kr/news/) 2010. 1. 21.
"코큐텐, 루테인 등 고시형 전환…무한경쟁 돌입"중

추출물, 저분자 콜라겐 펩타이드, 옥수수 배아추출물, 밀 배유추출물, 콩보리 발효 복합물 또한 식품의약품안전처로부터 피부미용 개선에 대한 효과로 개별인정형 기능성 원료로 인정받았다. 이들 물질의 경우에도 근거 자료의 수가 충분치 않지만 기반 연구와 인체 적용 연구 결과가 일관성을 나타내므로 '생리활성기능 2등급'에 해당한다.

표 5-2 • 피부미용 개선 관련 고시형 건강기능식품의 분류[7]

기능성		기능성 원료명	기능(지표) 성분	인정 등급
피부 건강		엽록소 함유 식물	총엽록소	생리활성기능 2등급
		클로렐라	총엽록소	생리활성기능 2등급
		스피루리나	총엽록소	생리활성기능 2등급
		알로에 겔	고형분 중 총다당체	생리활성기능 2등급
피부 건강	자외선에 의한 피부 손상으로부터 피부 건강 유지에 도움	포스파티딜세린	포스파티딜세린	생리활성기능 2등급
	피부 보습에 도움	*N*-아세틸글루코사민	*N*-아세틸글루코사민	생리활성기능 2등급
		포스파티딜세린	포스파티딜세린	생리활성기능 2등급
		히알루론산(나트륨)	Sodium Hyaluronate, Hyaluronic acid	생리활성기능 2등급
		곤약감자 추출물	글루코실세라마이드	생리활성기능 2등급

표 5-3 • 피부미용 개선 관련 개별인정형 건강기능식품의 분류[7]

기능성		기능성 원료명	기능(지표) 성분	인정 등급
피부 건강	자외선에 의한 피부 손상으로부터 피부 건강 유지에 도움	소나무껍질 추출물 등 복합물	프로시아니딘, 비타민 C, 비타민 E, 감마리놀렌산	생리활성기능 2등급
		멜론 추출물	SOD	생리활성기능 2등급
		홍삼, 사상자, 산수유 복합추출물	Rb1, Rg3, Torilin, Loganin	생리활성기능 2등급
		핑거루트 추출분말	Panduratin A	생리활성기능 2등급
		프로바이오틱스 HY7714	프로바이오틱스 수	생리활성기능 2등급
	피부 보습에 도움	쌀겨 추출물	글루코실세라마이드	생리활성기능 2등급
		AP 콜라겐 효소분해 펩타이드	Gly-Pro-Hyp	생리활성기능 2등급
		지초 추출 분말	Lithospermic acid	생리활성기능 2등급
		민들레 등 복합추출물	Collactive 콜라겐 펩타이드	생리활성기능 2등급
		핑거루트 추출분말	Panduratin A	생리활성기능 2등급

(계속)

기능성		기능성 원료명	기능(지표) 성분	인정 등급
피부 건강	피부 보습에 도움	저분자 콜라겐 펩타이드	Gly-Pro-Hyp	생리활성기능 2등급
		옥수수 배아추출물	글루코실세라마이드	생리활성기능 2등급
		프로바이오틱스 HY7714	프로바이오틱스 수	생리활성기능 2등급
		밀 배유추출물	글루코실세라마이드	생리활성기능 2등급
		콩보리 발효 복합물	총이소플라본(Daidzein 및 Genistein의 합), 베타글루칸	생리활성기능 2등급

참고문헌

1 Chung, J.H., Photoaging in Asians, Photodermatol Photoimmunol Photomed 19(3): 109-121, Jun 2003

2 조완구·랑문정·배덕환, 현대 화장품학, 한국학술정보, 2007

3 대한피부과학회교과서 편찬위원회, 피부과학(Textbook of Dermatology), 대한의학서적, 2014

4 김주덕 외 5인 공역, 신화장품학, 동화기술, 2004

5 김병태, 식품의약품안전청, 건강기능식품 기능성 표시·광고 가이드라인, 식품의약품안전청, 2009

6 건강기능식품의 기준 및 규격 〔식품의약품안전처 고시 제2018-67호, 2018. 9. 5., 일부개정〕

7 식품의약품안전처, 건강기능식품 기능성 원료 인정 현황, 2016년 12월

뇌 기억력 개선

1. 뇌 기억력의 정의 및 개요

뇌는 평균 1,300~1,500 g으로 우리 몸무게의 약 2.5%에 불과하지만 우리 몸의 산소 소모량과 혈류량의 20%를 차지하며 다른 부분의 무게 대비 10배를 차지하는 셈이므로 가장 중요한 부분이라고 할 수 있다. 따라서 뇌에 단 몇 mm 정도의 극히 작은 손상이 생겨도 치명적일 수 있다. 예를 들어 식물인간은 뇌의 기능이 심하게 손상된 사람으로 마치 식물처럼 사고와 운동을 할 수 없으며 인간으로서의 존재 가치마저 의심받게 된다. 뇌는 수백 억~수천 억 개에 이르는 수많은 신경세포들이 거미줄처럼 서로 연결되어 있어 신호를 주고받으며 정보를 저장, 처리하는 매우 복잡한 체계를 가지고 있다.

뇌 기억력이란 정신 활동에 필요한 정보들을 뇌 속에 저장해 두었다가 필요할 때에 의식세계로 꺼내어 사용하는 능력을 말한다. 이러한 뇌 기억력은 나이가 들어감에 따라 점차 감소하기 때문에 기억력을 유지하는 것은 항상 사람들의 관심사였다. 또한 문명이 발달함에 따라 인간의 평균 수명이 꾸준히 늘어나고 있으며, 우리나라는 65세 이상의 노년인구 비율이 1955년 3.3%에서 2017년 14.0%로 크게 증가해 이미 고령사회로 진입하였다.[1] 노년 인구의 뇌 기억력 감소에 관련된 주요 질병으로는 알츠하이머병(Alzheimer's disease, AD)을 꼽을 수 있다.

1) 뇌 구조 및 기능[2]

- **측두엽** : 측두엽은 사람이 말하고 이해하는 언어 능력과 기억력을 담당하는 부위

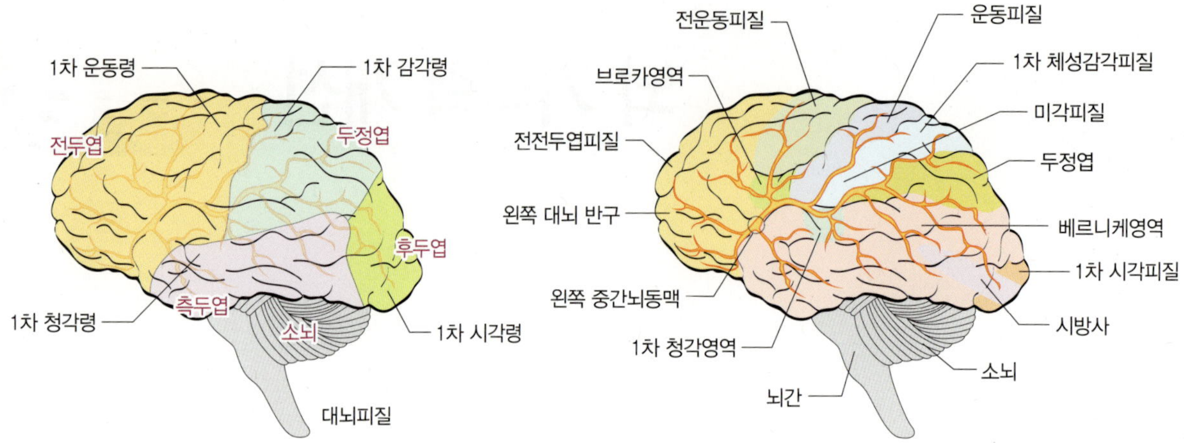

그림 6-1 • 뇌의 구조

로 치매 초기에 측두엽이 담당하고 있는 언어 능력과 기억력이 제일 먼저 손상된다. 특히 치매 중에서 가장 많은 알츠하이머병의 초기에는 측두엽의 손상으로 같은 말 또는 질문을 반복하거나 단어를 제대로 기억해 내지 못해 '그것, 저것, 거시기' 등으로 말을 대충 얼버무리는 증상이 나타난다.

- **전두엽** : 어떤 일의 계획과 실행에 관한 기능을 담당하고 있으며, 측두엽에 저장된 기억을 다시 꺼내 처리하거나 변화에 적응하는 것이 전두엽의 역할이다. 따라서 전두엽이 손상되면 동기 부여가 되지 않아 게을러지고 잘 씻지 않으려 하며, 정리정돈을 잘 못하고 집 안에만 머무르려고 하는 증상들이 나타난다. 또한 매우 고집스럽거나 화를 잘 내는 등의 성향들은 혈관성 치매로 변화에 적응하지 못해 나타나는 증상들이다.
- **두정엽** : 길을 찾거나 그림을 그리는 등의 공간 능력과 계산 능력은 두정엽에서 담당하는 부분이다. 따라서 두정엽이 손상될 경우 좌우를 분간하지 못하며 계산이나 글쓰기가 어려워진다.
- **후두엽** : 눈으로 본 것을 인식하는 기능을 담당하고 있기 때문에 이곳이 손상될 경우 환각 증상이나 착시 현상이 나타나게 된다.
- **피질하 부위** : 각각의 뇌 기능을 연결해 주는 다리 역할을 한다. 따라서 피질하 부위가 손상되면 연결고리가 끊어지게 되므로 정보 전달이 느려지고 저장된 정보를 끄집어내는 일이 어려워진다. 이러한 증상은 특히 혈관성 치매나 파킨슨병에서 자

주 나타난다.

그림 6-2에서 뇌의 노화는 신경세포나 시냅스의 감소에 의한 것으로 보이며, 정상적인 노화에서는 흑색질과 해마를 포함하는 측두엽에 비해 연합적 기능을 지닌 대뇌피질의 노화는 그다지 진행되지 않음을 알 수 있다.

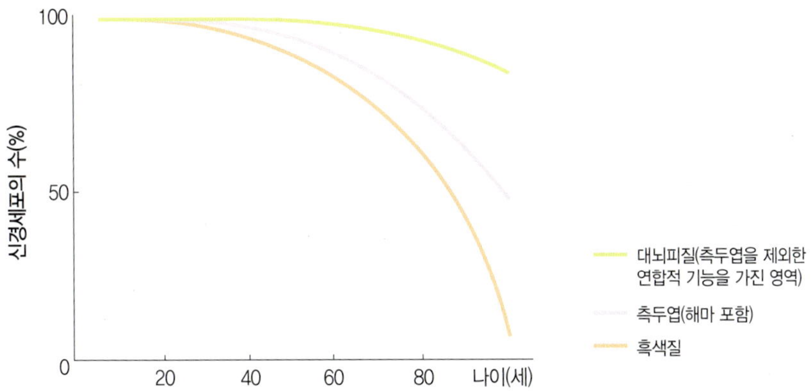

그림 6-2 • 뇌의 노화에 따른 신경세포 수의 변화(개념도)[3]

2) 기억력 및 집중력 감퇴의 원인[4]

기억력 감퇴의 원인으로는 여러 가지 환경적 요인과 나이, 심리적 요인 등이 있다.

인간의 뇌세포는 30세 이후부터 크게 감퇴되기 시작하며 한번 손상된 뇌세포는 재생되지 않는다. 뇌세포의 피로를 촉진시키는 지속적인 스트레스는 기억력을 떨어뜨리며 우울함이나 초조함 등의 심리적 요인도 기억력과 지각 능력을 저하시키는 주요 원인이 된다. 그 밖에 완벽한 일 처리를 위해 지나치게 집착하는 강박적인 성격도 건망증을 심화시킨다.

기억력 감퇴는 나이가 들면서 나타나는 자연스러운 현상이지만 그 정도는 개인의 두뇌 활동의 정도나 형태에 따라 차이를 보인다. 남성보다는 여성에게, 지적 활동이 높은 사람보다는 낮은 사람들에게서 더 많이 나타난다. 뿐만 아니라 신체적인 피로, 수면 부족, 잦은 음주 등도 기억력 감퇴를 촉진시켜 건망증을 유발하기 쉬운 요인으로 꼽힌다.

3) 알츠하이머병

(1) 정의

알츠하이머병(Alzheimer's disease, AD), 즉 알츠하이머성 치매는 후천적으로 나타나며 기억력을 비롯해 여러 가지 인지 기능들이 지속적으로 저하되어 일상생활을 유지하기에 상당한 지장이 초래된 상태를 말한다. 뇌에서 담당하는 기억력, 시공간 능력, 언어 능력, 판단력 및 추상적 사고력과 더불어 주의집중력, 계산 능력, 학습 능력, 언어 이해 및 구사 능력, 계획 능력, 문제 해결 및 사회생활 능력 등을 통칭하여 인지 기능이라고 한다.

일상생활을 영위하는 데 지장이 없는 수준으로 물건을 잘 잃어버리거나 잘못 인식하는 정도는 다소의 불편이 따르더라도 건강한 노인에게서 충분히 나타날 수 있는 현상이지만, 치매의 건망증은 극단적인 기억 장애를 말하며 일상생활에 지장을 초래할 수 있다. 치매는 최근 일반인 사이에서 관심이 높아진 알츠하이머병만을 이야기하는 것이 아니라 혈관성 치매, 즉 다발성 뇌경색(뇌졸중 또는 중풍)에 의한 치매, 우울증으로 인한 가성 치매, 외상에 의한 치매 등을 포괄한다.[5]

표 6-1 • 원인 질환에 따른 치매의 종류[5]

원인 질환	치매 종류
뇌종양	• 악성 뇌종양이 급속하게 커지거나 양성 종양이 서서히 진행되어 치매를 일으킬 수 있음
뇌 외상	• 교통사고 등 뇌가 외부의 충격을 받게 되면 뇌세포가 손상되는데, 이때 손상이 심하면 치매가 발생할 수 있음 • 뇌가 외부로부터 충격을 받았을 때는 전두엽과 측두엽에 손상이 많기 때문에 알츠하이머병과는 증상이 다를 수 있음
감염성 질환	• 신경매독, 만성 수막염(결핵성 수막염, 진균성 수막염), 뇌염의 후유증, 광우병으로 인한 야콥-크로이츠펠트병, 에이즈 감염 후에도 치매가 발병할 수 있음
수두증	• 뇌실(뇌를 절단해 보면 뇌 안의 빈 공간)에는 맑은 뇌척수액이 들어 있는데 생산된 뇌척수액이 흡수가 덜 되면 뇌척수액의 양이 많아져 뇌에 고이게 되어 3가지 증상(치매, 요실금, 보행 장애)이 나타날 수 있음
중독성 질환	• 알코올성 치매가 대표적. 술 자체가 뇌세포를 파괴하기도 하고, 술을 많이 마시는 사람들은 비타민 결핍증이 오기 쉬운데 이로 인해 치매가 오기도 함 • 그 밖에 중금속 중독, 일산화탄소 중독, 약물 중독 등이 원인이 되기도 함
뇌혈관 질환	• 뇌세포는 혈액으로부터 공급되는 산소와 영양분으로 기능을 유지하는데, 뇌혈관이 터지거나 막히면 산소와 영양분의 공급이 차단되어 뇌세포가 손상됨. 이와 같은 뇌혈관 질환이 누적되어 치매가 발병되기도 함
퇴행성 질환	• 정상적으로 활동하던 세포가 점차 소실되어 생기는 질환으로 알츠하이머병이 대표적. 픽병, 파킨슨병, 진행성 핵상마비, 미만성 루이 소체병 등이 있음.
대사성 질환	• 저산소증(심장마비, 연탄가스 중독), 저혈당, 요독증, 갑상선 기능 저하증, 간성 뇌병증(간염, 간경화증에서 동반되는 치매) 등이 원인이 되기도 함
결핍성 질환	• 뇌세포 활동에 중요한 역할을 하는 비타민의 부족은 치매 발생의 원인이 되는데 비타민 B_{12} 결핍증, 티아민(B_1) 결핍증으로 인한 치매

(2) 발병 원인과 예방

알츠하이머병의 발병 원인은 뇌 안의 뇌세포와 뇌혈관이 건강하게 기능할 수 있는 환경이 여러 가지 요인들로 인해 망가져 제 기능을 하지 못하게 되는 것이다. 예를 들어 뇌세포에 아밀로이드(amyloid)라는 단백질이 쌓여서 뇌세포가 살 수 없게 되면 알츠하이머병이 발병한다. 이러한 현상은 흡연으로 뇌혈관이 건강하지 못하거나 콜레스테롤이 높은 음식을 다량 섭취함으로써 뇌혈관에 지방이 쌓이면 발생하며, 당뇨나 고혈압을 제대로 치료하지 않아 뇌세포와 뇌혈관이 손상되어도 발병한다. 그 밖에 과도한 음주나 머리의 외상, 약물 과다, 스트레스 등과 같은 원인에 의해 각각의 기능을 담당하고 있는 뇌세포와 뇌혈관이 손상되면 치매에 걸린다.

치매를 예방하기 위해서는 위험 인자의 조절이 반드시 필요하다. 고혈압, 당뇨병, 뇌혈관 질환, 고지혈증 등 위험 인자들을 관리해야 하며, 일기를 쓰거나 신문을 읽는 등의 왕성한 뇌 활동이 치매 예방에 도움이 된다. 또한 운동을 하지 않으면 기억력이 떨어질 뿐만 아니라 나이가 들면서 노인성 치매나 당뇨병과 같은 질환에 걸릴 위험도 높아진다. 따라서 규칙적인 운동이 무엇보다 중요하지만, 무리한 운동은 오히려 부작용을 낳을 수 있으므로 적당한 수준의 운동이 중요하다. 그 밖에 금연, 금주, 스트레스 조절도 필수이다. 만약 이상 증후가 나타나면 즉시 조기 검진을 통해 진단하고 적극적인 치료를 함으로써 뇌세포가 손상되는 것을 늦추거나 막아야 한다.

치매의 증상은 다양하나 다음과 같이 정리할 수 있다.

① 일상생활에 지장을 초래할 정도로 최근 일에 대한 기억력이 떨어진다.

② 언어 사용이 어려워졌다.

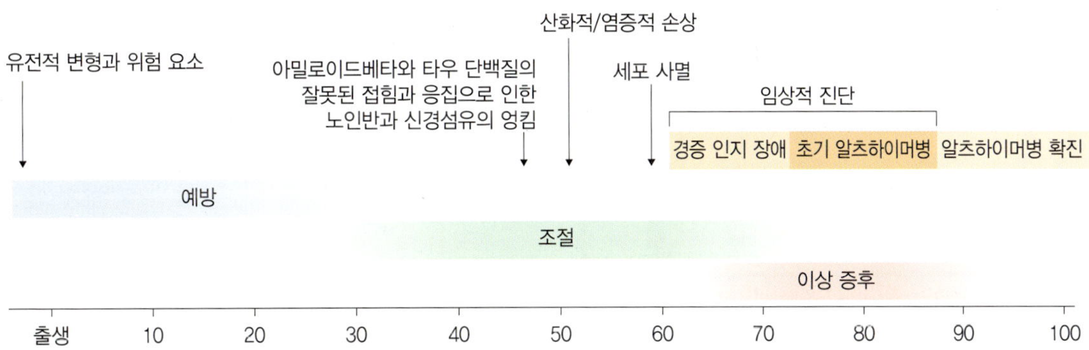

그림 6-3 • 알츠하이머병과 치매의 발병 및 진행에 있어 가설적 시간 흐름도[6]

③ 시간과 장소를 혼동한다.

④ 판단력이 저하되어 그릇된 판단을 자주 한다.

⑤ 익숙한 일을 처리하는 데 어려움이 있다.

⑥ 돈 계산에 문제가 생겼다.

⑦ 물건 간수를 잘 못한다.

⑧ 기분이나 행동에 변화가 생긴다.

⑨ 성격에 변화가 있다.

⑩ 자발성이 감소되었다.

(3) 발병률과 변화 추이

알츠하이머병은 뇌의 신경세포가 선택적으로 죽거나 시냅스가 퇴화되어 학습과 기억, 인지 능력, 성격 등에 문제가 생기는 퇴행성 신경 질환이다. 70세 이상의 고령 노인에게서 발병률이 현저히 증가하는 노인성 질환이며, 점진적으로 정신활동과 일상생활에 장애를 나타낸다.

2018년 우리나라의 65세 이상 인구는 10년 전(2008년) 10.3%에 비해 4.0%가 증가한 수준인 총인구의 14.3%를 차지하고 있다. 우리나라는 2017년에 이미 65세 이상 인구 비율이 14.0%에 이르러 '고령 사회'에 진입하였으며, 2026년에는 20.8%가 되어 '초(超) 고령 사회'에 도달할 것으로 전망하고 있다.

고령화의 급속한 진행과 더불어 치매 노인의 숫자도 증가하고 있는 것으로 나타났다.

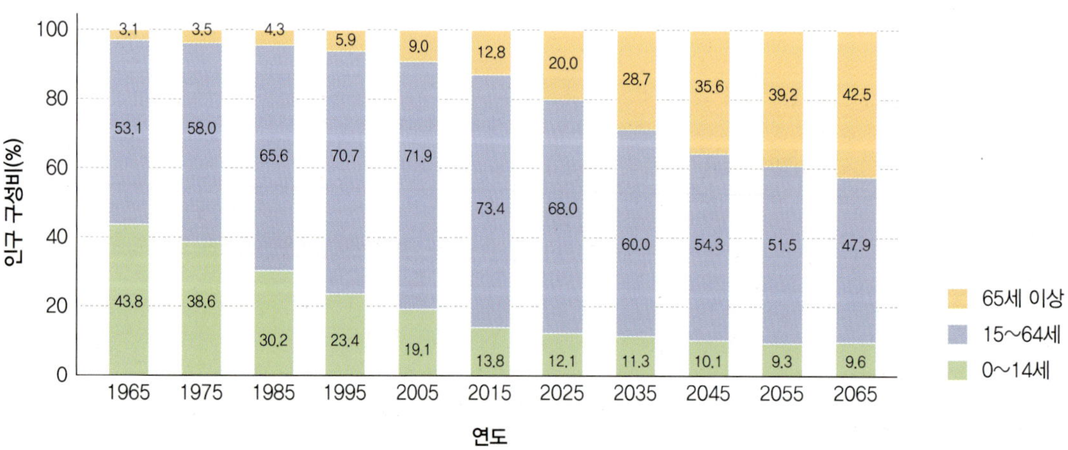

그림 6-4 • 연령 계층별 인구 구조[7]

정부가 최근 발표한 자료에 따르면 2017년 우리나라 치매 노인의 수는 약 70만 명 정도로 추정되며, 그 수가 2030년에는 127만 명으로 증가할 것이라 전망하고 있다. 그러나 조기진단을 통해 회복 가능한 치매를 감별해 내 치매 인구를 줄일 수 있다. 적절한 치료를 통해 혈관성 치매의 경우 병의 진행을 막을 수 있으며, 알츠하이머병의 증상을 완화시키거나 경과를 둔화시키는 것이 가능하다.[5]

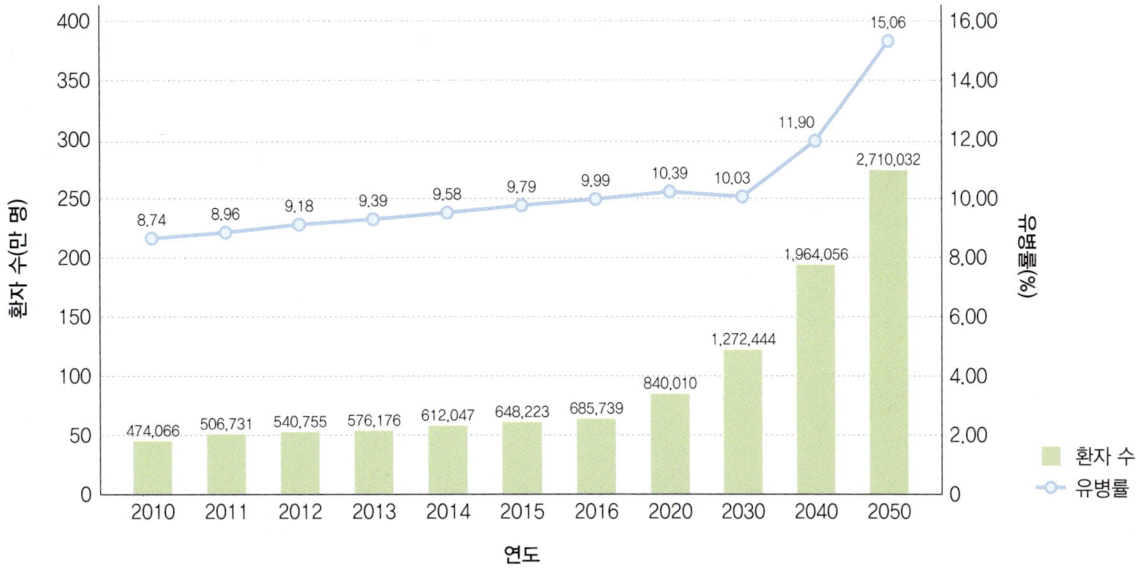

그림 6-5 • 한국 노인의 치매 유병률 및 치매 환자 수 추이[8]

2. 기능성 평가 방법

1) 시험관 내 실험

행동으로 나타나는 개선 효능을 직접적으로 확인해야 하므로 집중력 및 뇌 기억력 개선 관련 기능성을 평가하기 위해서는 시험관 내 실험보다는 동물 실험과 임상 시험이 선호된다.

2) 동물 실험

(1) 행동 실험

① 모리스 수중 미로 시험

물질의 공간 학습 개선 효과는 생쥐 혹은 쥐에게 효능을 관찰하고자 하는 물질을 투여하고 수중 미로를 이용하는 모리스 수중 미로 시험(Morris water maze test)을 실시하여 평가할 수 있다. 모리스 수중 미로 시험은 실험동물을 수조 안에 놓아두었을 때 앉아서 쉴 수 있는 플랫폼과 그 위치를 기억하도록 세워둔 지표들을 얼마나 잘 기억하고 빨리 도달하는지 그 시간을 측정함으로써 실험동물의 기억력 정도를 확인한다. 학습이 잘된 실험동물의 경우에는 그림 6-6의 (A)와 같이 빠른 시간 안에 짧은 거리를 통해 플랫폼에 도달할 수 있으나, 공간 학습 능력이 저하된 실험동물의 경우에는 (B)와 같이 플랫폼에 도달하는 데 어려움을 겪는 것을 알 수 있다.

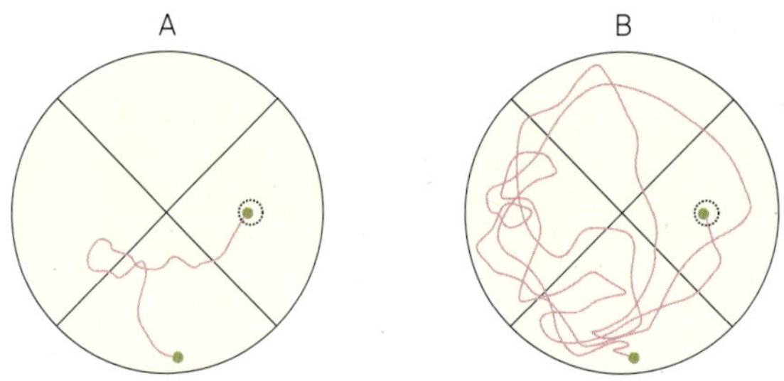

그림 6-6 • Morris water maze test

② 수동 회피 시험

학습 및 기억 능력을 측정하는 대표적인 행동 실험 중 하나로 수동 회피 시험(passive avoidance test)은 쥐가 어두운 곳으로 이동하려는 습성을 이용한다. 원리는 실험동물이 이전에 혐오 자극(전기 쇼크)을 주었던 상자를 기억하여 동일한 상자로 다시 들어가는 데 걸리는 시간(step through latency)을 측정하여 비교하는 것이다. 실험동물이 쇼크를 기억한다면 상자가 어두워도 전기가 흐르는 상자로 다시 들어가는 데 소요되는 시간이 길어질 것이다.

기억력 손상을 유도하는 물질로 스코폴라민(scopolamine)이 널리 사용된다. 이 물질은 아세틸콜린 수용체의 길항제(acetylcholine receptor antagonist)로 작용하여 인지

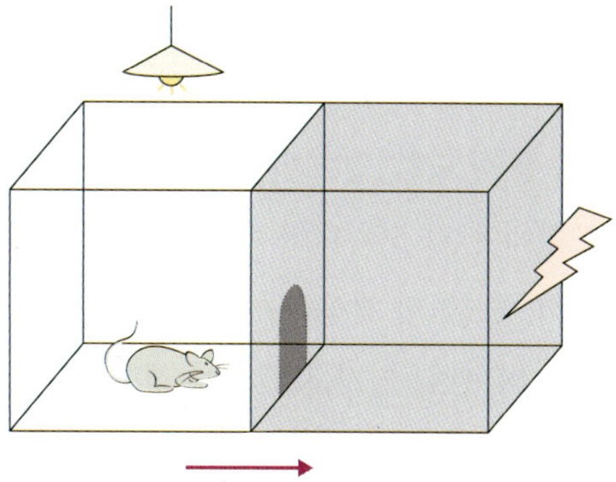

그림 6-7 • Passive avoidance test

및 기억력을 손상시키기 때문에 건망증 예방 및 치료제 탐색 실험에서 널리 활용되고 있다.

③ 팔방미로 실험

학습 및 인지 능력을 알아보기 위한 미로형 장치 중 하나로 팔방미로 실험(radial arm maze test)이 널리 이용되고 있다. Radial arm maze의 원리는 중앙에 있는 출발 지점에서 실험동물이 8개의 통로로 자유롭게 이동할 수 있도록 해놓고 각 통로의 끝에는 보상물(물 또는 먹이)을 놓아 두는데, 실험동물이 공간 단서들을 이용하여 새로운 통로로 들어갈 때에만 보상을 받도록 해둔다. 따라서 동일한 통로를 반복해서 지나가면 두 번째 방문부터는 먹이가 주어지지 않고, 반응은 오류로 기록함으로써 실험동물이 통로를 모두 방문한 시간이나 획득한 보상물의 수를 측정하여 동물의 공간 기억 능력을 평가하게 된다.

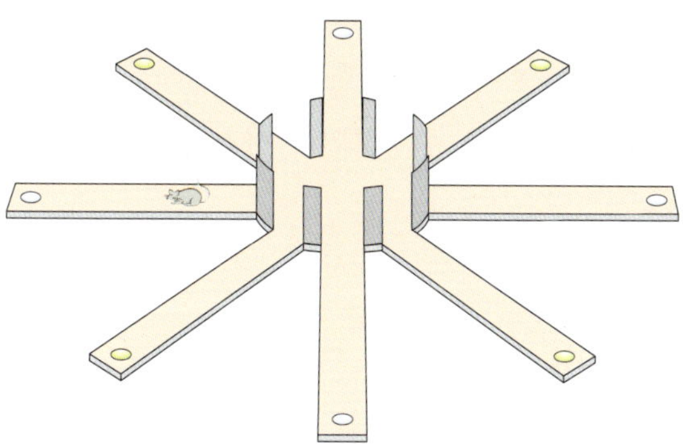

그림 6-8 • Radial arm maze test

(2) 바이오마커 측정을 통한 신경세포 보호 효과 확인

시냅스 전 신경표지자 생성에 관여하는 효소인 콜린 아세틸트랜스퍼레이스(choline acetyl-transferase, ChAT)의 활성도가 알츠하이머병 환자에서는 측두엽의 신피질(neocortex), 편도 등의 부위에서 약 50~90% 정도 감소한다고 알려져 있다. 신경세포는 뇌 신경계 신호 전달에서 중요하게 작용하는 아세틸콜린(acetylcholine)을 만들어 내기 때문에 이곳이 퇴화되면 뇌 신호 인지에 결함이 생긴다. 따라서 알츠하이머병의 기억력 손상으로 나타나는 증상들은 콜린성 신경계와 밀접한 관계가 있다고 볼 수 있다.

기억력 감퇴 동물 모델에 조직 염색법을 적용하면 뇌 내 신경세포 보호 효과를 확인하고 행동 실험 결과와의 연관성을 검토해 볼 수 있다. 콜린 아세틸트랜스퍼레이스 조직 염색을 하여 아세틸콜린성 신경세포를 관찰하고, 아세틸콜린에스터레이스(acetyl-cholinesterase, AChE) 조직 염색을 함으로써 아세틸콜린의 활성도 측정할 수 있다.

3) 임상 시험

(1) 지능검사(K-WAIS)

지능검사에서는 주의력을 평가하기 위한 숫자 외우기(언어성 검사)와 비언어적 사고 수준을 평가할 수 있는 토막 짜기(동작성 검사)가 수행된다. 임상 시험에서 K-WAIS 검사상 숫자 외우기와 토막 짜기의 연령별 환산점수의 합을 평가하여 인지 기능이 호전되었다면 기억력 및 집중력 개선에 효과가 있었다는 의미로 간주할 수 있다.

(2) 사건 관련 전위

외부와 차단된 전자기 차폐실의 의자에 앉아 피험자는 나이, 청력, 시력 등에 관한 간단한 질문들에 답하게 된다. 그 다음 실험자가 전극을 부착하고 과제를 수행하기 전에 뇌파검사(electroencephalography, EEG)를 하면서 피험자를 충분히 안정시킨 후 양자극(oddball) 과제와 연속재인과제를 수행하면서 사건 관련 전위(event related potential, ERP)를 측정하게 된다.

(3) 청각 양자극 방안

피험자에게 1,000 Hz의 표준자극과 1,500 Hz의 목표자극이 85 dB의 크기로 주어질 때 목표자극의 개수를 세어 실험 종료 후 보고한다.

(4) 연속재인과제

피험자는 연속으로 제시되는 단어들 중에서 앞서 제시된 단어인지를 판단하여 반응 버튼을 누르게 된다. 청각 양자극 방안 및 연속재인과제를 시행하는 중에 사건 전위검사 시 P300 요소를 측정하여 P300 진폭의 증가 및 잠재기(latency)의 감소가 집단 간에 유의적 차이를 보이는 경우 기억력 개선 효과가 있다고 볼 수 있다.

(5) 알파파 및 베타파

주의 지속 수행 과제검사 중에 EEG를 통해 뇌의 변화를 확인하면 알파파(alpha wave; 8~13 Hz)에서 베타파(beta wave; >13 Hz)로의 이행이 쉬워지고, 뇌가 긴장 상태에서 알파파 상태로 돌아와서 베타파를 준비시키는 상태가 지속되고 있을 때가 주의 집중이 가장 효과적으로 이루어지는 시기라고 볼 수 있다. 따라서 집중력 개선 효과는 ERP 측정으로 약물 투여 전후의 알파 밴드 증가 정도와 베타 밴드의 감소 정도를 확인함으로써 알 수 있다.

3. 뇌 기억력 개선 건강기능식품 및 효능[9]

뇌 기능 저하 억제, 뇌 기능 개선에 효능을 가지는 '브레인 푸드'가 전 세계적으로 각광을 받기 시작하면서 천연 소재 식물들로부터 신경보호물질을 분리, 동정하여 개발하려는 연구들이 여러 나라에서 수행되고 있다. 특히 안전성이 높고 부작용이 없으며 뇌 기능 개선의 효과가 탁월한 천연물질 유래 건강기능식품 및 신약 개발은 다국적 제약기업 및 식품 업체들을 중심으로 활발히 진행 중이다. 현재 식품의약품안전처에서 인정한 뇌 기억력 개선 건강기능식품은 다음과 같다.

1) 고시형 건강기능식품

(1) 오메가-3지방산

오메가-3지방산은 몸에 좋은 지방이라고 알려진 불포화지방산 중 하나로 세 번째와 네 번째 탄소 원자 사이에 첫 이중결합이 있는 지방산을 말한다. 사람이 선천적으로 갖고 있는 불포화지방산의 중요한 구성 요소로는 eicosapentaenoic acid(EPA), docosahexaenoic acid(DHA), 그리고 docosapentaenoic acid(DPA)로 이들은 신경세포막과 망막에 분포하며 세포막에서 전기적인 자극을 다음 세포로 빠르게 전달하는 문지기 역할을 담당하고 있다. 그 밖에도 우리 몸 안에서 세포를 보호하고 세포 구조를 유지시키며, 원활한 신진대사를 돕고 혈액의 피막 형성 억제, 뼈의 형성을 촉진 및 강화시키는 효과를 가진다. 이처럼 오메가-3지방산은 우리 몸 안에서 신경세포들이 정상적으로 기능을 유지할 수 있도록 도와주기 때문에 오메가-3지방산의 공급이 원활하지 않을 정신분열증과 양극성 장애, 주의력결핍과잉행동장애(ADHD), 강박 장애, 헌팅턴병 및 기타 신경계 장애를 가진 사람이 정보 처리 장애를 겪는 것과 관련이 있다.

대표적인 오메가-3지방산에는 DHA와 EPA 등이 속하며, 고등어, 참치, 청어 같은 등푸른생선과 대두유, 호두, 카놀라유 등에 많이 함유되어 있는 것으로 알려져 있다.

(2) 레시틴

레시틴(lecithin)은 포스파티드산(phosphatidic acid)의 인산기에 콜린(choline)이 결합한 포스파티딜콜린 구조를 포함하여 학술 용어로는 포스파티딜콜린(phosphatidylcholine, PC)이라 불리며, 인산, 콜린, 지방산, 당지질, 중성지방으로 구성되어 있는 인지질의 일종으로 동물 및 식물 조직에 함유되어 있는 황갈색의 지방질이다. 레시틴은 세포막을 구성하며 영양분의 흡수 및 노폐물의 배설 등 생명의 기초대사에 관여하고, 신경전달물질인 아세틸콜린을 뇌에 공급해 준다. 레시틴은 모든 생체막에 존재하는데 특히 뇌 세포막에 많이 존재하며, 뇌 내 지질에서 잉여 지방과 콜레스테롤을 분해시키고 부족한 것은 보충하기 위해 뇌 내로 운반해 오는 역할을 한다.[4] 따라서 신경전달물질인 아세틸콜린의 원료인 레시틴을 통해 뇌에 영양을 공급함으로써 뇌의 활동을 원활하게

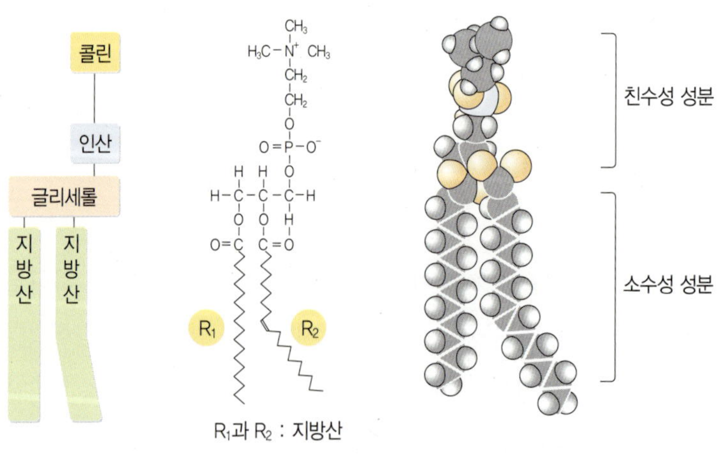

그림 6-9 • 인지질의 구조

하여 치매 등 각종 뇌 질환에 대한 치료 및 예방 효과를 얻을 수 있다. 레시틴의 섭취가 두뇌의 집중력을 향상시키는 데 도움을 주기 때문에 레시틴이 충분히 공급되지 않으면 뇌에 피로가 누적되어 아세틸콜린이 고갈되고 이는 치매 등의 원인이 될 수 있다. 또한 레시틴은 유화제로도 작용해 혈관 벽에 과잉으로 존재하는 콜레스테롤을 용해시킬 수 있어 심근경색 등 심혈관 질환의 예방에도 효과가 있다.

레시틴은 혈액을 비롯하여 동물의 뇌, 간 등에 많으며, 난황과 같은 동물성 식품 및 대두와 같은 식물성 식품에도 많이 함유되어 있는 것으로 알려져 있다.

2) 개별인정형 건강기능식품

(1) 대두 포스파티딜세린

포스파티딜세린(phosphatidylserine)은 대두 레시틴을 효소 처리하여 얻은 것으로 포스파티드산의 인산 잔기에 세린이 에스터 결합한 포스포글리세라이드(phosphoglyceride)이다. 포스파티딜세린은 동물과 미생물 등의 생체막에 존재하는 인산 지방질의 일종으로, 특히 사람의 경우 뇌의 절반을 차지하는 신경 세포막에 높은 농도로 존재하는 것으로 알려져 있다. 나이가 들면 뇌에 포스파티딜세린의 성분이 부족해지고, 이의 체내 합성률도 현저히 감소하기 때문에 별도로 섭취할 필요가 있으나 유제품이나 대두(콩)와 같은 식품 등에는 매우 극소량 존재하기 때문에 보충이 필요한 영양소이다.

대두의 포스파티딜세린은 뉴런의 세포 내 신경전달물질에 의한 신호 전달 과정에서 중요한 역할을 하는 효소인 단백질 키네이스 C(protein kinase C), 아세틸콜린에스터레이스(acetylcholinesterase), 타이로신-하이드록실레이스(tyrosine-hydroxylase), ATPase 등을 활성화시키는 것으로 알려져 있다. 또한 인지질과 콜레스테롤의 비율을 정상화시킴으로써 생체막의 유동성 및 조성을 복원시킨다.

실제로 인지 능력이 약간 저하된 노인들을 대상으로 수행한 인체 적용 연구에서 대두 유래 포스파티딜세린이 "노인의 인지 능력 개선에 도움을 줄 수 있습니다"로 기능성을 인정받았다. 인정 등급은 기반 연구와 인체 적용 연구 결과가 일관성을 보여 주고 있으나 근거 자료의 수가 충분하지 않아서 '생리활성기능 2등급'에 해당한다. 안전성과 기능성을 모두 확보할 수 있는 수준의 하루 섭취량은 대두 포스파티딜세린 기준으로 300 mg이다. 다만 임신부와 수유부는 섭취를 자제해야 하며, 과잉

그림 6-10 • 대두

섭취 시에는 위장 장애나 불면증을 유발할 수 있어 섭취에 유의해야 한다.

(2) INM176 참당귀 주정추출 분말

INM176 참당귀 주정추출 분말은 참당귀(*Angelica gigas* Nakai) 뿌리를 주정으로 추출하여 분말화한 것으로 데커시놀(decursinol)과 데커신(decursin)이 대표적인 기능 성분이다. 동물 실험과 임상 시험에서 기능성이 확인되어 "노인의 인지 능력 저하 개선에 도움을 줄 수 있습니다"로 기능성을 인정받았다. 인정 등급은 인체 적용 연구의 수가 충분하지는 않으나 그 결과가 일관성이 있어 '생리활성기능 2등급'에 해당한다. 안전성과 기능성을 모두 확보할 수 있는 수준의 하루 섭취량은 참당귀 주정추출 분말로 800 mg이다. 섭취 시에 소화불량, 속쓰림 등이 있거나 혈액응고 방지제 또는 혈당 강화제를 복용할 경우에는 의사와 상담해야 한다.

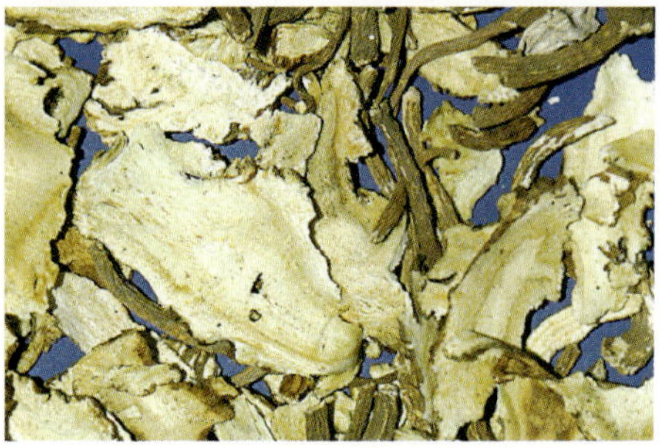

그림 6-11 • 당귀
사진자료: 국립농산물품질관리원

(3) 씨제이 테아닌 등 복합추출물

씨제이 테아닌 등 복합추출물은 L-테아닌(L-theanine)과 쌀 미강 발효 추출물을 혼합하여 만든 것이며, 대표 기능 성분은 L-테아닌과 GABA이다. 테아닌은 차와 일부 버섯 품종에만 들어 있는 천연 유리아미노산으로, 특히 녹차에 많이 함유되어 있다. 차 특유의 감칠맛과 단맛을 주는 원인 성분인 글루탐산과 에틸아민으로부터 형성된 아마이드이다.

테아닌은 혈액 뇌 장벽(blood brain barrier)을 통과하여 정신적 영향뿐만 아니라 뇌 신경세포가 신경전달물질을 방출하는 데에도 영향을 미친다. 또한 세로토닌(serotonin), 도파민(dopamin), 감마-아미노부티르산(γ-aminobutyric acid, GABA)의 수치를 향상시킬 뿐만 아니라 뇌에서의 알파파를 증진시켜 집중력 강화, 기억력 향상, 학습 능력 증진 등의 효능을 가진다. GABA는 두뇌에서 중요한 역할을 담당하는 아미노산으로, 뇌세포의 대사를 촉진함으로써 학습 능력을 향상시킨다고 알려져 있다.

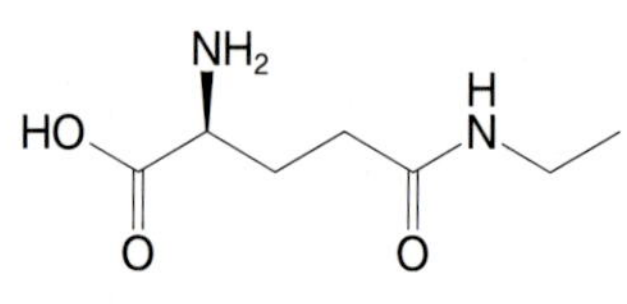

그림 6-12 • 테아닌의 구조

테아닌 등 복합추출물은 동물 실험에서 기억력 개선에 도움을 줄 수 있음이 확인되었으나 아직까지 인체 시험 자료는 제출되지 않았으므로 "기억력 개선에 도움을 줄 수 있으나 아직은 과학적 근거가 부족합니다"로 기능성을 인정받았다. 인정 등급은 동물 실험에서 기억력 개선에 도움을 줄 수 있음이 확인되었으나 임상 시험 자료는 제출되지 않아서 '생리활성기능 3등급'에 해당한다. 안전성과 기능성을 확보할 수 있는 수준의 하루 섭취량은 씨제이 테아닌 복합추출물로 210 mg이며, 테아닌은 커피나 녹차 및 홍차 등에 함유된 카페인과 길항작용이 있어 이와 같은 음료와 함께 섭취하지 않도록 주의해야 한다.

(4) 피브로인 추출물 BF-7[10]

누에고치에서 얻은 실크 단백질 중 하나인 피브로인은 건강기능식품 원료로 이용되는 기능성 성분인 타이로신이나 알라닌을 비롯하여 17종류의 아미노산을 함유하고 있으며, 그중에서도 특히 글리신과 알라닌을 다량 함유하고 있고 단백질분해효소에 대해서는 안정하다고 알려져 있다. 피브로인 추출물 BF-7을 복용하였을 때 기억을 담당하는 뇌 영역인 후두엽, 측두엽, 두정엽 등이 더욱 효율적이고 광범위하게 활성화되었으며, 이를 활용하는 전두엽에서 역시 매우 활성화된 상태를 확인하였다. 이는 뇌에서 학습과 관련된 부위인 해마의 시냅스(뇌 상호 간 연결) 형성에 핵심이 되는 시냅신 분자들을 활성화시키기 때문에 나타난다.

그림 6-13 • 누에고치

기반 연구와 인체 적용 연구 결과가 일관성을 보여 "기억력 개선에 도움을 줄 수 있습니다"로 기능성을 인정받았다. 근거 자료의 수가 충분치 않아 인정 등급은 '생리활성기능 2등급'에 해당한다. 안전성과 기능성을 확보할 수 있는 수준의 하루 섭취량은 피브로인 추출물 BF-7으로 200~400 mg이며 이것의 효과는 성장기 어린이의 기억력 증진이 아님에 유의해야 한다.

표 6-2 • 뇌 기억력 개선 관련 고시형 건강기능식품의 분류[11]

구분	기능성 원료명	함유 식품
지방산 및 지질류	오메가-3지방산	등푸른생선, 대두유, 호두, 카놀라유
	레시틴	난황, 대두, 간

표 6-3 • 뇌 기억력 개선 관련 개별인정형 건강기능식품의 분류[11]

원료명	기능(지표) 성분	인정 등급
대두 포스파티딜세린	포스파티딜세린	생리활성기능 2등급
INM176 참당귀 주정추출 분말	데커시놀, 데커신	생리활성기능 2등급
피브로인 추출물 BF-7	타이로신, 알라닌	생리활성기능 2등급
씨제이 테아닌 등 복합추출물	테아닌, GABA	생리활성기능 3등급

참고문헌

1 행정안전부 주민과 통계자료, 2017.09.03.

2 올바른 뇌건강 관리 치매 걱정 없는 건강한 우리가족, 보건복지부 홍보동영상(http://www.mw.go.kr/front/jb/sjb070201ls.jsp?PAR_MENU_ID=03&MENU_ID=03070201)

3 Newton highlight-뇌와 마음의 구조, 뉴턴사이언스(http://www.newtonkorea.co.kr)

4 한국약학대학협의회 위생약학분과회 편저, 질환별로 본 건강기능식품학, 신일북스, 2009

5 한국정보화진흥원

6 Leslie M. Shaw et al., Biomarkers of neurodegeneration for diagnosis and monitoring therapeutics, Nature Review Drug Discovery 6(4): 295-303, Apr. 2007

7 통계청, 장래인구추계, 2016

8 보건복지부지정 노인성치매임상연구센터, 전국치매역학조사, 2012

9 김병태, 식품의약품안전청, 건강기능식품 기능성 표시·광고 가이드라인, 식품의약품안전청, 2009

10 농촌진흥청

11 식품의약품안전처, 건강기능식품 기능성 원료 인정 현황, 2016년 12월

면역 조절

생명을 유지하기 위해 생명체는 끊임없이 내외부의 적으로부터 자신의 몸을 보호해야 한다. 고등동물일수록 진화가 진행되면서 체계적인 자기방어 메커니즘을 갖추게 된다. 이러한 조직적 체계를 면역이라고 하며, 이 반응이 적절하게 조절되어야 건강한 삶을 영위할 수 있다. 만약 조절이 적절하지 못하고 결핍이나 과다한 반응이 일어날 경우 다양한 질병의 원인이 된다. 따라서 건강한 삶을 위해서는 적절한 면역 조절이 필요하며, 건강기능식품이 면역 관련 질환의 예방에 도움을 줄 수 있다.

제1절 면역 증진

1. 면역의 정의 및 개요

면역(immunity)이란 생체 내에 존재하는 자기방어 메커니즘으로 외부의 침입물질인 이물질이나 병원체 등의 항원을 항체 생산 등을 통해 중화 또는 제거하는 생리적 과정이다. 면역 체계는 다양한 장기와 관련된 세포들이 상호작용을 통해 외부의 침입에 대항한다.

1) 면역 관련 장기 및 세포

(1) 중추 림프조직(제1차 면역 장기)

흉선(thymus)과 골수(bone marrow)는 중추 림프조직으로 분류된다. 흉선의 역할은 T세포의 생산으로 전구T세포를 성체T세포로 분화시키고 증식을 담당하며, 골수는 몸 전체 뼈에 분포하며 골내강을 이루고 있는 조직이다. 면역의 중요한 역할을 하는 T세포와 B세포의 전구세포를 공급하는 기능이 있다.

(2) 말초 림프조직(제2차 면역 장기)

위의 옆에 위치하며 림프구(lymphocyte), 대식세포(macrophage), 백혈구(leucocyte) 등이 존재하는 비장(spleen)과, 림프구를 중심으로 대식세포와 수지상세포(dendritic cell)를 포함하고 있는 림프절(lymph node)이 말초 림프조직으로 분류된다. 외부의 항원이 들어오면 림프절에 있는 대식세포, 수지상 세포 등에 잡혀 그 정보가 림프구로 보내진다.

① 림프구

T세포는 세포성 면역 반응에 관여한다. 세포성 면역 반응은 장기이식 거부 반응, 종양에 대한 면역 반응, 세균이나 바이러스 감염에 대한 저항, 지연성 과민 반응(delayed hypersensitivity reaction) 등이다. 또한 T세포는 B세포, 대식세포 등의 면역 반응을 조절하는 기능도 한다.

B세포는 항원에 대한 반응으로 표면에 있는 면역글로불린(immunoglobulin)이 형질세

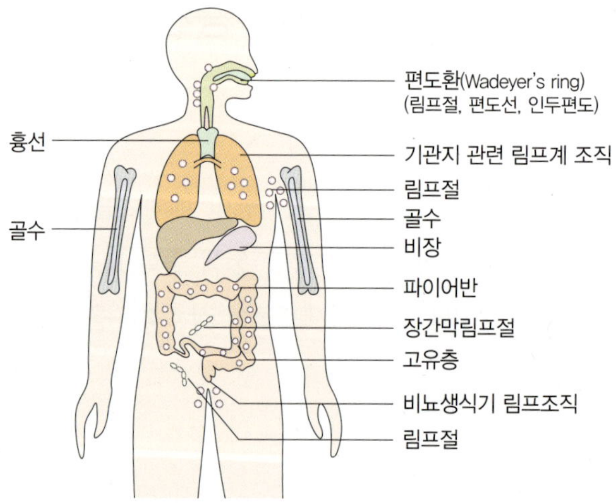

그림 7-1 • 면역 관련 장기와 조직[1]

포(plasma cell)로 분화되어 IgM, IgG, IgA, IgD, IgE 등의 항체를 생산하고 분비한다.

자연살해세포(natural killer cell, NK cell)는 비특이적으로 종양세포, 바이러스 감염세포들을 인지하고 제거하는 기능을 한다. 혈액 및 림프조직에서 발견되고 활성화되면 다양한 사이토카인(cytokine)을 분비한다.

② 망내계 세포

생체 내에 미생물, 색소와 입자 등의 이물질이 침입하였을 경우 그것을 탐식하는 식세포계를 총칭하여 망내계(reticuloendothelial system, RES)라고 하며, 대식세포계(macrophage system)라고도 한다. 각 조직이나 장기마다 형태의 차이가 있어 그 명칭이 다양한데 혈액 속의 단핵구(monocyte), 결합조직 중의 조직구(histocyte), 간의 쿠퍼(kupffer)세포, 폐의 폐포대식세포(alveolar macrophage), 림프조직의 대식세포, 골조직의 파골세포(osteoclast) 등으로 분류된다.

③ 골수계 세포(myeloid system)

과립구(granulocyte)는 세포질 내에 염색되는 과립을 가지고 있으며 수명이 2~3일로 짧아 골수로부터 지속적인 공급을 받는다. 핵의 형태와 과립의 염색성이 다양하여 그에 따라 호중구(neutrophils), 호산구(eosinophil), 호염기구(basophil), 비만세포(mast cell)로 분류된다. 이들은 외부의 침입이나 염증 반응에 대하여 탐식 작용을 한다.

2) 면역 반응의 분류

(1) 선천적 면역

선천적 면역(innate immunity)은 암세포나 바이러스에 감염된 세포에 대한 비특이적 면역(nonspecific immunity)으로 외부의 항원에 대한 1차 방어체계이다. 선천적 면역 작용에 관련된 세포로는 탐식 작용을 하는 호중구와 같은 다형핵 림프구(polymorphonuclear lymphocyte), 대식세포, 기생충을 상해할 수 있는 호산구, 비특이적으로 외부의 항원을 제거하는 자연살해세포 등이 있다.

(2) 적응 면역

항원에 대한 특이성과 기억력이 있는 림프구가 한 번 침입한 적이 있는 항원에 대한 기억을 하고 있다가 재침입 시 빠르게 항원에 대한 특정 항체를 만들어 신속하고 강력하게 반응하는 것을 적응 면역(adaptive immunity)이라 하며, 특이적 면역(specific immunity)이라고도 부른다.

표 7-1 • 선천적 면역과 적응 면역의 비교[2]

특성	선천적 면역	적응 면역
수용체	유전체에 고정, 재배열 불필요	유전자 조각의 코드화, 재배열 필요
분포	비클론, 클래스 동일한 세포	클론, 클래스 다른 세포
인지	분자 패턴 보존(LPS, LTA, 만난, 글리칸)	분자 구조의 세부(단백질, 펩타이드, 탄수화물)
자가-비자가 식별	완전 : 진화 동안에 선별	불완전 : 각각의 체세포에서 선별
반응시간	작용 인자의 즉각적인 활성	작용 인자의 지체된 활성
반응	공동 자극물질들, 사이토카인(IL-1β, IL-6), 케모카인(IL-8)	클론 확장 또는 무반응, IL-2, 작용 인자 사이토카인(IL-4, IFNγ)

3) 면역계 질환

인체는 다양하고 복잡한 분자적 또는 세포 간 상호 작용을 통하여 외부의 병원체에 대해 면역 반응을 일으키며, 병원균은 숙주의 면역 반응을 피하기 위하여 다양한 유전자를 발현시켜 스스로를 지키려고 한다. 이러한 상호 작용 과정에서 만약 우리의 몸이 면역력이 저하되어 있거나 숙주의 면역 반응을 병원체가 이겨 내면 다양한 질환이 발생할 수 있다. 면역계 질환은 암세포의 증식에서부터 바이러스나 미생물의 감염으로 인한 질병까지 다양하며, 사소한 감기나 장염 등이 악화되어 각종 암이나 쇼크사 등 심각한 수준으로 발전할 수 있다.[3]

일시적인 면역력 저하뿐만 아니라 선천적으로 면역 체계에 이상이 있어 각종 면역 관련 질환이 발생하는 선천면역계 결핍 질환(innate immune deficiency disorder)도 있는데 이상이 있는 유전자와 시스템에 따라서 다양한 임상 양상을 보인다. 대표적인 예로 탐식세포의 이상으로 발병하는 유전성 희귀 질환의 일종인 만성 육아종 질환(chronic granulomatous disease, CGD)이 있다. 이 질환은 활성 산소 대사물을 생성하는 효소인 NADPH 산화효소 복합체(NADPH oxidase complex)의 결함으로 발생한다. 임상 증상은 대부분 영아기에 시작되나, 경우에 따라 발병이 지연되어 10세 이후에 증상이 나타날 수도 있으며, 보통 반복적인 감염에 의해서 환자들은 25세 이전에 사망한다.[4, 5] 이외에 나타나는 선천면역계 결핍 질환들을 표 7-2에 정리했다.

1980년대에 위와는 다른 적응면역계 결핍 질환(adaptive immune deficiency syndrome)이 발견되었다. 이는 T도움세포의 급격한 감소로 발병하는데 정상적인 면역계를 가진 사람은 쉽게 이겨 내는 병원체에 감염되기도 하고, 카포시육종(Kaposi'sarcoma)이나

표 7-2 • 선천성 면역 결핍증의 종류[3]

결핍증후군	특이적 이상	면역 결함	감수성
중증복합형 면역부전증(SCID)	ADA 결핍	T 또는 B 세포 없음	일반적
	PNP 결핍	T 또는 B 세포 없음	일반적
	X-연관 SCID γc 체인 결핍	T세포 없음	일반적
	상염색체 SCID DNA 수선 결핍	T 또는 B 세포 없음	일반적
디조지 증후군	흉선 무형성증	다수의 T 또는 B 세포	일반적
I형 MHC 결핍	TAP 돌연변이	CD8 T세포 없음	만성 폐, 피부염증
II형 MHC 결핍	낮은 II형 MHC 발현	CD4 T세포 없음	일반적
위스코트-알드리치 증후군	X-연관; WASP 유전자 결여	항다당류 항체 및 T세포 활성 반응 결핍	피막성 세포 외 박테리아
X-지배 무감마 글로불린혈증	Bruton tyrosine kinase(BTK) 활성 상실	B세포 없음	세포 외 박테리아 및 바이러스
X-지배 고IgM 증후군	CD40 리간드 결합	동기준 표본 변환 불가	세포 외 박테리아
공통 가변형 면역결핍증	미상; MHC 연관	IgA, IgG 생성 결함	세포 외 박테리아
선택적 면역글로불린A	미상; MHC 연관	IgA 생성 불가	호흡기 감염
식세포 결핍	다양	대식세포 기능 상실	세포 외 박테리아와 곰팡이류
도움체 결핍	다양	특정 보체 성분 상실	세포 외 박테리아 (특히 *Neissena* spp.)
자연살해세포 결핍	미상	NK 기능 상실	헤르페스 바이러스
X-연관 림프세포 증식성 증후군	SH2D1A 변종	B세포의 성장 조절 불가	EBV 유도 B세포 종양
모세관 확장실조	PI3K 상동유전자	T세포 감소	호흡기 감염
블룸 증후군	DNA 헬리케이스 결함	T세포, 항체 감소	호흡기 감염

B세포림프종(B-cell lymphoma)에 걸릴 수도 있다.

4) 면역 기능 조절

외부의 환경 오염물질, 독소, 질병, 노화 등의 여러 인자에 의해 이상이 발생한 면역 기능의 변화를 경감시키거나 정상적으로 되돌리는 것을 면역 기능 조절이라 한다. 면역 기능의 조절에는 종양, 노화, 면역 결핍 질환, 미생물 감염 등에 대한 면역 반응을 조절하여 증가시키는 면역 증진과, 장기 이식 후 거부 반응, 알레르기 반응, 자기항원에 대한 반응 등과 발현된 면역 반응을 억제하는 면역 억제가 있다. 면역 조절제로 이러한 작용들을 인위적으로 조절할 수 있다. 최근 T세포의 활성을 억제하는 CTLA-4 및 PD-1 단백질이 규명되었고 이들을 억제할 수 있는 단일클론항체의 3세대 면역항암제 개발로 암치료의 새로운 전기를 마련하였으며, 이를 개발한 미국 텍사스주립대 앨리슨(James P. Allison) 교수와 일본 교토대 혼조(Honjo Tasuku) 교수가 2018년 노벨생리의학상을 수상하였다.

2. 기능성 평가 방법

면역 기능 증진에 대한 건강기능식품 효능성 평가는 실제 제품에 사용되는 소재를 대상으로 하여 표 7-3에 제시된 각 항목 중 3가지 이상의 요인에 대해 동물 실험을 통해 생체 내외 실험을 수행하고, 가능한 임상 시험 적용을 병행하여 관련된 모든 실험 결과들이 통계적으로 유의성 있게 도출되어 높은 신뢰성을 가질 때 가능하다. 특히 실험 결과에는 정상 대조군 실험이 반드시 포함되어 생체 면역계 이상을 초래할 우려를 불식시킬 필요가 있다.

표 7-3 • 면역 증진 관련 효능 평가를 위한 일반적 방법[6]

	평가 방법	
시험관 내 실험 및 임상 시험	• 면역세포들의 증식능 분석 • 면역세포의 이동능 분석 • 면역계의 기능 증식능 분석 • 면역계의 발달능 분석 • 이물질 제거능 분석 • 기타	• 면역계 조절능 분석 • 항원 인식능 분석 • 항체, 보체, 세포 활성물질 등의 합성 및 생성능 분석 • 바이러스, 세균, 진균, 특정 항원 등에 대한 면역능 분석 • 면역원성 증진능 분석

1) 시험관 내 실험

(1) 림프구 증식능

림프구 증식능을 측정하는 실험은 면역계에 대한 효능을 평가하는 방법 중 가장 광범위하게 이용되고 있는 실험 방법이다. 증식의 정도를 측정하는 방법으로는 3-(4,5-dimethylthiazol-2-yl)-2,5-diphenyltetrazolium bromide(MTT)를 이용하는 방법과 [^{3}H]-

thymidine을 넣어 증식을 확인하는 방법이 있다. 림프구의 증식을 촉진하는 자극원은 림프구 등에 대한 특이적 및 비특이적 자극원이 있다. anti-CD3 단클론 항체인 OKT3와 UCHT-1은 T림프구 특이적 항원이고 PMA는 비특이적 자극원이다. 이외에도 T림프구에 이용되는 렉틴(lectin), PHA, Con A와 T림프구, B림프구에 모두 작용하는 PWM 등이 있다.

(2) 세포독성 실험

① 세포독성 T림프구 기능 분석

가장 간단하면서도 빠른 T림프구 분석 방법은 세포독성(cytotoxicity) T림프구에 의한 표적세포 살해 기능에 대한 확인이다. 이는 서로 다른 종류의 비장세포들 간의 거부 반응으로 인한 비장세포의 증식도를 측정하거나 [^{3}H]-thymidine의 DNA 유입도로 측정하며, 임상적으로는 이 결과를 조직이식 거부 반응에 관련된 세포성 면역 반응 측정을 위한 민감한 지표로 사용할 수 있다.

② 림포카인 활성 세포 생성능 측정

LAK세포는 자연살해세포에 의해서는 살해되지 않는 암세포를 살해할 수 있는 세포이며, 말초혈액 림프구를 재조합(recombinant) IL-2와 함께 3~5일간 배양해 생산할 수 있다. LAK세포의 생성 정도를 측정하여 면역 증진 효과가 있는지 확인할 수 있다.

③ 항원 특이적 세포독성능(antigen specific cytotoxic activity)

LAK세포로 분화되기 전 전구세포의 종류가 무엇이었는지 확인할 수 있는 방법으로, T림프구, CD4+ 세포, CD8+ 세포, 자연살해세포 제거 시 각 림프구 표면에 대한 항체 및 보체를 사용한다. 각 림프구 제거 시 암세포 살해능이 저하된 경우를 찾아내어 어떤 림프구에서 분화가 시작되었는지를 추측할 수 있다.

2) 동물 실험

(1) 플라크 형성 세포 측정

- Balb/c계 생쥐에 효능을 보고자 하는 시료를 14일간 경구 투여한다.
- HBSS용액으로 면양 적혈구를 세척한 뒤 최종적으로 2.5×10^9 cells/mL로 만든다.
- 4일 뒤에 경추 탈골로 생쥐를 희생시키고 최대한 무균 상태에서 비장을 적출한다.
- 적출한 비장을 작게 부수고 HBSS용액으로 세척한 뒤에 mL당 세포 수를 계산한다.

- 미리 47℃의 수조에서 시험관을 예열시키고 한천(agar) 350 μL, 면양 적혈구액 25 μL, 비장세포액 100 μL, 보체 25 μL를 예열된 시험관에 순차적으로 넣고 잘 혼합한다.
- 혼합한 용액을 배양접시에 부은 뒤 커버글라스를 덮은 상태에서 CO_2 배양기에서 3~4시간 동안 배양한다.
- 비장세포와 플라크의 수를 계수하여 10^6개의 세포당 플라크 수를 계산하다. 보통 산포 분석으로 수치 통계를 내는데 실험 대상군의 플라크 수가 대조군에 비해서 현저하게 높을 경우 실험 결과를 양성으로 판정한다.

(2) 강제 수영부하 실험

물에 실험용 쥐를 강제로 수영부하시켜 움직임이 없이 부동 상태로 유지된 시간을 측정하여 비교하는 실험이다. 이러한 실험을 통해 실험동물에 대한 생체 내 실험으로 체력 또는 인내력 증강에 의한 면역 증진 효과를 알아볼 수 있고, 체액 성분들을 분석함으로써 피로 관련 물질 등의 변화로 실제적 면역 증진 효과를 파악할 수 있다. 실제 실험 결과들을 살펴보면 코너(Connor T. J.) 등은 실험에서 강제 수영부하 실험 120분 후에 백혈구 수가 현저하게 감소되었으며, 90분과 120분 후에는 림프구 수가 현저하게 감소됨을 관찰하였다. 더욱이 강제 수영부하 실험 후에 PHA와 유동성 림프구 증식 또한 현저히 억제되는 결과를 얻었다. 다른 예로 벤-에리야후(Ben-Eliyahu S.) 등은 피셔(Fischer) 흰쥐를 사용한 실험에서 자연살해세포의 세포독성이 억제된다는 결과를 보고하였다.

그림 7-2 • 강제 수영부하 실험[6]

3) 임상 시험

왕성한 기능적 활성을 갖는 면역세포들의 숫자가 정상치만큼 존재하는지 여부에 따라 인체 내의 면역 체계가 정상적으로 유지되고 있는지를 확인할 수 있다. 면역 체계는 면역에 관여하는 여러 세포들과 그것들에서 분비되는 사이토카인 등의 분비 산물들이 복잡한 상호 작용을 통해 외부의 병원체를 포함한 항원들로부터 몸을 보호하는 것이다. 따라서 면역 기능에 이상이 생겨 나타나는 임상 증상들은 다음과 같은 특징을 갖는다. ① 감염증이 빈발하게 발생, ② 치료 후에도 감염증의 회복이 더딤, ③ 기회감염증이 발생, ④ 국소 감염 부위가 전신으로 확대, ⑤ 영양소 불균형으로 인한 증상, ⑥ 만성적 증상 등이 있다. 면역력이 감소하게 되면 이외에 종양의 발생 빈도도 증가하게 된다.

위의 여러 증상들이 발현되어 면역계의 이상이 의심되면 여러 측정법들을 사용해 면역능 측정을 하게 된다. 면역능검사가 필요한 대상은 다음과 같다. 선천성 또는 후천성 면역 결핍 질환이 의심되거나 골수이식, 기타 림프조직의 이식 후 면역 치료를 하는 환자, 자가 면역 질환을 갖고 있어 진단의 보조 수단으로 필요한 경우, 이식 거부나 암 치료에 사용되는 약제 및 방사선조사 등에 의한 면역 억제 정도의 평가가 필요하거나 백신 치료 시 면역 상태의 판단과 효과 판정이 필요한 경우, 영양소 불균형과의 관련성 판단이 필요한 경우, 기초 연구 및 기타 임상의 자료로 필요한 경우 등이다. 이와 같은 경우 치료 평가, 임상 진단 및 예후 판정을 위해 면역능검사를 하게 되는데 검사 결과 해석에는 통상적 원칙이 적용되어 설계된 인체 적용 시험을 통한 다른 임상 소견들, 특히 병력 및 진찰 소견을 중요시하여 판단해야 한다.

3. 면역 증진 건강기능식품 및 효능[7]

1) 고시형 건강기능식품

(1) 인삼

인삼은 두릅나뭇과의 인삼속 식품의 뿌리를 일컫는다. 인삼의 면역 조절 작용은 강장 또는 면역 증강 기능으로 분류되고 있는데 강장제란 우리 몸이 생물학적 또는 이화학적 자극에 대해 저항성을 갖게 하는 물질을 말하며, 면역 자극제는 체내 침투한 감염 물질과 같은 이물질에 대하여 비특이적 방어 작용을 증가시키는 물질이다.

인삼 추출물 200 mg을 8주 동안 섭취시켜 말초혈액 단핵세포의 탐식 작용이 증가함을 확인하였다. 미국의 인삼으로 제조한 추출물 400 mg을 면역력이 약한 323명에게 4개월간 섭취하게 한 결과 감기에 걸리는 횟수가 감소함을 관찰하였고 이미 감기에 걸린 환자도 그 증상이 감소됨이 보고되었다.

면역력 증진 및 피로 회복 기능성 원료로 사용 가능한 인삼의 범위는 *Panax ginseng* C.A. Meyer로 제한되고 있다. 제조 방법에 있어서 발효공정은 허용하나 인삼을 반드시 물 또는 주정으로 추출한 것 또는 농축한 것을 가지고 발효해야 한다고 규정하고 있다. 면역력 증진 및 피로 회복의 기능성 원료로서의 인삼 섭취량은 인삼 분말로 0.5~5 g이다. 보통 사용되는 인삼 분말의 Rb1 함량이 4~12 mg/g, Rg1 함량이 2~4 mg/g이므로 제품 제조 시 하루 섭취량이 진세노사이드 Rb1과 Rg1의 함량의 합계가 3~80 mg이 되도록 제조해야 한다. 또한 진세노사이드 Rb1과 Rg1의 총함량이 0.8~34 mg/g이 되어야 인삼을 원료로 제조한 기능성 식품으로 인정받을 수 있다.

인삼 섭취 시에 혈압 상승, 두통, 불면, 두근거림 등의 부작용이 나타날 수 있으며, 열이 많은 사람, 배변이 불편하고 땀이 나지 않는 사람이나 염증 등으로 고열이 있을 경우에는 되도록 섭취를 삼가도록 하고 있다. 또한 수축기 혈압이 180 mmHg 이상인 고혈압 환자의 경우 인삼 섭취를 하지 않는 것이 권장되고 있다.

(2) 홍삼

건강기능식품으로서 홍삼은 인삼이 원재료로 사용되는데 말리지 않은 수삼을 증기 또는 다른 방법으로 쪄서 익힌 뒤 말려 이를 분말화하거나, 또는 물이나 주정으로 추출하여 농축 또는 발효하여 식용에 적합하도록 제조한 것을 의미한다.

면역력 증진 및 피로 회복의 기능성을 인정받기 위한 홍삼의 섭취량은 홍삼 분말로 0.5~5 g이며, 보통 사용되는 홍삼 분말의 Rb1 함량이 4~12 mg/g, Rg1 함량이 2~4 mg/g이므로 제품 제조 시 하루 섭취량은 진세노사이드 Rb1과 Rg1의 함량의 합계가 3~80 mg이 되도록 제조해야 한다. 인삼과 마찬가지로 진세노사이드 Rb1과 Rg1의 총함량이 0.8~34 mg/g이 되도록 제조해야 홍삼을 원료로 사용한 기능성 식품으로 인정받을 수 있다.

(3) 알로에 겔

현재 건강기능식품으로 허용되는 알로에에는 알로에 베라(*aloe* vera), 알로에 아보레센스(*aloe arborescence*, 키타치), 알로에 사포나리아(*aloe saponaria*)의 잎 부분이다. 알로에는 알로에 전잎과 알로에 겔의 기능 성분 및 기능성 내용이 다른데 이러한 차이에 의해 식품의약품안전처의 분류에서도 페놀류와 탄수화물류로 분리하고 있다. '알로에 겔'은 알로에의 여러 종 중에서도 잎이 큰 베라에서만 얻는 것으로 알려져 있고, 건강기능식품으로 사용되는 알로에 겔은 알로에 베라의 잎 중 비가식 부분과 외피를 제거한 후 겔 부분을 분리하여 건조하거나 분쇄·농축하여 식용에 적합하도록 가공한 것으로 총다당체가 3% 이상이 되어야 한다.

기능적인 측면에서는 면역력 증진과 피부 건강에 도움을 주며 항염증 효능이 있어 장 건강에도 도움을 준다. 또한 알로에 겔에 함유되어 있는 카복시펩티데이스(carboxypeptidase)가 생체 내에서 브래드키닌(bradykinin)을 가수분해하여 염증에 의한 통증을 완화시켜 주고, 마그네슘 락테이트(magnesium lactate)는 히스타민(histamine)의 생성을 감소시킨다.

총다당체 함량이 100~290 mg이 되어야 면역력 증진에 도움을 줄 수 있는 용량으로 규정되어 있다. 장 건강에 대한 기능성 확인을 위하여 사용된 알로에 겔 시료 100 mL 중에 총다당체 함량은 70~80 mg이었고, 이 중 다당체 함량에 영향을 줄 수 있는 부원료(xanthan gum)가 18 mg 포함되어 있었다. 따라서 이를 제외하고 100 mL 중 52~62 mg의 총다당체가 포함되어 있는 것으로 환산하여, 하루 섭취량을 110~125 mg으로 설정하였다. 따라서 알로에 겔의 하루 섭취량은 총다당체 함량으로 100~420 mg이다.

(4) 알콕시글리세롤 함유 상어간유

1922년 일본의 토야마(Toyama)와 쓰지모토(Tsujimoto)에 의해 발견된 알콕시글리세롤(alkoxyglycerol)은 알킬글리세롤이라고도 하며, 상어간유에서 분리한 알콕시글리세롤은 바틸알코올, 세라킬알코올, 키밀알코올 등을 포함한다. 일반적으로 알콕시글리세롤에는 바틸알코올이 4%, 세라킬알코올이 50%, 키밀알코올이 18%를 차지하고 있다.

건강기능식품으로 인정된 알콕시글리세롤 함유 상어간유는 상어의 간으로부터 추출한 유지에서 검화물과 스쿠알렌을 제거한 뒤 불검화물을 물로 세척하고 탈취, 가열, 여과하여 섭취하는 데 적합하도록 한 것이다. 이때 알콕시글리세롤이 18% 이상 함유되어야 하고 바틸알코올이 포함되어야 한다.

알콕시글리세롤의 면역 증강 기능성은 1988년부터 그 효능이 제시되어 왔다. 생쥐에 5일간 알콕시글리세롤 10~100 mg을 섭취시킨 후 확인한 결과 대식세포가 활성화되어 있었으며, 건강한 성인에게 12주간 2.7 g의 알콕시글리세롤을 함유한 상어간유를 섭취하게 한 뒤 T세포의 수가 증가했음이 관찰되었다. 한편 면역 증강이 과도하게 일어날 경우 부작용으로 염증 반응의 지나친 활성화가 우려되는데 알콕시글리세롤은 면역 반응이 크게 증가되어 있을 때는 그 이상은 염증 반응을 증가시키지 않아 부작용을 일으키지 않음도 확인되었다. 알콕시글리세롤의 하루 섭취량은 0.6~2.7 g으로 설정되어 있으며 제조 시 알콕시글리세롤이 180 mg/g 이상 함유되어 있어야 하고 바틸알코올도 포함되어야 한다.

(5) 클로렐라

클로렐라속(*Chlorella*) 조류를 인공적으로 배양하고 건조하여 제조하며 지표 성분으로는 총엽록소를 10 mg/g 이상 함유하고 있어야 한다. 면역력 증진 및 콜레스테롤 개선에 도움을 주기 위한 하루 섭취량은 총엽록소로 125~150 mg이다.

(6) 상황버섯 추출물

상황버섯(*Phellinus linteus*) 종균을 접종하고 3~4년간 재배하여 포자 형성이 확인된 흑갈색의 자실체 형태로 성장한 상황버섯을 채취하여 제조하며, 지표 성분은 베타글루칸을 87~162 mg/g을 함유하고 있어야 한다. 면역 기능 개선에 도움을 줄 수 있는 하루 섭취량은 상황버섯 추출물로는 3.3 g, 베타글루칸으로는 287.1~534.6 mg이다.

2) 개별인정형 건강기능식품

(1) 금사상황버섯

3~4년생의 건조된 상황버섯을 분쇄한 후 110℃에서 약 96~100시간 물로 추출한 것으로, 지표 성분으로 베타-글루칸이 8.7~16.2% 함유되어 있어야 한다. 금사상황버섯은 섭취 시 인터페론-감마(IFN-γ)와 림프구 수를 증가시켜 면역 기능을 개선시키는 것으로 알려져 있다. 또한 Th-1 계열의 면역 지표인 인터페론-감마(IFN-γ)와 림프구 수를 증가시키고 Th-2 계열의 IL-4, IL-10 등의 면역 지표는 감소시킨다. 이를 바탕으로 "면역 기능 개선에 도움을 줄 수 있습니다"로 기능성을 인정받았으나 인체 적용 연구와 기반 연구의 수가 충분하지 않아 인정 등급은 '생리활성기능 2등급'에 해당한다. 안전성과 기능성을 확보할 수 있는 하루 섭취량은 금사상황버섯 추출물로 3.3 g이다.

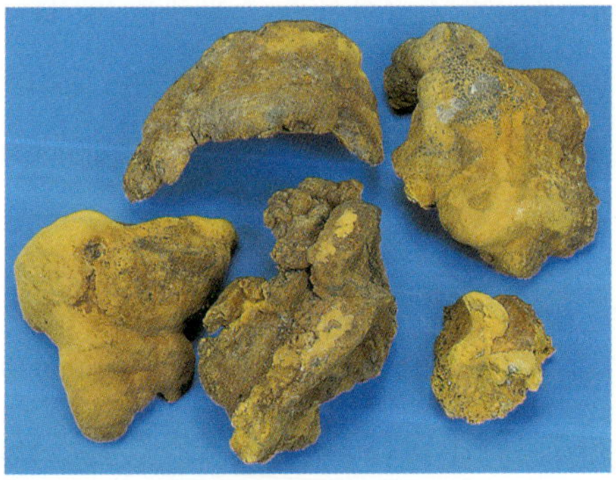

그림 7-3 • 상황버섯

사진자료 : 국립농산물품질관리원

(2) 게란티 바이오-Ge 효모

효모(*Saccharomyces cerevisiae*)를 종균 배양한 후에 이산화게르마늄(GeO_2)을 넣고 배양시킨 것이다. 지표 성분은 게르마늄으로 0.28~0.33% 함유되어야 한다. 동물 실험에서 면역글로불린과 항체 형성 효능이 증가하고, 시험관 내 실험에서 대식세포 활성 증가 효능이 확인되었다. 이 원료는 "면역 기능 증진에 도움을 줄 수 있으나 임상 시험을 통한 확인이 필요합니다"로 기능성을 인정받았으며, 동물 실험에서 면역 기능 향상이 확인되었으나 임상 시험에서 확인되지 않았으므로 인정 등급은 '생리활성기능 3등급'에 해당한다. 안전성과 기능성을 확보할 수 있는 하루 섭취량은 게란티 바이오-Ge 효모로 1.2 g이다.

(3) L-글루타민

코리네박테륨 글루타미컴(corynebacterium glutamicum) 발효균을 사용하여 액상포도당, 대두박 분해물, 제일인산칼륨, 제이인산칼륨염화암모늄, 황산암모늄 수용액을 발효시켜 제조한 것으로 L-글루타민 함량이 98.5~101.5%로 표준화되어 있다. 시험관 내 실험에서 L-글루타민 처리 시 면역세포의 증식을 촉진하는 것이 관찰되었으며, 인체 적용 연구에서 운동선수에게 활동 후 L-글루타민을 섭취하게 하고 관찰한 결과 체내 림프구의 양을 증가시키고 감염 발생 빈도를 줄이는 데 도움이 될 수 있음이 확인되었다. 그러므로 "과도한 운동 후의 L-글루타민 보충은 신체 저항 능력 향상에 도움이 될 수 있습니다"로 기능성을 인정받았으며, 인정 등급은 기반 연구의 수는 충분하지 않으나 인체 적용 연구에서 일관성 있는 결과를 보여 '생리활성기능 2등급'에 해당한다. 안전성과 기능성을 확보할 수 있는 하루 섭취량은 L-글루타민으로 3~5 g이다.

(4) HemoHIM 당귀 등 혼합추출물

당귀뿌리, 백작약뿌리, 천궁뿌리 동량을 넣고 정제수로 중탕한 뒤에 여과, 농축한 원료와 주정을 첨가하여 제조된 원료를 정치시킨 후 조다당체를 회수한 것과 배합하여 제조한다. 지표 성분으로 각각 조다당 30~50%, 페오니플로린(paeoniflorin) 0.8~1.5%, 노다케닌(nodakenin) 0.1~0.4%, 클로로겐산(chlorogenic acid) 0.08~0.2%를 포함해야 한다. 시험관 내 실험에서 당귀 등 혼합추출물 처리 시 림프구의 활성이 증가됨을 확인하였고, 면역력이 결핍된 동물을 이용한 실험에서 백혈구와 림프구 수, IFN-γ, NK 활성 등이 증가하였으며 면역 기능이 개선된 것을 확인하였다.

인체 적용 연구에서 면역 기능이 감소된 사람에게 당귀 등 혼합추출물을 섭취시켜 림프구 수, NK세포 활성, 사이토카인 등이 증가됨을 확인하였다. "면역 기능 개선에 도움을 줄 수 있습니다"로 기능성을 인정받았으며, 기반 연구와 인체 적용 연구 결과가 일관성을 보이지만 근거 자료가 충분치 않아 인정 등급은 '생리활성기능 2등급'에 해당한다. 당귀 등 혼합추출물의 안전성과 기능성을 확보할 수 있는 하루 섭취량은 6~12 g이다.

(5) *Enterococcus faecalis* 가열 처리 건조분말

Enterococcus faecalis FK-23을 효소 및 가열 처리 후 건조한 분말로, 면역력 증진에 도움을 줄 수 있으나 인체에서의 확인이 필요한 생리활성기능 3등급이다.

(6) 표고버섯 균사체

아세틸화된 알파-글루칸이 주성분인 표고버섯 균사체 AHCC로 면역 기능 증진에 도움을 줄 수 있는 생리활성기능 2등급이다. 하루 섭취량은 표고버섯 균차체 AHCC로 1.8~3.6 g이다.

(7) 스피루리나

스피루리나는 남조류의 일종으로 카로티노이드 등의 색소와 리놀렌산 등의 필수지방산이 풍부하다. 면역 조절에 도움을 줄 수 있으나 인체에서의 확인이 필요한 생리활성기능 3등급이며, 하루 섭취량은 총엽록소로 67~72 mg이다.

(8) 청국장균 배양정제물

콩이 고초균으로 발효되는 과정에서 만들어지는 점액성 물질인 실과 같은 폴리감마글루탐산의 면역 증진 효과가 알려져 있으며, 폴리글루탐산칼륨을 함유하는 청국장균 배양정제물은 면역 기능 증진에 도움을 줄 수 있는 생리활성기능 2등급이다. 하루 섭취량은 폴리감마글루탐산칼륨으로 1,000 mg이다.

(9) 동충하초 주정추출물

곤충 대신 현미에 동충하초균을 접종하여 만든 '현미 동충하초'의 주정추출물로, 지표 성분은 코디세핀(Cordycepin)이며 면역 증진에 도움을 줄 수 있는 생리활성기능 2등급이다. 하루 섭취량은 동충하초 주정추출물로 1.5 g이다.

(10) 효모베타글루칸

다당류의 일종인 베타글루칸은 효모의 세포벽, 버섯류, 곡류 등에 존재한다. 면역 증강 작용을 지니고 있으며, 효모베타글루칸은 면역 기능 증진에 도움을 줄 수 있는 생리활성기능 2등급이다. 하루 섭취량은 효모베타글루칸으로 250 mg이다.

(11) 인삼다당체 추출물

인삼다당체 추출물은 사포닌을 최대한 제거하고 복합다당체를 유효 성분으로 하며, 인체 적용 시험에서 인삼다당체 추출물의 섭취군에서 자연살해세포 및 대식세포의 활성이 증가하여 면역 기능 증진에 도움을 줄 수 있는 생리활성기능 2등급을 인정받았다. 하루 섭취량은 인삼다당체 추출물로 6 g이다.

표 7-4 • 면역 증진 개선 관련 고시형 건강기능식품의 분류[8]

영양소 및 기능성 원료명	기능(지표) 성분
인삼	진세노사이드 Rg1과 Rb1의 합
홍삼	진세노사이드 Rg1과 Rb1 및 Rg3의 합
알로에 겔	고형분 중 총다당체
알콕시글리세롤 함유 상어간유	알콕시글리세롤
클로렐라	총엽록소
상황버섯 추출물	베타글루칸

표 7-5 • 면역 증진 개선 관련 개별인정형 건강기능식품의 분류[8]

원료명	기능(지표) 성분	인정 등급
금사상황버섯	베타글루칸	생리활성기능 2등급
게르마늄 효모	게르마늄	생리활성기능 3등급
L-글루타민	L-글루타민	생리활성기능 2등급
당귀 혼합추출물	Nodakenin Paeoniflorin Chlorogenic acid	생리활성기능 2등급
Enterococcus faecalis 가열 처리 건조분말	*Enterococcus faecalis* FK-23 사균체 Cis-박센산	생리활성기능 3등급
표고버섯 균사체	α-Glucan	생리활성기능 2등급
스피루리나	총엽록소	생리활성기능 3등급
청국장균 배양정제물	폴리감마글루탐산칼륨	생리활성기능 2등급
동충하초 주정추출물	Cordycepin	생리활성기능 2등급
효모베타글루칸	베타글루칸	생리활성기능 2등급
인삼다당체 추출물	Galactose와 Arabinose의 합 진세노사이드 Rg1과 Rb1의 합 인삼 성분 확인	생리활성기능 2등급

ㅣ제2절ㅣ 항염증 및 항알레르기

1. 염증 및 알레르기의 정의 및 개요

1) 염증

염증(炎症, inflammation)은 라틴어 'inflammare'에서 유래되었으며 '불을 지르다'라는 뜻을 지닌다. 외부 자극에 의해 손상된 생체조직은 염증이라는 복합적인 면역 방어 시스템에 의해 복구된다. 따라서 우리 몸에서의 염증 반응은 필수 불가결하다. 신체 내에서 화상이나 동상, 화학 자극에 의한 손상, 독성 및 병원체에 의한 감염, 외상, 방사선 등에 의해 염증 반응이 일어나게 된다. 이와 같은 다양한 원인에 의해 유도되는 염증 반응으로 인해 혈액 성분이 혈관벽을 통하여 조직으로 빠져나오게 되는데 이때 히스타민, 킨니스, 프로스타글란딘 등이 활성화되어 염증 반응을 촉진시킨다. 각각의 작용 메커니즘을 살펴보면 히스타민에 의하여 손상된 조직 부위에 혈액과 림프액의 공급이 증가하고, 킨니스에 의한 근육 수축 완화로 모세혈관이 원활하게 혈액을 운반할 수 있으며, 백혈구를 유입함으로써 합성된 프로스타글란딘에 의해 통증과 열이 발생하게 된다. 일반적으로 염증 반응은 염증 유도물질, 염증 유도물질을 감지하는 세포 내 센서, 감지한 것을 전달하는 매개체, 최종적으로 염증 반응에 영향을 받는 조직으로 구성된다(그림 7-4).

백혈구는 평소에 혈액 내에 존재하다가 조직 손상이 발생하면 손상 부위로 이동하여 염증 반응을 주도한다. 손상 부위로 이동한 백혈구는 외부의 세균 및 박테리아 등

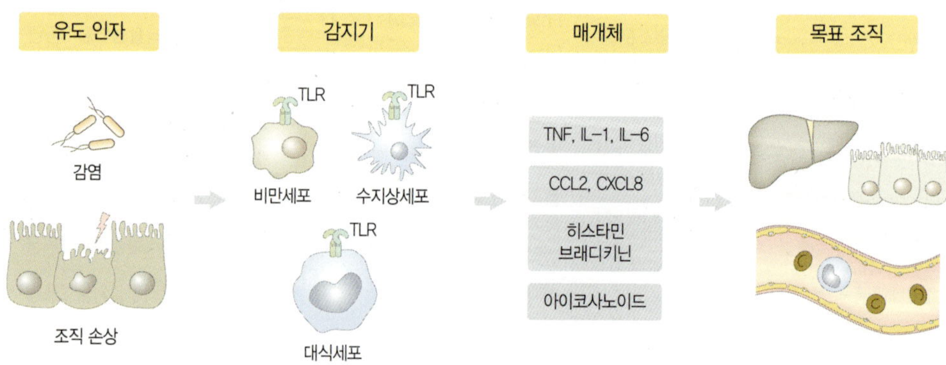

그림 7-4 • 염증 반응 개요도[9]

을 제거하는 식세포로 작용하고, 염증 반응을 유지하는 염증성 매개체(inflammatory mediators)를 분비한다. 그리고 단핵세포나 림프구에 의해 만성 염증이, 과립성 백혈구(granulocytes)에 의해 급성 염증이 발생한다. 결론적으로 혈액 내에 존재하는 백혈구는 여러 단계를 통해 조절됨으로써 적절한 시기와 장소로 분출(extravasation)하여 염증 반응의 개시와 유지에 관여한다.

백혈구의 이동에는 수용체가 매개된다. 내피세포 표면에 'P셀렉틴'이라는 수용체가 존재한다. P셀렉틴은 백혈구에 존재하는 탄수화물과 약하게 결합할 수 있는 성질을 지닌다. 염증 반응의 산물인 히스타민은 P셀렉틴의 발현을 증가시킴으로써 백혈구와의 결합을 증가시킨다. 또한 손상이 일어난 세포에서는 다양한 사이토카인을 분비하는데 이에 의해서 내피세포에서의 E셀렉틴 발현이 늘어나게 되며 P셀렉틴과 같은 역할을 한다.

손상된 세포는 사이토카인 이외에 케모카인(chemokine)을 분비하여 백혈구와 내피세포 간의 결합이 더욱 활성화된다. 케모카인에 의해 내피세포와 결합하고 있는 백혈구는 케모카인에 의한 주화성(chemotaxis)을 지님으로써 내피세포와 조직 사이의 최하부막(basement membrane)을 뚫고 이동하여 염증이 일어나는 조직으로 침투하게 된다.

표 7-6 • 세포 유래 염증 매개체

이름	유형	원천세포	설명
히스타민	혈관 작용 아민	비만세포, 호염기, 혈소판	소동맥의 팽창과 정맥 삼투성을 증가시켜 원활한 혈액 공급을 유도
IFN-γ	사이토카인	T세포, NK세포	항암, 항바이러스, 면역 조절 기능을 가지는 것으로 보고되는 인터페론-감마는 만성 염증의 유지에 중요한 역할을 함
IL-8	케모카인	최초 대식세포	호중성 백혈구의 주화성 및 활성에 관여함
류코트리엔 B4	아이코사노이드	백혈구	백혈구 내피세포에의 부착을 조절하여 이동을 통한 활성화에 관여
프로스타글란딘	아이코사노이드	비만세포	열과 고통 발생에 관여하는 지방류
TNF-α, IL-1	사이토카인	최초 대식세포	염증성 반응의 진행에 관여하는 사이토카인

염증은 변질성 염증, 삼출성 염증(장액성 염증, 섬유성 염증, 화농성 염증, 출혈성 염증, 부패성 염증, 카타르성 염증), 증식성 염증, 특이성 염증(결핵증, 매독, 나병, 방선균증, 비저)으로 분류된다.

2) 알레르기

면역학적 항상성을 유지하기 위해 면역 반응은 필수 불가결하다. 특히 면역 기능의 역할을 담당하는 림프구, 과립구, 체액 성분 등의 여러 인자 간의 밸런스 유지가 중요하다. 이러한 밸런스가 깨지게 되면 면역 과잉 또는 결핍 반응을 보이고 결국 면역 질환을 유발한다. 외부 감염원이 침입하면 정상적으로 면역 반응이 일어나 방어를 하게 되지만 면역 질환 상태의 경우에는 무해한 외래물질이나 자기물질을 외부 감염원으로 인식하여 면역 반응이 일어난다. 알레르기 반응 및 자가면역 질환과 이식 거부 반응이 이에 속한다. 특히 과잉 면역 반응에 의한 과민성 면역 질환인 알레르기(allergy)는 산업화가 진행됨에 따라 불거지는 환경오염 및 식습관의 변화 등의 여러 사회적 문제와 맞물려 현대사회에서 큰 문제로 대두되고 있다. 인체는 외부의 항원이 들어오면 항체를 생산하여 대응하는 시스템을 지니고 있다. 하지만 알레르기 증상은 정상적으로는 항원으로 구분되지 않는 음식, 꽃가루, 약제, 화학물질 등에 대해서도 면역 체계가 반응하여 항체를 형성하고 이로 인한 과잉 항원항체 반응이 일어난다.

정상적으로 우리 몸에서는 처음 접하게 되는 항원에 의해 만들어지는 항체를 기억 림프구가 인지하고 있다가 동일 항원에 의해 감염이 일어날 경우 신속하게 항체를 만들

표 7-7 • 알레르기 반응의 유형[1]

구분	유형 I	유형 II	유형 III	유형 IV		
항원	IgE	IgG	IgG	$\mathrm{T_H}1$ 세포	$\mathrm{T_H}2$ 세포	CTL
	수용성 항원	세포 또는 기질 연관 항원	수용성 항원	수용성 항원	수용성 항원	세포 연관 항원
작용 인자 메커니즘	비만세포 활성화	$\mathrm{F_CR^+}$세포 (포식세포, NK세포)	$\mathrm{F_CR^+}$세포 보체	대식세포 활성화	호산구 활성화	세포 독성
	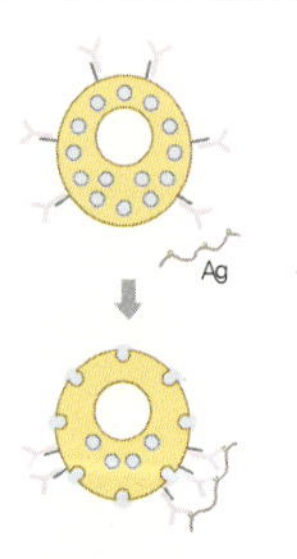	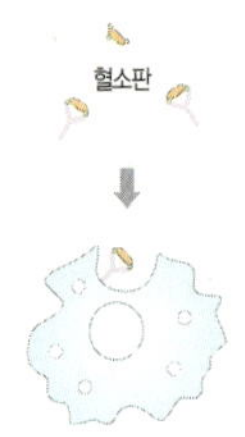	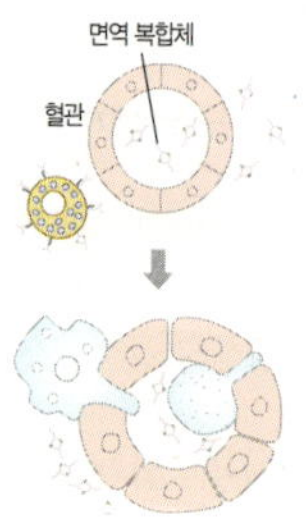	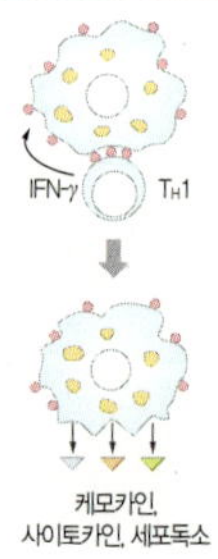	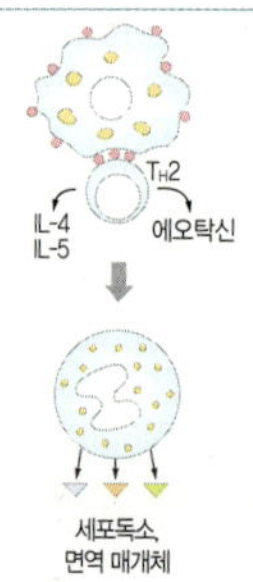	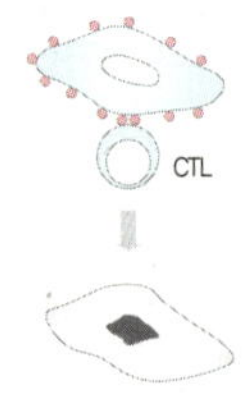
과민 반응의 예	알레르기 비염, 천식, 전신아나필락시스	약물 알레르기(페니실린)	혈청병, 아르투스 반응	접촉피부염, 투베르클린 반응	만성 천식, 만성 알레르기 비염	접촉피부염

어 방어를 한다. 이 과정에서 T림프구는 항원을 즉각 인식하여 기억림프구인 B림프구에 자극을 주게 되고, 활성화된 B림프구는 즉각적으로 많은 양의 항체를 생산한다. 그러나 알레르기 증상을 지니고 있는 사람일 경우에는 앞서 언급한 바와 같이 과잉 면역 반응이 일어나게 된다. 나아가 동일 알레르기를 유발하는 무해한 항원에 대해서 점점 더 항원항체 반응이 격렬하게 일어나는 악순환이 반복된다.

비만세포나 호염기구에 결합된 면역글로불린 E는 히스타민과 같은 자극성 화학물질과 다양한 효소를 함유하고 있는 독성 과립을 방출하여 과민한 면역 반응을 일으킨다. 이와 같은 독성 과립에 영향을 받는 부위에서는 발열 및 체액 과잉 분비가 일어나고, 결국에는 가렵고 부풀어 오르며 허파로 연결되는 기도와 대장에 자극을 주어 숨참, 복통, 설사 등을 일으킨다. 알레르기는 작용 메커니즘에 따라 다음과 같은 유형으로 나눌 수 있다(표 7-7).

2. 기능성 평가 방법

항알레르기 건강기능식품의 시험법에서 사용하는 바이오마커로는 시험관 내 실험 수준에서의 ① 히스타민 및 헥소사미니데이스(hexosaminidase), ② T세포 증식, ③ 리폭시제네이스(lipoxygenase)의 생성량, ④ 사이토카인의 생성량 측정이 있으며, 동물 실험 수준에서의 ① 전신성 알레르기 반응, 국소성 알레르기 반응(PCA), ② 혈장 중 히스타민과 염증성 사이토카인 및 IgE 함량 측정, ③ 귀 부종법(DNFB에 의한 접촉성 과민 반응),

표 7-8 • 유형별 항알레르기 건강기능식품 시험법

유형	시험법
유형 I	• 비만세포로부터 히스타민 유출 억제 • 전신 및 국소 알레르기 반응 억제 • 혈장 히스타민 억제 • 알레르기성 천식 억제 • 염증성 사이토카인 억제 • IL-4 및 IgE 생성 억제
유형 II	항체에 의한 세포 상해나 세포 용해 억제
유형 III	면역 복합체에 의한 국소 조직 손상 억제
유형 IV	염화피크릴(picryl chloride), DNFB(dinitrofluorobenzene), SRBC(sheep red blood cells)을 이용한 부종형 피부 반응 억제 등 지연형 과민 반응(delayed-type hypersensitivity, DTH) 억제

④ 족척두께 증가법(SRBC에 의한 DTH), 임상 시험에서의 ① 단자 시험(prick test), ② 혈액 중 히스타민(histamine) 함량 측정, ③ 혈액 중 IgE, ④ 혈중 사이토카인 함량이 사용되고 있다. 또한 억제하고자 하는 알레르기의 유형에 따라 관련 시험법이 달라질 수 있다(표 7-8).

1) 시험관 내 실험

(1) 히스타민 정량

혈장 및 활성화된 비만세포에서 히스타민이 분비될 때 분비된 양을 정량하는 시험법이다. 실험 방법으로는 시험하고자 하는 잠재물질을 흰쥐의 복강으로부터 수집한 비만세포에 처리한 후 배양한다. 그 후에 배지를 수거하여 배출된 히스타민의 양을 정량함으로써 감소 정도를 통계 처리하여 유의성 유무에 따라 판단한다.

(2) T세포 증식 억제

시험관 내 실험에서 T세포의 증식 억제능에 의한 면역 조절 효능을 평가하는 시험법으로, 비장세포 혹은 베타-락토글로불린(β-lactoglobulin) 특이적 T세포 클론에 시료를 첨가하여 배양하고 72시간 후에 [^{3}H]-티미딘을 처리하여 세포 내로 흡수되는 방사선량을 측정하여 T세포의 증식 정도를 측정한다. 실험군이 대조군에 비하여 T세포의 증식을 억제하는 효능이 통계적 유의성을 가지는 경우에 항알레르기 효능이 있다고 평가한다.

(3) 리폭시제네이스 정량

리폭시제네이스는 아라키돈산(arachidonic acid)으로부터 다양한 화학적 매개체 역할을 하는 물질로 변환시키는 효소로서 염증 또는 알레르기로 유도되는 다양한 면역 반응에 관여한다. 따라서 리폭시제네이스의 활성을 억제할 경우 항알레르기 효능이 있음을 시사한다. 이 시험법은 리폭시제네이스의 활성 정도에 따라 과산화물 생성의 증감을 측정하는데, 실험 과정은 리폭시제네이스의 기질인 리놀레산(linoleic acid)을 95% 불포화에탄올과 반응시켜 에멀션이 될 때까지 혼합하여 증류수를 가한 용액에 0.2 M 붕산(boric acid)을 1:5의 비율로 혼합한 것을 사용한다. 시료를 처리한 후 바로 효소와 기질을 가하여 신속하게 양성분광계(double-beam spectrometer)로 234 nm에서 1분간 흡광도를 측정하여 그 값을 정량하며 대조군에 비하여 유의적으로 낮게 나온 경우에 항알레르기 효능이 있는 것으로 평가한다.

(4) 헥소사미니데이스 정량

알레르기가 진행될 때 탈과립 단계에 의해서 각종 화학 전달물질이 생겨난다. 헥소사미니데이스 정량은 과립에 저장되어 있다가 탈과립 시 비만세포로부터 히스타민과 함께 유리되는 헥소사미니데이스 억제 정도를 측정함으로써 탈과립 정도를 간접적으로 측정하는 시험법이다. RBL-2H3 비만세포를 Siraganian 버퍼로 세정한 후 이 버퍼에 예비 배양한 비만세포에 시료를 첨가하여 20분간 배양한다. 그 후에 항원을 넣고 반응시킨 후 상등액을 취하여 37℃에서 예비 배양한 기질(1 mM P-NAG/0.1 M citrate buffer)과 1시간 동안 배양하고 0.1 M Na_2HCO_3를 넣어 반응을 종결시킨 후 405 nm에서 흡광도를 측정하여 통계적 유의성을 검증한다.

(5) 사이토카인 정량

T세포에서 분비되는 IL-4나 비만세포에서 분비되는 염증성 사이토카인의 양을 측정하는 시험법으로, T세포나 비만세포에 시료를 처리하여 배양한 후 그 상층액에서 각 사이토카인에 대한 단일클론 항체와 반응시키고 후에 비오틴(biotin)이 결합된 항체를 첨가하여 반응시키고 나서 다시 아비딘 과산화효소(avidine peroxidase)를 첨가하여 비오틴과 아비딘이 결합할 수 있도록 반응시간을 둔다. 그 후에 ABTS 기질을 첨가하여 나타나는 발색 반응을 ELISA reader를 사용하여 405 nm에서 측정하여 각각의 사이토카인의 양을 정량한다. 이를 통계로 유의성을 검증하여 유의적으로 사이토카인 분비가 감소할 경우 시료가 항알레르기 효능을 가지고 있다고 평가한다.

2) 동물 실험

(1) 수동적 피부 아나필락시스

수동적 피부 아나필락시스(passive cutaneous anaphylaxis, PCA)는 쥐에 항체를 투여하여 국소 알레르기 반응을 일으키는 시험법으로, PBS로 희석한 항체를 쥐의 등에 주입하여 48시간 동안 반응시킨 후 대조군에는 증류수를 투여하고 실험군에는 실험하고자 하는 시료를 투여한다. 4% 에반스블루(evans blue)와 1 mg/mL의 항원을 1:1로 섞은 용액 200 ㎕을 정맥주사하여 40분간 반응시킨 후 항체가 주입된 부위를 분리하여 1 N KOH에 하룻밤 방치한다. KOH의 9배 부피의 0.6 N 인산:아세톤(5:13)을 넣고 원심분리한 후에 에반스블루의 양을 620 nm에서 측정한다.

(2) 지연형 과민증

불완전항원인 다이나이트로플루오로벤젠(dinitrofluorobenzene, DNFB) 희석액을 쥐의 복부 피부에 도포한 후 피부 단백질과 완전항원으로 결합하게 되면 T림프구를 자극하여 알레르기 유발 림프구로 증식하게 된다. 이를 이용하여 쥐의 귀에 도포하여 국소 지연형 과민증(delayed type hypersensitivity, DTH)을 일으키고, 항원 도포 후 24~48시간 사이에 부종 정도를 측정한다. 쥐에 알레르기를 유발하기 위하여 복부 피부에 DNFB용액을 균일하게 도포하고 5일 후에 다시 DNFB용액을 오른쪽 귀에 도포한다. 24시간 후에 좌·우측의 귓바퀴를 잘라 내어 펀칭기로 귀조각을 채취한 후에 그 무게를 측정한다. 좌우 귀의 무게 차는 DTH의 정도를 나타내며 시료를 투여한 실험군의 차이가 대조군에 비해 현저하게 높을 경우에 양성으로 판정할 수 있다.

(3) 양 적혈구에 의한 DTH 반응

양 적혈구(sheep red blood cells, SRBC)는 T림프구를 자극하여 알레르기 유발 림프구로 증식이 진행되므로 이를 이용하여 4일 후 다시 SRBC를 투여하였을 때 그 부위에 DTH반응이 나타나는 것을 이용한 시험법이다. 쥐에 알레르기를 유발하기 위하여 2% SRBC를 복강 또는 정맥 면역주사로 투여하고, 4일 후에 좌우 발바닥 부위의 두께를 측정한다. 측정 후 그 부위에 신선한 20% (v/v) SRBC를 피하주사하고 각각 24시간, 48시간 후에 왼쪽 뒷발의 발바닥 두께를 측정한다. 동일 부위를 3번 측정하고 그 평균값을 이용하여 통계적 유의성을 검증한다.

3) 임상 시험

(1) 피부 반응 시험

피부 반응 시험은 임상 단계에서 알레르기 질환의 원인 항원을 검색하는 데 가장 기본적인 시험법으로 사용되고 있으며, 특히 아토피 유무 판정과 역학조사를 비롯한 다양한 연구 목적으로도 널리 사용되고 있다. 피부 반응 시험은 크게 세 가지가 있다. 성인에게 사용되는 단자 시험(prick test)과 소아에게 사용되는 난절검사(scratch test), 피내 반응 시험(intridermal test)이 있다. 단자 시험의 경우에는 소독된 침으로 소량의 항원만 들어갈 수 있도록 살짝 단자한 후 팽진과 발적 반응을 관찰하여 팽진의 직경과 직각된

직경을 재어 평균 직경으로 나타낸다. 이때 양성 대조액(histamine, codeine), 음성 대조액(항원희석액)을 반드시 포함시켜서 실험하여야 하며, 결과는 표 7-9에서 제시하는 기준을 이용하여 판단한다. 팽진의 크기가 3 mm 이상이면 감작 상태(sensitized state)로 여길 수 있으며 5 mm 이하의 경우에는 재현성이 감소하는데 이 재현성은 검사자의 숙련도에 따라 차이가 많다.

표 7-9 • 단자 시험의 기준

등급	관습		알레르겐/히스타민	
	팽진	홍반	팽진비	홍반
음성	0	0	0	0
1+	1~2 mm	≤ 21 mm	R < 1	> 21 mm
2+	1~3 mm	≥ 21 mm	R < 1	≥ 21 mm
3+	3~5 mm	≥ 21 mm	1 ≤ R < 2	≥ 21 mm
4+	> 5 mm	≥ 21 mm	2 ≤ R < 3	≥ 21 mm
5+	-	-	3 ≤ R < 4	≥ 21 mm
6+	-	-	4 ≤ R < 5	≥ 21 mm

피부 반응 시험에는 연령, 나이, 종족, 약제, 시험 시 도포한 부위에 따라서 차이가 있을 수 있으므로 임상 시험 시에 실험군과 대조군의 인자를 맞춰 주는 것이 필요하다. 반면 남녀의 차이나 일 중 변화는 미미하다. 성인의 경우에는 등이 아래팔에 비해 예민도가 높으며 아래팔에서는 앞면이 좋다. 위양성 반응의 가능성을 줄이기 위하여 항원 간의 간격은 2~3 cm 이상 거리를 두는 것이 좋다. 음식물 항원의 경우에는 생후 3개월부터, 흡입성 항원의 경우에는 3세부터 나타날 수 있다. 대체로 히스타민에 대한 반응도나 IgE 항체치는 연령이 올라감에 따라 감소하므로 50세 이후 피부 반응도는 감소할 수 있다.

(2) 혈액검사

혈액을 이용한 항알레르기 효능 평가는 혈청 내 IgE, IgG 항체의 검사, 항원에 의해 유리되는 매체의 검사, 알레르기 염증의 정도를 파악하는 염증 표지자의 검사로 나눌 수 있다.

- **혈청 총IgE 항체 측정** : 아토피 질환의 경우 IgE가 높은 경우와 알레르기원(allergen)

에 감작된 경우이므로 아토피 진단을 위해서는 알레르기 피부단자 시험 및 혈청 특이 IgE 측정법이 널리 이용되고 있다. 총IgE를 아토피의 선별검사로 사용하기 위해서는 정상인의 나이에 따른 기준치가 마련되어야 하나 현재로서는 이에 대한 자료가 부족한 상황이다. 일반적으로 IgE가 증가할수록 다른 질환을 배제하였을 때 20 IU/mL 이하를 비아토피, 100~200 IU/mL 이상을 아토피로 규정하는 방법이 보편화되어 있다. 총IgE의 정량은 IgE에 대한 고체상이나 흡수 항체를 이용하여 IgE 간의 결합을 유도하고 표지된 항체를 이용하여 IgE 항체의 양을 측정한다.

- **특이 IgE 항체 측정** : 원인 항원을 판정하는 데 매우 유용하나 이 특이적 IgE 항체가 반드시 그 환자의 병이 알레르겐에 의한 것이라는 증거는 될 수 없으며 임상 소견과 부합되는 경우에만 유의미하다는 단점이 있다. 이 방법은 특정 질환이나 질병을 대상으로 검사를 실시해야 하므로 건강기능식품의 효능을 평가하는 데에는 다소 부적합한 것으로 판단된다.

(3) 항원-특이 매체 유리검사

알레르겐 특이 항원에 의한 비만세포의 활성화로 나타나는 증상 중 히스타민, 프로스타글란딘, 류코트리엔 등이 유리되어 증상을 유발하거나, 호산구 등의 염증세포 유입의 증가 및 이들 세포의 활성화에 의한 염증 반응의 지속이 있다. 혈청학적 검사 중에는 이러한 알레르기 염증 반응에 관여하는 세포를 체외에서 직접 활성화시켜 유리되는 화학 매체로 알레르기 질환의 원인이나 염증 정도를 판단할 수 있으며 직접 혈청 내에서 유리된 매체를 측정하기도 한다.

① 호염기구 히스타민 유리능검사

특정 알레르겐에 대한 감작 여부를 검사하는 또 다른 방법으로, 환자의 혈액에서 분리한 호염기구를 특정 알레르겐과 반응시켰을 때 유리되는 히스타민의 양을 형광을 이용하거나 RIA를 이용하여 측정한다. 환자가 직접 노출되는 환경에서 채집한 알레르겐 추출로도 검사가 가능하며, 생물학적 체계를 체외에서 검사할 수 있다는 장점이 있다. 그러나 샘플이 신선해야 하고 고가의 장비가 필요하며 검사 과정이 복잡한 것이 건강기능식품의 평가에는 다소 부적합하다고 판단된다.

② CAST(cellular allergen stimulation test)-ELISA

백혈구를 알레르겐으로 자극하면 히스타민 외에도 여러 류코트리엔들이 유리되므로 이를 이용하여 알레르기성 염증의 지표로 측정하는 방법이다. IgE 과민성 진단에는 피부 반응 시험이나 특이적 IgE 항체의 측정만큼 널리 사용되고 있지 않으며, 예민도와 특이도도 아직 표준화되지 않았다.

3. 항염증 및 항알레르기 건강기능식품 및 효능[7]

1) 개별인정형 건강기능식품

(1) *Enterococcus faecalis* FK-23 효소 및 가열 처리 분말

Enterococcus faecalis FK-23를 사전 배양한 후 37℃에서 10시간 이상 본 배양을 하여 정제 및 세척하고 효소 처리한 것으로, 그 메커니즘으로는 Th2 매개면역을 Th1 매개면역 방향으로 전환시키는 것이 알려져 있다.

알레르기를 가진 사람을 대상으로 *Enterococcus faecalis* FK-23 효소 및 가열 처리 분말(LFK)의 보충 효과를 비교한 결과에서 코막힘 증상을 개선하는 데 도움을 줄 수 있음이 확인되었다. 따라서 "꽃가루에 의해 나타나는 코막힘의 개선에 도움을 줄 수 있습니다"로 기능성을 인정받았다. 확보된 자료의 결과가 일관성은 있으나 기반 연구와 인체 적용 연구의 수가 충분하지 않아 인정 등급은 '생리활성기능 2등급'에 해당한다. 안전성과 기능성을 확보할 수 있는 하루 섭취량은 *Enterococcus faecalis* FK-23 효소 및 가열 처리 분말(LFK)로 1 g이며, 임산부 및 수유부 여성은 섭취를 피하는 것이 좋다.

(2) 구아바잎 추출물 등 복합물

구아바잎 추출물 등 복합물은 구아바잎, 녹차 잎, 장미꽃 잎 등 천연식물을 주요 성분으로 다량의 폴리페놀을 함유하고 있으며, 과민 반응에 의한 코 상태(코 가려움, 재채기, 콧물) 개선에 도움을 줄 수 있는 생리활성기능 2등급이다. 하루 섭취량은 구아바 잎 추출물 등 복합물(BENDU381)로 800 mg이다.

(3) 다래 추출물

전국 산지에 분포되어 있는 야생과일인 다래는 키위(참다래)와는 달리 대추처럼 작지만 비타민 C와 무기영양소 함량이 높으며, 다래 추출물은 면역 과민 반응 개선에 도움을 줄 수 있는 생리활성기능 2등급이다. 하루 섭취량은 다래 추출물(PG102)로 2 g이다.

(4) 피카오프레토 분말 등 복합물

피카오프레토는 남아메리카가 원산지인 국화과식물로 피카오프레토 분말 등 복합물에는 피카오프레토 분말, 아세로라 농축물, 계피 추출물을 함유하고 있으며, 과민 반응에 의한 코 상태 개선에 도움을 줄 수 있는 생리활성기능 2등급이다. 하루 섭취량은 피카오프레토 분말, 아세로라 농축물, 계피 추출물 3종 혼합물로 1,350 mg이다.

(5) 소엽 추출물

꿀풀과의 한해살이 풀인 소엽의 추출물로 면역 과민 반응 개선에 도움을 줄 수 있으나, 인체에서의 효능은 확인이 필요한 생리활성기능 3등급이다.

(6) 피엘에이지(PLAG)

녹용에 소량 존재하는 피엘에이지(PLAG, 1-palmitoyl-2-linoleoyl-3-acetyl-rac-glycerol)는 인터루킨-4 감소를 통한 면역 조절에 도움을 줄 수 있는 생리활성기능 2등급이다. 하루 섭취량은 피엘에이지로 1 g이다.

표 7-10 • 항염증 및 항알레르기 개선 관련 개별인정형 건강기능식품의 분류[8]

원료명	기능(지표) 성분	인정 등급
Enterococcus faecalis 가열 처리 건조분말	Vaccenic acid	생리활성기능 2등급
구아바잎 추출물 등 복합물	Ellagic acid EGCG Gallic acid	생리활성기능 2등급
다래 추출물	Quinic acid Citric acid	생리활성기능 2등급
피카오프레토 분말 등 복합물	Total Polyphenol Vitamin C Chlorogenic acid Cinnamic acid	생리활성기능 2등급
소엽 추출물	Rosmarinic acid	생리활성기능 3등급
피엘에이지(PLAG)	1-palmitoyl-2-linoleoyl-3-acetyl-rac-glycerol	생리활성기능 3등급

참고문헌

1 한국약학대학협의회 위생약학분과회, 질환별로 본 건강기능식품학, 신일북스, 2009

2 Janeway, C.A. Jr, Medzhitov R., Innate immune recognition, Annu.Rev. Immunol 20: 197-216, 2002

3 Peter Parham, The Immune System (2nd ed.), Garland Publishing, 2005

4 Smith R.M., Curnutte J.T. Molecular basis of chronic granulomatous disease, Blood 77: 673-686, 1991

5 Roos D., de Boer M., Kuribayashi F., Meischl C., Weening R.S., Segal A.W., et al., Mutations in the X-linked and autosomal recessive forms of chronic granulomatous disease, Blood 87: 1663-1681, 1996

6 건강기능식품의 기능성 시험 가이드(II)

7 김병태, 식품의약품안전청, 건강기능식품 기능성 표시·광고 가이드라인, 식품의약품안전청, 2009

8 식품의약품안전처, 건강기능식품 기능성 원료 인정 현황, 2016년 12월

9 Inflammation 2010: new adventures of an old flame, Cell 140(6): 771-776, 2010

08 체중 조절

1. 비만의 정의 및 개요

인체는 언제나 항상성을 유지하고 있다. 사람이 공부를 하거나 운동을 할 때 또는 잠을 잘 때에도 언제나 체온, 혈당 등 신체의 모든 기능은 항상성을 유지하고 있다. 에너지 대사 측면에서도 우리 몸은 에너지 흡수와 에너지 소비 사이에 균형을 맞추어 항상성을 유지하려고 한다. 따라서 에너지 흡수가 에너지 소비를 초과할 때에는 남는 에너지를 지방세포나 간세포에 트라이아실글리세롤(triacylglycerol, TG)이나 글리코겐 형태로 저장하였다가 에너지 소비가 에너지 흡수를 초과할 경우에 저장하였던 TG나 글리코겐을 사용하게 된다. 이렇게 인체의 작용에 의해 항상성이 유지되기 때문에 일시적으로 에너지가 남거나 모자랄 때는 아무런 문제가 발생하지 않는다. 하지만 지속적으로 에너지 공급이 많거나 부족하게 되면 영양실조나 비만과 같은 질병에 걸리게 된다.

비만은 의학적으로 '비정상적인 체지방의 증가로 인해 대사 장애가 유발된 상태'로, 선진국에서는 가장 큰 사회 문제 중 하나로 꼽고 있다. 현대에 들어서 선진국을 중심으로 식량이 안정적으로 과잉 공급됨으로써 비만을 유발하게 되었다. 비만은 여러 합병증의 발병률을 크게 증가시킬 수 있기 때문에 단순한 미용의 문제가 아니라 질환으로 인식되고 있다. 고혈압, 제2형 당뇨병, 지방간, 고지혈증, 퇴행성 관절염, 일부 암 등 다양한 만성 퇴행성 질환들을 유발할 수 있으므로 비만은 하나의 질환으로 인식하고 치료를 해야 한다. 이미 미국을 비롯한 서양에서는 비만 인구의 비율이 30~40%에 이르고 있고, 한국, 중국을 비롯한 동양에서도 서구화된 식습관이 보편화됨에 따라 비만 인

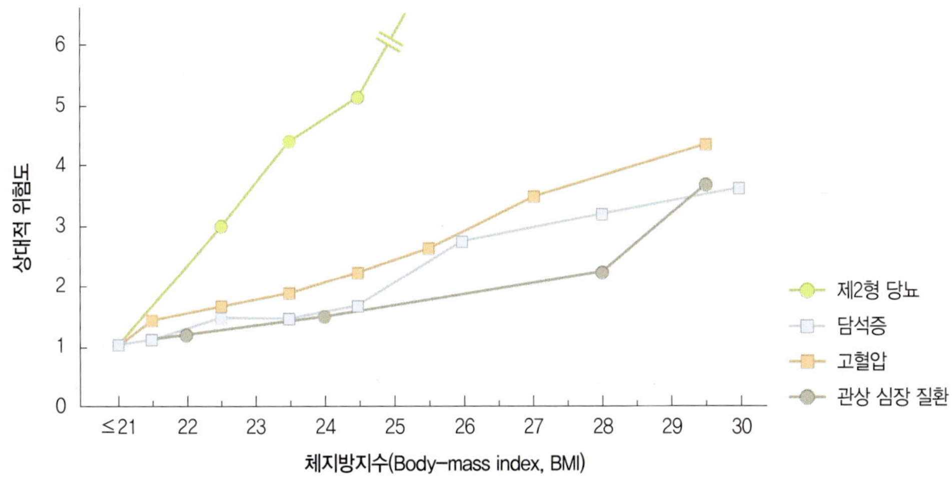

그림 8-1 • 체중과 대사성 질환의 연관성[1]

구의 비율이 점차 증가하고 있는 추세이다. 세계보건기구(World Health Organization, WHO)는 1996년 비만을 질병으로 규정하였고, 미국은 2001년에, 한국은 2002년에 역시 비만을 질병으로 규정하였다.[1]

비만은 에너지 섭취가 에너지 소비보다 많아질 때 잉여 에너지가 몸 안에 지방의 형태로 저장되면서 생긴다. 따라서 비만을 예방 또는 치료하기 위해서는 에너지 섭취를 줄이거나 에너지 소비를 늘려야 한다.[2] 에너지 섭취는 음식물의 섭취에 의해 크게 좌우되므로 식이 조절로 에너지 섭취를 줄이려는 연구가 많이 진행되고 있지만, 에너지 소비에 영향을 주는 요인이 매우 다양하기 때문에 아직 연구 성과가 많지 않다. 에너지 섭취를 줄이려면 먹는 즐거움을 포기해야 하는 어려움이 있기 때문에 최근에는 먹는 즐거움을 포기하지 않으면서도 에너지 소비를 촉진시켜 비만을 예방할 수 있는 방법에 대한 연구가 활발하게 진행되고 있다.

에너지 섭취를 줄이는 방법에는 장내에서의 지방 흡수를 저해하는 방법과 식욕을 억제하여 먹는 양을 조절하는 방법, 소화를 늦추어 포만감을 유도하는 방법, 또는 지방세포로의 지방 유입을 막는 방법 등이 사용되고 있다.

첫 번째 메커니즘은 장내에서의 지방 흡수를 저해하는 방법이다. 장내에서의 지방 흡수에 관여하는 효소는 리페이스(lipase)이다. 리페이스는 우리가 섭취한 트라이글리세라이드(triglyceride)를 세 분자의 지방산(fatty acid)과 한 분자의 글리세롤(glycerol)로 분

그림 8-2 • 에너지 균형에 영향을 미치는 요소[3]

해하는 효소이다. 따라서 이 효소를 저해하면 장내에서의 지방 흡수가 저해되어 에너지 섭취가 감소되는 효과가 생긴다. 이런 방법은 지방변(oily stool), 급변(faecal urgency) 등의 부작용이 있으며, 몇몇 지용성 비타민의 흡수도 저해됨이 보고되어 있다.

두 번째 메커니즘은 식욕을 억제하여 먹는 양을 조절하는 방법이다. 식욕에 관련된 호르몬으로 세로토닌(serotonin), 노르에피네프린(norepinephrine), 도파민(dopamine) 등이 있다. 세로토닌은 시상하부 내 특정 뉴런에 작용하여 식욕을 자극하는 단백질의 방출은 감소시키고 식욕을 억제하는 단백질의 방출은 증가시킨다고 알려져 있으며, 노르에피네프린과 도파민 등도 이와 유사한 작용을 나타낸다고 한다. 정상적인 경우 이 호르몬들은 분비되어서 역할을 한 후 재흡수되어 식욕을 촉진하게 되는데, 이 호르몬들의 재흡수를 억제하면 신경에 지속적으로 작용하기 때문에 식욕을 억제하는 효과를 볼 수 있다. 이런 메커니즘을 이용하여 개발된 약물로 시부트라민(sibutramine)이 있다. 시부트라민은 세로토닌-노르에피네프린 재흡수 억제제로 개발되었으며 처음에는 항우울제로 처방하였다가 현재는 항비만약으로 사용되고 있다. 이런 식욕 억제제들을 장기 복용할 경우 불면증, 정신분열증, 폐동맥 고혈압 등의 부작용이 나타날 수 있어 심각한 비만 환자들에 대해 선택적으로 사용되고 있다.

에너지 소비를 늘리는 방법에는 근육이나 갈색지방조직(brown adipose tissue, BAT)에 서의 열 생성을 증가시키는 방법도 있다. 열 생성과 관련하여 가장 널리 알려진 단백질은 언커플링 단백질(uncoupling protein, UCP)로, 미토콘드리아의 내막에 존재하며 열 생성을 일으킨다고 알려져 있다. 일반적으로 지방이나 탄수화물이 연소되면 전자전달계를 거쳐 양성자 기울기(proton gradient)를 형성하고 이로 인해 우리 몸에서는 에너

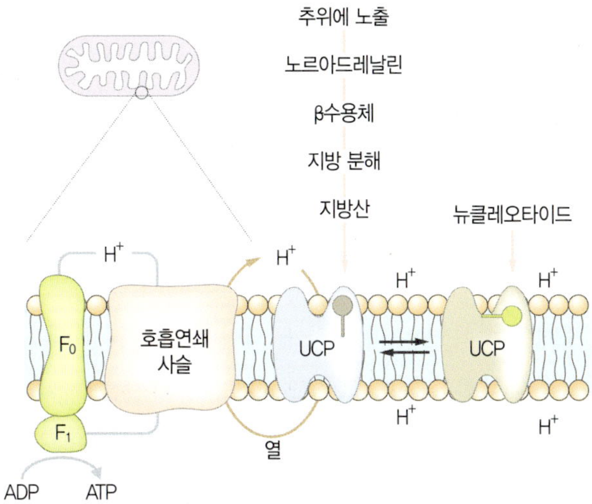

그림 8-3 • 지방 연소 반응 메커니즘[4]

지를 아데노신3인산(adenosine triphosphate, ATP)의 형태로 생산하게 되는데, UCP는 전자전달계를 거쳐 생성된 양성자 기울기가 에너지 생산이 아닌 열 생성에 쓰이도록 유도하는 단백질이다. 최근까지는 지방을 연소하는 기능이 있는 갈색지방조직이 어린이에게만 존재한다고 알려져 있어서 UCP에 대한 연구가 활발하게 진행되지 않았는데, 일련의 연구에 의해 성인에서도 갈색지방조직이 발견되고 UCP가 체중 조절에 도움을 줄 수 있다는 사실이 밝혀져 UCP에 대한 관심이 증가하고 있다. 베타-아드레날린 수용체(*β*-adrenalin receptor)는 갈색지방조직에 주로 분포하며, 카테콜아민에 반응하여 지방 분해와 열 생성을 일으키는 수용체로 알려져 있다. 이 수용체가 감소하면 열 생성이 감소하고 지방 분해보다 지방 합성이 증가하여 비만이 발생한다고 알려져 있다.

2. 기능성 평가 방법

체중 조절 건강기능식품의 시험법에서 사용하는 생물 지표로는 시험관 기법 수준에서는 ① 지방세포로의 분화(adipogenesis), ② 지방세포의 사멸, ③ 지방산의 산화, ④ 지방 분해(lipolysis) 등이 있고, 동물 기법 수준에서는 ① 몸무게 측정, ② 체지방량 측정, ③ 지방조직과 간조직의 성상 측정, ④ 혈중, 간조직 중의 지질, 지단백질, 호르몬 농도 측정 등이 있다. 임상 시험에서는 ① 몸무게 측정, ② 체질량지수(body mass index, BMI), ③ 복부지방률(waist-hip ratio, WHR) 등이 있다. 또한 혈중 총콜레스테롤 수치나 고밀도지단백, 저밀도지단백 수치 등을 측정함으로써 비만으로 인한 합병증의 생물 지표로 사용하기도 한다.

1) 시험관 내 실험

(1) 지방세포로의 분화

3T3-L1 지방 전구세포는 특정 처리를 하게 되면 유사분열성 세포 증식(mitotic clona expansion) 과정과 최종 분화(terminal differentiation) 과정을 거쳐서 지방세포로 분화를 하게 된다(그림 8-4). 지방 전구세포를 지방세포로 분화시키면서 효능을 관찰하고자 하는 물질을 세포에 처리한 후 oil red O 염색 기법을 통해 지방구를 염색하여 지방세포로 분화된 세포의 감소 정도에 통계적 유의성이 있는지를 판단한다.

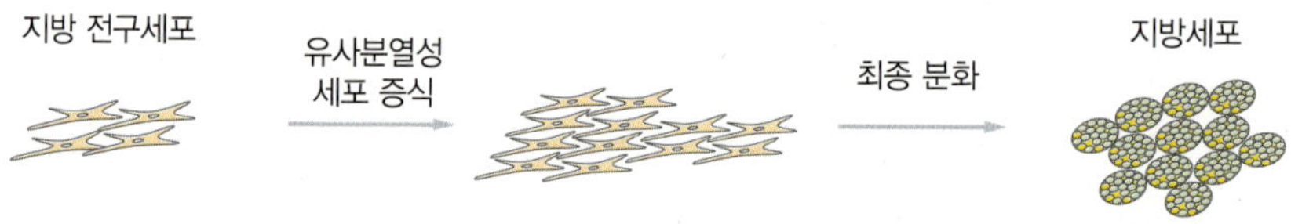

그림 8-4 • 3T3-L1 지방 전구세포의 분화[5, 6]

(2) 지방세포의 사멸

지방세포로 분화된 세포에, 효능을 관찰하고자 하는 물질을 처리한 후 트리판 블루(trypan blue)로 살아 있는 세포를 염색하여 살아 있는 세포의 비율이 얼마나 감소하였는지를 측정한다. 살아 있는 세포 비율이 감소하는 것에 통계적 유의성이 있는 경우 미지의 물질이 체중 조절 기능성이 있다고 평가한다.

(3) 지방산의 산화와 지방 분해

① 지방산의 산화

지방세포나 근육세포에 효능을 관찰하고자 하는 물질을 처리한 후 일정 시간 후에 [^{14}C]-올레산을 처리하여 생성되는 $^{14}CO_2$를 포집한 후 방출되는 방사선량을 측정한다. 이 방법을 통하여 방출되는 방사선량이 증가하는 것에 통계적 유의성이 있는 경우 미지의 물질이 체중 조절 기능성이 있다고 평가한다. 이와 관련된 유전자로 carnitine palmitoyl transferase-1(CPT-1), UCPs 등이 있는데, 노던 블롯(Northern blot) 또는 RT-PCR 방법으로 이들의 mRNA 발현이 유의적으로 증가하였는지 확인하여 미지의 물질이 체중 조절 기능성이 있는지의 여부를 판단할 수 있다.

② 지방 분해

지방세포나 근육세포에 효능을 관찰하고자 하는 물질을 처리한 후 일정 시간 동안 세포를 배양한다. 그 후 배지를 수거하여 배출한 글리세롤 양을 정량하면 지방 분해의 정도를 측정할 수 있다. 배출되는 글리세롤 양이 유의적으로 증가할 경우 미지의 물질이 체중 조절 기능성이 있다고 평가한다. 이와 관련된 유전자로는 hormone sensitive lipase(HSL)가 있는데, 노던 블롯 또는 RT-PCR 방법으로 이들의 mRNA 발현이 유의적으로 증가하였는지 확인하여 미지의 물질이 체중 조절 기능성이 있는지의 여부를 판단할 수 있다.

2) 동물 실험

체중 조절 관련 동물 실험 모델로는 고지방 식이 또는 고탄수화물 식이로 유도되는 비만 모델과 식욕을 억제하는 호르몬인 렙틴(leptin)이 결핍된 쥐(ob/ob mice) 또는 렙틴 수용체(leptin receptor)가 결핍된 쥐(db/db mice) 등을 사용한다.

(1) 몸무게 측정, 식이 효율 측정

실험동물에 효능을 알아보고자 하는 물질을 일정 기간 동안 먹인 후 실험동물의 몸무게를 측정함으로써 물질의 체중 조절 효능 여부를 확인하는데, 체중 감소가 통계적

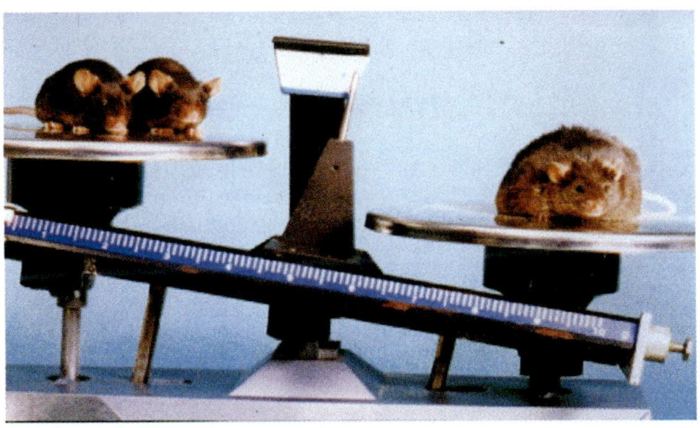

그림 8-5 • 정상적인 쥐와 렙틴이 결핍된 쥐[7]

유의성이 있는 경우 그 물질이 체중 조절에 효능을 가진다고 판단한다. 실험동물의 몸무게 측정 시 유의해야 할 사항으로는 되도록 일정한 시간에 측정하는 것이 좋으며, 몸무게 측정 2시간 전에는 사료를 제거해야 식이 섭취로 인한 몸무게 변동을 막을 수 있다. 식이 효율 측정 시에는 식이 섭취량을 일주일에 세 번 정도 측정하여 몸무게의 증가량을 식이 섭취량으로 나눠서 계산한 식이 효율이, 효능을 확인하고자 하는 물질을 먹인 후 유의적으로 감소할 경우 체중 조절 효능이 있다고 판단할 수 있다.

(2) 체지방량 측정

① 총지방량 측정

효능을 알아보고자 하는 물질을 섭취한 실험동물과 그렇지 않은 실험동물 각각의 사체를 가열, 균질화한 뒤 메탄올과 클로로포름을 이용하여 지방을 추출한 후 불순물을 제거하고 원심분리한다. 원심분리 후 상층액을 제거하고 남은 물질을 가열, 건조하여 남은 지방의 무게를 측정하여 총지방량을 계산한다.

② 복부 비만 분포 확인

자기공명단층촬영장치(MRI) 또는 미세컴퓨터단층촬영장치를 이용하여 복부의 지방 분포량을 확인할 수 있는데, 효능을 알아보고자 하는 물질을 먹인 실험동물의 총지방량이나 복부의 지방 분포량이 감소하였을 경우 체중 조절 효능이 있다고 판단할 수 있다.

(3) 지방조직과 간조직의 성상 측정

① 지방조직 성상 측정

효능을 알아보고자 하는 물질을 섭취한 실험동물과 그렇지 않은 실험동물의 지방조직을 행크스(hanks)용액으로 적출한 후 가위로 잘게 자른다. 자른 지방조직을 콜라겐분해효소 I(collagenase I)을 함유한 행크스용액에 넣고 37°C에서 1시간 동안 배양하여 조직을 분해한 후 지방세포(adipocyte)만 분리한다. 분리한 지방세포를 세포 계수기(culture counter)를 사용하여 지방세포의 크기 및 개수가 유의적으로 감소하였는지 관찰하여 체중 조절 효능을 판단한다.

② 간조직 성상 측정

동결 절편(frozen section)한 간조직을 슬라이드글라스에 고정시킨 후 공기 중에 10분 정도 방치한다. 그 후 oil red O 염색 기법으로 지방을 염색하고 헤마톡실린(hematoxylin)용액으로 핵을 염색한 후 현미경을 통해 지방 축적 양상을 관찰하여 체중 조절 효능을 판단한다.

(4) 혈중, 간조직 중의 지질, 지단백질, 호르몬 농도 측정

혈중 또는 간조직 중의 지질이나 지단백질 호르몬의 농도를 측정하여 분석할 수 있는데, 트라이글리세라이드와 총콜레스테롤(total cholesterol) 수치는 시중에 판매되는 키트를 이용해 간편하게 측정할 수 있고 총지방량(total lipid) 수치는 sulfophospho-vanillin 방법으로 측정하거나 키트를 사용하면 간편하게 측정할 수 있다. 렙틴의 함량은 ^{123}I-labeled leptin RIA 키트를 이용하여 측정하며, 고밀도지단백 콜레스테롤(HDL-cholesterol) 수치는 phosphotungstic acid-Mg 침전 효소법에 의한 상업용 키트를 이용하여 간편하게 분석할 수 있다. 저밀도지단백 콜레스테롤(LDL-cholesterol) 수치는 Friedewald 등에 의해 만들어진 계산법으로 확인할 수 있다.

$$\text{LDL-cholesterol} = \text{Total cholesterol} - \text{HDL-choletserol} - (\text{triglyceride}/5)$$

3) 임상 시험

체중 조절 효능을 가지는 건강기능식품을 임상에 적용할 때는 시험의 대상이 되는 피험자의 선정이 중요하다. 일반적으로 19세 이상 60세 미만 연령의 체질량지수(BMI)가 23 이상이 되거나 허리둘레가 남성은 90 cm 이상, 여성은 80 cm 이상인 비만 환자에 한하여 선정한다. 평소 당뇨, 고혈압을 가진 사람은 포함할 수 없으며 그 밖에 임상 시험의 결과에 영향을 줄 수 있거나 시험 중 문제가 발생할 수 있다고 판단되는 사람은 임상 시험에서 제외한다. 또한, 임상 시험 도중 부작용이나 문제 등에 의해 시험을 중단하는 경우를 고려하여 최초 임상 시험 대상자의 대조군과 시험군은 각각 최소 20명 이상이 좋다. 체중 조절 기능성 식품의 임상 시험에서의 바이오마커로는 다음과 같은 것들이 있다.

(1) 몸무게 측정

효능을 알아보고자 하는 물질을 섭취하면서 몸무게의 변화량을 측정한다. 몸무게가 유의적으로 감소하였을 경우 체중 조절 효능이 있다고 판단할 수 있다.

(2) 체질량지수

체질량지수는 몸무게(kg)를 키(m)의 제곱으로 나눈 값을 말하며, 이 수치가 25 이상인 경우 비만으로 간주한다. 효능을 가진 물질을 섭취하였을 때 체질량지수가 유의적으로 감소될 경우 체중 조절 효능이 있다고 판단할 수 있다.

(3) 복부지방률

복부지방률은 허리둘레(cm)에 대한 엉덩이둘레(cm) 비율을 말하며 내장지방량을 측정하는 데 유용하다. 비만에 관련된 여러 대사성 질환에 중요하다고 알려져 있는 내장지방은 단순히 체중을 측정하거나 체질량지수를 측정하는 것보다도 유용하게 사용되는 마커이다. 이 수치가 남자는 0.9 이상, 여자는 0.85 이상인 경우 복부 비만으로 간주한다. 배꼽선에서 측정한 허리둘레를 최대 돌출부에서 측정한 엉덩이둘레로 나누어 측정하며 복부지방률 수치가 유의적으로 감소될 경우 체중 조절 효능이 있다고 판단할 수 있다.

(4) 기타 사항

비만은 다른 질병에 비해 특히 평소 식습관, 운동량 등의 영향을 많이 받는다. 따라서 위의 시험법 외의 식사일지 등을 통하여 개인별 식사 행동 및 행동 양상, 신체활동량 등을 검토해 평가하여야 하며, 이와 함께 혈액검사를 통해 체중 감소에 의한 신체의 전반적인 반응을 살펴보아야 한다.

3. 체중 조절 건강기능식품 및 효능[8]

1) 고시형 건강기능식품

(1) 식이섬유

식이섬유는 식품 중에서 채소·과일·해조류 등에 많이 들어 있는 분자량이 큰 고분자 다당류로, 셀룰로스나 헤미셀룰로스 등의 고분자 불용성 다당류와 펙틴, 알긴산 등의 고분자 수용성 다당류로 나눌 수 있다. 2016년 12월 식품의약품안전처에서 발표한 건강기능식품 기능성 원료 인정 현황에 따르면 기능성 원료인 식이섬유는 15종이 포함된다. 즉 구아검/구아검가수분해물, 글루코만난(곤약, 곤약만난), 귀리식이섬유, 난소화성 말토덱스트린, 대두식이섬유, 목이버섯식이섬유, 밀식이섬유, 보리식이섬유, 아라비아검

그림 8-6 • 식이섬유 함량이 높은 식품들

(아카시아검), 옥수수겨식이섬유, 이눌린/치커리 추출물, 차전자피식이섬유, 폴리덱스트로스, 호로파종자식이섬유, 분말한천이 포함된다.

식이섬유는 혈당 상승을 막고 흡수성이 낮아 지방의 흡수를 저해하고 체내에서 소화되지 않아 열량을 발생시키지 않으며 포만감을 주어 식이 섭취를 조절하는 기능이 있다. 임상 시험에서 식이섬유 섭취 시 체질량지수나 복부지방률이 효과적으로 감소하며, 특히 체지방 감소율이 크다. 하지만 과다 섭취 시 식이섬유가 미량금속원소들(칼슘, 인 등)과 착화합물을 형성하여 이들의 흡수를 저해할 수 있고 식도암을 유발할 수 있으므로 주의가 필요하다.

(2) 공액리놀레산

리놀레산(linoleic acid)은 카복실기(carboxyl group)의 반대쪽으로부터 탄소 개수를 세었을 때 여섯 번째 탄소에 처음으로 이중결합이 있는 불포화지방산을 말하며, 공액리놀레산(conjugated linoleic acid, CLA)은 카복실기의 반대쪽으로부터 탄소 개수를 세었을 때 여섯 번째 탄소에 처음으로 이중결합이 존재하면서 이중결합-단일결합-이중결합 순으로 이루어진 결합이 존재하는 지방산이다. 즉, 사람에게 필수적인 지방산인 리놀레산과 분자식은 같으면서 구조가 다른 이성질체이다. 공액리놀레산은 식용 홍화유의 리놀레산을 화학적 방법으로 공액 이성질체화한 후 정제 및 가공하여 만들어지며, 지방산 형태의 *cis*-9, *trans*-11 공액리놀레산과 *trans*-10, *cis*-12 공액리놀레산의 함량이 각각 35% 이상 함유되게 하여 총수준이 70~80% 정도가 되도록 표준화되어 있다. 공액

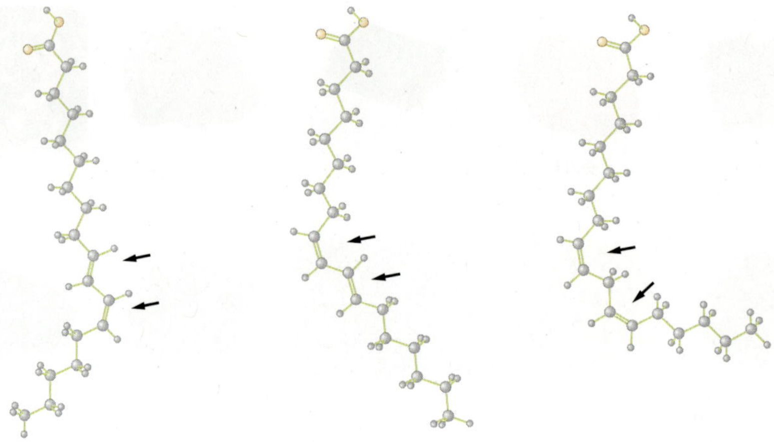

그림 8-7 • 공액리놀레산과 리놀레산의 구조

리놀레산은 육류나 우유 또는 치즈에 많이 함유되어 있다. 공액리놀레산은 지방세포에서 지단백 지방분해효소 활성을 저해시켜 지방산의 유리를 감소시키거나 CPT 활성을 증가시켜 지방의 산화를 촉진시키며, 실제로 과체중 또는 비만(체질량지수 27 이상)인 성인을 대상으로 공액리놀레산의 효능을 비교한 결과 다수의 연구에서 체지방을 감소시키는 것으로 보고되고 있다. 이 밖에도 항암, 항동맥경화, 콜레스테롤 감소, 당뇨 억제 등의 활성을 가지고 있다. 공액리놀레산은 다수의 임상 시험 자료가 있으나, 체중 관련 기능성의 경우는 나라에 따라 비만도와 식습관이 달라 우리나라 사람을 대상으로 한 임상 시험이 필요하다고 판단되어 인정 등급은 '생리활성등급 2등급'에 해당하며, 하루 섭취량은 1.4～4.2 g이다. 더불어, 공액리놀레산 섭취 시 위장 장애가 발생할 수 있고, 영·유아와 임산부는 섭취를 삼가며, 식사 조절 및 운동 병행이 체지방 감소에 효과적이라는 주의사항이 있다.

(3) 가르시니아 캄보지아 껍질 추출물

가르시니아 캄보지아(*Garcinia cambogia*)는 *Guttifera*와 *Garcinia* 종의 하나로 주로 인도의 남부 지방에 자생하는 열대성 과일나무이며, 이 과일의 조추출물은 전통적으로 소화를 돕는 데 사용되어 왔다. 가르시니아 캄보지아 열매의 껍질을 주정추출하여 나트륨, 칼슘, 칼륨의 염을 결합시켜 제조하는데, 가르시니아 캄보지아 열매에 10～30% 함유되어 있는 유기산의 일종인 HCA 성분이 체중 조절 효능이 있음이 보고되었다. 보

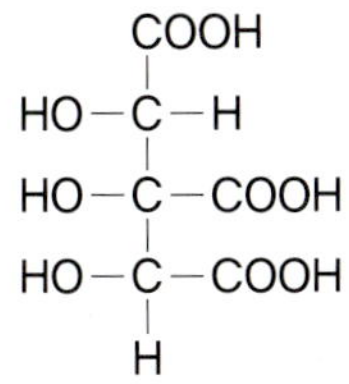

그림 8-8 • HCA의 구조

통의 식물이나 과일에서 발견되는 구연산(citric acid)과는 달리 (−)-HCA는 구연산과는 화학적으로 유사한 구조를 가지고 있지만 식물계에는 드물게 존재한다. 1960년 미국 브랜다이스대학교의 연구자들이 신체 내 탄수화물로부터 지방 합성 감소와 관련된 가르시니아 캄보지아 추출물의 생리적 기능을 연구하기 시작하였다. 가르시니아 캄보지아의 작용 메커니즘은 다음과 같다. 비만은 에너지 섭취가 에너지 소비를 초과하면 남는 에너지가 지방조직에 저장되면서 발생하는데 이때 사용하고 남은 에너지는 지방산의 생성 과정을 통하여 지방조직에 저장된다. 지방산의 생성 과정 중에 구연산이 탄수화물 지방 전환효소(ATP citrate lyase)에 의해 분해되는 과정 중 HCA가 이 과정을 저해하여 사용하고 남은 에너지가 지방산을 생성하지 못하게 함으로써 체중을 조절하는 효능을 가진다. HCA는 구연산과 유사한 구조를 가진 물질로서 구연산보다 탄수화물 지방 전환효소와 결합하는 친화력이 100배 정도 커서 구연산과 탄수화물 지방 전환효소와의 결합을 방해함으로써 구연산의 분해를 막아 지방 합성이 이루어지지 않게 한다. 또한 구연산이 분해되지 않아 지방산 생합성에 의해 생성되는 말로닐-CoA(malonyl-CoA)의 생성이 감소되면서 지방 합성보다도 분해 작용이 활발해져 지방의 분해가 촉진된다.

가르시니아 캄보지아 추출물은 탄수화물에서 지방으로의 합성을 억제하여 체지방 감소에 도움을 준다는 결과가 있어 '생리활성등급 1등급'에 해당하며, 하루 섭취량은 0.7~2.8 g이다. 다만, 2017년 건강기능식품 기능성 원료의 상시적 재평가 결과 가르시니아 캄보지아 추출물은 임산부와 수유기 여성, 어린이는 섭취를 피하고, 간질환, 신장 질환, 심장 질환 등의 기능에 이상이 있는 경우, 알레르기 또는 천식을 보유한 경우에는 섭취 전에 전문가와 상담을 권장하는 내용의 섭취 시 주의사항을 적용하고 있다.

(4) 녹차 추출물

차나무(*Camellia sinensis* O. Kuntze)는 산차목(Theales) 산차과(Theaceae)에 속하는

상록수이다. 녹차의 생엽 중 75~80%는 수분이고, 나머지는 고형물로 폴리페놀 화합물(flavanols, flavandiols, flavonoid, phenolic acid)을 포함하고 있다. 이 폴리페놀 화합물의 대부분은 보통 카테킨(catechin)으로 알려진 플라보놀이다. 녹차 추출물의 기능 성분은 카테킨을 구성하는 성분 중 하나인 EGCG(Epigallocatechin)로 하며 녹차 건조중량의 7~13%를 차지한다. 녹차 추출물은 원재료인 녹차 잎을 물 또는 주정, 초산에틸로 추출한 후 여과하여 식용에 적합하게 제조한다.

녹차 추출물의 체지방 감소 효능은 열 생성 또는 지방 산화 작용 메커니즘을 통해 일어난다. EGCG를 함유한 녹차 추출물은 교감신경계를 활성화시켜 갈색지방조직의 열 생성을 자극한다. 90 mg의 EGCG가 포함되어 있는 녹차 추출물을 투여한 후 24시간 에너지 소모(energy expenditure, EE)와 24시간 호흡지수(respiratory quotient, RQ)를 측정한 결과, 녹차 추출물을 하루 3회 복용한 군은 위약군보다 24시간 EE가 증가하고, 소변의 질소 변화 없이 24시간 RQ가 감소함으로써 녹차는 열 생성과 지방 산화를 증가시키는 효과가 있음을 확인하였다.

다만, 2017년 건강기능식품 상시적 재평가 결과, EGCG의 경우 섭취자의 상태 및 섭취량에 따라 간 독성 유발 가능성이 있다고 보고되어, 안전성과 기능성을 확보할 수 있는 하루 섭취량을 300 mg으로 설정하여 적용하고 있다. 녹차 추출물은 카페인이 함유되어 있어 초조감, 불면 등을 나타낼 수 있으므로 섭취 시 주의해야 한다.

(5) 키토산

키토산(chitosan)은 새우, 게 등 갑각류의 껍질에 있는 키틴(chitin)에서 인체에 쉽게 흡수되도록 하기 위해 아세틸기를 제거(deacetylation)하여 가공한 물질이다. 키토산은 새우와 게 껍질 분말에서 추출한 아미노다당류로, 식이섬유와 결합하여 포만감을 증가시키거나 리페이스(lipase)의 효소 작용을 억제하여 지방 분해를 저해함으로써 지방의 축적을 방해하는 작용 메커니즘을 가지고 있다. 또, 키토산은 지방 포집 기능이 있는데, 키토산이 위장으로 내려오면 강한 위산에 의해 용해되고, 위장 속 음식물 중 지방과 결합해 끈적한 겔 형태로 변하여 뭉쳐진 키토산과 지방질은 체내로 흡수되지 못하고 변으로 배출된다.

체지방 감소에 도움을 줄 수 있는 기능성 원료로서 키토산의 하루 섭취량은 3.0~4.5 g이며, 새우 또는 게 알레르기가 있는 사람은 새우 또는 게를 원재료로 사용하는 키토산의 섭취에 주의해야 한다.

2) 개별인정형 건강기능식품

(1) 히비스커스 등 복합추출물

히비스커스(*Hibiscus sabdariffa*)는 하와이를 비롯한 남태평양과 아프리카, 아시아 등에서 자라는 식물로 열대 지방에서는 이 식물의 꽃을 이용한다. 히비스커스 등 복합추출물은 히비스커스 꽃잎을 건조하여 열수 추출 후 꽃잎에 존재하는 히비스크산(hibiscic acid)을 7.5%에서 30% 정도로 농축·분무시켜서 제조한다. 기능 성분 원료는 L-카르니틴(L-carnitine), 키토산, hydroxy citric acid(HCA)로 이들은 모두 지방의 대사와 관련된 키토산, 키토올리고당, 히비스커스꽃 추출물, L-카르니틴을 혼합하여 얻는다. 히비스커스 등 복합추출물의 작용 메커니즘은 키토산, 키토올리고당, 히비스커스꽃 추출물, L-카르니틴의 상호 작용으로, 지방의 흡수를 저해하고 지방 분해를 증가시켜 체지방의 감소에 도움을 준다. 히비스커스 등 복합추출물에 포함된 키토산과 키토올리고당은 각각 위장과 소장 내 지질 흡수를 감소시켜 지방 배설을 증가시키고, L-카르니틴은 세포에서 지방의 분해를 촉진시키는 작용을 한다. 따라서 체지방으로 합성될 수 있는 여분의 에너지를 감소시키고 지방 분해를 촉진시켜 체지방을 줄이는 데 도움을 줄 수 있지만, 장기간 섭취 시에는 지용성 비타민의 부족 현상을 초래할 수 있고 과량 섭취 시 복부 팽만감을 줄 수 있다. 이상의 근거 자료 결과가 일관성을 보이지만 자료의 수가 충분하지 않아 인정 등급은 '생리활성등급 2등급'에 해당하며, 안전성과 기능성을 확보할 수 있는 하루 섭취량은 2,019 mg이다.

(2) 대두배아 추출물 등 복합물

대두배아 추출물은 대두배아에서 얻은 추출물에 L-카르니틴을 혼합하여 제조한다. 지표 성분으로는 다이드제인(daidzein), 제니스테인(genistein), 글리시틴(glycitin), L-카르니틴이며 다이드제인, 제니스테인, 글리시틴이 약 5%, L-카르니틴이 약 40% 정도 수준으로 함유되도록 표준화되어 있다. 대두배아 추출물은 CPT-1을 활성화시켜 지방의 산화를 촉진시킴으로써 저장된 지방의 양을 감소시킨다. 동물 실험에서 고지방 식이로 유도되는 체중 증가 및 체지방 함량이 대두배아 추출물을 섭취

그림 8-9 • 대두

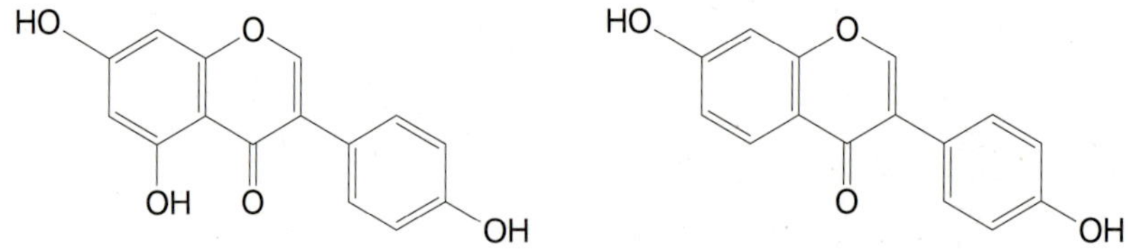

제니스테인　　　　다이드제인

그림 8-10 • 제니스테인과 다이드제인의 구조

시켰을 경우 감소되는 것이 확인되었고, 체내의 지방분해효소를 활성화시켜서 체지방과 복부 지방 분해에 도움을 준다.

또한 임상 시험을 통해서 대두배아 추출물이 체질량지수 25~30의 사람에게서 체지방을 감소시키는 효능을 보였다. 따라서 "체지방의 감소에 도움을 줄 수 있습니다"로 기능성을 인정받았으며, 인체 적용 연구와 기반 연구의 수는 충분하지 않지만 결과가 일관성이 있으므로 인정 등급은 '생리활성등급 2등급'에 해당한다. 안전성과 기능성을 확보할 수 있는 하루 섭취량은 700 mg이다.

(3) 그린마떼 추출물

마떼(*Yerba mate*)는 예전부터 남미에서 즐겨 마시던 전통차로 최근에는 유럽과 미국 등에서도 널리 퍼져 그 맛과 효능을 인정받고 있다. 마떼의 원산지는 중남미로 카페오일퀸산, 트라이터페닉 사포닌, 카페인, 테오브롬 등 다양한 폴리페놀과 잔틴(xanthine), 사포닌(saponin) 및 미네랄들을 함유하고 있다. 남미에서는 마떼라는 허브를 말린 후 뜨거운 물에 설탕과 같이 섞어 마떼차를 만들어서 마신다. 마떼는 볶는 과정(roasting)의 유무에 따라 그린마떼와 블랙마떼로 분류한다. 볶는 과정이 없는 그린마떼의 경우 블랙마떼에 비해 비타민 C를 비롯한 영양소가 풍부하다. 현재까지의 연구에 의하면 체지방 연소, 지방 분해 촉진, 식욕 억제 및 배변 촉진, 지방의 산화 촉진으로 인한 지방 대사 촉진으로 인해 체지방 감소 효과가 있다고 알려져 있다. 이러한 결과를 바탕으로 유럽에서는 마떼차를 다이어트차로 이용하고 있다. 그린마떼 추출물은 체지방 감소에 도움을 줄 수 있어 '생리활성등급 2등급'에 해당하며, 하루 섭취량은 3 g이다. 다만 2017년 건강기능식품 기능성 원료의 상시적 재평가 결과, 그린마테 추출물

그림 8-11 • 분쇄한 마떼 찻잎

의 기능성 원료는 카페인이 다량 함유되어 있어서 카페인 규격을 70,000 mg/kg 이하에서 60,000 mg/kg 이하로 기준이 강화되었으므로 카페인에 민감한 사람은 섭취할 경우 주의가 필요하다.

(4) 중쇄지방산 함유 유지 및 식물성 유지 다이글리세라이드

중쇄지방산 함유 유지 및 다이글리세라이드는 2009년 기능성 원료로 인정받았다. 이 원료를 이용하여 만든 식용유는 다른 제품과 비교하였을 때 식후 혈중 중성지방이나 체지방 증가가 적을 수 있어 체중 조절 기능성 원료로 인정을 받았다. 인정 등급은 '생리활성등급 2등급'에 해당한다.

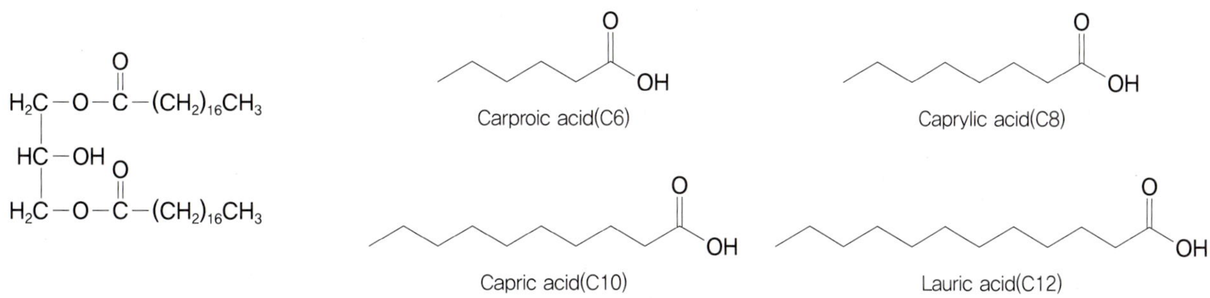

다이글리세라이드 중쇄지방산

그림 8-12 • 다이글리세라이드와 중쇄지방산의 구조

(5) 콜레우스 포스콜리 추출물

콜레우스 포스콜리(*Coleus forskohlii*)의 원산지는 인도이며 관상용 식물로 미국, 유럽에서 애용되고 있다. 콜레우스 포스콜리 추출물을 섭취하면 체지방 감소에 도움이 된다는 연구 결과가 밝혀져 2009년에 기능성 원료로 인정을 받았다. 또한 콜레우스 포스콜리의 뿌리에 있는 포스콜린은 원래 호흡 개선이나 혈압 강하에 사용되어 왔는데, 이 성분이 세포 내 고리형 아데노신 1인산(cAMP)의 농도를 증가시켜 지방 연소 기능을 가지는 것으로 밝혀졌다. 체지방 감소에 도움을 줄 수 있어 '생리활성등급 2등급'에 해당하며, 하루 섭취량은 0.5 g이다.

(6) 깻잎 추출물

깻잎 추출물은 2009년에 체지방 감소에 대한 기능성 원료로 인정을 받았으며, 동물 실험을 통해서도 깻잎 추출물이 함유된 고지방 식이를 먹였을 때 그렇지 않은 고지방 식이만을 먹인 쥐들에 비해 체중 증가폭이 감소함을 확인하였다. 또한 혈중 지질 농도의 개선도 관찰되었다. 체지방 감소에 도움을 줄 수 있어 '생리활성 등급 2등급'에 해당하며, 하루 섭취량은 2.7 g이다. 하지만 유아 및 소아, 임산부, 수유부 여성은 섭취 시 주의가 필요하다.

그림 8-13 • 깻잎

(7) L-카르니틴타르트레이트

L-카르니틴타르트레이트(L-carnitine tartrate)는 L-카르니틴(L-Carnitine)의 흡습성을 개선시킨 신소재이다. L-카르니틴은 러시아의 구레비치(Gulewisch)와 크림베르그(Krimberg, 1905)가 처음 발견하여 1932년에 구조가 확인된 비타민 BT군으로 분류되며, 메티오닌과 리신이 결합된 아미노산 물질이다. L-카르니틴은 지질 대사와 에너지 생성에 필수적인 성분으로, 세포 내에서 장쇄 지방산(long chain fatty acids)을 미토콘드리아 내로 운반해 지방산과 글리세롤로 분해시켜 필요한 에너지를 생성시키고, 축적된 지방의 연소를 촉진하는 역할을 한다. L-카르니틴은 지방 산화에 직접 관여하지는 않지만 L-카르니틴이 부족하면 지방산이 대사되지 못하므로 분해되면서 생성되는 에너지도 발생하지 않아 그만큼 열량이 축적되어 비만을 초래한다.

L-카르니틴은 체내 합성량이 필요량의 10%에 불과하므로 외부에서 섭취해야 한다. 육류와 푸른 잎채소에 많이 함유되어 있다. 절대적으로 양이 부족하므로 별도의 식이로 섭취해야 한다. 체지방 감소 개별인정형 원료로서 L-카르니틴은 2 g을 하루 섭취량으로 권장하고 있다.

(8) 레몬 밤 추출물 혼합분말

레몬 밤 추출물 혼합분말은 레몬 밤, 뽕나무 잎, 인진쑥 추출물의 혼합 조성물로, 체지방 감소에 도움을 주는 건강기능식품으로 개별인정형을 받은 원료이다. 주원료인 레몬 밤은 허브의 일종으로 레몬과 비슷한 향이 난다. 지중해 연안에서는 두통, 스트레스, 소화불량에 레몬 밤을 민간요법으로 먹어 왔다. 레몬 밤 추출물 혼합분말은 혈관 신생 억제 메커니즘으로 내장지방세포에서 혈관이 새로 자라나지 못하게 방해하여 내장지방세포의 크기를 줄이는 효능이 입증되었다. 또한, 임상 실험 결과 레몬 밤 추출물 혼합물을 섭취한 결과 허리둘레가 감소하였고, CT 촬영으로 내장지방이 대조군과 비교해 2배 감소되었음을 관찰하여 체지방 감소에 도움을 줄 수 있다. 레몬 밤 추출물 혼합분말의 지표 성분은 Rosmarinic acid(레몬 밤), 1-Deoxynojirimycin(뽕나무 잎), 6,7-Dimethylesculetin(인진쑥)이고, 하루 권장량은 1,380 mg이다.

알레르기 반응이 일어날 경우 섭취를 중단하고, 섭취 후 진정 작용이 나타날 수 있으며, 어린이 및 임산부와 수유부 여성은 섭취에 주의해야 한다.

(9) 서목태(쥐눈이콩) 펩타이드 복합물

서목태 펩타이드는 쥐눈이콩에서 추출한 생리 활성 펩타이드를 액상화한 것으로, 동물 실험 및 인체 적용 시험을 거쳐 식품의약품안전처로부터 체지방 감소 효과에 대한 개별인정형 인정을 받았다. '펩타이드'란 단백질에서 추출한 아미노산의 결합체로, 특히 콩 단백질은 식물성 단백질로 양질의 아미노산과 생리 활성물질을 포함하고 있다. 기능 및 지표 성분은 아르기닌(arginine)과 류신(leucine)이며, 하루 섭취량은 서리태 펩타이드 복합물로 4.5 g을 권장하고 있다.

(10) 키토올리고당

키토올리고당은 키토산의 부분 분해물로, 이취가 없고 미색이며 물에 잘 녹는 수용성이 높아서 식품첨가물 및 주성분 원료로 사용이 용이할 뿐만 아니라 체내 흡수율이 뛰어나 고기능성 생리 활성물질로 관심이 집중되고 있다. 체지방 감소 기능성을 가진 키토올리고당의 지표 성분은 키토올리고당(chitooligosaccharide)이며, 생리 활성 메커니즘은 다음과 같다.

고지방 식이 쥐와 비만 마우스 실험 모델에서 키토올리고당의 비만 억제 활성을 확인한 결과, 키토산 올리고당 처리군에서 4주간 식이 및 체중 감소 효과가 있었다. 또, 인체 적용 시험에서 체질량지수(BMI)가 30 kg/m^2 이상인 고도비만과 허리둘레 남녀 각각 90 cm, 85 cm 이상 및 내장지방형 복부 비만을 가진 사람들이 키토올리고당을 섭취한 결과 체질량지수의 감소 효과는 부족하였으나 복부의 내장지방과 피하지방의 감소 효과는 보였다. 이와 같이 체지방 감소 기능성을 위한 키토올리고당의 하루 섭취량은 3.0~4.5 g이며, 게 또는 새우를 원재료로 사용한 경우 게 또는 새우 알레르기가 있는 사람은 섭취에 주의해야 한다.

(11) 마테 열수추출물

마테(Mate, *Ilex paraguayensis*)는 감탕나무과의 식물로 남미의 녹차라고 불리며 브라질, 아르헨티나, 파라과이 주변에서 재배된다. 마테의 경우 카페인은 녹차의 1/4 정도이고, 폴리페놀과 철분은 녹차의 3배 이상 함유되어 있다.

임상 연구 결과, 마테 열수추출물 섭취군에서 대조군에 비해 체지방률, 체지방량, 제지방량이 감소하였다. 체지방 감소에 도움을 주는 기능성 원료로 마테 열수추출물은 클로로겐산(chlorogenic acid)을 지표 성분으로 명시하고 있다. 마테 열수추출물은 체지방 감소에 도움을 줄 수 있으나, 관련 인체 적용 시험이 미흡하여 생리활성기능 3등급 인정을 받았다. 마테 열수추출물로 3 g을 하루 섭취량으로 권장하고 있다.

(12) 돌외잎 주정추출 분말

돌외(*Gynostemma pentaphyllum* (Thunberg) Makino)는 '칠엽담'이라고도 하며, 박목, 박과에 속하는 덩굴성 다년생초이다. 한국에서는 돌외 덩굴을 말려서 차로 끓여 먹어 왔다.

돌외잎 주정추출 분말은 운동으로 연소되는, 몸 안에 이미 쌓여 있는 체지방을 태워 주고 새롭게 몸 밖에서 섭취되는 탄수화물의 지방 전환을 억제하는 생리 활성 메커니즘으로 체지방 감소에 도움을 줄 수 있는 기능성 소재로 인정을 받았다. 돌외잎 주정추출 분말은 임상 시험에서 체중, 체지방량, 체질량지수(BMI), 허리둘레, 엉덩이둘레, 체지방률을 감소시키는 것을 확인하였다. 돌외잎 주정추출 분말은 일정 기간 중간 강도 이상의 운동을 할 때 활성화되는 운동 스위치인 AMPK 효소를 활성화시켜 마치 운동을 하고 있는 것처럼 체열을 올리고 땀이 나게 하여 체지방을 태우는 작용을 한다.

돌외잎 주정추출 분말은 Damulin A를 지표 성분으로 하며, 하루 섭취량을 450 mg으로 권장하고 있다. 과량 섭취 시 구토와 위장운동 증가로 위장 장애가 발생할 수 있으므로 섭취 시 주의해야 한다.

(13) 핑거루트 추출분말

핑거루트(Fingerroot, *Boesenbergia pandurata*)는 동남아시아에서 자생하는 생강과식물이며, 핑거루트 추출분말을 632% 농축하여 체지방 감소에 도움을 줄 수 있는 개별인정형 원료로 인정받았다.

핑거루트 추출분말은 AMPK효소를 활성화시켜 이미 생성된 지방의 분해를 촉진하고, 지방이 생성되는 것을 억제하는 작용 메커니즘으로 체지방을 감소시킨다. 또, 인체 적용 시험 결과 핑거루트 추출분말을 섭취한 군에서 체중, 체질량지수(BMI), 체지방량, 복부 내장지방, 복부 피하지방, 허리둘레, 엉덩이둘레가 대조군과 비교하여 유의적으로 감소함을 확인하였다. 지표 성분은 Panduratin A이며, 하루 섭취량은 핑거루트 추출분말로 600 mg이다.

(14) 락토페린(우유정제단백질)

락토페린(Lactoferrin)은 사람이나 포유류의 젖에 함유되어 있으며 철분이 결합된 단백질로 철분을 화합하고 유리하는 중요한 기능을 한다. 락토페린은 아주 오래전부터 식용으로 이용하여 안전성이 충분히 확보되었다. 그러나 락토페린은 위산에 의해 분해되므로 특수 코팅하여 위에서 분해되지 않고 소장에서 분해되도록 한 락토페린을 인체 적용 시험한 결과 내장지방이 축적되는 것을 억제하는 기능이 있다.

개별인정형 원료로서 락토페린은 300 mg을 하루 섭취량으로 권장하고 있으며, 우유 및 유제품 알레르기가 있는 사람은 섭취 시 주의해야 한다. 락토페린은 우유에서 추출하는 방식으로 생산이 이루어지고 있어 공급이 수요를 충분히 충족시키지 못하고 있는데 이는 식품 산업에서 해결해야 할 과제로 남아 있다.

(15) 미역 등 복합추출물(잔티젠)

잔티젠(xanthigen)이란 미역 추출물과 석류 추출물에서 유래한 복합추출물이다. 주성분인 후코잔틴(fucoxanthin)과 푸닉산(punicic acid)이 기초대사량 증가, 체지방 감소, 몸무게 감소, 허리둘레 감소, 내장지방 감소 효과가 있음을 인체 시험을 통해 확인하였다. 그러나 미역 등 복합추출물은 체지방 감소에 도움을 줄 수 있으나 관련 인체 적용 시험이 미흡하여 생리활성기능 3등급을 받은 기능성 원료이다.

후코잔틴, 푸닉산을 지표 성분으로 하며, 체지방 감소에 도움을 주는 목적으로 미역 등 복합추출물을 섭취 시 하루 섭취량은 600 mg이다. 그러나 임산부 및 수유부, 석류 알레르기가 있는 사람, 에스트로겐 호르몬에 민감한 사람은 섭취 시 주의해야 한다.

(16) 락토바실러스 가세리 BNR17

락토바실러스 가세리 BNR17(*Lactobacillus gasseri* BNR17)은 한국 여성의 모유에서

분리한 균주이며, 세계 최초로 체지방 감소에 도움 기능성을 인정받았다. 락토바실러스 가세리 BNR17은 내산성, 내담즙성 및 장세포에 대한 부착 활성과 세균성 미생물에 대한 높은 항균 활성을 가지며, 사람이 섭취하는 음식물 중의 단당류 성분을 소화효소가 분해할 수 없는 다당류로 합성하여 체외로 배출시킴으로써 체중 증가 억제 효과를 가진다. 락토바실러스 가세리 BNR17을 섭취한 인체 적용 시험에서 프로바이오틱 활성 및 체중 증가가 억제되는 효능이 검증되었다. 그러나 락토바실러스 가세리 BNR17은 체지방 감소에 도움을 줄 수 있으나 관련 인체 적용 시험이 미흡하여 생리활성기능 3등급을 받은 기능성 원료이다. 체지방 감소에 도움을 주는 목적으로 락토바실러스 가세리 BNR17 섭취 시 하루 섭취량은 6×10^{10} CFU이다.

(17) 발효식초 석류복합물

체지방 감소에 도움을 주는 목적으로 발효식초 석류복합물 기능성 원료는 초산(acetic acid)과 엘라그산(ellagic acid)을 지표 성분으로 하며, 섭취 시 하루 섭취량은 22 mL이다. 그러나 공복에 섭취하거나 과다 섭취 시 속쓰림 등 위에 자극을 느낄 수 있고, 임산부나 수유부가 섭취할 경우 주의해야 한다.

(18) 보이차 추출물

보이차는 중국인이 즐겨 마시는 발효 흑차의 일종이며 홍차와 비슷한 적갈색을 띤다. 중국 윈난성 중남부의 푸얼현 주변에서 생산된 차로, 푸얼현에 모았다가 각지로 보내지면서 보이차(푸얼차)라는 이름이 붙여졌다.

보이차 안에 포함된 갈산(gallic acid) 성분이 몸 안에 지방이 쌓이는 것을 억제하고, 과다하게 쌓인 체지방을 배출하는 생리 활성 메커니즘으로 체지방 감소 효능을 나타낸다. 췌장에서 분비되는 효소인 리페이스(lipase)는 우리 몸으로 들어온 지방을 분해시켜 체내로 흡수되도록 하는데, 갈산이 리페이스의 활성을 방해해서 지방이 흡수되지 않고 체외로 배출되도록 한다. 또한 비만인 성인 18명이 12주간 매일 보이차 추출물 1 g을 섭취한 결과, 내장지방이 평균 8.7% 감소하였으며 체중도 꾸준히 감소한 것으로 나타났다.

체지방 감소에 도움을 주는 목적으로 하는 보이차 추출물 기능성 원료는 갈산을 지표 성분으로 하며, 보이차 추출물은 카페인이 함유되어 있어 섭취 시 초조감, 불면 등을 나타낼 수 있다. 따라서 임산부, 수유부, 어린이, 질병 치료 중인 환자는 주의하여 음용해야 한다.

(19) 와일드망고 종자추출물

와일드망고(Wild Mango, *Irvingia gabonesis*)는 중앙 및 서부 아프리카에서 자생하는 나무의 열매로, 망고, 아프리칸 망고, 와일드망고, 부시망고 등이 해당된다. 와일드망고 종자추출물이 백인에서 혈중 렙틴 수준을 감소시킴으로써 지방 생성을 억제해 체중 감소를 유도한다는 메커니즘이 보고되었으며, 이러한 기능성을 인증받아서 체지방 감소에 도움을 주는 건강기능식품이 제조되어 국내외에서 판매되고 있다. 무작위배정 비교임상 시험 연구에서 와일드망고 종자추출물이 대조군에 비해 허리둘레 및 총 콜레스테롤 감소 효과를 보였다. 체지방 감소에 도움을 줄 수 있는 목적으로 와일드망고 종자추출물을 섭취 시 지표 성분은 식이섬유와 엘라그산이며, 300 mg을 하루 섭취량으로 권장하고 있다. 그러나 2017년 건강기능식품 상시적 재평가 결과, 기존의 임산부 및 수유여성은 섭취에 주의하라는 섭취 시 주의사항에 어린이 역시 섭취에 주의하라는 항목이 추가되었다.

(20) 그린커피빈 추출물

그린커피빈 추출물은 로스팅을 하지 않은 커피생두를 추출해 낸 것을 말한다. 커피생두에는 폴리페놀의 일종인 카페인(caffeine)과 클로로겐산 등을 포함한 다양한 생리 활성물질이 들어 있다. 동물 시험에서 16주간 카페인이 포함된 식이를 섭취시킨 결과, 지방세포의 분해를 증가시키고 대사율이 증가되어 체중 증가와 체지방의 축적이 억제되는 것을 관찰하였다. 또한 인체 적용 시험에서 카페인 섭취 시 열 발생 증가와 함께 에너지 소비량도 증가시켜 체지방 감소에 도움을 준다. 그린커피빈 추출물은 체지방 감소에 도움을 주는 기능성 원료로 사용되며 지표 성분은 글로로겐산이고 하루 섭취량은 400 mg이다. 다만, 그린커피빈 추출물 섭취 시 임산부와 수유기 여성, 유아, 어린이는 섭취에 주의해야 하며, 카페인이 함유되어 있어 초조감, 불면 등을 나타낼 수 있음을 명시해야 한다.

(21) 풋사과 추출 폴리페놀

풋사과 추출 폴리페놀은 일반 사과보다 폴리페놀의 양이 10배 풍부한 야생 미숙 사과로부터 250배 농축을 통해 고순도의 폴리페놀을 추출한 기능성 원료로, 기존 폴리페놀보다 흡수율이 높은 올리고메릭프로사이아니딘(OPCs)을 다량 함유하고 있다.

풋사과 추출 폴리페놀은 체내 지방세포 분화 및 지방 합성 억제, 지방 분해 촉진을 통한 체지방 축적의 억제 효과가 있으며, 일반적으로 체중 조절용 소재의 인체 적용 시험이 과체중이나 비만 대상자인 것에 비해 풋사과 추출 폴리페놀의 인체 적용 시험에서는 정상인을 포함한 경도비만인을 대상으로 체중, 체질량지수(BMI), 허리둘레, 엉덩이둘레, 내장지방 감소, 복부지방 감소에 효능이 있음을 관찰하였다. 특히 섭취 중단 4주 후에도 복부지방과 내장지방이 더 감소되어 체중 감소 효과가 유지되는 기능성이 인체 적용 시험 결과 확인되었다. 체지방 감소에 도움을 줄 수 있는 기능성 원료로 풋사과 추출 폴리페놀을 섭취할 때 하루 섭취량은 600 mg이며, 사과에 알레르기가 있는 사람은 섭취 시 주의해야 한다.

표 8-1 • 체중 조절 관련 고시형 건강기능식품의 분류[9]

영양소 및 기능성 원료명	지표 성분	인정 등급
식이섬유	식이섬유	생리활성기능 2등급
가르시니아 캄보지아 껍질 추출물	Hydroxy citric acid(HCA)	생리활성기능 1등급
공액리놀레산(유리지방산)	공액리놀레산	생리활성기능 2등급
공액리놀레산(트라이글리세라이드)	공액리놀레산	생리활성기능 2등급
녹차 추출물	EGCG	생리활성기능 2등급
키토산/키토올리고당	키토산/키토올리고당	생리활성기능 2등급

표 8-2 • 체중 조절 관련 개별인정형 건강기능식품의 분류[9]

원료명	기능(지표) 성분	인정 등급
히비스커스 등 복합추출물	Chitosan , (+)-allo-hydroxy citric acid lactone, L-carnitine	생리활성기능 2등급
대두배아 추출물 등 복합물	Daidzin, Glycitin, Genistin, L-carnitine	생리활성기능 2등급
그린마떼 추출물	Chlorogenic acid, Triterpene saponin	생리활성기능 3등급, 생리활성기능 2등급
중쇄지방산(MCFA) 함유 유지	Caprylic acid, Capric acid	생리활성기능 2등급
식물성 유지 다이글리세라이드	Diacylglyceride	생리활성기능 2등급
콜레우스 포스콜리 추출물	Forskolin	생리활성기능 2등급
깻잎 추출물	Ursolic acid	생리활성기능 2등급
L-카르니틴타르트레이트	L-carnitine	생리활성기능 2등급
레몬 밤 추출물 혼합분말	Rosmarinic acid (레몬 밤), 1-Deoxynojirimycin (뽕나무잎), 6,7-Dimethylesculetin (인진쑥)	생리활성기능 2등급

(계속)

원료명	기능(지표) 성분	인정 등급
서목태(쥐눈이콩) 펩타이드 복합물	Arginine, Leucine	생리활성기능 2등급
키토올리고당	Chito oligosaccharide	생리활성기능 2등급
마테 열수추출물	Chlorogenic acid	생리활성기능 3등급
돌외잎 주정추출 분말	Damulin A	생리활성기능 2등급
핑거루트 추출분말	Panduratin A	생리활성기능 2등급
락토페린(우유정제단백질)	Lactoferrin	생리활성기능 2등급
미역 등 복합추출물(잔티젠)	Fucoxanthin, Punicic acid	생리활성기능 3등급
Lactobacillus gasseri BNR17	유산균(Lactobacillus gasseri BNR17)	생리활성기능 3등급
발효식초 석류복합물	Acetic acid, Ellagic acid	생리활성기능 2등급
보이차 추출물	Gallicacid	생리활성기능 2등급
와일드망고 종자추출물	식이섬유, Ellagic acid	생리활성기능 2등급
그린커피빈 추출물	Chlorogenic acid	생리활성기능 2등급
풋사과 추출 폴리페놀	총 폴리페놀	생리활성기능 2등급

참고문헌

1 Peter G. Kopelman, nature 6:404(6778): 635-643, 2000

2 Bray GA, Tartaglia LA, Medicinal strategies in the treatment of obesity, Nature 404: 672-677, 2000

3 http://www.precisionnutrition.com

4 http://www.phoenixbiotech.net

5 Daniel, Lane, M. et al., Birth Defects Research 73: 476-477 (modified), 2005

6 Pascal Phrakonkham et al., J. Steroid Biochem 110: 95-103 (modified), 2008

7 National Institutes of Health (US), NIH Curriculum Supplement Series, Biological Sciences Curriculum Study, 2007

8 김병태, 식품의약품안전청, 건강기능식품 기능성 표시·광고 가이드라인, 식품의약품안전청, 2009

9 식품의약품안전처, 건강기능식품 기능성 원료 인정 현황, 2016년 12월

09 혈당 조절

1. 혈당 조절의 정의 및 개요

오늘날 식생활 및 생활습관이 서구화됨에 따라 평균수명은 연장되었으나 당뇨병 등의 만성 퇴행성 질환은 증가하는 추세이다. 당뇨병은 혈액 내의 포도당을 체내에서 정상적으로 조절하지 못하여 소변으로 배출되는 만성 퇴행성 질환 중의 하나로, 전 세계적으로 현재 4억 명 이상이 당뇨병으로 고통받고 있으며 2040년에는 10명 중의 1명은 당뇨병 진단을 받을 것으로 예측된다. 당뇨는 단순히 질환 자체의 증상뿐만 아니라 여러 합병증을 유발하는데, 뇌 질환, 뇌졸중, 암, 만성 신부전증, 심혈관계 질환, 언어 장애, 신체 일부의 마비 등으로 큰 고통을 겪으며 심할 경우에는 사망에 이를 수도 있어 다양한 연구를 통한 예방 및 치료 방안 모색이 절실한 상황이다.

1) 혈당의 항상성 유지

건강한 사람의 신체에서는 여러 내분비계 호르몬들의 작용으로 혈액 내의 포도당 농도가 일정하게 유지된다. 그중 인슐린은 췌장(이자)의 랑게르한스섬의 베타세포에서 분비되는 호르몬으로, 혈당의 대사 작용과 세포에서의 혈당 섭취를 조절하여 반대 작용을 하는 알파세포의 글루카곤 호르몬과 함께 혈당의 항상성 조절에 중요한 역할을 한다.

혈당은 24시간 내내 약 80~130 mg/dL로 일정하게 유지된다. 즉, 건강한 사람의 경우에는 체내의 항상성 조절에 의해 공복 시 혈당은 언제나 80~100 mg/dL 정도로 유지되며, 식후에는 약간 증가하여 130 mg/dL 정도였다가 식후 3시간 정도 후에는 다시

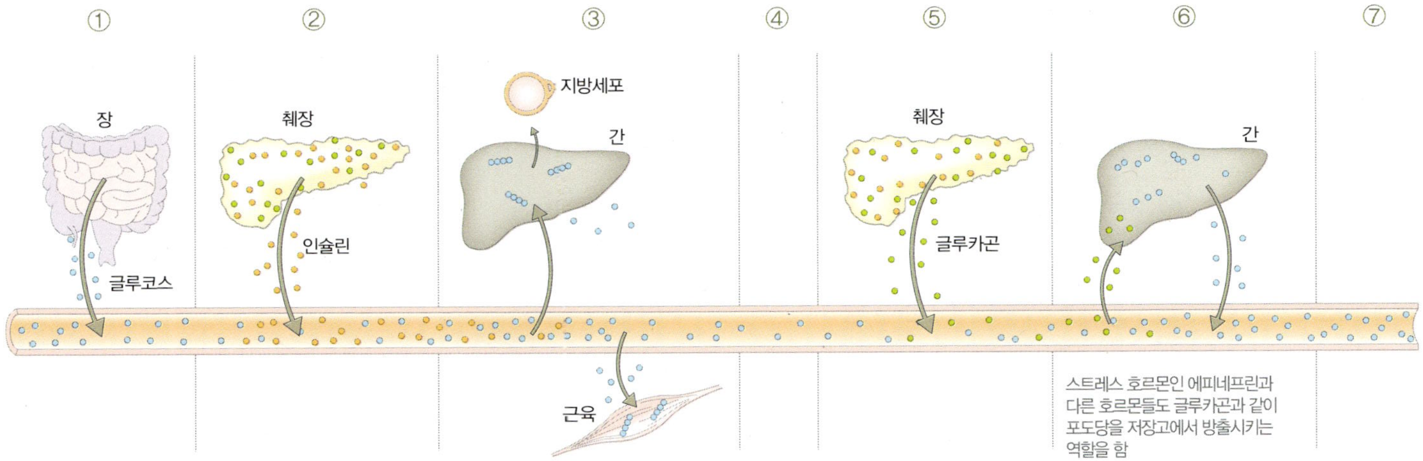

① 음식 섭취 시 혈당 상승

② 고혈당은 췌장을 자극하여 인슐린의 분비를 유도

③ 인슐린은 세포로의 포도당 유입과 간이나 근육에서 포도당이 글리코겐으로 전환되어 저장되는 것을 촉진함. 잉여 포도당은 지방으로 전환시킴

④ 체내 조직이 포도당을 이용함에 따라 혈당이 떨어짐

⑤ 저혈당은 췌장을 자극하여 글루카곤의 분비를 유도

⑥ 글루카곤은 간세포에 작용하여 글리코겐을 포도당으로 분해하여 혈액으로 방출시킴

⑦ 혈당 상승

그림 9-1 • 혈당 조절 메커니즘

80~100 mg/dL로 돌아오게 된다. 하지만 이러한 항상성 조절이 정상적으로 작용하지 못하는 당뇨병 환자의 경우에는 식후 혈당이 높은 수준으로 유지되어 정상 혈당 범위로 돌아오지 못한다.

(1) 항상성 조절에 관여하는 호르몬

① 인슐린

인슐린(insulin)은 정상 범위 이상으로 혈당이 높아졌을 때 분비되는 호르몬이다. 혈중 포도당을 근육세포나 간으로 이동시켜 글리코겐 형태로 합성하여 저장하거나 근육세포, 지방 등과 같은 세포 안으로 포도당을 이동시켜 혈액 내의 당 농도를 정상치로 낮추는 작용을 한다.

② 글루카곤

글루카곤(glucagon)은 정상 범위 이하로 혈당이 낮아졌을 때 분비되는 호르몬이다. 간에서 글리코겐이나 단백질을 포도당으로 분해하여 혈액으로 이동시켜 혈당을 정상치로 높여 주는 작용을 한다.

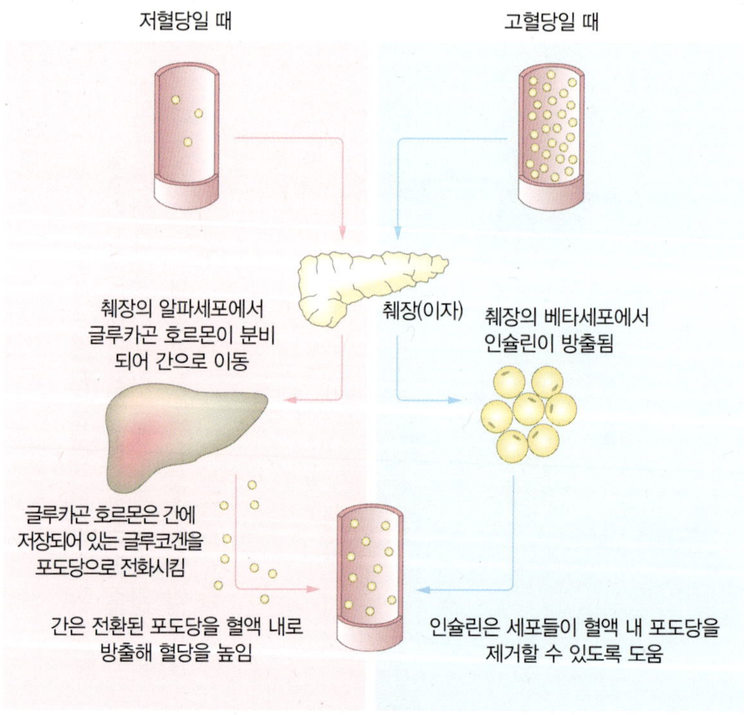

그림 9-2 • 혈당 조절 과정[1]

③ 에피네프린

에피네프린(epinephrine)은 스트레스를 받았을 때 부신수질에서 분비된다. 글루카곤과 유사하게 간이나 근육의 글리코겐을 포도당으로 분해시켜 혈당을 높이는 호르몬이다.

2) 인슐린 대사와 당뇨병

항상성 유지에 문제가 생겨 당뇨병이 발생하는 원인으로는 주로 혈당을 조절하는 인슐린 대사에 문제가 생긴 경우가 많다. 인슐린 대사는 인슐린이 혈중 포도당 농도에 반응하여 췌장의 랑게르한스섬의 베타세포에서 생합성되어 분비되고 이것이 근육 또는 지방, 간세포의 세포막에 존재하는 인슐린 수용체에 결합함으로써 시작된다. 인슐린이 결합하여 수용체는 구조적 변화를 겪게 되고 자가인산화 과정을 거쳐 여러 가지 신호들을 전달하게 되는데 세부적인 중간 과정에 있어서는 아직 확실하게 밝혀지지 않은 부분들도 있다.

최종적으로는 세포질에 존재하는 포도당 운반체(glucose transporter, GLUT)의 일종인

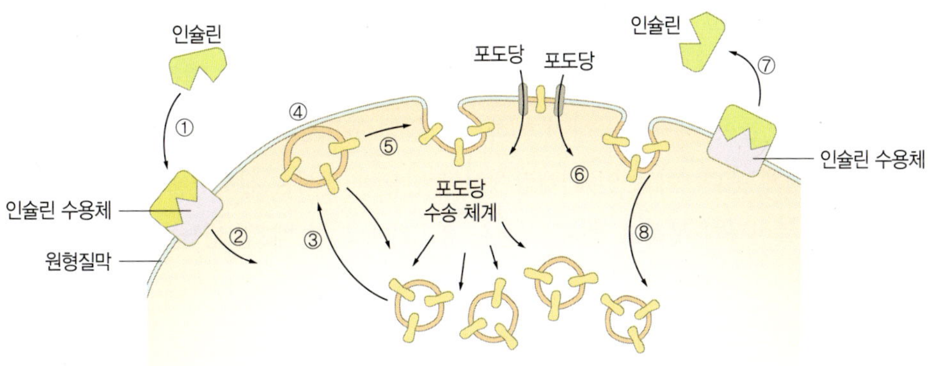

① 인슐린과 수용체의 결합 : 인슐린과 인슐린 수용체가 결합
② 신호 전달 : 인슐린과 결합된 수용체가 세포 내로 신호를 보냄
③ 세포막으로의 이동 : 세포질에 존재하던 세포 내의 GLUT4(glucose transporter 4)가 세포막 근처로 이동
④ 세포막과 GLUT4와의 결합 : 이동된 GLUT4와 세포막이 서로 결합
⑤ 융합 : GLUT4가 세포막과 융합하여 포도당이 세포 내로 유입될 수 있는 통로 역할을 함
⑥ 포도당의 유입 : 세포 바깥의 혈액 내 포도당이 이 시스템을 통해 세포 안으로 유입
⑦ 인슐린과 수용체의 분리 : 인슐린과 수용체 간 결합이 떨어짐
⑧ 세포질로의 이동 : GLUT4가 다시 제자리로 돌아감

그림 9-3 • 인슐린에 의한 세포 내 포도당 유입 과정

GLUT4를 세포막으로 이동시키게 되는데 이로 인해 세포 내로 혈중 포도당의 운반이 촉진되어 혈당을 낮추게 된다.

이러한 인슐린 대사가 원활히 이루어지지 않는 원인으로는 ① 인슐린 분비 자체에 문제가 있어 대사가 진행되지 않은 경우, ② 인슐린을 인식하는 수용체에 문제가 생긴 경우, ③ 인슐린 수용체에 인슐린이 결합은 할 수 있지만 그 이후 신호 전달에 문제가 생긴 경우로 나눠볼 수 있다.

보통 인슐린 작용의 결함 중 인슐린의 분비 자체에 문제가 생기게 되면 제1형 당뇨를 유발하게 된다. 반면 제2형 당뇨는 인슐린 저항성에 의해 발병하는데 주로 인슐린 수용체의 수가 감소하거나 인슐린과 수용체의 결합 이후의 신호 전달 이상이 원인이 된다.[2] 여기서 제2형 당뇨의 주요 원인인 인슐린 저항성이란 인슐린이 정상적으로 분비되더라도 인슐린을 감지하는 조직의 감수성이 떨어져 인슐린 대사가 정상적으로 일어나지 못하는 상태를 말한다. 아직 인슐린 저항성이 발생하는 원인에 대해서 확실하게 밝혀진 바는 없지만, 인슐린 수용체의 기능 저하로 인한 인슐린의 과다 생성, 고탄수화물 식이 등의 영양 과다 섭취, 비만 등의 다른 질환, 유전적 요인 등 여러 가지 원인에 의해 유발되는 것으로 추정되고 있다.

여러 유전적, 환경적 요인에 의해 인슐린 저항성이 생기게 되면 혈중 인슐린 농도가 증가하여도 세포들은 이에 반응하지 못하므로 혈중 포도당과 인슐린 농도는 계속 높은 수준을 유지하게 된다. 이로 인해 췌장에서의 인슐린 생성은 감소하게 되고 여전히 혈중 포도당은 줄어들지 못하고 높은 수준을 유지하게 되어 제2형 당뇨병을 비롯한 여러

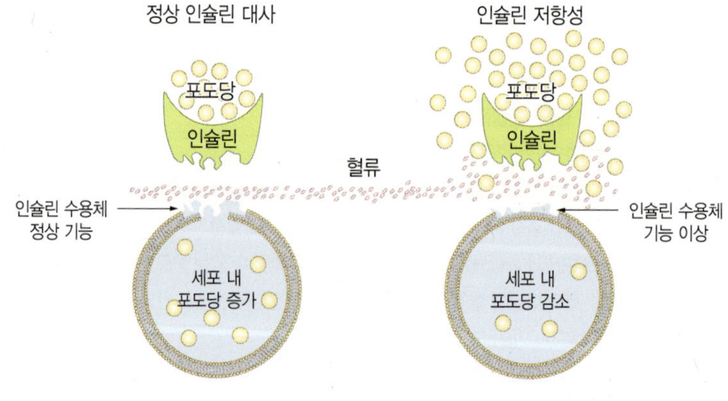

그림 9-4 • 인슐린 저항성[3]

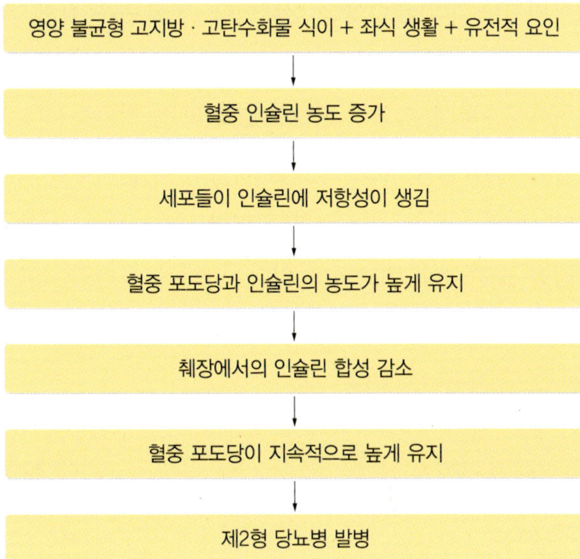

그림 9-5 • 인슐린 저항성으로부터 당뇨병 발병 과정

가지 대사성 질환을 유발하게 된다.

3) 당뇨병의 분류 및 진단

(1) 제1형 당뇨병

제1형 당뇨병(인슐린 의존형)은 사람의 유전적 감수성이나 외부 화학물질에 의한 손상 등 다양한 외부 환경 인자로 인해 유발된 자가면역 반응이 췌장에서 인슐린을 분비하는 역할을 하는 베타세포를 공격 및 파괴하여 유발되는 자가면역 질환이다. 이자의 베타세포가 손상받게 되면 인슐린의 합성과 분비에 이상이 생기게 되고 결과적으로 인슐린이 결핍되므로 제1형 당뇨병은 추가적인 인슐린 투여가 필수적으로 요구된다. 제1형 당뇨병의 발생에 관여하는 외부 환경 인자로는 콕사키바이러스(Coxsackie virus) B4 등의 바이러스 감염이 대표적인 것으로 알려져 있으며, 소아 당뇨병에서 알부민에 대한 항체율이 높다는 것이 밝혀져 우유 알부민 등이 연구되고 있다.

(2) 제2형 당뇨병

제2형 당뇨병(인슐린 비의존형)은 인슐린 저항성(insulin resistance)이 높아서 체내에서 인슐린을 효과적으로 이용하지 못하여 발병하게 되므로, 제1형 당뇨병과는 달리 혈중 인슐린 농도는 정상이거나 고인슐린혈증 상태이다. 인슐린은 간에 저장된 글리코겐이 다시 포도당으로 분해되는 것을 막고 말초조직에서의 포도당 대사를 촉진시켜 포도당 흡수가 신속히 이루어지도록 함으로써 혈당을 조절하는 역할을 하는데, 이러한 인슐린 작용에 이상이 생기게 되면 정상 농도 이상일 때에도 적정 수준으로 혈당을 조절할 수 없게 된다. 제2형 당뇨병의 원인으로는 노화나 비만, 운동 부족, 면역 억제제의 복용, 스트레스와 같은 환경적 요인들이 보고되고 있다. 그러나 유전적 소양도 발병에 영향을 미치므로 같은 환경에 놓여 있다고 하더라도 개인별로 인슐린 저항성이 처음 나타나는 시기나 진행 속도는 모두 다를 수 있다.

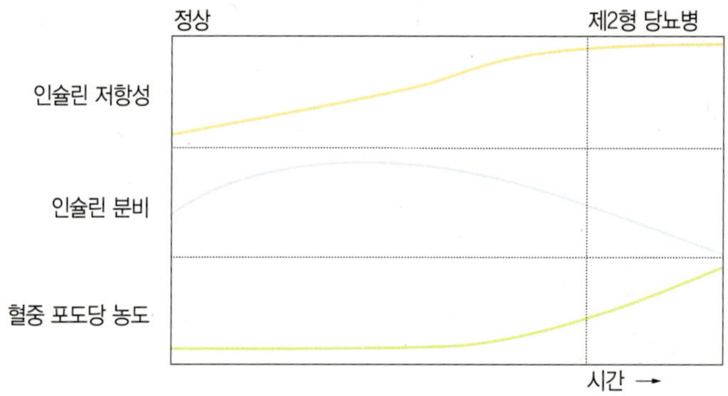

그림 9-6 • 인슐린 저항성과 당뇨[4]

표 9-1 • 당뇨병의 분류

유형	제1형 당뇨병	제2형 당뇨병
연령	• 20세 이하	• 40세 이상
발병 원인	• 자가항체, 바이러스 감염, 염증 등에 의한 인슐린을 분비하는 췌장 베타세포의 파괴 • 인슐린 분비 불능	• 유전적 소인, 비만, 운동 부족, 노화, 스트레스 등의 요인으로 인해 혈중 포도당이 근육세포, 체지방세포 내로 이행되는 것이 저하 • 인슐린 저항성 증가
발병 경과	• 급격(구갈, 다음, 다뇨, 체중 감소)	• 완만(대부분의 경우 증상 없음)
체형	• 마른 사람	• 비만 경향
가족력	• 적음	• 있음
치료	• 인슐린 주입 : 인슐린 주사, 인슐린 펌프	• 식이요법/운동요법, 경구용 혈당 강하제 → 인슐린 분비 불능까지 진행되면 인슐린 주입

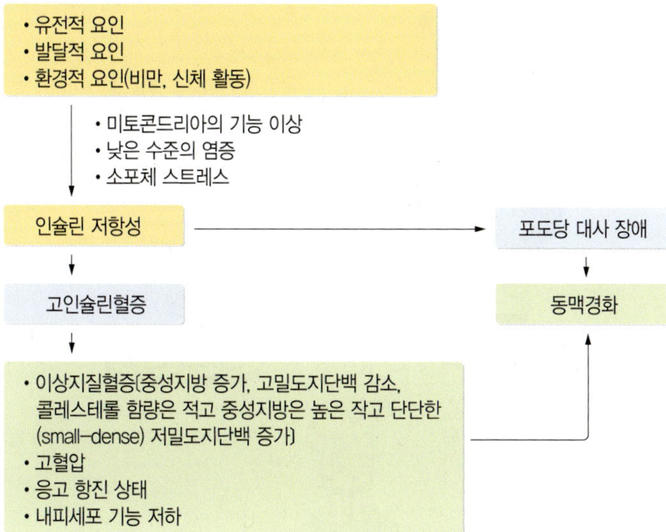

그림 9-7 • 인슐린 저항성과 대사 질환

(3) 당뇨 진단 방법

당뇨병의 진단 기준으로는 다뇨, 다음, 원인 불명의 체중 감소 등의 증상과 더불어 ① 식사와 상관없이 하루 중 무작위 시간에 측정한 혈당의 농도가 200 mg/dL 이상, ② 적어도 8시간 이상 칼로리 섭취를 하지 않은 공복 시의 혈당이 126 mg/dL 이상, ③ 경구 당부하검사를 통한 식후 2시간 혈당이 200 mg/dL 이상인 3가지 기준 중에서 한 가지라도 포함되면 당뇨병을 진단할 수 있다(대한당뇨병학회 당뇨 기준).

당뇨병 여부를 인슐린 저항성을 통해 진단하는 방법에는 여러 가지가 있는데 경구 당부하검사(oral glucose tolerance test, OGTT), 공복 인슐린 수치 측정, 당내성검사(insulin tolerance test, ITT), 정상 혈당 클램프검사(euglycemic hyperinsulinemic clamp), HOMA, QUICKI 등의 방법이 있다. OGTT는 포도당 투여 후 시간의 흐름에 따라 혈당이 떨어지는 속도를 측정하는 방법이고, 당내성검사는 인슐린의 기능성을 측정하는 것이다. 공복 인슐린 수치 측정은 정상인의 경우에는 공복 혈당 수치가 거의 일정하다고 보고 이를 유지하기 위해서 인슐린이 얼마나 분비되고 있는지를 보는 것이다. 정상 혈당 클램프검사는 인슐린 저항성의 측정 방법 중 가장 효과적인 방법으로 알려져 있으며, 다수의 개체를 분석할 때에는 HOMA나 이를 약간 변형한 QUICKI 방법을 주로 사용한다.

그림 9-8 • 당뇨의 4대 증상5

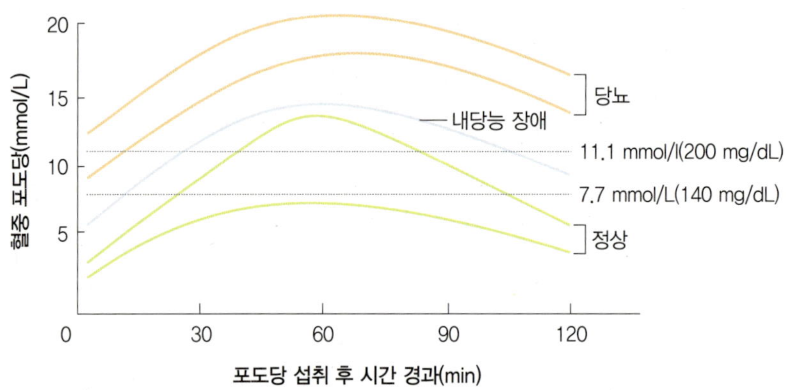

그림 9-9 • 혈당 농도에 따른 당뇨병 판정 기준6

검사 전 8~12시간 금식

포도당 섭취

2시간 후 혈액검사
(고혈당 수치 = 당뇨병 가능성 존재)

그림 9-10 • 구강 내당능 시험법

2. 기능성 평가 방법

1) 시험관 내 실험

랑게르한스섬이나 췌장 베타세포를 분리하여 배양하면서 기능성 식품을 투여하여 인슐린 분비능이나 세포의 생사 여부를 관찰한다.

(1) 인슐린 모니터링

인슐린 분비능을 측정할 때에는 첨가물에 의한 인슐린 분비 자극과 포도당에 의한 인슐린 분비 자극 간의 상관관계를 관찰한다. 특히 베타세포의 인슐린 분비는 배지에 포함된 포도당에 의해 쉽게 자극되므로 선택한 배양액의 포도당을 고려한다. 인슐린을 측정하는 방법은 배양액에서 방사면역측정(radioimmunoassay, RIA)으로 인슐린 양을 측정하는 방법과, 베타세포에서 면역조직 화학적 또는 현장혼성화(*in-situ* hybridization)법으로 펩타이드(peptide) 또는 RNA를 분석할 수 있다. 또한 인슐린 RNA의 정량을 위하여 노던 블롯(Northern blot)을 시행하기도 한다.

(2) 세포 생사 모니터링

기능성 식품의 당뇨병 예방 효과 여부는 베타세포에 위해 자극을 가하여 이로부터 보호(cytoprotection)해 줄 수 있는지 여부를 관찰함으로써 판단할 수 있다. 분리한 랑게르한스섬이나 베타세포의 배양 과정 중에 기능성 식품이나 그 수용성 분획물을 첨가하면서 스트렙토조토신(streptozotocin)과 같은 위해 자극을 가하여 나타나는 세포의 생명현상을 관찰하는데, 이때 세포의 생명현상에는 세포의 증식과 자가사멸(apoptosis), 세포 용해cell lysis)로 대변되는 세포사 과정 등이 포함된다.

베타세포의 증식을 측정하는 방법으로는 배양 도중의 [^{3}H]-티미딘 결합 정도를 관찰하거나 보우인(Bouin)용액에 배양세포를 고정시킨 다음 증식세포항원(proliferating cell nuclear antigen, PCNA) 면역 염색을 하는 방법 등이 있다. 배양세포의 세포 자가사멸은 TUNEL 염색법으로 관찰할 수 있으며, 이 밖에 배양 도중에 요오드화 프로피디움과 Hoechst 33342를 투여하고 공초점 현미경(confocal microscope)으로 이들 두 물질이 나타내는 형광 정도를 측정하여 세포의 사멸을 세포 자가사멸과 괴사(necrosis)로 구분함으로써 관측할 수도 있다.

(3) 알파-글루코시데이스 활성 억제 측정

장내에서 포도당의 흡수를 억제하여 혈당을 조절하는 것으로 추정되는 기능성 식품에 대해서는 알파-글루코시데이스(alpha-glucosidase) 효소 활성 억제 정도를 측정한다. 모든 탄수화물은 단당류 형태로 분해되어야 장내에서 흡수될 수 있다. 이때 다당류의 탄수화물을 단당류로 분해하는 탄수화물의 소화에 필수적인 효소가 바로 소장 점막의 미세융모막에 존재하는 장내 알파-글루코시데이스(intestinal alpha-glucosidase)이다. 식후 혈당을 감소시킨다고 보고되는 아카보스(acarbose)는 인슐린과 같이 저혈당 활성을 갖는 것이 아니라 소장 내의 점막에서 다당류를 분해하는 알파-글루코시데이스를 억제하여 소장 내에서 탄수화물의 소화흡수율을 저하시키는 작용을 하는 것으로 나타났다. 아카보스처럼 기능성 식품 중 알파-글루코시데이스 활성 억제 작용이 있는 것으로 판단되는 것들은 이 효소의 억제 정도를 측정함으로써 그 기능성을 판단한다. 알파-글루코시데이스 활성 억제 작용은 시험관 내에서 기질과의 반응역학 분석(kinetic analysis)으로 측정한다.

2) 동물 실험

당뇨병은 1차적으로 나타나는 증상인 대사 장애뿐만 아니라 여러 가지 2차적 증세가 수반되므로 합병증이 더 큰 문제가 된다. 따라서 특정 한 가지 증상만을 갖는 실험 모델들은 당뇨병 병리 현상을 정확하게 설명하지 못한다. 동물 실험을 실시할 경우 예상되는 기능성을 고려하여 여러 당뇨병 실험동물 모델 중에서 실험 목적에 맞는 적절한 모델을 선택하는 것이 중요하다. 혈당 효능 기능성 평가 시험을 통해서는 크게 스트렙토조토신이나 알록산(alloxan)과 같은 세포 독성물질을 투여하여 베타세포의 기능을 떨어뜨려 당뇨병을 유도하는 제1형 당뇨병 모델과, *db/db*나 *ob/ob* 생쥐와 같은 유전적 소인에 의해 당뇨병이 발현되는 제2형 당뇨 동물 모델들을 이용하게 되는데 이를 통해 혈당 강하 효과와 더불어 내당능(glucose tolerance)을 확인할 수 있다.

생체 내에서 혈당 관련 기능성을 시험할 수 있는 바이오마커들로는 크게 혈당 관련 바이오마커와 인슐린 관련 바이오마커가 있다. 혈당 관련 바이오마커로는 공복 혈당(fasting plasma glucose), 식후 혈당(postprandial glucose level), 내당능, 당화혈색소(glycated hemoglobin, HbA10)가 있다.[6] 인슐린 관련 바이오마커로는 혈장 인슐린과 프로인슐린에 존재하는 C-펩타이드 농도, 베타세포의 기능이 있다. 이외에 알파-글리코시데이스의 활성 억제나 포도당 수송체 또한 지표로 이용될 수 있다.

(1) 혈당의 측정

혈당을 측정하기 위해서는 옥살산(oxalate)과 플루오린화물(fluoride)이 들어 있는 실험관에 채혈하여 혈장을 분리한 다음 혈당 분석기(예를 들어 Beckman glucose analyser)로 분석하게 된다. 하지만 이러한 방법을 통해서는 일상적이고 지속적으로 혈당을 측정하기 어렵기 때문에 시중에 상품화되어 시판되고 있는 다양한 모세혈관 타입의 휴대용 혈당측정기(glucometer)로 신속하고 간편하게 혈당을 측정할 수 있다. 실험 중인 동물 모델에서는 다량의 혈액을 채취하기 어렵기 때문에 꼬리 정맥에 작은 상처를 내어 정맥혈을 채혈하여 휴대용 혈당측정기로 혈당을 측정하게 된다. 실험에 주로 이용되는 설치류(rat, mouse)는 낮에는 먹이를 잘 섭취하지 않으므로 아침 일정한 시간대에 먹이를 제거하고 4~5시간이 경과한 후에 혈당을 측정한다.

① 공복 혈당

최소 8시간가량 금식한 후 정맥혈의 혈당 농도(plasma glucose)를 측정하고 이를 mmol/L 또는 mg/dL로 표시한다. 이는 사람과 실험동물에 모두 적용된다.

② 내당능

내당능검사는 포도당의 투여 경로에 따라 경구 당부하검사(OGTT), 정맥주사 당부하검사(intravenous glucose tolerance test, IVGTT) 및 복강 내 당부하검사(intraperitoneal glucose tolerance test, IPGTT)로 나뉘며, 동물 실험의 경우에는 실험의 편리성 때문에 IPGTT가 권장된다. IPGTT는 실험동물에 5%의 포도당용액 1~2 mg/g(체중)을 복강에 주사한 후 30, 60, 90, 120 및 180분 후에 혈당의 농도를 측정하는 방법으로, 포도당 투여가 간편하므로 소형 동물 실험에 적합하다.

③ 식후 혈당 농도

이는 엄밀한 의미에서 경구 당부하검사의 실험 결과 중 개시 후 120분에 나타나는 혈당 농도를 지칭하는 실험법으로, 2h-glucose(식후 2시간 후 혈당)로 표시될 수 있다. 그러나 기능성 식품의 인체 적용 시험의 경우에는 기능성 식품을 이용하는 동안 정해진 식사 2시간 후의 혈당 농도로 정할 수 있으며, 실험동물의 경우도 이에 준한다고 할 수 있다.

④ 당화혈색소

적혈구에 존재하는 헤모글로빈(hemoglobin)의 일부인 헤모글로빈A1c(HbA1c)는 혈구가 생존하는 기간 동안 서서히 포도당과 비효소적으로 결합하여 당화된다. 그러므로 헤모글로빈A1c가 당화된 정도를 통해 혈구의 생존 기간이나 혈중 포도당 농도를 가늠할 수 있다. 이러한 점에 착안하여 당화혈색소는 혈당 조절을 표현하는 가장 기본적인 지표로 널리 이용되고 있으며, 당화혈색소의 값(glycated hemoglobin value)으로 지난 수주일 동안의 혈당 농도를 추정할 수 있다. 당화혈색소는 단 1회의 채혈로도 측정이 가능하며, 장기간에 걸친 혈당의 변화를 통합적으로 알 수 있다. 그러나 당화혈색소를 비교하기 위해서는 최소한 8주 이상의 실험 기간이 요구된다는 단점이 있다. 측정법으로는 HPLC법, 전기영동법, 보론산(boronic acid) 친화도 크로마토그래피, TBA법, 면역측정법 등이 있으나 일반적으로 자동화기기를 사용한 %값으로 측정된다.

(2) 혈장 인슐린과 C-펩타이드 농도

인슐린은 주로 혈중 포도당 농도에 의해서 자극을 받아 베타세포에서 분비되며, 스트레스와 약물 등에 의해서도 분비에 영향을 받기 때문에 공복에 측정하여야 한다. 프로인슐린(proinsulin)이 분해되는 과정에서 C-펩타이드(C-peptide)는 인슐린과 같은 비율로 생성되지만 인슐린처럼 간이나 다른 말초조직에서 이용되지 않은 상태로 존재하며 반감기도 인슐린보다 길어 측정하기 편리하다. 그 측정치는 인슐린의 분비 정도를 반영하게 되고, 측정값은 pmol/L 또는 mU/L로 표시한다. 정상 혈장 인슐린 농도는 사람의 경우에는 75 g OGTT 실시 2시간 후 240 pmol/L(40 mU/L), 5시간 후 32 pmol/L (22 mU/L)이다. 금식 후 혈장의 인슐린 농도(fasting plasma insulin concentration)는 동맥혈과 정맥혈이 다르지만, 정맥혈의 경우 13~39 mU/L를 정상 범위로 보고 있다. 인슐린과 C-펩타이드의 측정은 방사면역측정법(RIA)이 주로 이용되는데, 최근에는 enzyme linked immunoabsorbant(ELISA)법이 개발되어 많이 이용되고 있다. 다수의 시료 측정에는 RIA가 좋을 수 있으나, 소수의 시료를 자주 측정해야 할 때에는 ELISA 측정법이 권장된다.

(3) 췌장 베타세포의 기능성 측정

랑게르한스섬은 인슐린을 분비하는 세포들뿐만 아니라 인슐린 분비를 조절하는 여러 요소들이 모여 있는 중요한 내분비기관이다. 건강한 성인의 췌장에는 100만 개 정도의 랑게르한스섬이 존재하지만 실험동물로 많이 사용되는 흰쥐에는 약 5,000개가 존재한다. 정상 성인의 췌장에서 섬세포(islet cell)들의 구성 비율을 살펴보면 베타세포가 70~80%에 이르는데, 베타세포의 인슐린 합성과 분비 및 생존 여부(viability)를 통해 기능성 식품에 의한 베타세포의 기능 변화 여부를 판단할 수 있게 된다. 베타세포의 인슐린 분비 기능은 베타세포에 포함된 인슐린 함량 정도, 인슐린 mRNA 발현 정도 등을 측정하여 평가할 수 있다.

표 9-2 • 베타세포 기능 측정 항목과 측정 방법[7]

측정 항목		측정 방법
생활성 (viability)	세포 증식검사	PCNA(proliferating cell nuclear antigen), 면역조직화학법 BrdU-혼성 측정법
	사포 사멸검사	TUNEL 검사법
인슐린 분비	인슐린 함유 비교 측정	인슐린 면역조직화학법(세포)
	인슐린 합성 비교 측정	인슐린 RNA 발현 측정 • 인슐린-in situ 혼성화(세포) • 인슐린 Northern blot 분석(조직)

(4) 알파-글루코시데이스 활성 억제 측정

시험관 내에서 실험을 실시한 경우에는 기질과의 반응역학 분석을 이용하지만, 생체 내 실험에서는 소화관 내에서 수크로스의 분해 흡수를 억제하는 것을 측정하는 경구 당부하 검사를 수행한다.

3) 임상 시험

인체 적용 시험을 실시할 경우 정상인과 당뇨병 진단 범위 사이의 금식혈당 장애(impaired fasting glucose, IFG) 또는 내당능 장애(impaired glucose tolerance, IGT)를 각각 또는 동시에 나타내는 대상으로 시험하는 것이 바람직한데, 당뇨병의 진단 범위에 속하는 환자는 기능성 식품의 인체 적용 시험에 이용될 수 없다. 임상 시험의 최종 목적은 혈당 조절 기능성 성분의 작용 효과와 안전성, 적정 섭취량을 알아내는 것이며, 인체에 직접 적용하기 때문에 항상 피험자의 건강에 영향을 미치지 않도록 유의해야 한다.

기능성 식품의 임상 시험은 동물 실험과 마찬가지로 혈당 관련 바이오마커인 금식 혈당 내당능, 식후 혈당, 당화혈색소와 인슐린 관련 바이오마커로 혈장 인슐린 및 C-펩타이드 농도를 측정하게 되는데, 베타세포의 인슐린 분비나 합성 측정은 시험관 내 실험에 더 적합하다.

다만 내당능검사 시 사람의 경우에는 금식을 하며 250~350 mL의 물에 75 g의 포도당을 녹여 5~15분 동안 마시게 한 후 30, 60, 90, 120 및 180분 후에 혈당 농도를 측정한다. 내당능 측정은 각 시간별 혈당 농도를 그래프에 선으로 나타내고 0~180분 사이에 나타나는 그래프의 면적(incremental area under the curve, IAUC)을 비교하거나 최고 혈당 농도와 180분 후의 혈당 농도로 판단할 수 있다.

또한 사람의 정상 혈장 인슐린 농도는 75 g OGTT를 실시한 후 2시간이 경과하였을 때 240 pmol/L(40 mU/L), 5시간 후에는 132 pmol/L(22 mU/L)이며, 금식한 후 혈장의 인슐린 농도(fasting plasma insulin concentration)는 동맥혈과 정맥혈이 다르기는 하지만 정맥혈의 경우 13~39 mU/L를 정상 범위로 보고 있다.

3. 혈당 조절 건강기능식품 및 효능[8]

혈당 조절에 관련하여 기능성을 인정받은 소재들은 개별인정형으로 인정받았고 일부는 고시형 원료로 전환되었으며, 관절/뼈 건강, 체지방 감소와 함께 그 수가 가장 많은 것으로 알려져 있다. 현재 건강기능식품 시장에서는 효능을 인정받은 기능성 원료를 이용하여 다양하게 제품화가 진행 중이다.

1) 고시형 원료

(1) 난소화성 말토덱스트린

그림 9-11 • 난소화성 말토덱스트린의 주원료인 옥수수

옥수수전분을 건식 가수분해하여 얻은 기능성 성분은 장내에서 당이 흡수되는 속도를 늦추어 혈당을 조절하는 것으로 알려져 있다. 일본에서는 열과 효소로 옥수수전분을 처리하여 만들어지는 이러한 형태의 물질을 난소화성 덱스트린이라 정의하고 있으며, 미국에서는 GRAS(식품첨

가물에 대한 미국 식품의약국(FDA)의 합격증) 요건을 충족시킴과 동시에 말토덱스트린으로 규정하고 있다. 국내에서는 당뇨병과 관련한 제품이 건강기능식품 시장에 가장 먼저 진출하여 이미 몇 종의 제품이 나와 있으며 현재도 상당수 개발이 진행되고 있다.

건강한 성인 남녀 40명을 대상으로 난소화성 말토덱스트린 5.12 g을 함유한 식품에 대해 식사부하 시험을 실시한 결과 대조군의 혈당을 76% 수준까지 낮췄으며 40명 중 특히 평균보다 혈당치가 높았던 18명에게서는 현저한 감소 효과가 나타났다는 연구 결과도 있다. 난소화성 말토덱스트린을 장기간 섭취하였을 경우의 안전성에 대한 연구에서도 혈당치 상승 억제 효과가 인정되었으며 유해 현상이나 임상상의 문제는 발견되지 않았다. 따라서 "식후 혈당 상승 억제에 도움을 줄 수 있습니다"로 기능성을 인정받았으며, 인정 등급은 '생리활성기능 2등급'에 해당한다. 하루 섭취량은 난소화성 말토덱스트린으로 14~29 g이다.

(2) 바나바잎 추출물

오래전부터 동남아 지역에서 당뇨와 비만, 피부 질환 등에 널리 사용되고 있는 열대 천연식품 바나바는 혈당치를 저하시키는 코로솔산(corosolic acid) 등이 다량 함유되어 있다고 알려져 있다. 필리핀에서는 의약용 식품으로 지정되어 있고, 국내에서는 식품의약품안전처에 의해 혈당 조절 기능을 인정받아 고시형 건강기능식품으로 등록되어 있다. 바나바잎 추출물은 《사이언스》에 소개되는 등 여러 국내외 논문과 자연 발증 당뇨병 모델 쥐와 토끼의 임상 시험(내당증, 제2형 당뇨병 환자)을 통해 혈당 조절에 대한 기능성이 검증되었으며, 바나바잎에서 주정추출한 후 농축 건조하여 만든다.

그림 9-12 • 바나바잎

바나바 주정추출물의 작용 메커니즘은 혈액 중에 존재하는 포도당을 세포 내로 이동시킴으로써 혈당을 감소시키는 것으로 추정되는데, 식전에 섭취하게 되면 세포 내 포도당 운반체인 GLUT4를 세포막으로 이동시켜 포도당의 세포 내 유입을 유도하는 것으로 확인되었다. "혈당 조절에 도움을 줄 수 있습니다"로 기능성을 인정받았으며, 인정 등급은 일관성 있는 결과를 나타내는 인체 적용 연구의 수가 적절하게 확보되어 '생리활성기능 2등급'에 해당한다. 하루 섭취량은 바나바 주정추출물로 50~100 mg이다.

(3) 구아바잎 추출물

구아바(*Psidium guajava*, Linn)는 세계의 열대, 아열대 지역에 광범위하게 자생하는 식물로, 그 잎에는 베타-크립토잔틴(β-cryptoxanthin), 루비잔틴(rubixanthin), 크립토플라빈(cryptoflavin), 네오크롬(neochrome), 루테인 등의 페놀릭 테르페노이드 성분들이 다량 함유되어 있으며 이 성분들은 혈당 상승 억제 효과가 있는 것으로 알려져 있다. 뿐만 아니라 구아바잎에만 함유되어 있는 폴리페놀은 소화효소의 활동을 억제하여 당분이 소화관으로부터 흡수되는 것을 부드럽게 해주는 효과가 있는 것으로 밝혀져, 일본 후생노동성에서는 야쿠르트사의 구아바 침출차를 '특정보건식품'으로 인정하여 표기하도록 허가하였다.

구아바 차를 식사할 때 함께 마시면 식후 혈당 상승을 억제할 수 있다. 구아바에는 타닌이 많이 함유되어 있는데 타닌이 각각 인슐린 대항군의 과잉분과 결합하여 소변으로 배설시키는 작용을 하므로 인슐린의 분비를 원활하게 한다. 즉, 인체 내 주성분인 불포화지방산이 산화되면 베타세포의 활동이 어렵게 되어 인슐린 분비가 부족해지므로 인슐린을 정상 분비시키기 위해서는 산화 억제가 필요하다. 이때 구아바에 함유된 타닌이 인체에 들어가게 되면 직접 베타세포에 작용하여 산화를 방지, 활성화시키므로 인슐린을 정상적으로 분비하도록 한다. 또한 구아바에 풍부하게 함유되어 있는 비타민과 미네랄은 인슐린 성분이 부족할 경우 이를 개선시키는 역할을 할 수 있다.

실제로 저용량 스트렙토조토신으로 유도된 당뇨 모델 생쥐에 발효 구아바잎에서 추출한 물질을 투여하여 고혈당 억제 효과를 확인하였을 때 공복 혈당이 유의적으로 감소하였으며 내당능 장애도 개선되었다는 연구가 보고되었으며, 췌장 베타세포의 손상을 보호해 주어 혈당 개선 효과를 나타낸다는 것이 확인되었다. "식후 혈당 조절에 도움을 줄 수 있습니다"로 기능성을 인정받았으며, 확보된 자료의 결과가 일관성이 있으나 기반 연구와 인체 적용 연구의 수가 충분하지 않아 인정 등급은 '생리활성기능 2등급'에 해당한다. 안전성과 기능성을 확보할 수 있는 하루 섭취량은 지표 성분인 총폴리페놀로 123.5 mg이다.

(4) 달맞이꽃 종자추출물[9]

달맞이꽃 종자추출물은 달맞이꽃의 종자를 압착하거나 헥산을 이용해 지방을 제거한 후 지표 성분인 폴리페놀과 Petan-O-galloyl beta-D-glucose(PGG)를 추출하여 만든다.

음식으로부터 섭취된 전분은 알파-글루코시네이스 효소에 의해 포도당으로 분해되어 흡수되는데, 달맞이꽃 종자추출물은 알파-글루코시네이스의 활성을 저해하여 전분의 소화와 흡수를 낮춤으로써 식후 혈당수치의 상승을 완화시켜 주는 것이 동물 시험에서 관찰되었다. 더불어 혈당수치가 약간 높은 사람을 대상으로 한 임상 실험 결과 달맞이꽃 종자추출물이 식후 혈당수치의 상승 속도를 저해하고, 공복 혈당과 당화혈색소의 수치를 개선하는 데 유효함이 확인되었다. 이에 "식이 유래 혈당 상승 억제에 도움을 줄 수 있습니다"의 기능성을 인정받았으며 '생리활성기능 2등급'에 해당한다고 고시하였다.

2) 개별인정형 원료

(1) 피니톨

피니톨은 콩과류 식물과 소나무 등에서 발견되는 천연 이노시톨(inositol)로서, 혈당을 낮추고 인슐린 작용을 높여 주는 효과가 있다고 밝혀져 미국, 일본, 호주에서 식품 원료 성분으로 인정받아 건강보조식품으로 판매되고 있다. 동식물에서 발견되는 천연 성분인 이노시톨은 당알코올의 일종으로, 6탄당과 유사한 구조를 가지고 있으며 이는 생명 유지에 필수적이다. 일반 당들과 유사하게 3번 탄소에 메틸에테르기가 붙어 있는 피니톨은 독성이 없다. 카이로이노시톨은 인슐린의 주요 신호전달체인 이노시톨 포스포글라이칸(inositol phosphoglycan)의 핵 구성 성분으로, 건강한 사람은 간, 지방조직, 근육에서 마이오이노시톨로 전환되지만 제2형 당뇨 환자는 소변으로 배출되어 정상인에 비해 현저히 적다. 카이로이노시톨이 결핍되면 인슐린 기능이 저하되어 세포가 포도당을 효과적으로 연소하지 못하는 인슐린 저항성이 증가하게 된다. 이때 대두, 캐럽 등 콩과 식품에서 추출한 소재를 섭취하면 피니톨이 카이로이노시톨로 전환되어 조직에서 인슐린 신호전달 체계를 보충하여 혈당을 저하시키는 작용을 할 뿐만 아니라 인슐린 저항성이 개선되어 공복 혈당의 조절에도 효과적이라고 보고 있다.

그림 9-13 • 피니톨을 다량 함유한 대두

실제로 피니톨은 1987년 처음으로 혈당 강하 효과가 있는 것으로 밝혀졌는데, 당화혈색소를 감소시켜 주는 등 당뇨병 치료에 도움을 주고 콜레스테롤 수치를 저하시켜 동맥경화나 심혈관 질환 등 합병증 예방 및 치료에도 효과를 나타낸다. 정상인도 혈당지수가 높은 식품을 지속적으로 섭취하게 되면 당뇨병에 걸릴 확률이 높은 것으로 알려져 있는데, 콩을 지속적으로 섭취한다면 당뇨병을 예방할 수 있을 것으로 기대된다. 따라서 "혈당 조절에 도움을 줄 수 있으나 임상 시험에서 확인이 필요합니다"로 기능성을 인정받았다. 인정 등급은 동물 실험에서 혈당 조절에 도움을 줄 수 있음이 확인되었으나 임상 시험 자료가 제출되지 않아서 '생리활성기능 3등급'에 해당한다. 안전성과 기능성을 확보할 수 있는 하루 섭취량은 피니톨로 1.2 g이다.

(2) 솔잎 증류농축액

솔잎 추출물은 당질이 많이 함유되어 있으며 비타민 A, C, K 및 엽록소, 칼슘, 철분 등 다양한 성분이 들어 있어서 미국 식품의약국(FDA)에서 당뇨병, 고혈압, 혈당 개선 효과를 인정받은 성분이다. 뿐만 아니라 체내에서는 합성이 불가능한 8종류의 필수아미노산을 모두 포함하고 있어서 우수한 단백질원이기도 하다. 솔잎은 혈당을 낮춰 주는 효과가 있는 글리코제닌(glycogenin)을 포함하고 있어서 당뇨병에 효과가 있다고 알려져 있다.

그림 9-14 • 솔잎

실제로 솔잎을 수증기 증류법으로 생산한 솔잎 추출용액을 제2형 당뇨 생쥐인 *db/db* 생쥐에게 투여하여 혈당 강하 효과를 조사하였을 때 저용량과 고용량군 모두에서 최종 혈당이 대조군에 비해 유의적으로 낮아졌고, 용량 의존적인 경향성을 나타내었다는 연구 결과가 있다. 따라서 "건강한 혈당의 유지에 도움을 줄 수 있습니다"로 기능성을 인정받았다. 인정 등급은 기반 연구와 인체 적용 연구의 수가 충분하지는 않으나 그 결과가 일관성 있으므로 '생리활성기능 2등급'에 해당한다. 안전성과 기능성을 확보할 수 있는 하루 섭취량은 솔잎 증류농축액으로 1,350 mg이다.

(3) 홍경천 등 복합추출물

홍경천 등 복합추출물은 한국, 중국, 일본 등의 동북아시아의 고산지대에서 자생하는 홍경천(*Rhodiola rosea*) 근부의 주정추출물과 계피(*Cinnamomum cassia, Cinnamon Bark*)의 열수추출물을 각각 제조한 후 홍경천 추출물 88.9%와 계피 추출물을 11.1%의 비율로 혼합하여 만든 원료로, 지표 성분은 살리드로사이드(salidroside)와 계피산이다. 중국에서 발표된 몇 개의 학술 문헌에 따르면 홍경천은 혈당 조절의 기능이 있다고 알려져 있으며, 계피 또한 혈당 조절 기능이 있다고 보고되고 있다.

홍경천 등 복합 추출물은 당뇨를 유도시킨 동물 모델에서는 혈당 조절 기능이 확인되었으나 임상 시험에서는 공복 혈당, 내당능, 당화혈색소 등의 여러 혈당 조절 관련 바이오마커 중 공복 혈당만을 유의적으로 조절하였다. 따라서 임상 시험과 동물 실험 결과 혈당 조절 기능성에 대한 가능성은 확인 및 인정되었으나 아직 이에 대한 과학적 설명이 부족한 상태이다. 따라서 "혈당 조절을 신경 쓰시는 분들의 공복 혈당 조절에 도움을 줄 수 있으나 아직은 과학적 근거가 부족합니다"로 기능성을 인정받았다. 인정 등급은 동물 실험에서 혈당 조절에 도움을 줄 수 있음이 확인되었으나 임상 시험 자료는 제출되지 않아서 '생리활성기능 3등급'에 해당한다. 안전성과 기능성을 확보할 수 있는 하루 섭취량은 홍경천 등 복합추출물로 900 mg이다.

(4) 참밀알부민

참밀알부민은 소맥분에서 알부민을 분리하여 제조하며 함유된 지표 성분은 0.19-알부민이다. 0.19-알부민은 음식으로 섭취한 전분이 소화되어 흡수되는 과정에서 알파-아밀레이스(α-amylase)의 효소 활성을 저해하여 전분의 소화 흡수를 느리게 하기 때문에 식후 혈당 상승을 완화시킬 수 있는 것으로 동물 실험에서 관찰되었다. 참밀알부민의 보충 효과를 비교한 인체 적용 연구에서도 참밀알부민이 식후 혈당의 상승 속도를 느리게 하는 데 도움이 될 수 있음이 확인되었다. 따라서 "급격한 식후 혈당 상승을 억제하는 데 도움을 줄 수 있습니다"로 기능성을 인정받았다. 인정 등급은 기반 연구와 인체 적용 연구의 수가 충분하고 일관성 있는 결과를 보이나, 대부분 1회 섭취 자료로 장기 섭취 시의 기능성을 확인할 수 없으므로 '생리활성기능 2등급'에 해당한다. 안전성과 기능성을 확보할 수 있는 하루 섭취량은 참밀알부민으로 1.2~1.5 g이다.

그림 9-15 • 참밀알부민의 주원료 밀

(5) 동결건조 누에 분말

누에 가루에는 전분(다당류)이 포도당(단당류)으로 변하는 속도를 늦추어 혈당이 상승하는 것을 억제하는 성분인 데옥시노지리마이신(deoxynojirimycin, DNJ)이 포함되어 있다. 이 성분은 누에가 자체적으로 만들어 내는 것이 아니라 누에가 먹은 뽕잎에서 유래한 성분이다. "혈당 조

그림 9-16 • 동결 누에

사진자료: 국립농산물품질관리원

절에 도움을 줄 수 있습니다"로 기능성을 인정받았으며, 인정 등급은 '생리활성기능 2등급'에 해당한다. 동결건조 누에 분말의 하루 섭취량은 2.7 g이다.

(6) 콩 발효 추출물

콩 발효 추출물은 콩을 *Aspergillus oryzae*로 발효시킨 후 열수추출하여 제조한다. 유효 성분인 Tris가 α-글루코시데이스 효소의 활성을 저해하여 당의 흡수를 억제하는 작용 메커니즘으로 "당의 흡수를 억제하여 식후혈당을 건강하게 유지하는 데 도움을 줄 수 있습니다"의 내용으로 기능성을 인정받았으며, '생리활성기능 2등급'에 해당한다. 하루 섭취량은 콩 발효 추출물로 900 mg이다.

(7) Nopal 추출물

원재료는 nopal(백년초 선인장)이며 지표 성분은 수용성 식이섬유이다. "식후 혈당 조절에 도움을 줄 수 있습니다"로 기능성을 인정받았으며, '생리활성기능 2등급'에 해당한다. 하루 섭취량은 수용성 식이섬유로서 4.3 g이다.

(8) 지각상엽 추출 혼합물

지각상엽 추출 혼합물은 지각 추출물과 상엽 추출물을 포함하며, 나린진(naringin), 아스트라갈린(astragalin)을 지표 성분으로 한다. 당뇨를 유발한 쥐에게 지각상엽 추출 혼합물을 투여하였을 때 당뇨병의 대표적 증상인 체중 감소를 완화시켜 주고, 혈당치를 현저히 낮춰 주는 효과를 확인하였다. 이에 "혈당 조절에 도움을 줄 수 있습니다"로 기능성을 인정받았으며 '생리활성기능 2등급'에 해당한다. 하루 섭취량은 지각상엽 추출 혼합물로 2.8 g이며, 피부에 광과민성 반응이 나타나는 사람은 섭취에 주의해야 한다.

(9) 서목태(쥐눈이콩) 펩타이드 복합물

서목태(쥐눈이콩) 펩타이드 복합물은 쥐눈이콩에서 펩타이드를 추출해 제조하며 지표 성분은 아르기닌(arginine)과 류신(leucine)이다. 혈당 조절에 도움을 줄 수 있으나 관련 인체 적용 시험이 미흡하여 '생리활성기능 3등급'에 해당된다. 하루 섭취량은 쥐눈이콩 펩타이드 복합물로 4.5 g이다.

(10) 인삼 가수분해농축액

인삼 가수분해농축액은 다양한 인삼 사포닌을 함유하는 원료로서 "혈당 조절에 도움을 줄 수 있습니다"로 기능성을 인정받았다. 지표 성분은 진세노사이드 알지1

(Ginsenoside Rg1)이며 하루 섭취량은 인삼 가수분해농축액으로 960 mg이다. '생리활성기능 2등급'에 해당되며, 의약품(당뇨 치료제, 혈액 항응고제)을 복용하는 사람은 섭취에 주의해야 한다.

(11) 마 주정추출물

마 주정추출물의 지표 성분은 알란토인(allantoin)이며 혈당 조절에 도움을 줄 수 있으나 관련 인체 적용 시험이 미흡하여 '생리활성기능 3등급'에 해당된다. 하루 섭취량은 마 주정추출물로 900 mg이다.

(12) 타가토스

타가토스(D-tagatose)는 감미료 타입의 기능성 소재로 당과 탄수화물이 많은 음식으로부터 당 흡수를 억제하여 식후 혈당 조절에 도움을 줄 수 있다. 인체 적용 시험을 통해 기능성과 안전성이 확인되어 "식후 혈당 조절에 도움을 줄 수 있습니다"로 기능성을 인정받았으며, '생리활성기능 2등급'에 해당된다. 하루 섭취량은 D-tagatose로 5~7.5 g이며, 과량 섭취 시에는 위장 장애가 발생할 수 있어 주의해야 한다.

(13) 실크 단백질효소 가수분해물

실크 단백질효소 가수분해물의 지표 성분은 세린(serine), 글리신(glycine), 알라닌(alanine)이며 혈당 조절에 도움을 줄 수 있으나 관련 인체 적용 시험이 미흡하여 '생리활성기능 3등급'에 해당된다. 하루 섭취량은 실크 단백질효소 가수분해물로 6 g이다.

(14) 히드록시프로필 메틸셀룰로스

히드록시프로필 메틸셀룰로스(hydroxypropyl methyl cellulose)는 "식후 혈당 상승 억제에 도움을 줄 수 있습니다"로 기능성을 인정받았으며 '생리활성기능 2등급'에 해당된다. 하루 섭취량은 히드록시프로필메틸 셀룰로스로 4~8 g이다.

(15) 상엽추출물

상엽추출물은 1-deoxynojirimycin을 지표 성분으로 한다. "식후 혈당 상승 억제에 도움을 줄 수 있습니다"로 기능성을 인정받았으며, '생리활성기능 3등급'에 해당된다. 하루 섭취량은 상엽추출물로 6 g이며, 임산부나 수유부는 섭취에 주의해야 한다.

(16) 계피 추출분말

계피 추출분말은 신남산(cinnamic acid)을 지표 성분으로 하며 "식후혈당 상승 억제에 도움을 줄 수 있습니다"로 기능성을 인정받았으며, '생리활성기능 2등급'에 해당한다. 하루 섭취량은 계피 추출분말로 336 mg이다.

(17) L-arabinose

아라비노스(L-arabinose)는 설탕과 함께 섭취 시 설탕 분해효소에 결합하여 효소와 떨어지지 않음으로써 효소 활성을 억제하고 설탕의 분해를 방해한다.[10] 이에 "설탕 소화흡수를 완만하게 하여 혈당 조절에 도움을 줄 수 있습니다"의 내용으로 기능성을 인정받았다. '생리활성기능 2등급'에 해당되며 하루 섭취량은 L-arabinose를 포함하는 설탕으로 6 g이다. 과량 섭취 시에는 설사를 유발할 수 있어 주의가 필요하다.

표 9-3 • 혈당 조절 관련 고시형 원료[11]

원료명	기능(지표) 성분	인정 등급
난소화성 말토덱스트린	난소화성 말토덱스트린	생리활성기능 2등급
바나바잎 추출물	코로솔산(Corosolic acid)	생리활성기능 2등급
구아바잎 추출물	총 폴리페놀	생리활성기능 2등급
달맞이꽃 종자추출물	① Total polyphenol ② Penta-O-galloyl beta-D-glucose	생리활성기능 2등급

표 9-4 • 혈당 조절 관련 개별인정형 원료[11]

원료명	기능(지표) 성분	인정 등급
피니톨	피니톨	생리활성기능 3등급
솔잎 증류농축액	① 3-carene ② limonene ③ terpinolene	생리활성기능 2등급
홍경천 등 복합추출물	Salidroside, Cinnamic acid	생리활성기능 3등급
참밀알부민	0.19-albumin	생리활성기능 2등급
동결건조 누에 분말	1-deoxynojirimycin	생리활성기능 2등급
콩 발효추출물	① α-Glucosidase 활성 억제능(IC50) ② Tris(2-Amino-2-(hydroxymethyl)-1,3-propanediol)	생리활성기능 2등급
Nopal 추출물	수용성 식이섬유	생리활성기능 2등급

(계속)

원료명	기능(지표) 성분	인정 등급
지각상엽 추출 혼합물	① Naringin ② Astragalin	생리활성기능 2등급
서목태(쥐눈이콩) 펩타이드 복합물	① Arginine ② Leucine	생리활성기능 3등급
인삼 가수분해농축액	Ginsenoside Rg1	생리활성기능 2등급
마 주정추출물	Allantoin	생리활성기능 3등급
타가토스	D-tagatose	생리활성기능 2등급
실크 단백질효소 가수분해물	Serine, Glycine, Alanine	생리활성기능 3등급
히드록시프로필 메틸셀룰로스	히드록시프로필메틸 셀룰로스	생리활성기능 2등급
상엽추출물	1-deoxynojirimycin	생리활성기능 3등급
계피 추출분말	Cinnamic acid	생리활성기능 2등급
L-arabinose	L-arabinose	생리활성기능 2등급

참고문헌

1 http://www.kormedi.com

2 한국약학대학협의회 위생약학분과회 편저, 질환별로 본 건강기능식품학, 신일상사, 2005 (pp.279-283)

3 http://metabolic.egloos.com

4 Edelman, S. V., Type II diabetes mellitus, In Advance Internal Madicine 43: 449-500, 1998

5 보건복지부, 대한의약회

6 식품의약품안전청, 건강기능식품의 기능성 평가, 2008

7 건강기능식품의 기능성 시험 가이드(I)

8 김병태, 식품의약품안전청, 건강기능식품 기능성 표시·광고 가이드라인, 식품의약품안전청, 2009

9 박상욱, 혈당상승억제 기능성 소재인 달맞이꽃종자 추출물의 지표물질 분석법의 통계적 검증에 대한 연구, 한국임상약학회지 제26권 제1호. 2016

10 http://www.innoenbio.com/%EB%8B%B9%EB%A5%98%EC%A0%80%EA%B0%90%EC%9D%84-%EC%9C%84%ED%95%9C-%EC%8B%9D%ED%92%88%EA%B0%9C%EB%B0%9C%EC%A0%84%EB%9E%B5/

11 식품의약품안전처, 건강기능식품 기능성 원료 인정 현황, 2016년 12월

10 혈행 개선

순환계(circulatory system)는 체액을 일정한 방향으로 순환시키는 기관을 통틀어 말하며, 크게 림프를 흐르게 하는 림프계와 혈액을 흐르게 하는 심혈관계로 나눌 수 있다. 림프와 혈액의 순환을 통해 생명 유지에 필요한 산소와 영양소를 세포에 전달하고 세포 내의 노폐물을 제거하며 호르몬을 운반한다. 이들의 순환이 원활히 이루어지려면 정상적인 심장 및 혈관 기능은 필수이다. 이 장에서는 심혈관계와 관련된 질환과 그의 예방 및 개선에 대하여 다루며, 이해를 돕기 위해 심혈관계의 정상적인 구조 및 기능에 대하여 간략히 설명하고자 한다.[1]

혈관은 크게 동맥, 모세혈관, 정맥의 세 가지 유형으로 구분할 수 있다. 혈관의 굵기에 따라 대동맥, 동맥, 소동맥과 대정맥, 정맥, 소정맥으로 세분화된다.

동맥은 심장에서 나오는 혈액을 각 장기로 수송하는 역할을 수행하므로 혈관 벽이 두껍고 탄력이 있다. 동맥의 벽은 내막(속막, tunica intima), 중막(중간막, tunica media) 및 외막(바깥막, tunica externa)으로 구성되어 있다. 내막은 혈액과 접촉하는 면에 단일층으로 배열된 내피세포와 결합조직으로 구성되고, 중막은 평활근섬유(smooth muscle fiber)와 탄력섬유로 이루어진다. 동맥에 발달한 탄력섬유는 심장의 수축기에 박출되는 혈액에 의해 혈관이 급격히 확장되어 혈압이 단시간에 상승되는 것을 방지하고, 심장의 확장기에는 혈관이 수축되어 혈압이 급격히 감소하는 것을 막는다. 외막은 중막을 싸고 있으며 동맥 주변의 결합조직과 이어진다.

정맥은 동맥에 비해 혈관벽이 얇고 탄력이 없으며, 혈류가 중력에 영향을 받기 때문에

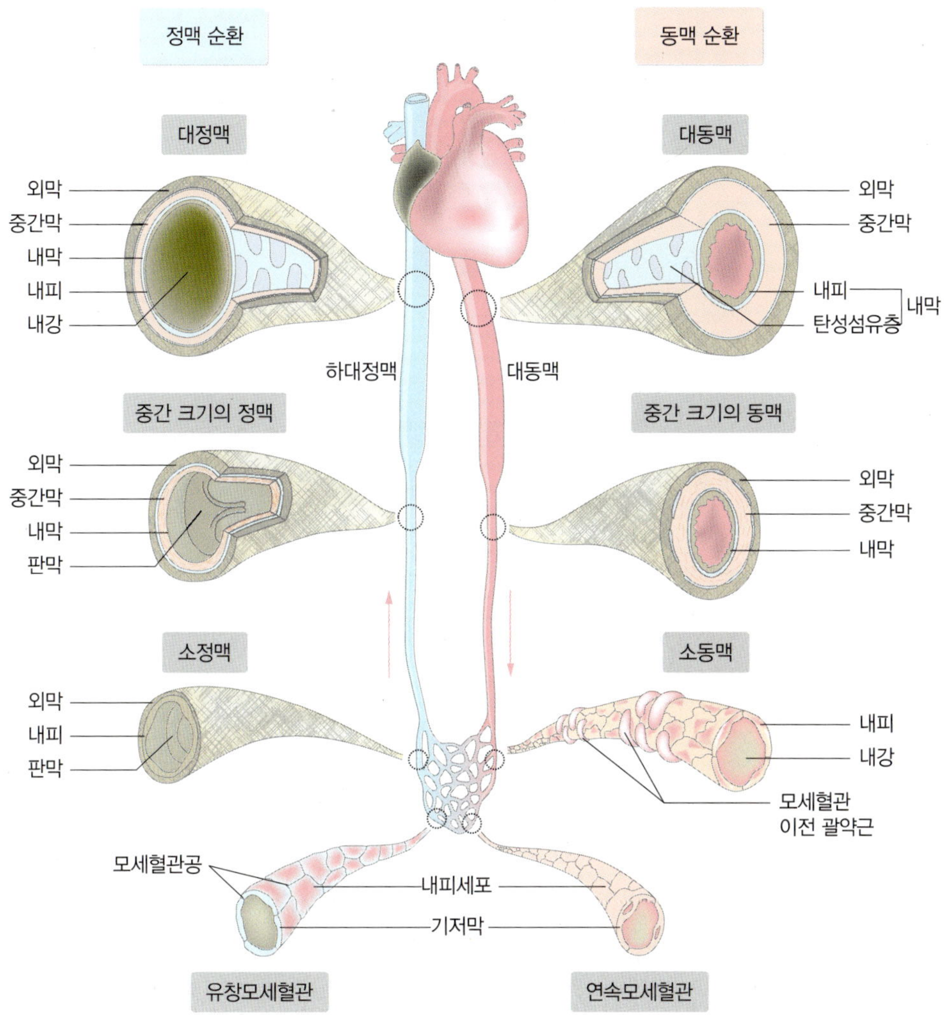

그림 10-1 • 심혈관계 모식도

역류를 방지하는 판막이 존재한다. 모세혈관은 단일 층의 내피세포로 이루어져 있다.[2]

혈액은 액체 성분인 혈장과 세포 성분인 혈구로 구성되어 있다. 혈구는 적혈구, 백혈구 및 혈소판으로 나뉜다. 혈액이 혈관 밖으로 나오는 경우 혈장의 섬유소원이 섬유소로 전환되어 혈구와 엉키게 되고 응고덩어리인 혈병을 만든다. 이렇게 응고된 이후의 액상 부분을 혈청이라 한다. 적혈구는 폐로부터 산소를 받아 조직으로 운반하며, 백혈구는 면역계와 관련된 기능을 수행한다. 혈소판은 혈액 응고에 중요한 역할을 하며 여기에서 언급하게 될 질병과도 긴밀한 관계가 있다.[3]

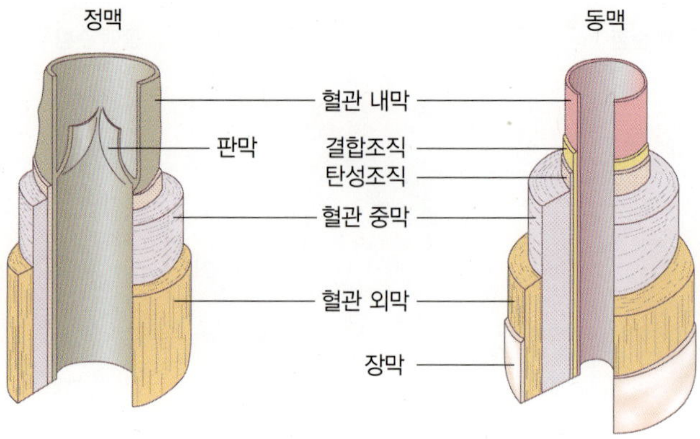

그림 10-2 • 동맥과 정맥의 구조

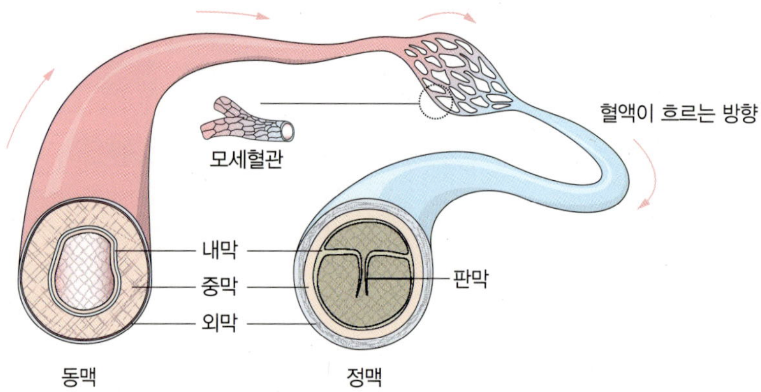

그림 10-3 • 혈관계

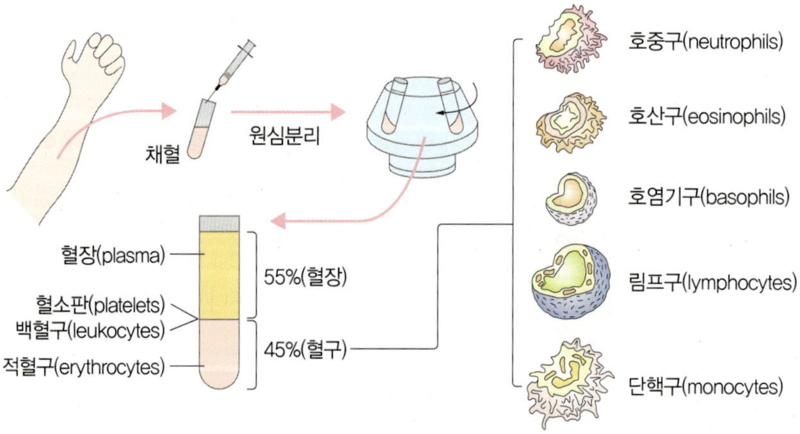

그림 10-4 • 혈액의 구성과 혈구

| 제1절 | 고지혈증 개선

1. 고지혈증의 정의 및 개요

지질은 탄수화물, 단백질과 함께 3대 열량영양소 중 하나로 체내에서 에너지원, 체구성 성분, 필수지방산 공급, 지용성 비타민의 장내 흡수 촉진, 체온 조절 등의 중요한 역할을 한다. 식품 중 지질과 관련된 성분으로는 중성지방, 인지질, 콜레스테롤, 지방산, 미량의 지용성 비타민(비타민 A, D, E, K) 등이 있다. 총지방량의 95% 정도는 중성지방이며, 인지질, 콜레스테롤 등도 세포막 성분으로서 많은 양을 차지하고 있다.

건강한 성인의 경우 지방분해효소(lipase)와 담즙산염의 공동 작용 및 소장의 연동 작용에 의하여 식이지방이 쉽게 소화되어 흡수된다. 소장에서 담즙의 작용으로 지방이 미셀 형태로 유화된 후 췌장액과 소장액의 지방분해효소에 의해 지방산, 모노글리세라이드, 유리콜레스테롤, 인지질 등으로 분해된다. 정상 식이를 통해 섭취된 지방은 95% 이상 흡수되며, 소화 흡수된 지방은 장 점막세포에서 다시 중성지방이 된 후 소량의 단백질이나 인지질, 콜레스테롤 등과 함께 킬로마이크론을 형성하여 림프계를 통해 혈액으로 들어간다. 짧은사슬 또는 중간사슬의 지방산은 미셀이나 킬로마이크론 형성과는 관계없이 가수분해되고 흡수되어 문맥혈관을 통해 간으로 직접 수송된다.[4]

고지혈증이란 혈중의 지방 성분, 콜레스테롤, 중성지방의 농도가 기준치를 초과한 상태를 말한다. 지질 대사가 비정상적인 상태이기 때문에 지질들이 혈관 벽에 쌓여 염증 반응을 일으키고 그로 인해 심혈관 질환이 야기된다. 고지혈증을 일으키는 원인은 아주 다양하다. 학자들은 유전적 요인과 나이와 성별, 식습관, 비만, 스트레스, 흡연, 운동

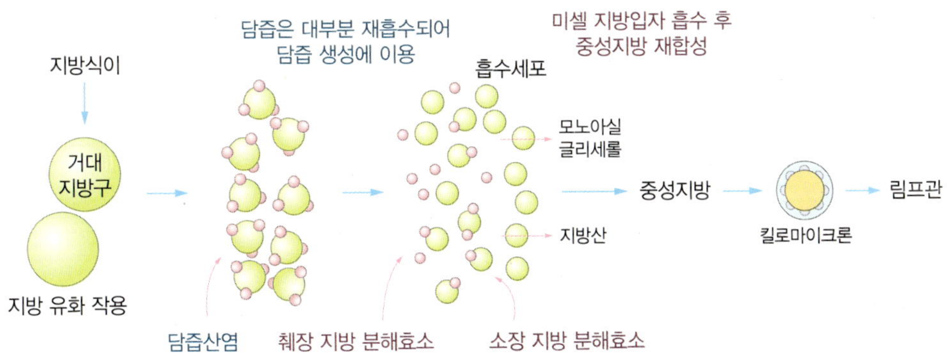

그림 10-5 • 지방구의 소화 및 흡수

부족, 약물 복용 등을 고지혈증의 원인으로 꼽는다. 사람들의 생활습관과 식습관이 서구화되어 고칼로리 음식과 지방의 섭취가 늘어남으로써 총콜레스테롤이 증가하였다. 또한 사회생활을 하면서 받는 스트레스로 인한 흡연율 증가, 바쁜 생활로 인한 운동 부족이 결국 비만을 초래하게 되고 이는 혈중 콜레스테롤 수치의 증가로 연결된다. 이러한 후천적 원인으로 인한 고지혈증 외에 부모로부터 물려받은 선천적인 유전자로 인해 혈액 내 지질 농도가 증가하여 고지혈증이 발생하는 경우도 많다. 일반적으로 나이가 들면 혈중 콜레스테롤 수치가 증가하여 고지혈증 발병률도 높아진다고 알려져 있으며, 남성의 경우는 50~60세, 여성의 경우 60~70세에 최고조에 이른다. 일반적으로 폐경기 이전 여성의 고지혈증 발병률은 흡연이나 직장에서의 스트레스로 인한 남성의 발병률보다 낮은 반면, 폐경 이후에는 혈압을 낮춰 주는 역할을 하는 에스트로겐의 수치가 감소하면서 남성보다 더 높은 발병률을 보인다. 대한심장학회의 조사에 따르면 심근경색과 협심증으로 입원한 여성의 93.2%가 폐경기 여성인 것으로 나타났다.[5]

콜레스테롤은 동물이 가지고 있는 대표적인 스테롤(sterol)로서 간, 장관, 부신피질, 피부, 고환 및 대동맥 등에 존재한다. 콜레스테롤 생합성 방법은 내인성, 외인성 2가지가 있다. 내인성은 주로 간장, 부신, 생식기에서 아세틸 조효소로부터 합성되는 것을 말하며, 외인성은 섭취한 음식물의 콜레스테롤이 소장으로부터 흡수된 것을 뜻한다. 이렇게 합성된 콜레스테롤은 소수성이므로 그 자체로는 혈장 내에 존재하기가 어려워 아포단백질(apoprotein)과 지단백질(lipoprotein) 상태로 운반되는데, 지단백질은 고밀도지단백(high density lipoprotein, HDL), 저밀도지단백(low density lipoprotein, LDL), 초저밀도지단백(very low density lipoprotein, VLDL)의 세 가지로 분류된다. LDL의 경우 동맥경화를 촉진시키는 위험 인자이며, 반대로 HDL은 혈액을 통해 지방을 간으로 보내 제거함으로써 심혈관 질환을 낮추는 인자로 잘 알려져 있다.

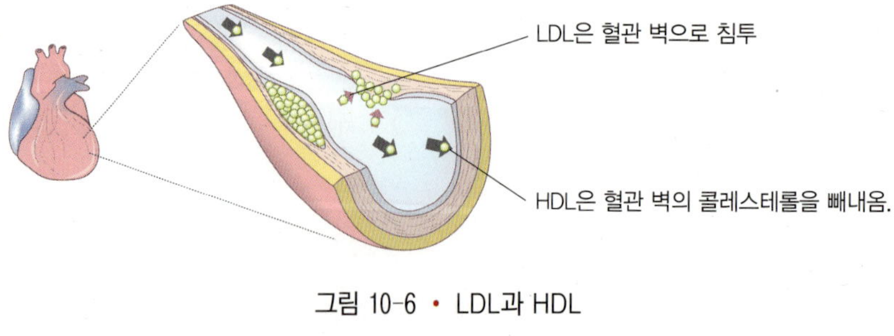

그림 10-6 • LDL과 HDL

2015년 제정된 한국인의 고지혈증 치료 지침에 따르면 총콜레스테롤의 수치가 200 mg/dL 이하이면 정상군으로 분류하고 2년 이내에 재검을 하도록 권장하고 있다. 200~239 mg/dL일 경우에는 운동요법과 식이요법을 하도록 권장하고 있으며, 240 mg/dL 이상일 경우 고위험군으로 분류하여 식이요법 이외에 약물 치료를 병행하도록 하고 있다. 한편, 관상동맥의 벽에 콜레스테롤이 쌓일 위험을 높이는 LDL-콜레스테롤이 130 mg/dL 이상이면 경계선으로 분류하고, 160 mg/dL 이상이면 치료가 필요하다. HDL-콜레스테롤의 경우, 동맥경화에 대한 방어 효과를 지니기 때문에 혈중 농도가 40 mg/dL 이하로 내려간 경우에 고위험군으로 분류된다. 혈중 중성지방의 농도가 높아도 심혈관계 질환의 발생빈도가 높고, 특히 에너지 섭취량 중 탄수화물이 차지하는 비율이 높은 한국인의 경우 혈청 중성지방의 농도가 고지혈증의 판정에 중요하여 200 mg/dL 이상이 될 경우 약물 치료를 받아야 한다.[6]

표 10-1 • 혈중 지질과 지단백질 농도에 따른 고지혈증 진단 지침[7]

(단위 : mg/dL)

콜레스테롤	정상(저위험군)	경계역	고위험군
총콜레스테롤	200 이하	200~239	240 이상
LDL-콜레스테롤	130 이하	130~159	160 이상
HDL-콜레스테롤	60 이상		40 이하
중성지방	150 이하	150~199	200 이상

표 10-2 • 혈중 콜레스테롤 농도에 따른 고지혈증 치료 지침[8]

(단위 : mg/dL)

콜레스테롤	정상(저위험군)	경계역	고위험군
총콜레스테롤	200 이하	200~239	240 이상
	식이요법 및 운동요법		약물 치료

1) 고지혈증 분류

고지혈증은 원인 질환의 유무에 따라 일차성 고지혈증과 이차성 고지혈증으로 분류하며, 증가하는 지질 종류에 따라 고콜레스테롤혈증, 고중성지방혈증, 혼합형 등 여러 가지로 분류된다.[9] 현재 가장 널리 이용되고 있는 세계보건기구(WHO) 분류법은 흔히 나타나는 고지혈증의 지단백질 변화를 전기영동법에 의해서 파악하기 쉽게 분류하였지

만, 고지혈증의 발생 원인은 고려하지 않고 있다.[10]

(1) 제I형

킬로마이크론의 증가로 인해 중성지방이 증가하고 콜레스테롤은 정상이거나 증가하며, LDL-콜레스테롤은 감소하거나 정상이다. 이러한 I형 고지단백혈증은 일차적으로는 지단백 지방분해효소 및 아포지단백질 CII의 결핍으로 발생하며, 이차적으로는 전신성 홍반성 낭창 시에도 발생한다.

(2) 제IIa형

LDL-콜레스테롤의 증가로 인해 혈중 콜레스테롤은 증가하고 중성지방은 정상이다. 가족성 고콜레스테롤혈증 시 나타나며, 이차적으로는 갑상선기능저하증이나 신증후군일 때 볼 수 있다.

(3) 제IIb형

LDL과 VLDL-콜레스테롤의 증가로 인해 LDL-콜레스테롤과 총콜레스테롤이 모두 증가한다. 임상에서 우리가 흔히 볼 수 있는 대부분의 고콜레스테롤혈증과 혼합형 고지혈증이 여기에 속한다. 신증후군, 당뇨, 피임약 복용 시에도 IIb형 고지혈증이 나타날 수 있다.

(4) 제III형

킬로마이크론이나 VLDL 잔여 물질의 증가로 인해 중성지방이 증가하며, 혈중 콜레스테롤 농도는 상승하나 LDL-콜레스테롤은 감소하거나 정상이다. 이차적으로 갑상선기능저하나 당뇨병 그리고 비만 시에도 나타날 수 있다.

(5) 제IV형

VLDL의 증가로 인한 중성지방의 상승이 관찰되며, 임상에서 흔히 보는 대부분의 고중성지방혈증이 IV형에 속한다. 혈중 콜레스테롤 농도는 약간 증가하거나 정상이다. 유전적 원인 외에 당뇨병, 비만, 신부전일 때 발병하며, 과음을 하는 사람에게서 흔히 이 형태의 고지혈증이 나타날 수 있다.

(6) 제V형

킬로마이크론과 VLDL의 증가로 인해 혈중 중성지방의 농도가 증가한다.

2) 고지혈증 치료 방법 분류

고지혈증 치료는 크게 콜레스테롤 생합성 저해, 흡수 억제, 이화/배설 촉진 등으로 구분할 수 있다.

표 10-3 • 고지혈증 치료제의 분류[11]

분류	종류	작용 메커니즘	치료제
생합성 저해제	스타틴(statin)계 (HMQ-CoA 환원효소 저해제)	간에서 환원효소 활성을 억제하여 합성되는 LDL-콜레스테롤의 양을 감소시킴	Simvastatin, Atorvastatin 등
	피브레이트(fibrate)계	지단백 가수분해효소 활성에 의해 중성지방의 동화 작용 촉진으로 중성지방을 낮춤	Clofibrate, Fenofibrate 등
대사·배설 촉진제	담즙산 결합제	장내에서 담즙산과 결합시켜 장으로 재순환되는 것을 줄이고 분변으로의 배설 촉진	Cholestyramine, Colesevelam
흡수 억제제	ACAT 저해제	효소를 억제시켜 소장에서 흡수되는 것을 저해	Ezetimibe, Avasimibe
	CTEP 저해제	콜레스테롤의 전이를 촉진하는 단백질을 억제시켜 HDL-콜레스테롤을 증가시킴	Torcetrapib, JTT705

2. 기능성 평가 방법[12]

혈행 개선 관련 바이오마커로서 세로토닌(serotonin) 측정과 트롬복산 A2(thromboxane A2)의 정량이 가장 널리 사용된다. 이 두 가지 마커는 모두 혈소판의 활성화를 간접적으로 측정하는 도구이다.

1) 시험관 내 실험

(1) 혈소판 응집 억제 평가법

혈소판의 지나친 응집으로 인해 유발되는 혈행 장애를 측정하는 방법이다. 샘플로부터 혈소판을 분리한 후 혈소판이 다량 함유된 혈장(platelet-rich plasma, PRP) 또는 세척 혈소판(washed platelet, WP)을 조제한다. 그 후 응집측정기를 이용하여 광투과(light transmission)의 변화 양상을 확인한다. PRP 및 WP의 광투과를 0%로 두고 혈소판이 적은 혈장(platelet poor plasma, PPP), 현탁액의 광투과를 100%로 지정하여 혈소판의 응집 정도에 따른 상대값을 측정한다. PRP는 생체 내 환경과 유사한 시험법이며, WP는 혈소판에 대한 효과만을 측정할 수 있다는 특징을 가지고 있다.

(2) 혈액 응고 억제 평가법

혈액 응고는 여러 효소원(zymogen)의 활성화에 의해 섬유소원(fibrinogen)이 섬유소(fibrin)로 변화함으로써 응혈을 형성하는 과정을 말한다. 혈액 응고는 효소원의 활성화 원인에 의하여 접촉 체계(contact system)라 불리는 내인성 경로와, 조직 요소에 의한 활성화에 기인하는 외인성 경로의 두 가지로 분류된다.

혈행 개선 기능성 여부를 판단하기 위한 실험을 할 때에는 응고 메커니즘이 내인성 경로 또는 외인성 경로에 기인하는지에 따라 각각 프로트롬빈 시간(prothrombin time, PT)과 활성화 부분 트롬보플라스틴 시간(activated partial thromboplastin time, aPTT)을 이용하여 평가할 수 있다.

① PT assay

쥐에서 혈액을 채취, 원심분리 후 상등액인 혈장 100 μL와 PT 시약 200 μL를 반응시킨다. 그 후 피브로미터(fibrometer) 위에서 시료가 응고될 때까지의 시간을 측정하며, 모든 과정은 여러 번 반복 실시하여 평균값을 낸다. 효능을 관찰하고자 하는 물질을 혈장과 적정비율로 섞어 위의 과정을 반복하면 그 기능성을 평가할 수 있다.

② aPTT assay

쥐에서 혈액을 채취, 원심분리 후 상등액인 혈장 100 μL와 aPTT 시약 100 μL를 반응시킨다. 3분 후 20 mM 염화칼슘 100 μL를 넣고 피브로미터에서 시료가 응고될 때까지의 시간을 측정한다. 모든 과정은 여러 번 반복 실시하여 평균값을 낸다. 효능을 관찰하고자 하는 물질을 혈장과 적정비율로 섞어 위의 과정을 반복하면 그 기능성을 파악할 수 있다.

(3) 적혈구의 혈액 응고 유도물질 활성 측정법

적혈구의 혈액 응고 유도물질(procoagulant) 활성 여부를 포스파티딜세린(phosphatidyl serine, PS)의 노출 정도를 측정하여 알아보는 시험법이다. 적혈구의 막 외부에는 스핑고마이엘린(sphingomyelin), 포스파티딜콜린(phosphatidylcholine)이, 막 내부에는 PS 및 포스파티딜이노시톨(phosphatidylinositol)이 존재한다. 적혈구가 자극에 의하여 노출되면 이러한 비대칭 막 구조가 파괴되어 막 내부의 PS가 외부로 노출되는데, 노출된 PS는 혈액 응고 과정을 증폭시킨다. 따라서 혈행 개선 여부를 평가하기 위하여 PS에 특이적으로 결합하는 아넥신-V(annexin-V)를 이용하여 PS의 노출 정도를 측정한다.

또는 시험하고자 하는 대상군의 혈액을 채취하여 적혈구를 분리한 후 형광이용세포분류기(fluorescence activated cell sorting, FACS) 방법을 이용하여 PS의 노출 정도를 측정할 수도 있다.

(4) 전단응력에 의해 유도되는 혈소판 및 적혈구 활성화 평가법

0.5° 각을 갖는 콘(cone)과 지름이 60 mm인 플레이트를 이용한 점도계를 사용한다. 혈소판 응집 억제 평가법에서 설명한 WP와 PRP 500 μL(3×108 cells/mL)에 염화칼슘, 폰빌레브란트 인자(von Willebrand factor, vWf)의 최종 농도가 각각 2 mM, 10 μg/mL이 되도록 첨가하여 콘-플레이트 점도계에 올린다. 일정한 비율로 상온에서 정해진 시간 동안 전단응력(shear stress)을 가한 후에 콘이 정지하면 20 μL의 WP를 플레이트로부터 취하여 0.5% 글루타르알데하이드를 포함하는 isoton II diluent 1 mL에 넣어 고정시킨다. 이 고정액에 단독으로 존재하는 혈소판의 수를 광학 현미경을 사용하여 센 후 다음과 같이 혈소판 응집 정도를 표현한다. 이때 전단응력을 가하지 않은 시료를 대조군으로 사용한다.

$$\text{혈소판 응집(\%)} = \left(1 - \frac{A}{A_0}\right) \times 100$$

A : 전단응력을 준 샘플에 존재하는 단독 혈소판 수

A_0 : 전단응력을 주지 않은 샘플에 존재하는 단독 혈소판 수

(5) 혈관 수축-이완 기능 평가법

쥐의 하행 흉부 대동맥을 적출하여 페닐에프린(phenylephrine)으로 수축을 유도하여, 수축 대비 이완율을 계산하는 방법이다. 혈관의 이완은 아세틸콜린(acetylcholine)을 추가적으로 가함으로써 유발할 수 있는데, 이때 페닐에프린에 의한 수축에 대한 이완율을 건강기능식품 후보 물질 처리군과 대조군에서 비교한다.

2) 동물 실험

5~8주령의 쥐에 효능을 관찰하고자 하는 물질을 사료에 혼합하여 섭취하도록 한다. 그 후 대조군과 고지혈 실험군의 혈장 혹은 혈청(EDTA/heparin), 간(간 무게 측정), 분변(3일간) 등에서 시료를 채취하여 고지혈 조절 관련 바이오마커인 혈중 지질 농도의 변화, 간조직 내의 지질 농도의 변화 및 간 기능 지표인 아스파트산 아미노기전달효소

(aspartat aminotransferase, AST)와 알라닌 아미노기전달효소(alanine aminotransferase, ALT)의 농도를 측정한다.

표 10-4 • 고지혈 조절 관련 표지자

<table>
<tr><th>측정 시료</th><th>바이오마커</th><th>분석 항목</th><th>분석 방법</th></tr>
<tr><td rowspan="2">혈액(지방)</td><td>필수
바이오마커</td><td>• 중성지방
• 총콜레스테롤
• 고밀도지단백 콜레스테롤
• 저밀도+초저밀도지단백 콜레스테롤</td><td>• 진단 키트
• 진단 키트
• 진단 키트
• 계산법</td></tr>
<tr><td>보조
바이오마커</td><td>• 유리콜레스테롤
• 콜레스테롤 에스터
• 유리지방산
• 인지질</td><td>• 진단 키트
• 진단 키트
• 진단 키트
• 진단 키트</td></tr>
<tr><td rowspan="2">간(지방)</td><td>필수
바이오마커</td><td>• 중성지방
• 총콜레스테롤
• 총지질</td><td>• 진단 키트
• 가스크로마토그래피
• Folch법에 의한 지질 추출 후 무게 측정</td></tr>
<tr><td>보조
바이오마커</td><td>• 유리콜레스테롤
• 콜레스테롤 에스터
• 인지질
• 유리지방산</td><td>• 진단 키트
• 진단 키트
• 가스크로마토그래피
• 진단 키트
• 진단 키트</td></tr>
<tr><td>간 독성</td><td>필수
바이오마커</td><td>• AST
• ALT
• 간 무게</td><td>• 진단 키트
• 진단 키트</td></tr>
</table>

표 10-5 • 고지혈 조절 관련 작용 메커니즘 규명을 위한 표지자

메커니즘	분석 항목	분석 방법
지질 대사 관련 효소 activity/gene expression	• HMG-CoA reductase • LCAT (Lecithin cholesterol acyltransferase • ACAT (Acyl-CoA:cholesterol acyltransferase) • LPL (Lipoprotein lipase) • 7α-하이드록시레이스(7α-hydroxylase) • CTEP(Cholesterol ester transfer protein)	• 동위원소 방법 • 동위원소 방법 • 동위원소 방법 • 동위원소 방법 • 동위원소 방법 • 동위원소 방법
feces sterol 배설량	• 중성 스테롤 • 산성 스테롤	• 가스크로마토그래피 • 효소법

3) 임상 시험

40~60세의 정상인 또는 고지혈 경계역에 있는 사람을 대상으로 하여 동물 실험에서 사용한 물질을 2~3개월간 투여한다. 위약군과 실험군의 혈청(EDTA/heparin) 또는 혈장과 대변에서 시료를 채취하고 대상자의 체위 측정(신장, 체중, BMI, 혈압, 혈중 지질 농도), 혈액학적·혈액생화학적 검사, 시기별 방문, 시험물질 순응도검사를 한다. 물질의 투여량 계산은 실험 식이의 단위열량당 기능성 식품 성분의 함량을 이용하여 환산하는 방법과 동물의 단위체중당 섭취량을 이용하여 환산하는 방법을 이용한다.

표 10-6 • 고지혈 조절 관련 표지자

측정 시료	바이오마커	분석 항목	분석 방법
혈액 • 혈청 • 혈장	필수 바이오마커	• 중성지방 • 총콜레스테롤 • 고밀도지단백 콜레스테롤 • 저밀도지단백 콜레스테롤	• 진단 키트 • 진단 키트 • 진단 키트 • 계산법
	보조 바이오마커	• 저밀도+초저밀도지단백 콜레스테롤 • 유리콜레스테롤 • 콜레스테롤 에스터 • 유리지방산 • 인지질 • Apo A_1 • Apo B	• 계산법 • 진단 키트 • 진단 키트 • 진단 키트 • 진단 키트 • 면역법 • 면역법
대변	필수 바이오마커	• 총지질 • 중성지방 • 중성 스테롤 • 산성 스테롤	• Folch법에 의한 지질 추출 후 무게 정량 • 진단 키트 • 가스크로마토그래피 • 가스크로마토그래피
간독성	보조 바이오마커	• AST • ALT	• 진단 키트 • 진단 키트

3. 고지혈증 개선 건강기능식품 및 효능[13]

1) 고시형 건강기능식품

(1) 오메가-3지방산

오메가-3지방산(omega-3 fatty acid)은 주로 등푸른생선이나 해산물, 플랑크톤, 연어, 식물성 기름 등에 포함되어 있으며, DHA(docosahexaenoic acid)와 EPA(eicosapentaenoic acid)가 대표적이다. 이 지방산은 신체의 성장과 발달에 필수적이지만 체내에서 합성이 되지 않아 외부로부터 섭취해야 하며, 일일 권장량은 0.6~1 g이다. 오메가-3지방산은 중성지방과 혈액 내 콜레스테롤 함량을 낮추고 혈전 형성을 억제하여 동맥경화증, 고혈압증, 심근경색증 등의 성인병을 예방하는 데 도움을 준다. 미국심장협회에서는 주 2회 이상 연어나 참치를 먹어 오메가-3지방산을 섭취하도록 권유한 바 있다.

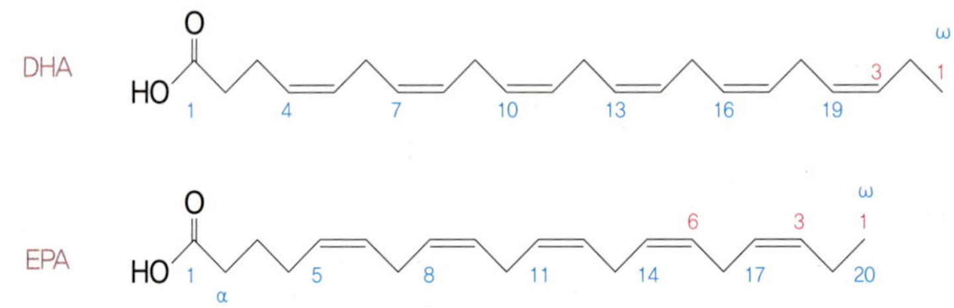

그림 10-7 • DHA와 EPA의 구조

(2) 감마리놀렌산

감마리놀렌산(γ-linolenic acid)은 오메가-6지방산의 일종으로, 체내에서 합성이 불가능하여 외부로부터 섭취해야 하는 필수지방산이다. 식물성 유지에 다량 포함되어 있고 천연에서는 달맞이꽃 종자유에서 최초로 발견되었다. 까막까치밥 종자유, 보라지(borage) 종자유 등에도 포함되어 있다. 감마리놀렌산은 혈중 HDL-콜레스테롤의 수치를 높이고 LDL-콜레스테롤의 수치를 낮추어 준다. 리놀레산 섭취 시 인체 내에서 효소의 촉매 작용을 받아 감마리놀렌산 → 다이호모감마리놀렌산(dihomogamma-linolenic acid) → 아라키돈산(arachidonic acid)으로 전환된다. 이들은 프로스타글란딘의 전구물질 역할을 하게 된다. 프로스타글란딘은 혈소판 응집 억제, 혈관 확장, 혈압 강하의 역할을 하는 등 체내에서 중요한 생리 활성을 가진다.

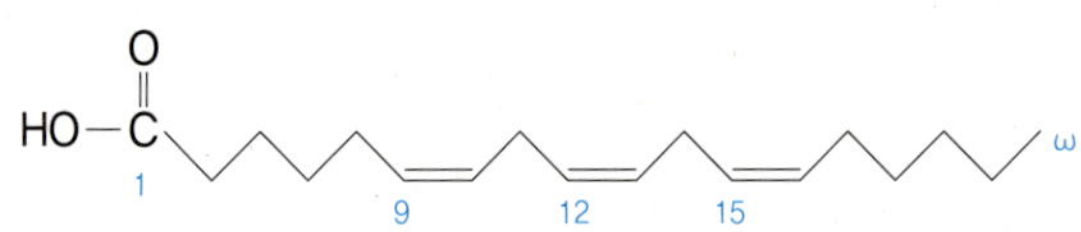

그림 10-8 • 감마리놀렌산의 구조

(3) 홍국쌀(紅麴-, Red Yeast Rice)

홍국은 쌀 등의 곡류에 홍국균(*Monascus anka, M. purpureus*)이 번식한 선홍색 누룩을 말하며, 예로부터 중국이나 타이완에서 식품으로 사용하였을 뿐만 아니라 한방의 생약으로도 이용되어 왔다. 홍국균은 분류학상 반자낭균류(hemiascomycetes) 홍국균속(*Monascus*)에 속한다. 홍국균이 자라면서 붉은 색소를 생산하기 때문에, 표면이 붉은색을 띠는 쌀이 만들어진다. 이시진의 『본초강목』(1590년)에는 "홍국이 내장을 강하게 하여 위를 상쾌하게 하고 소화를 도와 혈액 순환을 좋게 하며, 타박상을 치료하고 부인병을 개선한다"고 소개되어 있다. 『동의보감(東醫寶鑑)』에 따르면 "홍국은 피를 잘 돌게 하고 음식이 소화되게 하며 이질을 멎게 하는 신국(神麴)"이라고 기록되어 있다.

그림 10-9 • 홍국

사진 자료: ㈜한스바이오

홍국의 주요 2차 대사산물인 모나콜린-K(monacolin-K)는 혈중 콜레스테롤 생합성효소인 HMG-CoA 환원효소와 결합하여 활성을 억제함으로써 고지혈증 등을 예방하는 데 도움을 준다. 하루 섭취량은 4~8 mg이다.

그림 10-10 • 홍국쌀 배양 과정

사진 자료 : ㈜한스바이오

(4) 레시틴

레시틴은 질소와 인을 함유한 지질로 물과 유지의 혼합물을 안정화시켜 주는 유화제로 널리 사용된다. 달걀노른자, 대두, 간, 뇌 등에 함유된 레시틴은 체내에 쌓여 있는 지방을 없애고 단백질의 포만감을 더 크게 한다. 레시틴 섭취 시 혈중 총콜레스테롤 및 LDL-콜레스테롤 수치가 유의적으로 감소한다. 또한 HDL-콜레스테롤 수치를 높이고 간으로 반송시키는 효소의 활성을 줄임으로써 콜레스테롤 개선의 기능성이 인정되었다. 레시틴의 하루 섭취량은 1.2~18 g이다.

그림 10-11 • 레시틴 함유 식품인 대두, 난황

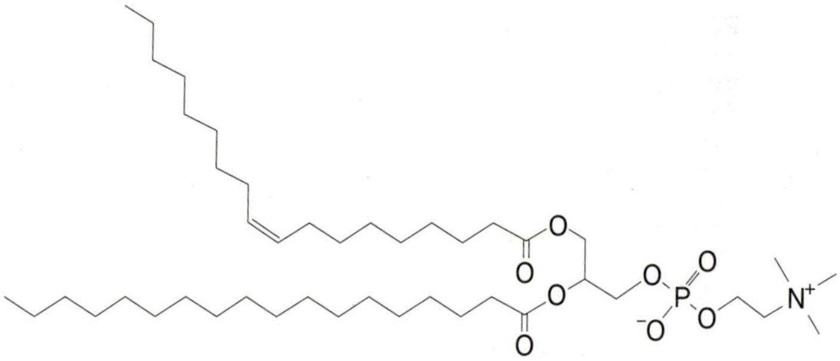

그림 10-12 • 레시틴의 구조

(5) 키토산/키토올리고당

키토산은 게, 새우 등 갑각류의 껍질 또는 오징어, 갑오징어 등 연체류의 뼈를 분쇄, 탈단백, 탈염화한 키틴을 탈아세틸화하여 얻는다. 키토산은 담즙산의 분비를 증가시켜 콜레스테롤의 농도를 감소시키는 효능을 나타낸다. 체내에서 십이지장을 통과한 키토산은 지방산 및 콜레스테롤과 결합하여 위장 내 지질 흡수를 감소시켜 분변으로의 지방 배설을 증가시킨다는 보고도 있다. 키토산의 섭취가 총콜레스테롤 및 LDL-콜레스테롤을 유의적으로 감소시킨다는 보고가 많이 있으나 일부 반건강인을 포함한 건강한 사

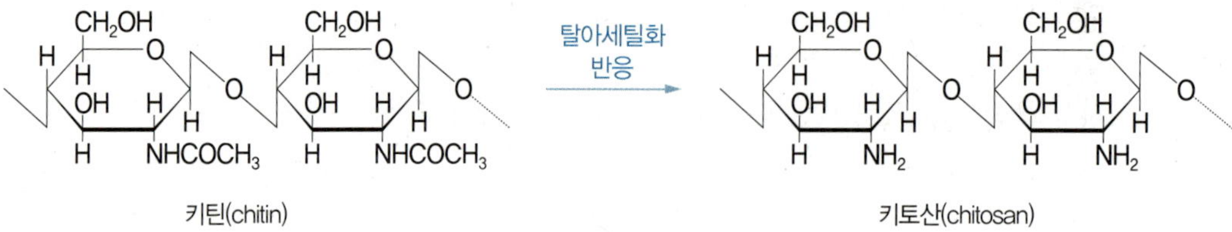

그림 10-13 • 키토산의 생성 과정

람을 대상으로 한 시험에서는 유의적 결과를 얻지 못하기도 하였다. 하루 섭취량은 기능성이 확인된 인체 적용 시험에서의 섭취량을 고려하여, 키토산 및 키토산을 효소 처리하여 만들어지는 키토올리고당의 합으로 1.2~4.5 g이다.

(6) 스피루리나

스피루리나는 남조류의 일종으로 카로티노이드 등의 색소와 리놀렌산 등의 필수지방산이 풍부하다. 스피루리나에는 49종의 영양소가 함유되어 있고 이 영양소가 체내의 비율과 유사하게 구성되어 있어 인체 섭취 시 95% 이상 소화가 가능하다. 스피루리나는 혈중 콜레스테롤 수치 개선과 면역 조절에 도움을 줄 수 있다는 내용으로 기능성을 인정받았으며, 인정 등급은 '생리활성기능 2등급'에 해당한다. 콜레스테롤 개선을 위한 하루 섭취량은 스피루리나 원말로 4~8 g이다.

2) 개별인정형 건강기능식품

(1) 알로에 추출물

알로에는 백합과의 여러해살이 다육식물이며, 중동, 마다가스카르, 아프리카 남부가 원산지로 약 200여 종류가 있다. 알로에 추출물은 알로에 착즙액을 60°C로 가열하여 주정추출한 후 여과 및 감압 농축하여 만든다. 지표 성분은 베타-시토스테롤(β-sitosterol)이고, 그 함량은 4% 이상 정도로 표준화한다. 알로에 추출물은 동물 실험에서 총콜레스테롤, 중성지방, HDL-콜레스테롤 수치를 유의적으로 향상시켰다. 그러나 이 기능성이 임상 시험을 통하여 확인되지는 않았으므로 "혈중 콜레스테롤 수준의 개선에 도움을 줄 수 있으나 아직은 과학적 근거가 부족합니다"로 기능성을 인정받았다. 인정 등급은 '생리활성기능 3등급'에 해당하며, 안전성과 기능성을 고려한 알로에 추출물 분말의 하루 섭취량은 210~4,200 mg(베타-시토스테롤로서 8.4~168 mg)이다.

그림 10-14 • 알로에

(2) 알로에 복합추출물

알로에 복합추출물은 알로에 착즙액을 60°C로 가열하여 주정추출한 후 여과 및 감압 농축하여 만들어진 분말에 홍국을 혼합하여 만든다. 지표 성분은 베타-시토스테롤과 모나콜린-K이고, 그 함량은 각각 2%, 0.7% 이상 정도로 표준화한다. 동물 실험에서 총콜레스테롤과 중성지방, HDL-콜레스테롤 수치가 유의적으로 향상되는 것이 확인되었으나, 임상 시험 결과가 없어서 "혈중 콜레스테롤 수준의 개선에 도움을 줄 수도 있으나 아직은 과학적 근거가 부족합니다"로 기능성을 인정받았다. 인정 등급은 '생리활성기능 3등급'에 해당하며, 안전성과 기능성을 고려한 하루 섭취량은 알로에 복합추출물로 420~1680 mg이다.

(3) 사탕수수 왁스알코올

사탕수수(*Saccharum officinarum* L.)는 벼과 개사탕수수속의 외떡잎식물로, 당분이 많이 함유되어 있어 설탕을 만드는 재료로 쓰인다. 한의학에서는 사탕수수가 폐와 대장의 기능을 좋게 하고, 주성분인 감완은 숙취, 딸국질, 피로를 없애는 데에 도움이 된다고 알려져 있다. 지표 성분인 폴리코사놀은 HMG-CoA 환원효소에 영향을 주어 아세트산에서 메발론산을 합성하는 과정을 억제하여 체내 콜레스테롤 합성을 저해한다.

사탕수수 왁스알코올은 사탕수수의 잎과 줄기를 압착한 후 아세톤, 에탄올, 헥산으로 추출하여 만든다. 시험관 내 실험과 동물 실험을 통해 사탕수수 왁스알코올이 HMG-CoA 환원효소를 감소시키는 것을 확인하였다. 또한 임상 시험을 통해 콜레스테롤이 약간 높은 사람의 혈액 중 총콜레스테롤과 저밀도지단백(LDL)을 줄이고, 고밀도지단백(HDL)을 증가시키는 것이 확인되어 "높은 혈중 콜레스테롤 수치의 개선에 도움이 됩니다"로 기능성을 인정받았다. 기반 연구와 인체 적용 연구가 충분하고 그 결과가 일관성을 보이므로 인정 등급은 '생리활성기능 1등급'에 해당한다. 안전성과 기능성을 확보할 수 있는 하루 섭취량은 사탕수수 왁스알코올로 5~20 mg이다.

(4) 대나무잎 추출물

대나무잎은 한방에서도 오래전부터 사용되어 온 약재로 고대 문헌『신농본초경』에 해소와 상기, 종양, 해열에 효과가 있다고 소개되어 있으며,『동의보감』에는 뇌졸중과 심신 안정에 효능이 있다고 수록되어 있다. 특히 염증 치료에 많이 이용되어 왔고, 중국과 일본에서도 민간 치료제로 사용되어 왔다. 이러한 효능을 가진 대나무잎 추출물은 각종 아미노산(아스파라긴산, 프로인)과 비타민류(비타민 B_1, B_2, B_6, B_{12}, 비타민 C, K_1) 등이 함유되어 있으며 미네랄(칼슘, 칼륨, 마그네슘 등) 또한 다량 포함되어 있다. 대나무잎 추출물은 대나무잎을 주정으로 추출하여 농축해서 만든다. 지표 성분으로 트리신(tricin)과 파라-쿠마르산(ρ-coumaric acid)을 설정하였으며, 각각 0.1~0.3%, 0.3~1% 정도로 표준화한다.

대나무잎 추출물은 시험관 내 실험과 동물 실험을 통해 혈중 콜레스테롤과 중성지방을 감소시키고, 여러 항산화 지표를 개선하는 것이 확인되었다. 하지만 임상 시험을 통한 기능성을 확인하지 못하였기 때문에 "혈중 콜레스테롤 및 지질 조절, 항산화 효과에 도움을 줄 수 있으나 임상 시험을 통한 확인이 필요합니다"로 기능성을 인정받았다. 인정 등급은 '생리활성기능 3등급'에 해당한다.

그림 10-15 • 대나무잎

(5) 식물스타놀에스테르

식물스타놀에스테르는 대두유를 생산하는 과정에서 만들어지는 식물스테롤을 원재료로 사용하여 수소화와 에스테르화를 거쳐 만든다. 지표 성분은 시토스타놀(sito-stanol)과 캄페스타놀(campestanol)이며, 두 성분의 합이 55% 이상 되도록 표준화한다. 식물스타놀에스테르는 물리화학적 측면에서 콜레스테롤과 유사하기 때문에 함께 결정체를 이루게 되므로 두 물질의 흡수율이 낮아질 수 있다. 또한 체내 콜레스테롤 운반체인 지단백에 대해 경쟁적으로 작용하여 장을 통한 콜레스테롤의 흡수를 낮춘다는 보고도 있다. 실제로 비만인 또는 혈청 콜레스테롤 수준이 높아 걱정하는 성인을 대상으로 식물스타놀에스테르의 보충 효과를 비교한 연구에서 식물스타놀에스테르 보충은 혈액 중 총콜레스테롤과 LDL-콜레스테롤 수준을 유의하게 낮출 수 있음이 확인되었지만, HDL-콜레스테롤 수준에는 변화를 주지 못하였다. 따라서 "혈중 콜레스테롤 수준을 건강하게 유지하는 데 도움을 줄 수 있습니다"로 기능성을 인정받았고, 기반 연구와 인체 적용 연구가 충분하고, 그 결과가 일관성을 보이므로 인정 등급은 '생리활성기능 1등급'에 해당한다. 하루 섭취량은 식물스타놀에스테르로 3.4 g이다.

(6) 아마인

아마인은 열 처리한 아마(*Linum usitatissimum*, Linne) 씨를 분쇄하여 만든다. 지표 성분은 알파-리놀렌산, 식이섬유, 리그난으로 100 g당 각각 23 g, 28 g, 1.2~2.3 g으로 표준화한다. 아마인의 작용 메커니즘은 명확하지 않으나, 동물 실험 결과에서 아마인의 섭취는 혈중 총콜레스테롤과 LDL-콜레스테롤 수준을 유의하게 낮출 수 있는 것으로 확인되었다. 실제로 혈청 콜레스테롤 수치가 높은 폐경기 여성(약 200 mg/dL)을 대상으로 아마인 보충 효과를 연구한 결과, 혈액 중 총콜레스테롤 수준을 유의하게 낮추는 것으로 확인되었다. 그러나 LDL-콜레스테롤 수준은 낮추고 HDL-콜레스테롤 수준은 높이는지에 대해서는 일관성 있는 결과를 도출하지 못하였다. 따라서 "혈중 콜레스테롤 수준을 건강하게 유지하는 데 도움을 줄 수 있습니다"로 기능성을 인정받았으며, 인정 등급은 '생리활성기능 2등급'에 해당한다. 안전성과 기능성을 확보할 수 있는 하루 섭취량은 아마인 50 g이다.

(7) 보이차 추출물

보이차(普洱茶)는 중국 윈난성 남부 지방에서 생산되는 발효차의 일종이다. 독특한 향과 색을 가지고 있으며 약용으로도 널리 쓰인다. 천연 사포닌과 미네랄을 풍부하게 포함하며, 지방 분해 작용이 있기 때문에 기름진 중국 음식을 먹은 후에 마시면 좋다. 이 외에도 소화 촉진, 정장 작용, 숙취 해소, 혈당 유지, 혈액 순환 촉진에 효과가 있다고 보고되었다. 또한 면역력 강화 효과와 노화 예방, 암 예방, 치아를 강하게 하는 효과도 있다고 한다. 보이차 추출물은 "혈중 콜레스테롤 개선에 도움을 줄 수 있습니다"로 기능성을 인정받았으며, 인정 등급은 '생리활성기능 2등급'에 해당한다. 하루 섭취량은 보이차 추출물로 1 g이다.

(8) 보리 베타-글루칸 추출물

곡류에는 수용성 식이섬유에 베타-글루칸(β-glucan)이 존재하며, 보리가 대표적인 함유 식품으로 대략 3% 정도 함유되어 있다. 베타-글루칸은 다당류의 일종으로, 기존에는 인간 정상 세포조직의 면역 기능을 활성화시켜 암세포의 증식과 재발을 억제하고, 인터루킨(interleukin), 인터페론(interferon)의 생성을 촉진함으써 면역세포의 기능을 활발하게 한다는 보고가 많았다. 이 효능과 더불어 보리 및 보리의 식이섬유인 베타-글루칸 섭취가 콜레스테롤을 저하시키고 간의 지질 침착을 억제하는 효과가 있는 것으

그림 10-16 • 보이차

그림 10-17 • 보리

로 나타났다. 보리 베타-글루칸 추출물은 "혈중 콜레스테롤 개선에 도움을 줄 수 있습니다"로 기능성을 인정받았으며, 인정 등급은 '생리활성기능 2등급'에 해당한다. 하루 섭취량은 베타-글루칸으로 3~8 g이다.

(9) 씨폴리놀 감태 주정추출물

감태(*Ecklonia cava* Kjellman)는 갈조식물문(Phaeophyta), 다시마목(Laminariales)에 속하는 해조류이며, 매우 떫은맛을 가져 미역과 다시마 같은 갈조 해조류만큼 식용으로 사용되지는 않는다. 그러나 폴리페놀 함량이 높아 기능성 식품으로 사용 가능하다. 감태를 수확해 해조 가공으로 처리할 때 줄기와 뿌리를 제외한 잎 부분만 사용하고 있다. 씨폴리놀 감태 주정추출물은 혈중 콜레스테롤 수치를 낮추는 효능으로 혈중 콜레스테롤 개선 기능성 원료로 인정받았다. 지표 성분은 다이에콜(dieckol)이며, 하루 섭취량은 72~360 mg을 권장하고 있다. 그러나 씨폴리놀 감태 주정추출물은 요오드 함량이 높은 식품이므로 갑상선 질환 등이 있는 사람은 섭취에 주의해야 하며, 임산부, 수유부 및 12세 이하 어린이도 섭취 시에 주의가 필요하다.

(10) 적포도 발효농축액

적포도 발효농축액은 레드와인에서 추출한 폴리페놀만을 농축해서 만든 원료이며, 혈중 콜레스테롤 개선 도움을 인정받았다. 지표 성분은 총폴리페놀과 카테킨이며, 하루 섭취량은 24 mL이다. 유아, 어린이, 임산부 등 철의 필요량이 증가하는 연령층은 섭취에 주의해야 한다.

(11) 창녕양파 추출액

한국의 양파 재배지인 경남 창녕군에서 생산된 양파 추출액이 혈중 콜레스테롤 개선 기능성 원료로 인정을 받았다. 콜레스테롤 수치가 높은 사람들을 대상으로 양파 추출물과 위약을 두 달 반 동안 섭취하도록 한 인체 적용 시험에서 양파 추출물을 섭취한 그룹에서 총콜레스테롤이 약 9% 감소하였다. 지표 성분은 퀘르세틴(quercetin)이며, 하루 섭취량은 150 mL이다.

표 10-7 • 고지혈증 개선 관련 고시형 건강기능식품의 분류[14]

원료명	기능(지표) 성분	인정등급
오메가-3 지방산	DHA와 EPA의 합	생리활성기능 2등급
감마리놀렌산	감마리놀렌산	생리활성기능 2등급
홍국쌀	Total monacolin K, 활성형 monacolin K	생리활성기능 2등급
레시틴	인지질 또는 포스파티딜콜린	생리활성기능 2등급
키토산/키토올리고당	키토산/ 키토올리고당	생리활성기능 2등급
스피루리나	Phycocyanin	생리활성기능 2등급

표 10-8 • 고지혈증 개선 관련 개별인정형 건강기능식품의 분류[14]

원료명	기능(지표) 성분	인정등급
알로에 추출물	β-sitosterol	생리활성기능 3등급
알로에 복합추출물	β-sitosterol, Monacolin K	생리활성기능 3등급
사탕수수 왁스알코올	Policosanol	생리활성기능 1등급
대나무잎 추출물	Tricin, p-coumaric acid	생리활성기능 3등급
식물스타놀에스테르	식물스타놀에스테르 sitostanol과 campestanol의 합, 유리스테롤	생리활성기능 2등급
아마인	α-linolenic acid, 총 식이섬유, Lignan	생리활성기능 2등급
보이차 추출물	Gallic acid	생리활성기능 2등급
보리 베타글루칸 추출물	β-glucan	생리활성기능 2등급
씨폴리놀 감태 주정추출물	Dieckol	생리활성기능 2등급
적포도 발효농축액	총 폴리페놀, 카테킨	생리활성기능 2등급
창녕양파 추출액	Quercetin	생리활성기능 2등급

제2절 동맥경화 개선

1. 동맥경화의 정의 및 개요[10, 15]

1) 죽상경화증

죽상경화증은 혈관의 가장 안쪽 막인 내막에 국소적으로 콜레스테롤이 침착하고 세포가 증식하여 '죽종(죽상종, atheroma)'이 형성되는 혈관 질환으로, 혈관의 내면이 거칠어지고 혈관 벽이 두꺼워지면서 내경이 좁아져 말초 혈액 순환에 장애를 초래한다. 죽종은 죽과 같은 양상의 물러진 내부와 그 주위에 단단한 섬유성 막인 '경화반'으로 둘러싸인 외부막이 있는데, 이 경화반이 파열되어 불안정해지면 혈관 내부에 혈전이 발생하고 죽종 내부로 출혈이 일어나서 혈관 내경이 급격히 좁아지거나 막히게 된다. 이와 같은 현상은 심장에 혈액을 공급하는 관상동맥부터 경동맥, 신장동맥 및 말초혈관에까지 침범하여 협심증이나 심근경색 등의 허혈성 심장 질환을 유발하고, 뇌에 필요한 혈액을 공급하는 뇌동맥을 막아서 뇌경색, 뇌출혈, 뇌졸중, 신부전, 허혈성 사지 질환을 유발할 수 있다.

현재 죽상경화증의 발생 과정에 대한 많은 연구가 진행되고 있으며, 그중 손상에 의한 반응설(response to injury)이 가장 유력한 설로 인정되고 있다. 그 밖에 다른 가설들을 요약하면 죽상경화증 초기단계에서 내피세포의 손상 혹은 혈관 내막의 변성에 의해 내막에 LDL-콜레스테롤이 축적되면서 산화되는데, 이로 인해 생성되는 산화 LDL-콜레스테롤에 의해 염증세포가 내막에 침투하여 내막에 성장 인자 및 사이토카인이 풍부해져서 평활근세포가 증식함에 따라 동맥경화가 진행된다는 것이다.

2) 동맥경화

동맥경화(arteriosclerosis)는 혈관 중간층인 중막에 광범위한 퇴행성 변화가 나타나서 섬유화가 진행되고 혈관의 탄성이 줄어들어 수축기 혈압이 올라가 심장의 근육이 두꺼워지는 심비대 현상이 유발되는 일종의 노화 현상으로, 최근에는 '죽상 동맥경화'라고

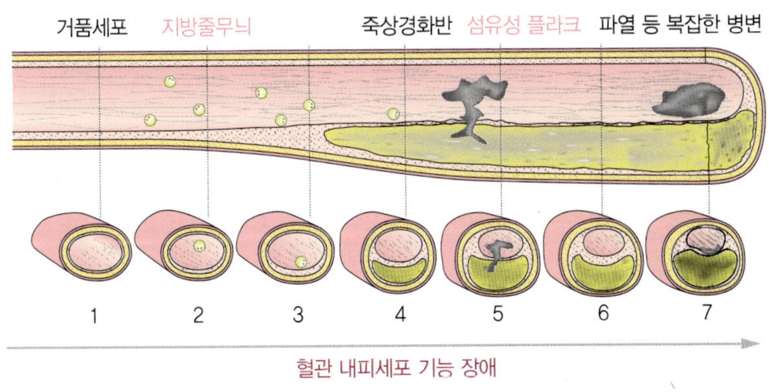

그림 10-18 • 죽상 동맥경화 진행 단계

하여 두 가지 용어를 혼합하여 사용하기도 한다.

3) 발생 원인

동맥경화 발생의 주요 원인으로는 고혈압, 흡연, 고콜레스테롤혈증, 낮은 HDL-콜레스테롤, 당뇨, 가족력, 연령 증가가 있고, 운동 부족 및 비만이 간접적인 원인으로 작용한다.

(1) 고콜레스테롤혈증

혈중 콜레스테롤의 농도가 높아질수록 동맥경화의 발병률이 증가하는데, 특히 고콜레스테롤혈증을 나타내는 사람이 흡연을 하거나 고혈압, 당뇨병 등이 합병되는 경우에는 진행이 더욱 빨라진다.

(2) 낮은 HDL-콜레스테롤

HDL은 콜레스테롤을 역수송하는 작용을 하여 말초조직에서 간으로 콜레스테롤을 운반하여 동맥혈관 벽의 콜레스테롤 침착을 억제하며, HDL에 결합되어 있는 항산화효소

표 10-9 • 고지혈증에 따른 관상동맥 질환의 위험도

지질	수치	해석
저밀도지단백 콜레스테롤 (LDL-cholesterol, mg/dL)	<100	이상적(optimal)
	100~129	거의 이상적(near optimal/above optimal)
	130~159	약간 높음(borderline high)
	160~189	약간 높음(borderline high)
	≥190	매우 높음(very high)
총콜레스테롤 (total cholesterol, mg/dL)	<200	바람직함(desirable)
	200~239	약간 높음(borderline high)
	≥240	높음(high)
고밀도지단백 콜레스테롤 (HDL-cholesterol, mg/dL)	<40	낮음(low)
	≥ 60	높음(high)
중성지방 (triglyceride, mg/dL)	<150	정상(normal)
	150~199	약간 높음(borderline high)
	200~499	높음(high)
	≥500	매우 높음(very high)

(paraoxonase)는 혈관 벽의 LDL의 산화 억제 기능을 한다. 또한 혈소판 활성 인자 아세틸하이드로레이스(platelet activating factor acetylhydrolase, PAF/AH)는 산화된 LDL을 분해하여 제거한다. 즉 HDL-콜레스테롤 수치가 낮은 경우 동맥경화의 발병률이 증가한다.

(3) 높은 LDL-콜레스테롤

LDL은 간이나 말초조직으로 콜레스테롤을 수송하는 기능을 한다. 또한 지질단백질 중 산화에 대해서 가장 민감하며, LDL이 산화되거나 혈관 벽에 침착하게 되면 동맥경화를 유발하는 원인이 된다. 이 수치가 높은 경우에는 심혈관 질환의 주요 발병 원인으로 작용한다.

(4) 고혈압

고혈압의 경우 혈압이 높을수록 심혈관 질환 발생 위험이 증가한다. 최근 발표에 따르면 정상 혈압은 120/80 mmHg 미만, 고혈압은 140/90 mmHg 이상이고, 120/80~139/89 mmHg인 경우 고혈압이 될 가능성은 2배 정도 더 높다.

혈관 벽이 지속적인 고혈압으로 물리적 압박을 받으면 혈중 LDL이 침투, 침착함에 따라 동맥경화가 촉진된다. 고혈압과 동맥경화가 진행되면 혈액 순환이 어려워져 혈류 흐름이 방해되어 좌심실에 부담이 커지고 심비대와 심부전을 일으키며, 관상동맥을 막아서 협심증을 유발하기도 한다.

(5) 흡연

흡연을 통해서 니코틴, 일산화탄소, 타르 등 위해한 물질을 포함한 4,000개 이상의 화학물질이 사람 체내로 흡입된다. 이로 인해 혈관 내벽이 손상될 뿐만 아니라 콜레스테롤과 불순물, 혈전 등이 침착되어 동맥이 좁아지고 경화된다. 또한 흡연은 혈관을 수축하여 혈압 상승을 유도하고, 심장 박동수를 증가시켜 심장 근육에 부담을 준다.

2. 기능성 평가 방법[10]

1) 시험관 내 실험

(1) 혈소판 응집 억제 평가

혈소판은 트롬빈(thrombin), 콜라겐, 세로토닌, ADP, PAF 등과 같은 작용물질(agonists)에 의해 자극되면 응집이 일어나게 되는데, 이런 혈소판이 과다하게 응집하면 혈류의 흐름에 장애를 유발한다. 실험관 내 실험에서는 응집측정기(aggregometer)를 사용하여 빛 투과의 변화를 측정함으로써 평가가 가능하고, 혈소판을 통해서 혈소판이 다량 함유된 혈장(PRP)이나 세척 혈소판(WP)을 조제한 뒤 실험할 수 있다. 또한 동물 실험과 비슷한 시험계인 혈소판이 다량 함유된 혈장(PRP)과 다른 영향 없이 혈소판에 대한 영향만 측정 가능한 세척 혈소판(WP)을 이용하여 실험할 수 있다.

혈소판이 다량 함유된 혈장(PRP)과 세척 혈소판(WP)의 빛 투과도를 0%, 혈소판이 소량 함유된 혈장(platelet poor plasma, PPP)과 부유용액(suspension buffer)의 빛 투과도를 100%로 하여 응집하는 정도에 따른 빛 투과도를 측정한다.

(2) 혈액 응고 억제 평가

혈액 응고는 다양한 효소원인 응집 인자(coagulation factor)들이 연속으로 활성화되어 마지막에 섬유소원을 섬유소로 변화시켜 혈전(blood clot)를 만드는 과정이다. 이 과정은 밀착 시스템(contact system)이라 불리는 내인성 경로(intrinsic pathway)와, 조직 인자(tissue factor)에 의한 활성화를 시작으로 하는 외인성 경로(extrinsic pathway)로 나뉘어 진행된다. 이 중에서 프로트롬빈(prothrombin)이 트롬빈으로 변환되는 과정과 섬유소원이 섬유소로 변환되는 과정은 동일하다. 프로트롬빈 시간(PT)과 활성화 부분 트롬보플라스틴 시간(aPTT)을 이용하여 건강기능식품의 응고 연쇄 반응이나 외인성 경로 또는 내인성 경로에 얼마나 영향을 주는지를 평가할 수 있다.

(3) 적혈구 혈액 응고 유도물질 활성 측정법

적혈구 혈액 응고 유도물질 활성은 적혈구 막을 구성하는 인지질(phospholipid)의 포스파티딜세린의 노출 정도를 측정하여 알 수 있다. 적혈구의 막 외부에는 스핑고마이엘린, 포스파티딜콜린이 존재하고 막 내부에는 포스파티딜세린과 포스파티딜이노시톨이 존재하여, 적혈구가 자극을 받으면 포스파티딜세린이 노출되고 이로 인해 응집 반응이 증폭된다. 아넥신-V(annexin-V)가 포스파티딜세린에 결합하는 능력을 이용하여 검출이 가능하다.

(4) 전단응력로 인한 혈소판, 적혈구 활성화 평가법

현재까지 전단응력에 의한 세포의 활성화에 대해서 연구하기 위해 많은 실험계가 개발되어 왔다. 세포 현탁액의 경우는 대표적으로 점도계(viscometer)를 이용하는데, 크게 콘-플레이트 점도계와 쿠에트회전 점도계로 나뉜다. 이 기계들은 일정하고 균등한 전단응력을 가하고, 그로 인한 적혈구와 혈소판의 활성화를 측정하여 평가한다. 콘-플레이트 점도계는 플레이트를 고정시키고 그 위에 시료를 놓은 후 플레이트의 중심에 콘의 중심이 오게 위치시킨 후 콘을 회전시켜서 전단응력을 가한다. 반면에 쿠에트회전 점도계는 실린더 안에 밥(bob)을 고정시키고 그 사이에 시료를 주입하여 실린더를 회전시켜서 시료에 전단응력을 가하는 기계이다. 콘-플레이트 점도계의 경우 콘과 플레이트 사이에 재빨리 시료를 취할 수 있고, 상대적으로 적은 양의 시료도 적용할 수 있는 장점이 있어서 널리 사용된다.

2) 동물 실험 및 임상 시험

동물 실험이나 혹은 사람을 대상으로 하여 혈전 생성 시간을 평가하는 방법을 사용할 수 있다. 혈전은 생성 부위에 따라 구성이 다른데 동맥 혈전의 경우 혈소판이 가장 많고, 정맥 혈전에는 섬유소괴(fibrin clot)와 적혈구의 분포가 좀 더 높다.

혈소판 감소증(thrombocytopenia) 상태에서 혈행 개선 기능성 식품의 섭취로 정맥 혈전 생성을 줄이고, 혈소판 응집 억제제의 작용으로 정맥에서 혈전 생성이 억제될 수 있다는 보고가 있다. 동맥경화 개선을 확인하는 방법은 혈전을 유발한 동물 모델이 널리 사용되고 있다. 여과지를 이용하여 혈관을 폐쇄하고 생체 내로 혈관을 통해 $FeCl_2$를 주입하면 일정 기간이 지나 혈전이 생성된다. 혈전이 생성되는 시간을 늦추거나 형성된 혈전의 크기가 줄어드는 것을 관찰함으로써 시험물질의 동맥 경화 개선 효능을 판단할 수 있다.

3. 동맥경화 개선 건강기능식품 및 효능[10, 13]

1) 고시형 건강기능식품

(1) DHA 농축유지

DHA와 EPA는 오메가-3지방산(불포화지방산)의 일종이며, 체내에서 특히 뇌와 신경조직에 많이 분포되어 있는 필수지방산이다. 이 지방산들은 신체의 성장과 발달에 필수적이며, 체내에서 리놀렌산으로부터 합성되지만 효율이 매우 낮아서 대부분 식품으로 섭취해야 한다. DHA와 EPA는 식물성 플랑크톤과 해조류에 많이 포함되어 있고 이들을 먹이로 하는 고

그림 10-19 • DHA, EPA 함유 식품인 꽁치

등어, 청어와 같은 등푸른생선이나 참치, 정어리, 연어 등의 어류에 많이 축적되어 있어서 주로 이들에서 채취한 DHA/EPA 함유 유지를 정제하여 이용한다.

DHA/EPA는 중성지방과 혈액 내 콜레스테롤 함량을 낮추는 기능이 있으며 또한 비정상적으로 혈액이 응고되는 것을 억제하여 동맥경화, 고혈압, 심근경색증 등의 성인병에 도움이 된다. 하루 섭취 권장량은 0.5~2 g 정도이며, 미국심장협회에서는 최소한 주 2회 정도 참치나 연어의 섭취를 권장한 바 있다. 하지만 과도하게 섭취하면 해가 될 수 있으며, 지혈을 억제하는 효과가 있기 때문에 수술 전에는 섭취하지 않도록 주의해야 한다. 마찬가지로 항혈액 응고제, 비스테로이드성 진통제와 함께 섭취하면 안 되고, 혈압 저하제와 함께 복용할 경우에는 혈압 저하가 심하게 일어날 수 있으므로 주의가 필요하다.

(2) 감마리놀렌산

감마리놀렌산은 오메가-6지방산(불포화지방산)이며 체내에서 합성이 불가능한 필수지방산으로 외부로부터 섭취해야 한다. 주로 식물의 종자유에 함유되어 있으며, 이 지방산은 혈중 HDL-콜레스테롤 수치를 높이고 총콜레스테롤과 LDL-콜레스테롤의 수치를 낮춰서 혈액이 원활하게 흐르도록 돕는다. 감마리놀렌산은 리놀레산을 섭취하면 체내에서 효소에 의해 전환되어 생긴다. 그 후에 다이호모감마리놀렌산이 생기게 되면 아라키돈산으로 전환되는데, 전환되는 곳에서 혈소판 응집 억제, 혈관 확장, 혈압 강하 등 역할을 하는 프로스타글란딘이 합성된다. 프로스타글란딘의 하루 권장 섭취량은 240~300 mg 정도이며, 과다 복용을 하거나 항응고제 및 항혈소판제 등 혈전을 저해하는 약품 등을 복용하는 경우 출혈이 발생하면 지혈에 문제를 일으킬 수 있으므로 주의하여야 한다.

(3) 영지버섯 자실체 추출물

영지는 주로 건조 자실체나 액체 균사 배양액에서 분리되는 베타-D-글루칸(β-D-glucan)의 형태를 가진 다당류를 가진다. 불로초나 만년버섯이라 불리기도 하며 북미, 아시아, 태평양 연안, 그리고 유럽의 온대 지역 등 북반구 온대 지역에 광범위하게 분포하는 것으로 알려져 있다.

그림 10-20 • 영지버섯

영지버섯의 자실체 추출물은 자실체를 열수추출한 뒤에 여과, 농축하여 만드는데 여기에 베타-글루칸이 1% 이상 포함되어 있어야 한다. 이 자실체 추출물은 파종성 혈관 내 응고(disseminated intravascular coagulation, DIC)가 생

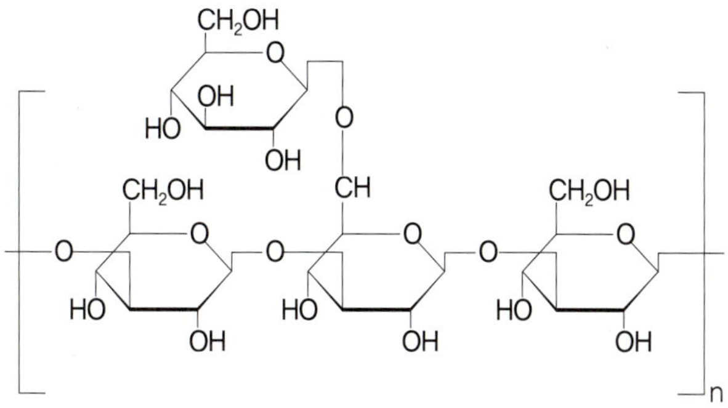

그림 10-21 • 베타-D-글루칸의 구조

긴 경우에는 프로트롬빈 시간(PT)을 증가시키고, 고지혈증이 생긴 경우에는 혈전 형성을 막고 혈중에 있는 콜레스테롤 수치를 낮추어 주며, 그 밖에도 혈중 HDL-콜레스테롤의 증가와, 혈압은 낮추고 중성지방을 줄여 주는 효과가 있다. 영지버섯 자실체의 하루 섭취 권장량은 3 g이며, 베타-글루칸은 24~42 mg이다.

(4) 홍삼(홍삼농축액)

홍삼은 면역력을 증진시키고 혈소판의 응집을 억제하며 피로 회복에 효과가 있다고 알려져 있으며, 인삼을 원재료로 한 말리지 않은 수삼을 증기 등으로 삶아 익힌 후에 말려서 만든다. 홍삼 추출물 처리 시 농도 의존적으로 혈소판의 응집물질을 억제하지만 활성화 부분 트롬보플라스틴 시간(aPTT)과 프로트롬빈 시간(PT)에는 영향을 주지 않기 때문에 혈액 응고 인자에 작용하는 것이 아니라 혈소판의 응집 자체를 억제하는 것으로 알려져 있다.

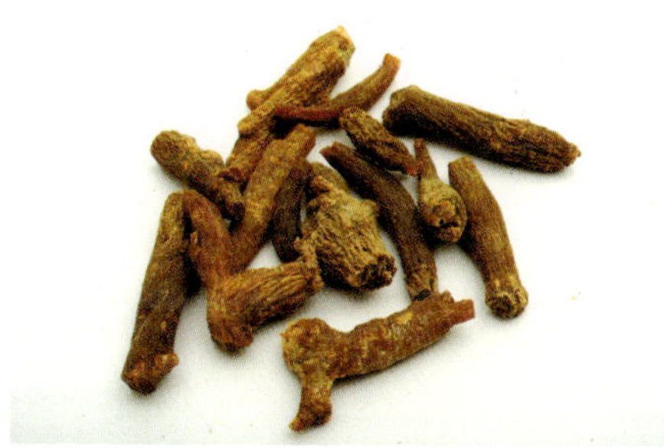

그림 10-22 • 홍삼

홍삼의 하루 섭취 권장량은 홍삼 추출물로 3 g이고, Rb1과 Rg1을 합해서 2.4~23 mg이지만, 홍삼의 섭취로 인해서 두통, 불면증 또는 혈압 상승이 발생할 수 있으므로 땀의 배출, 배변 등이 원활하지 않거나 고열 및 수축기 혈압이 180 mmHg 이상으로 고혈압이 있는 경우에는 섭취를 하지 않는 것이 좋다.

(5) 은행잎 추출물

은행잎 추출물을 물 또는 에탄올로 추출한 원료이다. 은행잎 추출물은 말초혈관 확장 및 혈액 순환 촉진, 혈관의 저항 감소 및 콜레스테롤 감소, 뇌혈류량 증가 등의 혈행 조절 메커니즘을 가진다. 동맥경화 개선 건강기능식품 원료로서 은행잎 추출물은 플라보놀 배당체(flavone glycoside, Kaempferol, Quercetin, Isorhamnetin)의 합이며, 하루 섭취량은 120 mg이다. 은행잎 추출물을 섭취할 때는 수술 전후, 항응고제를 복용 중인 질환자의 경우는 섭취를 주의하거나 의사와 상담 후 섭취하는 것이 좋다.

2) 개별인정형 건강기능식품

(1) 프랑스해안송 껍질 추출물

피크노제놀은 프랑스 해안송(*Pinus pinaster*)의 껍질을 농축, 분리, 건조를 통해 추출한 물질로서 프로안토시아니딘이 기능 성분으로 작용하며, 자유라디칼과 지질과산화물을 감소시키고 항산화 관련 효소의 활성을 증가시키는 것이 시험관 내 실험 및 동물 실험에서 확인되었다. 그 밖에도 흡연자에서 혈소판 응집이 감소되는 것을 확인하여 "인체에 유해한 활성산소를 제거하고 혈소판 응집을 억제하는 데 도움을 줄 수 있습니다"로 기능성을 인정받았으며, 인정 등급은 '생리활성기능 2등급'에 해당한다. 피크노제놀의 하루 섭취량은 100~300 mg이며, 혈소판의 응집을 억제하기 때문에 수술 전이나 후에는 섭취에 주의하여야 한다.

(2) 정제오징어유

정제오징어유는 혈행 개선에 도움을 주어 동맥경화를 예방할 수 있는 기능성 원료이다. 지표 성분은 DHA와 EPA이며, DHA와 EPA의 합 0.5~2 g을 하루 섭취량으로 한다.

(3) 나토균 배양 분말

나토균 배양 분말은 피브린 용해효소 활성으로 혈소판 응집을 억제함으로써 혈액 흐름을 원활히 하는 데 도움을 줄 수 있는 기능성 원료 인정을 받았다. 혈행 개선을 위한 나토균 배양 분말의 하루 섭취량은 44~67 mg이며, 대두 알레르기를 나타내는 사람은 섭취에 주의해야 한다. 과다 섭취 시 혈액 응고가 지연되어 출혈을 야기할 수 있으므로 항응고제, 항혈소판제제 등과 같은 항혈전 관련 약품을 복용하거나 수술 전후에는 섭취에 주의해야 한다.

(4) L-아르기닌

산화질소는 혈관의 내피세포에서 분비되어 혈관의 탄력성을 증가시켜 주고, 혈관을 확장시키며 혈전이 생성되는 것을 방지하는 물질이다. 따라서 산화질소가 부족하면 동맥경화 또는 고혈압 발생이 촉진되는데, L-아르기닌을 섭취하면 활성산소의 합성이 활발해져서 동맥경화 질환의 위험을 감소시킬 수 있다. 동맥경화 예방을 위한 L-아르기닌 기능성 원료의 지표 성분은 L-아르기닌이며, 하루 섭취량은 6 g이다. 그러나 임산부 및 수유부는 섭취에 주의해야 하고, 저단백 식사를 하고 있는 경우와 천식, 심장계 질환이 있을 경우 의사와 상의하여 섭취할 것을 권장한다.

(5) 메론추출물

칸탈로프 멜론추출물이 혈관 벽 두께를 유의하게 감소시켜 혈관벽 두께 감소 기능성으로 동맥경화 개선 기능성 원료로 인정받았다. 메론추출물은 SOD 활성을 나타내는 지표로, 하루에 500~1,000 IU를 나타내는 것을 기준으로 한다. 섭취 시 밀 단백질에 알레르기를 나타내는 사람은 주의해야 한다.

(6) 카카오분말

카카오의 폴리페놀은 동물과 인체 적용 시험에서 동맥 혈관 내피에 콜레스테롤이 쌓이거나 동맥경화가 진행되는 것을 억제하는 효능이 밝혀져 기능성 원료로 인정받았다. 지표 성분은 총플라바놀(total flavanols)이며, 혈행 개선을 위한 카카오분말 하루 섭취량은 2.8 g이나 하루 섭취량 이상 과량 섭취하지 않도록 주의해야 한다. 특히 임산부, 수유부, 카페인에 민감한 사람은 섭취에 주의해야 하며, 특정 질병이 있는 경우 섭취 전 의사와 상담이 필요하다.

표 10-10 • 동맥경화 개선 관련 고시형 건강기능식품의 분류[14]

원료명	기능(지표) 성분	인정 등급
DHA 농축유지	DHA와 EPA의 합	생리활성기능 2등급
감마리놀렌산	감마리놀렌산	생리활성기능 2등급
영지버섯 자실체 추출물	베타-글루칸	생리활성기능 2등급
홍삼 농축액	Rb1+Rg1, Rg3(S)	생리활성기능 2등급
은행잎 추출물	플라보놀 배당체(Flavone glycoside) (Kaempferol, Quercetin, Isorhamnetin의 합)	생리활성기능 2등급
정어리 정제어유	DHA, EPA	생리활성기능 2등급

표 10-11 • 동맥경화 개선 관련 개별인정형 건강기능식품의 분류[14]

원료명	기능(지표) 성분	인정 등급
프랑스해안송 껍질 추출물	프로시아니딘	생리활성기능 2등급
정제오징어유	DHA와 EPA의 합	생리활성기능 2등급
나토균 배양 분말	피브린 용해효소 활성	생리활성기능 2등급
L-아르기닌	L-아르기닌	생리활성기능 2등급
나토배양물	피브린 용해효소 활성	생리활성기능 2등급
메론추출물	SOD 활성	생리활성기능 2등급
카카오분말	총플라바놀(total flavanols)	생리활성기능 2등급

참고문헌

1 박지원, 쉽게 배우는 병태생리학, 군자출판사, 2004

2 강종구 외, 수의조직학, 정문각, 1998

3 양일석 외, 가축생리학 제3판, 광일문화사, 2000

4 최명숙·박의현·전선민, 고지혈증, 비만, 동맥경화성 심장병의 생활요법과 식이요법, 경북대학교 출판부, 2009 (pp.14-35)

5 대한심장학회 일반의학상식(http://www.circulation.or.kr)

6 박태모·황금희·성미경, 건강기능식품의 기능성 시험가이드, 식품의약품안전청, 2004

7 고지혈증 치료지침 제정위원회. 고지혈증 치료지침, 1996

8 대한영양사회, 임상영양관리지침서, 2000 (p.161)

9 식품의약품안전청, 고지혈증 평가지침, 2015

10 한국약학대학협의회 위생약학분과회, 질환별로 본 건강기능식품학, 신일북스, 2005

11 이근임·손은수, 고지혈증 치료제의 개발동향(2005 Tech-Issue Emerging S&T Report), 2005

12 박태선·황금희·성미경, 건강기능식품의 기능성 시험가이드-지질 관련 기능성시험, 식품의약품안전청, 2004

13 김병태, 식품의약품안전청, 건강기능식품 기능성 표시·광고 가이드라인, 식품의약품안전청, 2009

14 식품의약품안전처, 건강기능식품 기능성 원료 인정 현황, 2016년 12월

15 서울대학교병원, 종합질병정보

11 혈압 조절

1. 혈압의 정의 및 개요

1) 혈압의 정의

심장이 혈액을 내보낼 때 압력이 발생하는데 이때의 압력을 혈압이라고 한다. 혈압은 혈관 벽에 작용하는 압력으로 혈액 순환을 위해서 필수적이고, 혈관의 유연성 및 혈액의 상태와 매우 밀접한 관련성을 갖는다. 혈압은 크게 동맥압, 정맥압 그리고 모세혈관압으로 나뉜다. 일반적으로 혈압이라고 지칭되는 것은 심장 박동에 의해 직접적인 영향을 받는 동맥 혈압이며, 보다 정확히 말하자면 심장의 수축에 의해 대동맥에서 발생하는 대동맥 내압을 말한다. 심장이 수축을 하면 대동맥으로 혈액이 밀려 나오면서 대동맥의 벽을 밀게 된다. 이렇게 심장의 수축력과 혈관의 저항력으로부터 발생하는 압력을 혈압이라고 한다. 다시 말하자면 혈압은 혈액이 혈관을 통해 이동할 수 있게 해주는 원동력으로, 혈액이 원활하게 순환하는 데 있어 매우 중요한 요소이다.

2) 고혈압과 저혈압

혈압은 심장 박동에 영향을 받는다. 심장의 수축운동과 이완운동으로 인해 혈압이 변한다. 심장이 수축 시 혈압은 최고조에 이르게 되는데 이때의 혈압을 수축기 혈압(systolic pressure)이라 하고 이완에 의해 최저점에 이른 혈압을 이완기 혈압(diastolic pressure)이라고 한다. 수축기 혈압과 이완기 혈압을 측정하여 혈압의 지표로 사용하는

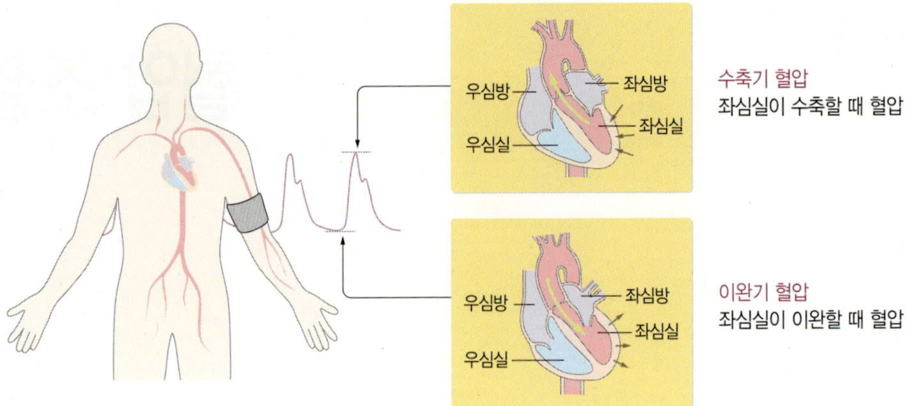

그림 11-1 • 수축기 혈압과 이완기 혈압

데 mmHg를 단위로 사용한다. 예를 들어 수축기 혈압이 120 mmHg이고 이완기 혈압이 80 mmHg이면 혈압은 120/80 mmHg가 되는 것이다. 120/80 mmHg가 일반적으로 정상 범위이며 120 mmHg보다 높으면 고혈압, 80 mmHg보다 낮으면 저혈압이라고 한다.

정상 범위를 벗어난 고혈압과 저혈압 모두 성인에게 발병되는 위험한 질병이다. 저혈압의 대표적인 증상으로는 현기증, 무기력증, 두통 등이 있으며 심장의 맥박이 느려지는 서맥, 변비, 불면증을 수반하는 경우도 있다. 저혈압이 심해지면 시력 장애, 구역질, 실신 등의 증상과 뇌혈류 공급의 문제로 야기되는 두통, 현기증, 졸도, 쇼크 등의 뇌 질환이 나타난다. 이보다 더 심할 경우 사망에 이르기도 한다.[1] 많은 사람이 혈압이 낮다는 이유로 자신이 저혈압이라고 오해를 하는데, 실제로 저혈압 증상을 보이는 경우는 매우 드물다.

고혈압은 다른 질병들과의 관련성이 클 뿐만 아니라 나이가 들수록 발병률이 증가하므로 저혈압보다 더 많은 문제를 일으킨다. 혈압 조절과 관련해 생기는 문제는 대부분이 고혈압으로 인한 것이므로 고혈압에 초점을 맞춘 혈압 조절 기능성 식품의 연구가 상대적으로 시급하다고 할 수 있다.

3) 고혈압의 분류

혈압의 정상 범위는 이완기 혈압이 60~79 mmHg이고, 수축기 혈압이 90~119 mmHg인 경우이다. 일반적으로는 50대 성인의 수축기 혈압이 140 mmHg, 이완기 혈압이 90 mmHg이면 고혈압이다. 이렇게 수축기와 이완기 혈압 모두가 정상 혈압보다 높은 경우

표 11-1 • 고혈압의 분류

분류		수축기 혈압(mmHg)		이완기 혈압(mmHg)
정 상		< 120	및	< 80
전단계 고혈압		120~139	또는	80~89
고혈압	1기	140~159	또는	90~99
	2기	≥ 160	또는	≥ 100

* 항고혈압제를 복용하지 않는 상태 또는 급성 질환이 없는 상태에서 측정한 것. 수축기 및 이완기 혈압이 다른 범주에 들 때에 높은 쪽 범주에 포함시킴

* 두 번 이상 방문해서 각각 두 번 이상 잰 혈압의 평균을 기준으로 함

를 고혈압이라고 하는데, 수축기 혈압만 140 mmHg 이상일 경우에도 고혈압이라고 말한다. 고혈압은 전단계 고혈압, 고혈압 1기, 고혈압 2기로 분류된다.

고혈압의 발생 원인을 모르느냐 아느냐에 따라 본태성 고혈압과 속발성 고혈압으로 나눈다. 본태성 고혈압은 1차성 고혈압으로 명확한 원인이 의학적으로 밝혀지지 않은 경우이다. 대부분의 고혈압 환자(약 90~95%)가 여기에 속하며 유전적 요인뿐만 아니라 흡연이나 비만 여부, 식이 습관 등 다른 요인들과의 복합적 작용으로 인해 발생된다.[2] 전체 고혈압 환자의 5~10%를 차지하는 2차성 고혈압인 속발성 고혈압은 신장, 혈관, 심장 그리고 내분비 질환 등과 같은 특정한 요인에 의해 발병되는 질환이다.[3]

고혈압은 보통 큰 자각증상이 없다. 두통, 코피, 숨가쁨 등의 증세가 간혹 나타나기는 하지만 매우 드물고, 이러한 증상은 고혈압 외에도 다른 요인들에 의해서 나타날 수도 있으므로 이런 증상을 보인다고 해서 고혈압이라고 진단할 수는 없다. 그러므로 병이 진행되어 다른 합병증이 보이기 전까지는 고혈압을 진단하기 어렵다.[4]

고혈압은 자체적인 위험성보다는 고혈압으로 인해 유발되는 여러 질환들의 발병 때문에 주의가 필요한 질병이다. 만성적인 고혈압은 악성 고혈압, 심부전, 뇌출혈, 신경화증, 대동맥 질환 등을 유발한다. 혈압이 계속하여 증가하면 혈관은 큰 압력으로 인한 비정상적인 자극을 지속적으로 받게 된다. 이로 인해 유발되는 질병을 고혈압에 의한 합병증이라고 하며, 체내의 모든 혈관에서 다발적으로 발생할 수 있기 때문에 심장, 신장, 뇌 등 다양한 장기에서 유발되고 있다. 예를 들어 혈압이 130/80 mmHg으로 높게 유지되면 심장, 신장, 눈, 대동맥, 뇌정맥 등의 장기 내에서 심비대, 심부전, 심근경색, 신경화, 동맥류, 동맥 해리, 혈전, 뇌허혈, 뇌출혈과 실명까지도 야기된다. 고혈압은 이런 합병증 때

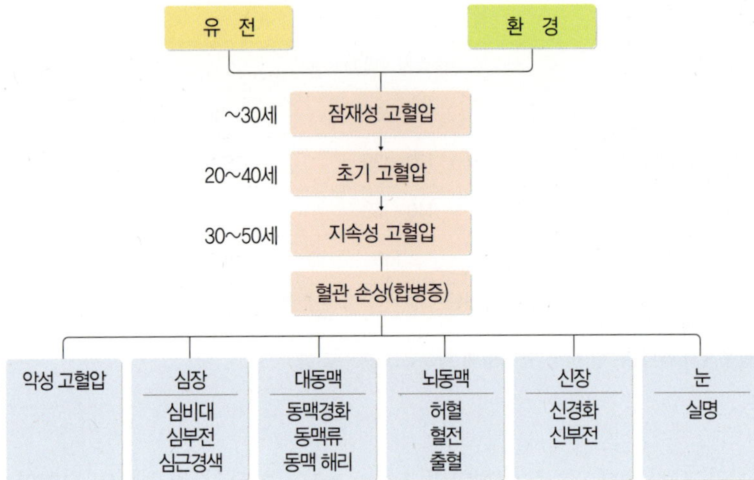

그림 11-2 • 고혈압 관련 합병증

문에 매우 위험한 질병인데다가 국내에서는 유발되는 확률이 매우 높아 예방이 더욱 중요한 질환이라 하겠다.

고혈압은 심혈관계 질환, 신장 질환 및 당뇨 등의 성인병을 유발하며, 다른 질병과 달리 확연히 구분되는 자각증상이 없어 진단이 매우 어렵기 때문에 주기적으로 건강기능식품을 섭취하여 이를 예방하는 것이 고혈압의 위험성으로부터 벗어날 수 있는 방법 중의 하나이다.

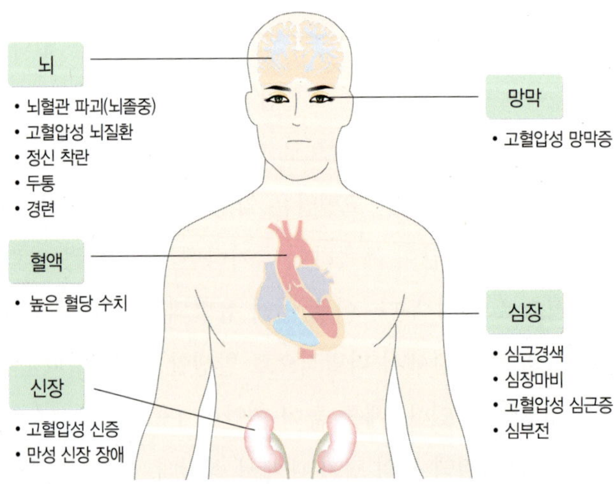

그림 11-3 • 만성 고혈압의 주요 합병증[5]

2. 기능성 평가 방법

시험관 내 실험법은 고혈압 기능성을 평가하는 시험으로 적절하지 않기 때문에 기본적으로 동물 실험과 임상 시험에 기초를 두고 있다. 혈압 자체를 지표로 사용하여 고혈압을 진단하고, 고혈압에 효능을 보이는 물질을 찾는 것은 기능성 평가 방법으로 가장 정확하다. 하지만 혈압의 개체 간 편차와 감정 상태로 인한 변동이 있기 때문에 기능성 식품을 평가하기 위한 혈압 조절 자료로는 혈압 변동 지표와 그것과 관련된 생체 지표를 함께 사용하는 것이 가장 객관적인 방법이다.

1) 동물 실험

혈압 강하 기능성을 평가하기 위한 동물 실험법으로는, 일반적으로 선천성 고혈압 쥐 실험과 후천성 고혈압 쥐 실험이 사용된다. 선천성 고혈압 쥐(spontaneous hypertensive rat, SHR)는 인간의 본태성 고혈압과 매우 유사하다. 자연적으로 혈압의 증가가 유도된 선천성 고혈압 쥐는 5~6주 후부터 혈압이 증가하기 시작하여 성체가 되면 수축기 혈압이 180~200 mmHg까지 상승한다. 40주 후에는 고혈압 관련 질병인 심혈관계 질환이 발생되므로 이때부터 식이 조절이나 경구 투여 등으로 혈압을 감소시키는 기능성 식품을 연구하는 데 적용할 수 있다. 반면, 후천성 고혈압 쥐는 혈압 상승을 야기하는 물질인 아세트산데옥시코르티코스테론(deoxycorticosterone acetate, DOCA)-Salt, 스트렙토조토신(streptozotocin), 안지오텐신 II(angiotensin II) 등을 투여하여 고혈압을 유발시킨다. DOCA-Salt를 투여하면 알도스테론과 나트륨 섭취량의 증가로 혈압이 급격히 증가한다. 스트렙토조토신은 당뇨 연관 고혈압 실험에 사용되는데 이는 인슐린 생성을 억제하는 작용과 관련이 있다. 안지오텐신 II의 혈압 상승 유도 메커니즘은 레닌-안지오텐신계(renin-angiotensin system, RAS)의 활성화를 통해 일어난다. 위와 같은 물질을

표 11-2 • 혈압 관련 생체 지표

측정 항목	바이오마커
혈액	C-반응성 단백질(C-reactive protein, CRP), 호모시스테인(homocysteine), 레닌(renin), 안지오텐신 I(angiotensin I), 안지오텐신 II(angiotensin II)
조직	안지오텐신 전환효소(angiotensin converting enzyme, ACE)
혈압	수축기 혈압, 이완기 혈압

이용하여 동물 모델에게 고혈압을 유도하고 이후에 혈압 관련 생체 지표로 체내 C-반응성 단백질(C-reactive protein, CRP)의 농도와 호모시스테인(homocysteine)의 농도, 안지오텐신 전환효소(angiotensin converting enzyme, ACE)의 활성, 그리고 수축기 혈압과 이완기 혈압 등을 측정한다.

(1) 혈압 측정

동물 실험에 이용되는 동물 모델(생쥐나 쥐와 같은 설치류)의 혈압은 테일 커프(tail-cuff)라는 장비를 사용하여 측정한다. 쥐의 꼬리를 통해 혈압을 측정하는 테일 커프의 사용법은 다음과 같다.

① 쥐의 몸에 꼭 맞는 고정체를 사용하여 쥐를 움직이지 않도록 고정한다. 이때 고정체에는 온도 조절장치가 부착되어 있다.

② 온도 조절장치를 37℃로 맞추어 쥐의 꼬리 동맥이 완전히 확장되게 한다.

③ 꼬리에 측정자를 끼운 다음 테일 커프를 꼬리 위쪽에 끼운다. 꼬리 위쪽에 끼우는 이유는 테일 커프가 꼬리의 움직임에 크게 영향을 주지 않도록 하기 위함이다.

④ 본체와 연결한 센서를 테일 커프에 부착한 후 커프의 압력을 올렸다가 내리면서 측정되는 맥박을 본체를 통해 기록한다. 맨 처음 나타나는 맥박이 수축기 혈압이다.

⑤ 동물 모델당 5회씩 측정하여 그 평균값을 실험 동물의 혈압으로 한다.

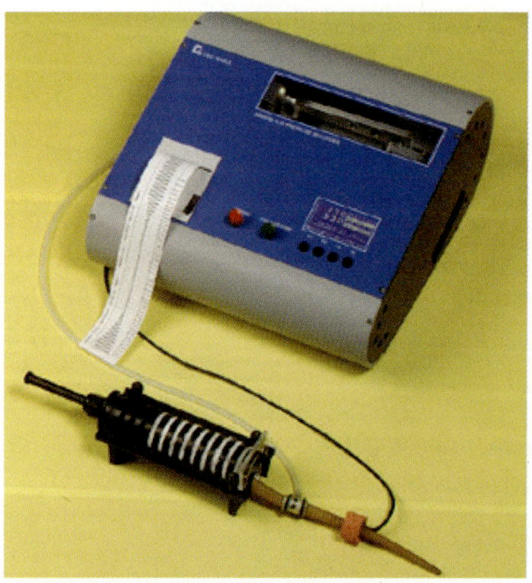

그림 11-4 • 쥐 혈압 측정용 테일 커프[6]

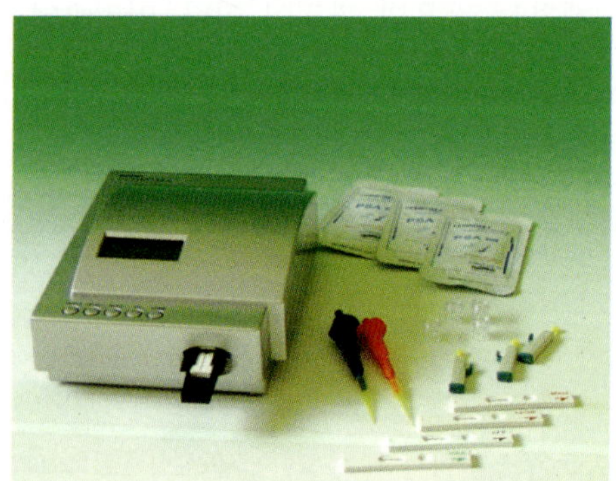

그림 11-5 • CRP 측정용 형광판독기[7]

(2) CRP 농도 측정

CRP 농도는 고혈압 마커로 사용될 수 있다. 과민성 C-반응 단백질(high sensitive C-reactive protein, hs-CRP)은 혈액 내 존재하는 단백질의 염증 반응으로 그 농도가 증가한다.[8] 또한 이 단백질은 체내의 염증 반응을 가속화시키므로 염증 관련 심혈관계 질환과 밀접한 관련이 있다. CRP 농도는 미국심장학회(American Heart Association, AHA)와 미국질병관리본부에서 선정한 심혈관계 질환의 발생을 예측할 수 있는 좋은 생체 지표이다. hs-CRP가 1.0 mg/L 이하이면 저위험군이고, 1.0 mg/L에서 3.0 mg/L 사이이면 중간 위험군, 3.0 mg/L 이상이면 고위험군으로 분류한다.[9] 그 밖에도 ELISA나 형광 분석기 등을 이용하여 혈중 CRP 농도를 쉽게 측정할 수 있다.[9]

표 11-3 • 과민성 C-반응 단백질(hs-CRP) 농도에 따른 위험도 분류

저위험군	< 1.0 mg/L
위험군	1.0~3.0 mg/L
고위험군	> 3.0 mg/L

(3) 호모시스테인 농도 측정

호모시스테인은 티올기(thiol group)를 포함하는 아미노산으로 체내 아미노산 중 하나인 메티오닌(methionine)의 분해로 생기는 유해물질이다. 이 물질은 혈관 벽을 파괴하여 혈전을 형성시키고 고혈압, 관상동맥 질환 같은 혈관 관련 질환들을 발생시킨다. 체내의 콜레스테롤 수치가 정상이더라도 체내 호모시스테인이 고농도일 경우 혈관 질환이 유발된다는 사실이 보고되었다. C-반응성 단백질과 마찬가지로 ELISA, HPLC, 형광 분석기 등을 이용해 호모시스테인 농도를 측정할 수 있다.

(4) 안지오텐신 전환효소 활성

호르몬 조절 체계로 혈압을 조절하는 가장 중요한 메커니즘 중 하나인 레닌-안지오텐신계(RAS)에서 레닌은 안지오텐시노겐(angiotensinogen)을 안지오텐신 I 으로 분해하고, 생성된 안지오텐신 I 은 안지오텐신 전환효소(ACE)의 작용에 의해서 안지오텐신 II로 전환된다.[10] 안지오텐신 전환효소는 혈압 조절을 위한 지표로 레닌-안지오텐신계에서 가장 중요한 효소이다. 전환에 의해 생성된 안지오텐신II에 의한 혈압 상승은 혈관 수축과 신장에서의 수분 및 염분의 재흡수 촉진에 의한 것이다.

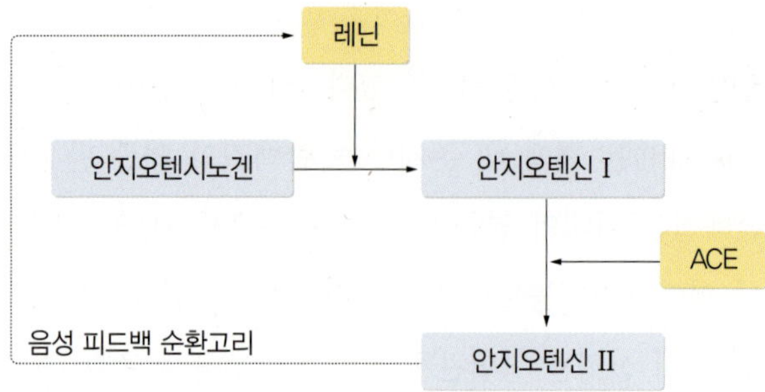

그림 11-6 • 레닌-안지오텐신 시스템[11]

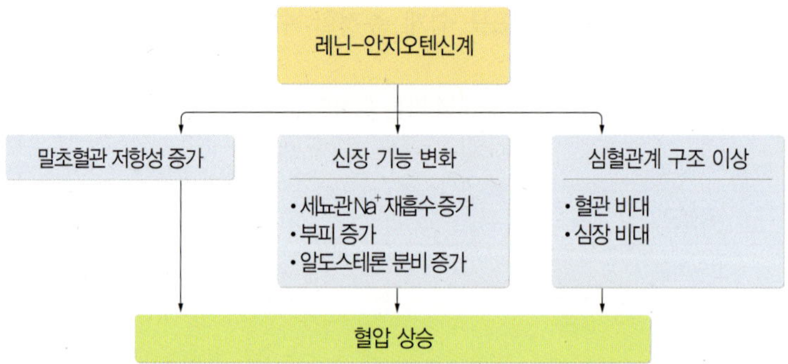

그림 11-7 • RAS의 혈압 상승 메커니즘

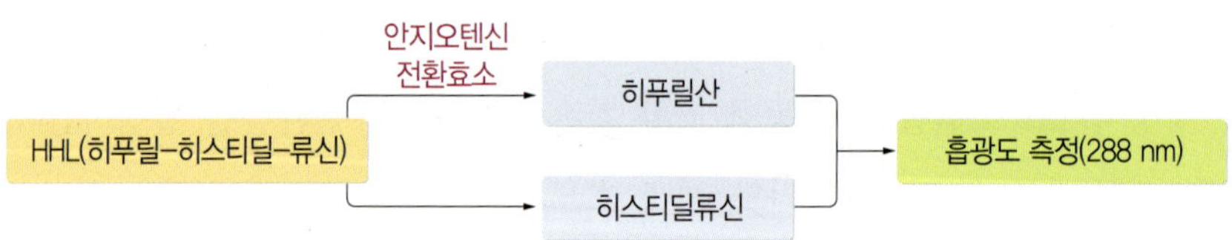

그림 11-8 • ACE 효소 활성 측정법

안지오텐신 전환효소의 기질인 HHL(hippuryl-histidyl-leucine)이 분해되면 형광 지표와의 작용으로 형광이 나타나는데 이 형광을 탐지하여 효소의 활성 정도를 측정할 수 있다.

2) 임상 시험

경증을 보이는 성인 고혈압 환자를 대상으로 1개월 이상의 기간 동안 저, 중, 고 농도의 건강기능식품을 투여하여 임상 시험을 진행한다. 약물 효능 평가와 유사하게 경구 투여로 나타나는 효과는 이중맹검법으로 검정한다. 임상 시험의 대상으로는 19세 이상의 경증 고혈압 환자를 시험군으로 선정한다. 투여 전후의 이완기 혈압과 수축기 혈압의 변화량과 하루 동안의 혈압 변동성을 측정하여 평가한다. 혈압은 변화가 심하므로 1회 측정만으로 판단하는 데에는 어려움이 있다. 음식, 음주, 통증, 스트레스, 기분 등의 요인과 측정 시 자세, 정신적 긴장, 활동 등도 혈압의 변동성에 영향을 준다. 특히 수축기 혈압은 차이가 크므로 정확하게 측정하기 위해서는 2분 간격으로 2회를 측정하여 평균값을 계산하고 2~3일 간격으로 재측정하는 과정이 필요하다. 혈압의 오차 범위는 ±5 mmHg 이내이어야 한다. 임상 시험에서도 동물 실험과 마찬가지로 과민성 C-반응 단백질, 호모시스테인, 안지오텐신 전환효소 활성을 생체 지표로 이용한다.

3. 혈압 조절 건강기능식품 및 효능[12]

1) 고시형 건강기능식품

(1) 코엔자임 Q_{10}

코엔자임 Q_{10}(coenzyme Q_{10})은 1957년 위스콘신대학의 크레인(Frederick Crane)이 소의 심장에 있는 미토콘드리아에서 최초로 발견하였다. 1958년 포커스(Folkers)가 코엔자임 Q_{10}의 화학적 구조를 밝혀낸 것을 시작으로 세계 각지에서 본격적인 연구가 시작되었다.[13]

코엔자임 Q_{10}은 세포의 정상적 기능을 위해 꼭 필요한 대사물질로 체내에서 합성되는 지용성 비타민이다. 여러 영양소의 대사 작용에 관여하며, 나이가 들거나 질환의 영향을 받으면 점차 합성되는 양이 감소된다.

등푸른생선, 땅콩, 시금치, 달걀 등에 함유되어 있으며, 이들 식품을 섭취할 경우 체내의 코엔자임 Q_{10} 농도는 증가한다. 동물 실험과 시험관 내 실험으로 코엔자임 Q_{10}의 항

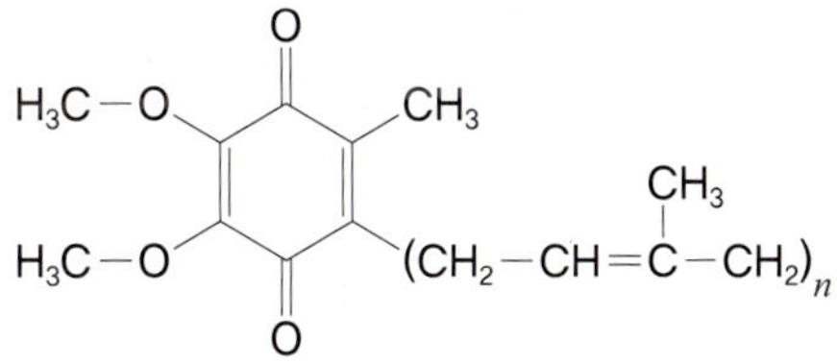

그림 11-9 • 코엔자임 Q_{10}의 구조

산화 작용 메커니즘이 밝혀졌으며, 정상보다 높은 혈압을 보이는 사람의 수축기 혈압 및 이완기 혈압을 감소시킨다는 사실로 혈압 조절에 대한 기능성을 인증받았다.

2) 개별인정형 건강기능식품

(1) 카제인가수분해물

식품 단백질의 가수분해물이 식품 성분 중 혈압 강하 효과를 지니는 물질이라는 사실이 알려져 있다. 이에 고혈압 개선을 위한 여러 가지 식품 단백질의 가수분해 펩타이드에 대한 연구가 진행되고 있다.

카제인(casein)은 다양한 단백질의 혼합물로 아미노산 외에 당 1%와 인 1%를 함유하고 있는 우유 단백질이다. 우유의 카제인을 열처리하고 이자의 트립신으로 효소 처리하면 카제인 단백질이 가수분해되어 카제인가수분해물이 생성된다. 카제인가수분해물의 지표 성분은 12개의 아미노산(Phe-Phe-Val-Ala-Pro-Phe-Pro-Glu-Val-Phe-Gly-Lys)으로 이루어진 펩타이드로 5~6% 함량으로 표준화되어 있다. 카제인가수분해물은 체내의 안지오텐신 변환효소의 활성을 억제함으로써 혈압을 강하시킨다는 사실이 제기되었고, 인위적으로 고혈압이 유도된 쥐에게 카제인가수분해물 15 mg/kg을 경구 투여하여 혈압이 감소함을 확인하였다. 따라서 "혈압이 걱정되시는 분에게 도움을 줄 수 있습니다"로 기능성을 인정받았다. 일관성이 있음에도 불구하고 근거자료의 수가 불충분하여 '생리활성기능 2등급'에 해당한다. 안전성과 기능성을 확보할 수 있는 카제인가수분해물의 하루 섭취량은 4,000 mg이다.

그림 11-10 • 카제인 함유 식품인 우유

(2) 가쯔오부시올리고펩타이드

안지오텐신 변환효소를 저해하는 기능을 갖는 여러 가지 식품 단백질 중에서 어류 단백질이 펩타이드가수분해물의 원재료들 중 매우 적합하다는 사실이 보고되고 있다.

가쯔오부시를 분쇄한 후 서몰리신(thermolysin)으로 가수분해한 가쯔오부시펩타이드는 지표 성분이 5개의 아미노산(Leu-Lys-Pro-Asn-Met)으로 된 펩타이드이다. 가쯔오부시펩타이드가 안지오텐신 변환효소를 저해하는 강력한 효과를 가짐으로써 효소의 활성을 낮추고, 결과적으로는 혈압을 감소시킨다는 사실이 보고되었다. 고혈압이 유도된 실험 동물에 가쯔오부시올리고펩타이드를 섭취시켰을 때 혈압의 유의적 감소를 관찰할 수 있었으며, 경증 고혈압 환자를 대상으로 실시한 연구에서도 이 효과를 확인할 수 있었다. 따라서 "혈압이 걱정되시는 분에게 도움을 줄 수 있습니다"로 기능성을 인정받았다. 일관성이 있음에도 불구하고 근거 자료의 수가 불충분하여 '생리활성기능 2등급'에 해당한다. 안전성과 기능성을 확보할 수 있는 하루 섭취량은 1.5 g이다.

(3) 정어리펩타이드

정어리는 청어과에 속하는 바닷물고기로 아미노산이 풍부하기 때문에 식품으로 다양하게 이용되고 있다. 정어리를 단백질분해효소로 가수분해하여 제조한 정어리펩타이드는 발린(valine), 아르기닌(arginine), 아스파트산(aspartic acid), 글루탐산(glutamic acid), 프롤린(proline), 라이신(lysine) 등 다양한 아미노산이 풍부한 기능성 원료이다. 인체 내에서 혈압 조절 작용에 도움을 주는 성분인 바릴티로신(Val-Tyr)이 함유된 정어리펩타이드는 국내에서 제1호 개별인정형 식품이고, 일본에서는 특정보건용 식품으로 인정되어 판매되고 있다. 정어리펩타이드는 혈관의 수축을 막고 혈관을 확장시켜 고혈압을 조절함은 물론 혈관을 튼튼하게 유지시켜 준다는 연구가 보고되었다. 펩타이드의 혈압 조절 기능에 대한 임상 사례들은 국제고혈압학회를 통해 여러 차례 발표되었으며, 그 기능 또한 입증되었다. 정어리펩타이드의 지표 성분인 바릴티로신은 레닌-안지오텐신계 내 안지오텐신I형에서 안지오텐신II형으로의 전환을 저해하여 안지오텐신 II의 생성을 줄인다.

그림 11-11 • 정어리

결과적으로 고혈압인 사람들에게 혈압 상승 억제 효과를 주어 혈압 유지에 도움을 준다. 따라서 "혈압을 건강한 수준으로 유지하는 데 도움을 줄 수 있습니다"로 기능성을 인정받았다. 기반 연구와 인체 적용 연구가 충분치 않아 '생리활성기능 2등급'에 해당하며, 안전성과 기능성을 확보할 수 있는 바릴티로신으로 250~400 μg이다.

(4) 올리브잎 주정추출물 EFLA943

올리브나무의 잎은 고대 이집트, 지중해 지역에서 약으로 사용되어 왔다. 올리브잎 주정추출물 EFLA943은 올리브잎을 주정추출하여 제조한 것으로 항균, 항산화 효과와 심혈관 질환에 이용할 수 있음이 확인되어 약용식물로서 주목받고 있다. 올리브잎 주정추출물 EFLA943의 지표 성분은 올러유러핀(oleuropein)으로 페놀화합물계에 속하는 물질이다.

심장 근육의 수축과 혈관 확장을 조절하여 혈압을 감소시킨다는 사실이 시험관 내 실험과 동물 실험에서 확인되었고 항허혈, 항산화 효과에 대한 연구도 보고되었다. 인체 적용 연구에서 올리브잎 주정추출물 EFLA943의 섭취는 혈압을 정상적인 범위까지 낮추는 데 도움이 됨을 확인하였다. 따라서 "건강한 혈압의 유지에 도움을 줄 수 있습니다"로 기능성을 인정받았다. 기반 연구와 인체 적용 연구의 수가 충분하지 않아 '생리활성기능 2등급'에 해당하며, 안전성과 기능성 확보를 위한 하루 섭취량은 올리브잎 주정추출물 EFLA943로 500~1,000 mg이다.

(5) L-글루타민산 유래 GABA 함유 분말

L-글루타민산 유래 GABA 함유 분말은 *Lactobacillus* 균주를 이용해 GABA(gamma-aminobutyric acid)를 생성하여 제조한다. 지표 성분은 GABA이며 "혈압이 높은 사람에게 도움을 줄 수 있습니다"로 기능성을 인정받았으며, '생리활성기능 2등급'에 해당된다. 하루 섭취량은 GABA로 20 mg이고, 임산부와 수유기 여성, 어린이는 섭취에 주의를 기울여야 한다.

(6) 해태올리고펩타이드

해태올리고펩타이드는 소화효소인 펩신(pepsin)과 김을 이용하여 제조한다. 지표 성분은 5개의 아미노산(Ala-Lys-Tyr-Ser-Tyr)으로 구성되는 펩타이드이며 "혈압 조절에 도움을 줄 수 있습니다"로 기능성을 인정받았다. 하루 섭취량은 해태올리고펩타이드로 1.6 g이다. '생리활성기능 2등급'에 해당하며, 해조식 섭취에 주의해야 하는 사람은 섭취를 삼가야 한다.

(7) 연어 펩타이드

연어 펩타이드는 연어를 효소 분해하여 제조하며, 지표 성분은 2개의 아미노산(Ile-Trp)으로 구성된 펩타이드이다. 혈압 조절에 있어서 "혈압이 높은 사람에게 도움을 줄 수 있습니다"로 기능성을 인정받았으며, '생리활성기능 2등급'에 해당된다. 하루 섭취량은 연어 펩타이드로 2 g이다. 임산부와 수유부는 섭취를 삼가야 하며, 어린이, 노인, 신부전증이 있는 사람, 혈압약을 복용 중인 사람은 의사와 상담 후 섭취해야 한다.

(8) 서목태(쥐눈이콩) 펩타이드 복합물

서목태(쥐눈이콩) 펩타이드 복합물은 쥐눈이콩에서 펩타이드를 추출해 제조하며, 지표 성분은 아르기닌(arginine), 류신(leucine)이다. '생리활성기능 2등급'에 해당하며, 하루 섭취량은 서목태(쥐눈이콩) 펩타이드 복합물로 4.5 g이다.

(9) 나토균 배양분말

나토균 배양분말은 나토균을 이용해 콩을 발효하여 제조한다. "혈압이 높은 사람에게 도움을 줄 수 있습니다"로 기능성을 인정받았으며, 지표 성분은 '피브린 용해효소 활성'이다. 혈압 조절에 있어 혈소판의 응집을 억제하고 피브린 용해효소를 활성화함으로써 효능을 나타낸다고 알려져 있다. '생리활성기능 2등급'에 해당하며 하루 섭취량은 나토균 배양분말로 100 mg이다. 수술 전후에는 섭취를 주의해야 하며, 대두 알레르기를 나타내는 사람, 임산부, 수유부, 혈액 항응고제를 복용하는 사람은 섭취에 주의가 필요하다.

(10) 포도씨 효소분해 추출분말

포도씨 효소분해 추출분말의 지표 성분은 총폴리페놀(total polyphenol; gallic acid)이며 하루 섭취량은 포도씨 효소분해 추출분말로 150~300 mg이다. 혈압이 높은 사람에게 도움을 줄 수 있으나 관련 인체 적용 시험이 미흡하여 '생리활성기능 3등급'에 해당된다.

표 11-4 • 혈압 조절 관련 고시형 건강기능식품의 분류[14]

구분	기능성 원료명	함유 식품
페놀류	코엔자임 Q_{10}	등푸른생선, 땅콩, 시금치

표 11-5 • 혈압 조절 관련 개별인정형 건강기능식품의 분류[14]

원료명	기능(지표) 성분	인정 등급
카제인가수분해물	[Phe-Phe-Val-Ala-Pro-Phe-Pro-Glu-Val-Phe-Gly-Lys] 12개 아미노산으로 구성된 펩타이드	생리활성기능 2등급
가쯔오부시올리고펩타이드	[Leu-Lys-Pro-Asn-Met] 5개 아미노산으로 구성된 펩타이드	생리활성기능 2등급
정어리펩타이드	바릴티로신(Val-Tyr)	생리활성기능 2등급
올리브잎 주정추출물 EFLA943	올러유러핀(oleuropein)	생리활성기능 2등급
L-글루타민산 유래 GABA 함유 분말	GABA	생리활성기능 2등급

(계속)

원료명	기능(지표) 성분	인정 등급
해태올리고펩타이드	[Ala-Lys-Tyre-Ser-Tyr] 5개 아미노산으로 구성된 펩타이드	생리활성기능 2등급
연어 펩타이드	[Ile-Trp] 2개 아미노산으로 구성된 펩타이드	생리활성기능 2등급
서목태(쥐눈이콩) 펩타이드 복합물	Arginine, Leucine	생리활성기능 2등급
나토균 배양분말	피브린 용해효소 활성	생리활성기능 2등급
포도씨 효소분해 추출분말	Total polyphenol(galic acid로서)	생리활성기능 3등급

참고문헌

1 Diseases and Conditions Index-Hypotension, National Heart Lung and Blood Institute. Sep. 2008

2 Carretero, O.A., Oparil, S., Essential hypertension. Part I: definition and etiology, Jan. 2000

3 Secondary hypertension, Mayo Foundation for Medical Education and Research

4 Pitts, S.R., Adams, R.P., Emergency department hypertension and regression to the mean, Annals of Emergency Medicine, Feb. 1998

5 http://brianpavey.com/hypertension.aspx

6 Leica Microsystem(http://myneurolab.com)

7 선경메디칼(http://www.medicalsk.com)

8 Thompson, D., Pepys, M.B., Wood, S.P., The physiological structure of human C-reactive protein and its complex with phosphocholine, Structure, 1999

9 Thomas A. Pearson, Markers of Inflammation and Cardiovascular Disease, Circulation 107: 499, 2003

10 Paul, M,. Poyan, Mehr A., Kreutz, R., Physiology of local renin-angiotensin systems, Physiol. Rev. 86(3): 747-803, Jul. 2006

11 Christian W. Mende, Application of Direct Renin Inhibition to Chronic Kidney Disease, Cardiovasc Drugs Ther. 24(2): 139-49, Apr. 2010

12 김병태, 식품의약품안전청, 건강기능식품 기능성 표시·광고 가이드라인, 식품의약품안전청, 2009

13 심은정·노봉수, 식품산업에서의 코엔자임 Q_{10}의 응용가능성, 식품과학과 산업, Vol.39 No.1, 2006

14 식품의약품안전처, 건강기능식품 기능성 원료 인정현황, 2016년 12월

뼈, 치아 건강 개선

| 제1절 | 골다공증 개선

1. 골다공증의 정의 및 개요

1) 뼈

인체의 뼈는 형태에 따라 장골(사지 등 긴 뼈), 단골(손등 등 짧은 뼈), 편평골, 함기골, 혼합골의 5가지 종류로 분류된다. 뼈의 구조는 크게 치밀골, 해면골, 골막, 골내막으로 나눌 수 있다. 외부에 존재하는 치밀골은 단단하며 조밀한 구조를 가지고 있는 반면, 해면골은 치밀골의 안쪽에 존재하며 망상 구조를 가진다. 골막은 뼈의 바깥쪽, 골내막은 안쪽을 덮고 있다. 이외에 뼈의 중심에는 골수강이라는 것이 존재하는데, 이는 대부분의 혈구세포가 만들어지는 골수가 들어 있는 부분이다.

뼈는 무기질과 유기질로 구성된다. 무기질 성분은 탄산칼슘, 인산칼륨 등이며 뼈조직 무게의 2/3로 대부분을 차지한다. 나머지 부분은 섬유상 단백질인 콜라겐으로 이루어져 있는 유기질이다.

또한 뼈조직은 분화된 세포로 구성되어 있는 조골세포, 골세포, 파골세포로 나뉜다. 조골세포는 새로운 뼈를 생성하고, 골세포는 신체 내에 필요한 무기질을 전달한다. 파골세포는 조골세포의 기능을 억제하고 뼈를 분해하는 역할을 한다.

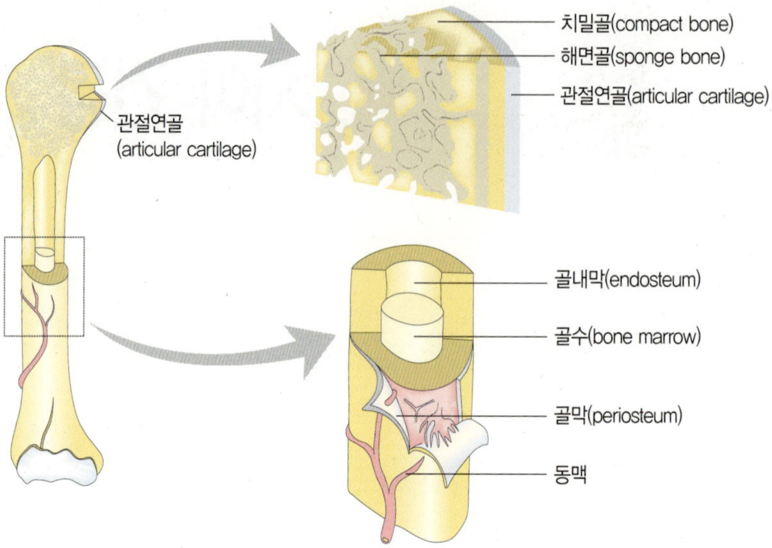

그림 12-1 • 뼈의 구성

2) 골다공증

뼈는 인체를 지탱하는 역할을 하며, 내부적으로 큰 변화가 없는 상태처럼 보이지만 실제로는 끊임없이 뼈의 흡수와 재생성의 과정이 지속적으로 이루어진다. 보통은 뼈의 생성과 흡수가 균형을 이루며 항상성을 유지하고 있지만, 만약 뼈를 흡수하는 과정이 뼈를 생성하는 활동보다 많아지게 되면 뼈의 양이 감소되어 골다공증이 일어나게 된다. 골다공증은 뼈에서 칼슘이 배출됨으로써 뼈의 밀도와 강도가 약해져서 골절 가능성이 높아진 상태를 뜻한다. 골다공증을 증가시키는 주원인으로는 호르몬 불균형과 노화 등이 잘 알려져 있다. 일반적으로 생애주기 중 뼈의 양이 가장 많은 20~30세가 지나면 점차 뼈의 양은 감소하게 된다. 이러한 뼈의 감소 속도는 일반적으로 여성이 남성보다 빠르다고 알려져 있으며, 특히 폐경 후의 여성은 여성호르몬의 감소에 따라 일반적인 경우보다 약 3배쯤 빠르게 감소된다고 한다. 뼈의 양이 줄어들면서 뼈에 구멍이 지나치게 많아지게 되면, 구조적으로도 뼈가 약해진다. 따라서 가벼운 충격에도 쉽게 뼈가 부러지게 되는 등의 골다공증 증상이 나타난다.[1]

골다공증은 상태가 진행되어도 특별히 나타나는 증상이 없으며, 골절이 일어남으로써 증상이 드러난다. 신체의 여러 부위에서 골절이 발생할 수 있지만 특히 척추, 고관절(대퇴골) 및 손목뼈 부위에서 잘 일어난다. 이 중 척추 골절이 가장 위험하다. 척추 뼈는

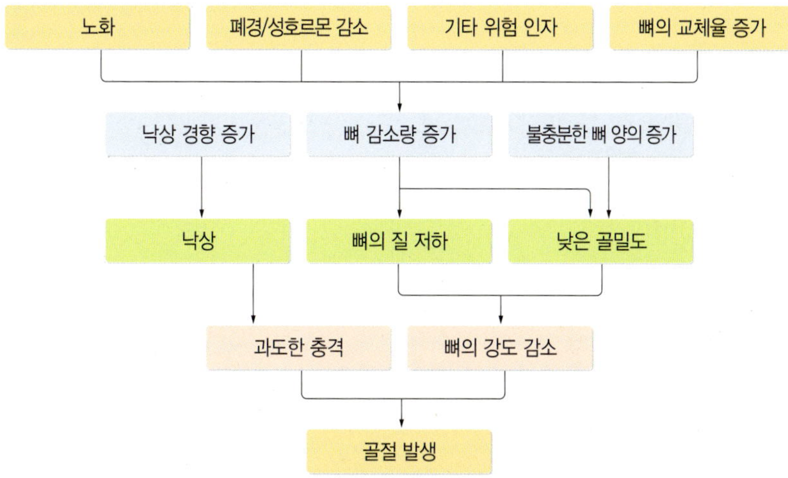

그림 12-2 • 골다공증 골절의 발병 메커니즘

보통 몸무게의 다섯 배 정도에 해당하는 무게도 견딜 수 있는 것으로 알려져 있는데, 심각한 골다공증을 앓고 있는 환자의 경우에는 몸을 앞뒤로 구부리는 단순한 동작에도 뼈가 부러질 수 있다. 심각하지 않은 척추 골절이라도 허리 통증을 유발하거나 척추 측만과 연계된 문제를 일으킬 수 있다. 고관절(대퇴골) 골절 또한 발생빈도가 흔하며 수술이 끝난 후에도 혈전증이나 다른 심각한 문제를 일으키기도 한다.

골강도는 골다공증 진단의 가장 주요한 요인으로 골밀도와 골의 질로 평가된다. 현재 골의 질을 측정하는 방법은 일반적으로 보편화되어 있지 않지만 주로 골강도를 골밀도 측정에 의해 진단한다. 골밀도는 척추골, 골반골 또는 손목, 발목을 통해 검사한다. X선을 통해 검사하는 방법은 정확한 진단을 위해 보통 50% 이상 골량의 감소가 있어야 하므로 골다공증의 진단에 부적합하다. 따라서 이중에너지 X선 흡수계측법(dual energy x-ray absorptiometry, DEXA), 초음파, 정량전산화단층촬영술(quantitative CT) 등과 같은 골다공증 진단 방법이 골밀도 측정에 사용되고 있다. 골밀도의 정도는 세계보건기구(WHO)에서 정한 기준에 따라 같은 인종, 같은 성별 젊은 사람의 평균 골밀도에서 위, 아래 표준편차를 나타내는 T값으로 표시한다. 이 T값이 -2.5 미만일 경우에 골다공증으로 진단한다.[1, 2]

그림 12-3 • 나이에 따른 골밀도 변화

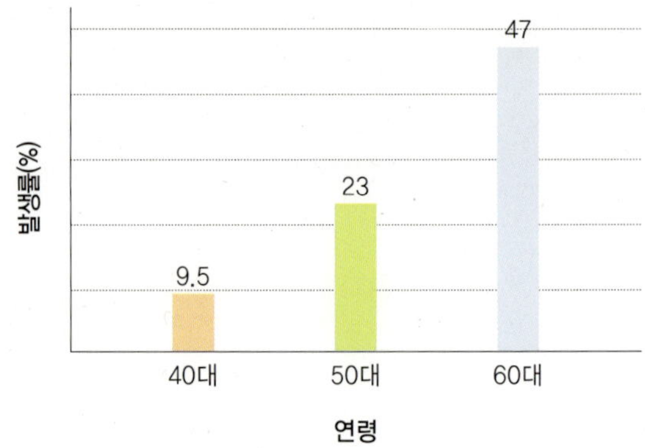

그림 12-4 • 연령별 여성 골다공증 발생률[3]

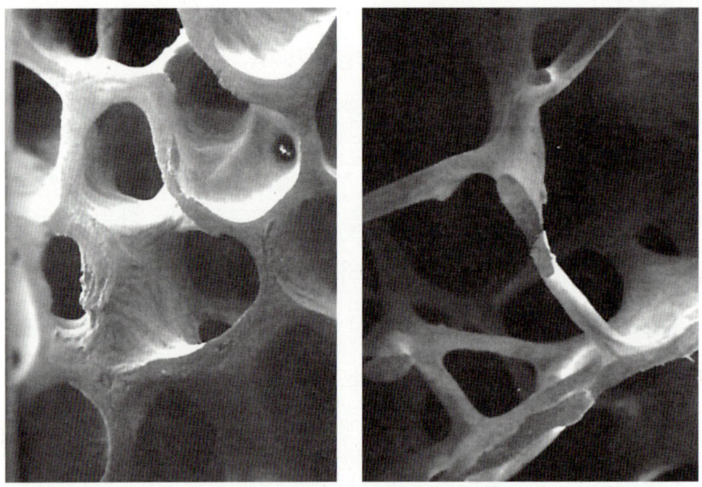

그림 12-5 • 정상인의 뼈(왼쪽) 및 골다공증 환자의 뼈(오른쪽)[4]

2. 기능성 평가 방법

세포를 이용하는 시험관 내 실험은 조골세포의 증식도를 측정함으로써 골 생성에서 건강기능식품의 효능을 평가한다. 그러나 보통 골다공증 개선 건강기능식품의 기능성 평가는 동물 실험과 임상 시험으로 이루어진다. 동물 실험과 임상 시험에서 사용하는 바이오마커는 호르몬과 뼈의 물질대사 관련으로 나뉠 수 있다. 호르몬 관련 바이오마커로는 부갑상선 호르몬(parathyroid hormone), 칼시토닌(calcitonin), 에스트로겐(estrogen) 등이며, 뼈의 물질대사(metabolism) 관련 바이오마커는 혈청의 오스테오칼신(osteocalcin), 알칼리포스파테이스(alkaline phosphatase), 피리디놀린(pyridinoline) 등이 있다. 이외에 골형성 또는 골흡수 지표 관찰을 위한 바이오마커들이 사용되기도 한다.

1) 시험관 내 실험

세포를 이용하는 생체 외 시험 방법을 통해 골다공증 개선 건강기능식품의 효능을 평가할 수 있다. 기능성 평가는 사람의 유사 조골세포주(human osteoblast like cell line)를 이용하여 조골세포의 증식 능력 및 분화 촉진 인자 등을 살펴봄으로써 이루어진다.

2) 동물 실험

동물 실험을 통해 골다공증 개선 건강기능식품의 효능을 평가할 수 있다. 실험동물로는 간수가 쉽고 조작이 상대적으로 간편한 흰쥐를 사용한다. 흰쥐는 성장과 대사 속도가 빨라 골의 대사 변화도 신속하게 볼 수 있다는 장점이 있다. 흰쥐의 난소를 적출하여 골다공증을 유발한 후 시험물질을 투여하여 난소를 적출하지 않은 동물과 비교한다. 골다공증 유도 시점은 난소 적출 후 5주째부터이며, 완전한 골다공증 증상은 8주째에 보이는 것으로 알려져 있다. 이때 저칼슘 식이를 제공하면 골다공증 유도 시기가 단축된다.

골다공증 치료를 위한 기능성 평가는 다양하다. 보통 실험동물을 정상 대조군, 위장수술군(Sham-operation group), 난소 절제군, 시험물질 투여군으로 분류하여 기능성 물질의 효능 평가 실험을 진행한다. 흰쥐를 기준으로 했을 때 군당 10마리 이상으로 하며, 실험동물의 사육 환경은 실험동물 관리 기준에 따르고 시험물질은 식이에 혼합하는 것을 원칙으로 한다. 골중무기질 밀도(bone mineral density, BMD)와 골중무기질 함량(bone mineral content, BMC) 등의 측정을 위해 실험동물의 혈액을 채취한다. 척추 및

표 12-1 • 체내 골대사 조절 형태에 따른 실험동물 및 시험물질 투여 기간

체내 골대사 조절 단계	실험동물 대상	시험물질 적정 투여기간
골교체율에 대한 바이오마커 (골 형성 지표, 골 흡수 지표)	흰쥐	4주 이상
칼슘 대사	흰쥐	8주 이상
총무기질 함량	흰쥐	8주 이상
호르몬	흰쥐	8주 이상
골밀도	흰쥐	8주 이상

골반, 오른쪽 대퇴골 등의 총골칼슘량과 이중에너지 X-선 흡수계측법을 이용하여 척추나 골반 같은 체중이 실리는 부위와 전신의 골밀도를 측정한다. 전후면 투영으로 요추 골밀도를 측정하고, 제2요추에서 제4요추까지의 골밀도 평균 수치를 사용하여 요추 골밀도 수치를 표현한다.

각 식이군의 모든 결과가 유의적으로 도출되어야 하며, 주요 바이오마커의 연계성을 설명하여 시험물질의 유효성을 입증하여야 한다.

3) 임상 시험

임상 시험에서 골다공증 개선 건강기능식품의 평가를 위해서는 먼저 피험자의 선정이 중요하다. 정상군의 경우 폐경하지 않은 성인 여성이며, 시험군은 약물 또는 에스트로겐을 복용하지 않은 폐경 여성이나 난소 절제 여성으로 선정한다. 단, 갑상선 질환, 당뇨병 또는 신장 질환을 앓고 있거나 호르몬 대체요법을 받는 여성은 선정 대상에서 제외된다. 기본 조사(연령, 신장, 체중, 체질량지수, 폐경 기간, 폐경 시작 나이 및 출산 횟수 등)부터 생화학적 검사(골 형성 및 골 흡수 지표 관찰) 및 조직학적 검사(골밀도, 방사선 관찰)까지 이루어져야 한다. 유의성 평가를 위해 피험자 수의 산출 근거를 정하고 실험군의 생화학적 및 조직학적 지표 변화도가 대조군과 비교해 보았을 때 유의적으로 차이를 보여야 한다. 그러나 시험자가 피험자 수의 산출 근거를 정하지 않은 경우는 각 바이오마커들의 유의성 분석 결과를 이용하여 실험 식품의 유효성 평가를 할 수 있다.

(1) 골 형성 지표 분석

① bone alkaline phosphatase(BALP)

Rosalki와 Ying Foo(1984)의 실험법을 변형·개선한 Behr와 Barnert(1986)의 실험법을 이용한다. 혈청 50 μL에 소맥배아 응집소(wheat germ agglutinin)를 5 g/L의 농도로 용해하고 렉틴용액을 50 μL 첨가한다. 이를 37℃에서 30분 동안 배양한 후 트리톤-X(triton-X) 표면활성제가 20 g/L 농도로 희석된 트리톤-X 100용액을 5 μL 첨가한 후 다시 37℃에서 30분 동안 배양한다. 그 후 원심분리(2,000 rpm, 15분)하여 상층액으로 알칼리포스파테이스(ALP) 수치를 측정한다.

② 오스테오칼신

혈중 오스테오칼신(osteocalcin)은 오스테오칼신 미리어 키트(osteocalcin myria kit)를 사용하여 방사면역 분석 시험법에 따라 정한다.

③ 콜라겐 프로펩타이드 유형 I

혈청 중 콜라겐 프로펩타이드 유형I의 함량은 효소면역검사법(enzyme-linked immuno-sorbent assay, ELISA) 키트로 측정한다.

표 12-2 • 골다공증 치료 기능성 평가를 위해 분석할 바이오마커

<table>
<tr><th>시험 모델</th><th colspan="2">골대사 조절</th><th>주요 바이오마커</th><th>보조 바이오마커</th></tr>
<tr><td rowspan="7">정상 여성
및
폐경 여성</td><td rowspan="2">골 교체율</td><td>골 형성 지표</td><td>ALP(혈청)
오스테오칼신(혈청)</td><td>콜라겐 프로펩타이드 유형 I(혈청)</td></tr>
<tr><td>골 흡수 지표</td><td>칼슘 함량(뇨)
피리디놀린(뇨)
데옥시피리디놀린(뇨)</td><td>콜라겐 텔로펩타이드 유형 I(혈청)
TRACP(혈청)</td></tr>
<tr><td colspan="2">칼슘 대사</td><td>칼슘의 생체 이용률
칼슘 보유율</td><td>영양소 섭취량
총무기질 함량에 대한 칼슘 효율</td></tr>
<tr><td colspan="2">총무기질 함량</td><td>칼슘, 인, 마그네슘(혈액, 뇨, 변, 골격)</td><td>영양소 섭취량</td></tr>
<tr><td colspan="2">호르몬</td><td>에스트로겐(혈청)
칼시토닌(혈청)
부갑상선 호르몬(혈청)</td><td>비타민 D</td></tr>
<tr><td colspan="2">골밀도</td><td>골밀도(척추, 골반, 경골, 대퇴골)</td><td>총골칼슘</td></tr>
</table>

(2) 골 흡수 지표 분석

① 콜라겐 텔로펩타이드 유형 I

소변 중 콜라겐 텔로펩타이드 유형I의 함량은 효소면역검사법(ELISA) 키트로 측정한다.

② 피리디놀린

소변 중 피리디놀린(pyridinoline)의 측정은 콜라겐 교차결합 키트를 이용해 효소면역검사법으로 분석한다.

③ 데옥시피리디놀린

소변 중 데옥시피리디놀린(deoxypyridinoline)의 측정은 채뇨한 것을 원심분리하여 소변량을 잰 다음 pyrilinks-D 키트를 사용하여 효소면역검사법으로 분석한다.

(3) 칼슘 대사

혈청 중 칼슘 함량은 회화시킨 후 AAS(atomic absorption spectroscopy)로 측정한다. 칼슘 보유량은 '섭취량-(변 중 배설량+뇨 중 배설량)', 칼슘 흡수량은 '섭취량-변 중 배설량'의 공식으로 구한다. 칼슘 생체 이용률은 방사성동위원소(radio-isotope)를 이용하여 분석한다.

(4) 호르몬

① 부갑상선 호르몬

DSL-8000 ACTIVE TM Intact PTH IRMA 키트를 이용하여 비경쟁적 방사면역 분석 시험(non-competitive radioimmunoassay)을 한다. 이는 시험관에 부착된 항체와 I^{125} 항체로 항원과 항체의 'sandwich'를 생성함으로써 항원 항체 결합 정도를 분석한다.

② 혈중 칼시토닌

DSL-7700 ACTIVE TM Calcitonine IRMA 키트를 이용하여 비경쟁적 방사면역 분석 시험(non-competitive radioimmunoassay)을 실시한다. 이는 시험관에 부착된 항체와 I^{125} 항체로 항원과 항체의 'sandwich'를 생성함으로써 항원 항체 결합 정도를 분석한다.

③ 에스트로겐

혈청 중 에스트라디올(estradiol) 함량은 estradiol RIA 키트를 이용하여 방사면역 분석 시험에 따라 측정한다.

(5) 골밀도, 골무기질 함량 및 총골칼슘 측정

시험 후 척추 및 골반, 오른쪽 대퇴골 등의 총골칼슘량과, 이중에너지 X-선 흡수계측법을 이용하여 척추 및 골반 등과 같은 체중이 실리는 부위와 전신의 골밀도를 측정한다. 전후면 투영으로 요추 골밀도를 측정하고, 제2요추에서 제4요추까지의 골밀도 평균 수치를 사용하여 요추 골밀도 수치를 표현한다.

3. 골다공증 개선 건강기능식품 및 효능[5]

1) 고시형 건강기능식품

(1) 칼슘

칼슘은 우유 및 유제품(요구르트, 치즈), 채소 및 과일, 뼈째 먹는 생선(멸치 등), 콩류 등에 다량 함유되어 있다. 최근에는 칼슘 강화주스, 칼슘 고형 두부 등과 같은 칼슘 강화

식품이 많이 개발되고 있다. 20~49세 성인 남녀의 칼슘 권장섭취량은 각각 800 mg/일, 700 mg/일이고 폐경기 여성, 청소년기, 임신기 여성의 경우는 권장량이 더 높다.

칼슘은 체중의 약 2%로 인체에서 가장 높은 비율로 존재하는 무기질이다. 체내 칼슘 함량의 약 99%가 골격과 치아에 존재하고, 나머지는 근육, 신경 등이 정상적 기능을 유지하도록 도와주는 역할을 한다. 칼슘은 혈액 응고에 관여하는 효소의 활성과 골격 및 심근육세포의 수축·이완 작용에도 중요한 역할을 하기 때문에 생명 유지를 위한 필수적인 영양소라 할 수 있다.

식품의약품안전처 권장 칼슘의 기능성 표시의 예는 다음과 같다.

- 칼슘은 뼈와 치아를 형성하는 데 필요하다.
- 칼슘은 신경과 근육의 기능을 유지하는 데 필요하다.
- 칼슘은 정상적인 혈액 응고에 필요하다.

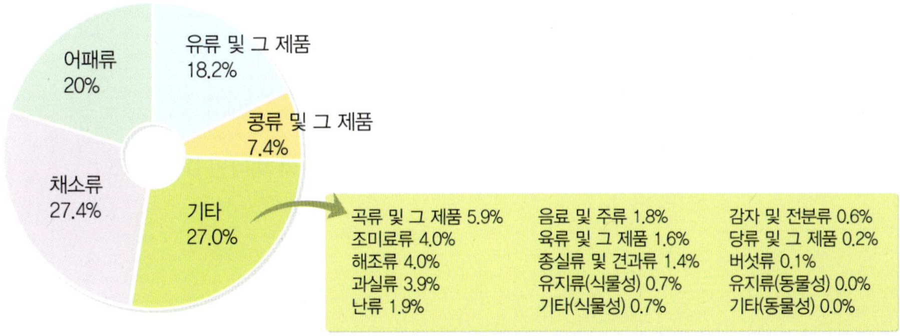

그림 12-6 • 한국인의 칼슘 공급원[6]

(2) 비타민 D

비타민 D는 종류가 최소 10가지 이상으로 그중 비타민 D_2(ergocalciferol)와 비타민 D_3(cholecalciferol)가 생리적으로 중요한 기능을 갖는 것으로 알려져 있다. 비타민 D_2는 효모와 식물스테롤인 에르고스테롤(ergosterol)로부터, 비타민 D_3는 피부에서 콜레스테롤의 전구물질인 7-데하이드로콜레스테롤(7-dehydrocholesterol)로부터 합성된다.

비타민 D는 햇빛으로부터 다량 합성할 수 있어 식품을 통해 섭취하지 않아도 되지만, 햇빛에 노출되는 정도가 적을 경우에는 식품을 통한 섭취가 필요하다. 비타민 D가 포함된 식품으로는 기름진 생선, 달걀, 버터 등이 있지만 함유율이 높지는 않다.

비타민 D는 혈중 및 소장의 칼슘과 인의 농도를 적절히 유지해 준다. 혈중 칼슘과 인의 농도는 신경근육 기능 및 뼈의 무기질화를 조절하는 데 중요한 작용을 한다. 비타민 D는 칼슘의 섭취가 적을 때 뼈에 존재하는 칼슘과 인을 이동하여 적절히 유지함으로써 세포 활성을 적절히 조절한다. 뿐만 아니라 뼈의 주요 성분인 인산칼슘의 생성을 위해 칼슘과 인을 적절한 범위 내에서 조절한다.

식품의약품안전처 권장 비타민 D의 기능성 표시의 예는 다음과 같다.

- 비타민 D는 칼슘과 인이 흡수되고 이용되는 데 필요하다.
- 비타민 D는 뼈를 형성하고 유지하는 데 필요하다.

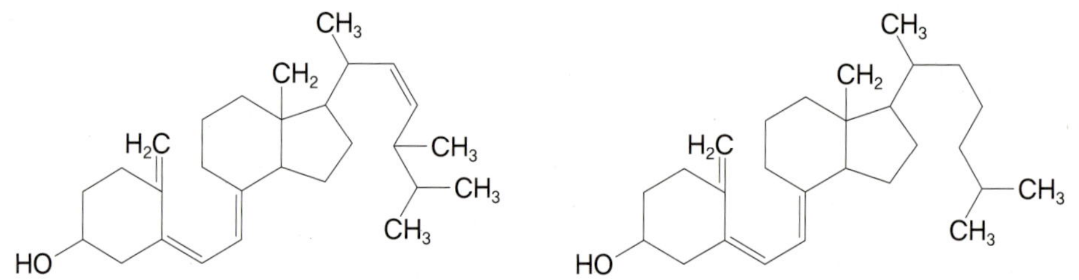

비타민 D_2 비타민 D_3

그림 12-7 • 비타민 D의 생리 활성 형태인 비타민 D_2와 비타민 D_3의 구조

(3) 글루코사민

글루코사민은 아미노산과 당이 결합한 형태인 아미노당의 일종으로 관절의 연골을 구성하는 성분이다. 글루코사민은 새우나 게와 같은 갑각류의 껍질에 존재하는 키틴 성분으로부터 추출되며, 동물의 연골, 뼈와 피부, 세균의 세포벽 등을 구성하는 뮤코다당과 같은 다당류의 중요한 성분이다. 혈액이나 점액 속 단백질과 함께 존재하기도 하고, 적혈구에서는 낭지질 형태로 분포한다.

글루코사민은 프로테오글리칸(proteoglycan)의 주요 성분인 글리코사미노글리칸(glycosaminoglycan)의 전구물질이며, 연골의 구조에 수분을 공급하고, 생성을 촉진하는 역할을 돕는다. 실제로 시험관 내 및 동물 실험을 통해 글루코사민이 연골세포의 파괴를 줄이고 증식을 유발한다는 것이 증명되었다. 임상 시험에서도 30~70세의 관절 이상을 보이는 사람 60~70명을 상대로 글루코사민을 하루에 1.5 g씩 3개월간 섭취하게 한 결과 피시험자의 관절 통증이 개선되는 등 여러 연구에서 글루코사민의 관절 건강

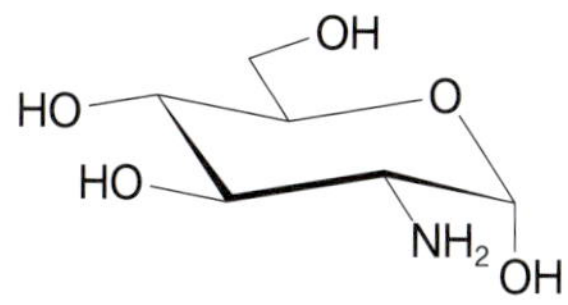

그림 12-8 • 글루코사민의 구조

및 연골 개선 효능이 밝혀졌다. 글루코사민은 식품의약품안전처로부터 '관절 및 연골 건강'의 기능성이 인정되었다.

(4) *N*-아세틸글루코사민

N-아세틸글루코사민은 새우나 게와 같은 갑각류의 껍질에 존재하는 키틴을 효소분해하여 생산되는 것으로, 글리코사미노글리칸, 당지질, 당단백 등을 구성하는 물질이다. *N*-아세틸글루코사민은 콜라겐 분해 및 엘라스틴 분해에 대한 효소 활성을 감소시킨다. 또한 섬유아세포에서 연골조직을 구성하는 글리코사미노글리칸의 생성이 *N*-아세틸글루코사민에 의해 유도되는 것으로 보아 관절 및 연골 생성에 도움을 줄 것이라 생각된다.

실제 식품의약품안전처에서 2001년에 관절 이상이 있는 사람들에게 *N*-아세틸글루코사민 중합체를 하루에 1.5 g씩 6주간 섭취하게 했을 때, 혈중 *N*-아세틸글루코사민의 농도가 증가하고 관절 기능이 개선되었다는 결과가 보고된 바 있다. 2003년에는 평균연령 74세의 관절 이상이 있는 사람 31명을 상대로 *N*-아세틸글루코사민 0.5 g, 1 g을 섭취하게 했을 때 관절 건강에 도움을 줄 수 있음이 확인되었다. 이에 따라 *N*-아세틸글루코사민은 식품의약품안전처로부터 '관절 및 연골 건강'의 기능성이 인정되었다.

그림 12-9 • *N*-아세틸글루코사민 함유 식품인 게

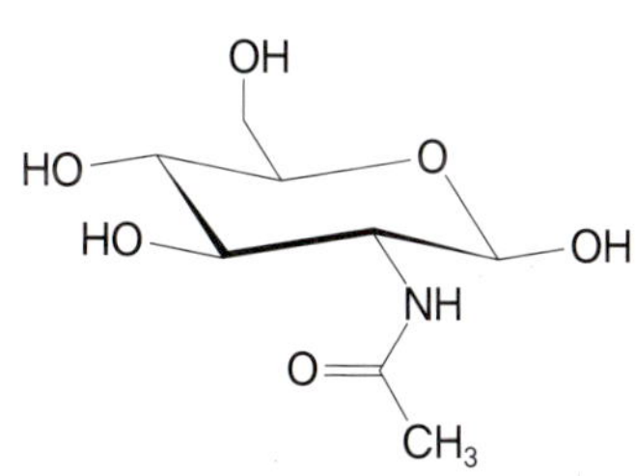

그림 12-10 • *N*-아세틸글루코사민의 구조

(5) 뮤코다당·단백

뮤코다당은 동물 점액성 다당류의 일종으로 뮤코다당체 또는 뮤코다당질의 약칭이다. 생체 내에서는 단백질과 결합하여 뮤코다당·단백을 형성하며 주로 결합조직에 존재한다. 건강기능식품으로 사용되는 뮤코다당·단백은 소, 돼지, 양, 사슴, 상어, 가금류, 오징어, 게, 어패류의 연골조직을 열수추출 또는 효소분해한 후 여과, 농축, 건조 등의 공정을 거쳐 식용에 적합하도록 정제하고 건조하여 만든 것이다.

뮤코다당·단백은 그 자체가 연골조직 성분이기 때문에 섭취 후 관절 및 연골에 흡수되어 기능성을 나타내는 것으로 보인다. 식품의약품안전처에 따르면 2003년 상어연골 분말을 섭취시킨 쥐에 카라기난으로 발에 부종을 유발한 결과 부종이 억제되는 것이 관찰되었다. 2006년에는 오른쪽 무릎 전방십자인대를 절단한 토끼에 상어연골 추출물을 8주간 섭취시켰을 때 침식 및 섬유조직 형성이 유의적으로 감소하고 연골세포가 증식되었다. 또한 임상 시험에서도 30~70세의 관절 이상을 보이는 사람 60~70명에게 하루에 상어연골 추출물 1.5 g씩을 3개월간 섭취하게 했을 때 계단 이동 시 통증과 운동능력이 개선되는 것이 관찰되었다. 이외에도 많은 연구들이 뮤코다당·단백의 기능성을 확인하여 뮤코다당·단백은 식품의약품안전처로부터 '관절 및 연골 건강'의 기능성이 인정되었다.

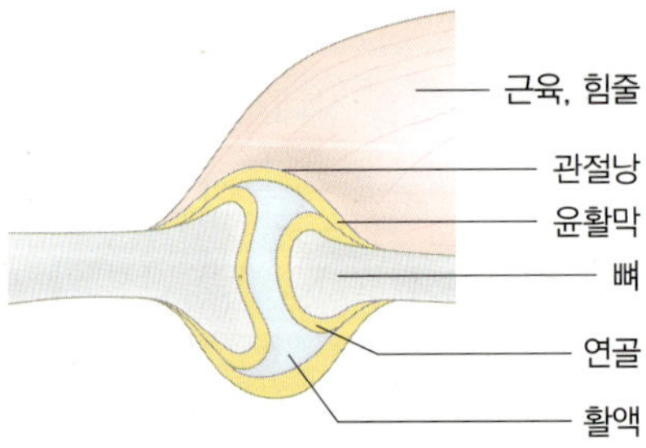

그림 12-11 • 결체조직에서 활액의 점도를 높여 관절의 유연성을 향상시키는 뮤코다당

(6) 프락토올리고당

프락토올리고당은 과일(바나나 등), 채소(양파, 아스파라거스, 마늘 등), 버섯 등에 존재한다. 프락토올리고당은 전이효소(invertase)를 이용하여 설탕에 과당을 전이시키거나, 이눌린을 이눌레이스로 부분가수분해하여 만들어지며 GF2(kestose), GF3(nystose), GF4

그림 12-12 • 프락토올리고당 함유 식품인 아스파라거스

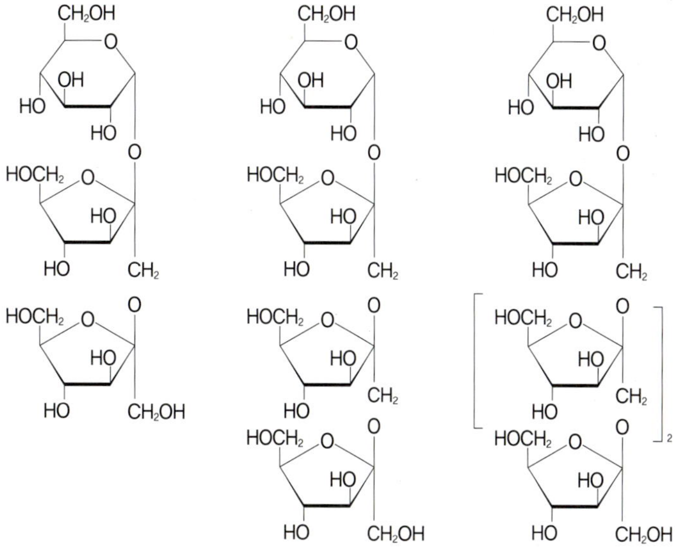

그림 12-13 • 프락토올리고당의 구조

(fructofuranosylnystose)가 기능성을 가진 성분으로 알려져 있다.

프락토올리고당은 장내 유익균인 비피더스균의 증식을 돕고 유해균의 활동은 억제시키는 작용을 한다. 또한 칼슘 흡수를 증가시키는 데 중요한 역할을 한다. 프락토올리고당은 장내 환경을 산성화함으로써 칼슘의 흡수를 증가시키고 세포 사이의 공간을 통한 단순 투과를 촉진시킬 뿐만 아니라, 칼슘 결합 단백질의 합성을 촉진시켜 능동 투과율을 높인다는 것이 동물 실험을 통해 증명되었다.

실제 1999년 건강한 남자 청소년 12명에게 하루에 프락토올리고당 15 g을 9일 동안 섭취하게 한 결과 칼슘의 흡수가 증가되었으며, 이는 소변을 통한 칼슘 배출과는 무관함이 확인되었다. 이외에도 많은 연구에서 프락토올리고당의 기능성을 확인하여 프락토올리고당은 식품의약품안전처로부터 '칼슘 흡수에 도움'의 기능성이 인정되었다.

(7) 대두이소플라본 추출물

대두이소플라본 추출물은 발효된 대두 배아를 주정추출한다. 다이드제인(daidzein), 제니스테인(genistein)이 지표 성분이며 둘의 총합이 30~40%가 되도록 한다.

대두이소플라본은 골 흡수 표지자인 데옥시피리디놀린의 수치를 감소시키는 것이 동물 실험에서 확인되었으며, 대두이소플라본에 의해 ALP 활성이 저해되는 것이 시험관 내 실험에서 밝혀졌다. 또한 중장년층 여성을 상대로 대두이소플라본의 효능을 관찰해 본 결과, 대두이소플라본에 의해 골 흡수의 지표인 데옥시피리디놀린의 분비가 감소된다는 것이 인체 적용 시험에서 증명되었다. 따라서 "뼈 건강에 도움을 줄 수 있습니다"로 기능성을 인정받았다. 인정 등급은 기반 연구와 인체 적용 시험 연구의 수가 불충분하나 그 결과가 일관성 있게 도출되어 '생리활성기능 2등급'에 해당한다. 안전성과 기능성을 확보할 수 있는 하루 섭취량은 이소플라본 비배당체로 25 mg이다. 원료의 섭취 대상은 폐경기 여성으로, 임산부와 수유부, 영유아, 어린이는 섭취를 삼가해야 하며, 특히 갑상선, 유방암, 자궁내막암, 방광암 환자의 경우 섭취에 각별한 주의가 필요하다.

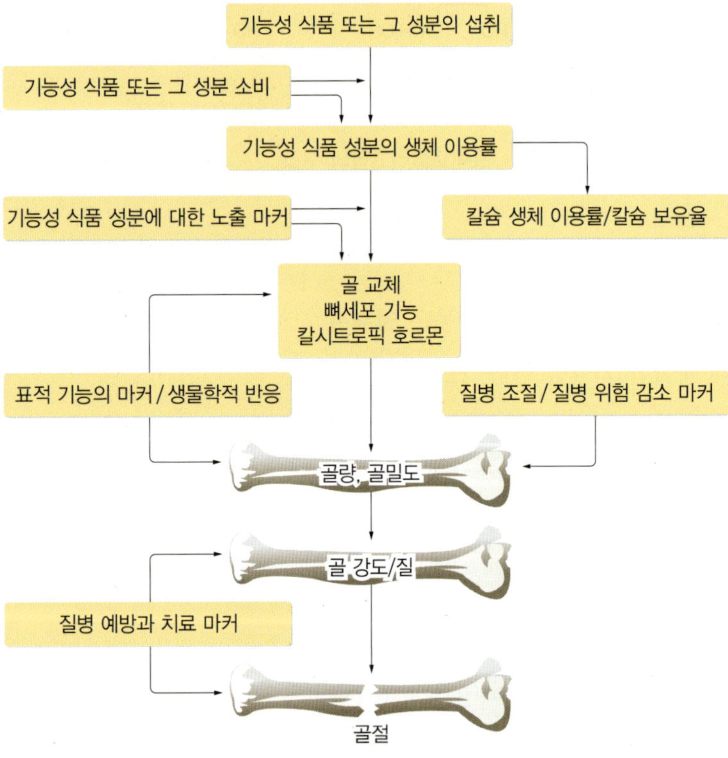

그림 12-14 • 기능성 식품 또는 그 식품 성분 섭취와 뼈 건강과의 관계 메커니즘 요약[7]

그림 12-15 • 대두

2) 개별인정형 건강기능식품

(1) 차조기 등 복합추출물(KD-28)

차조기 등 복합추출물(KD-28)은 갈근, 인진 및 차조기 세 가지 재료를 주정을 이용하여 추출한다. 푸에라린(puerarin, 2.7~4.1%), 스코폴레틴(scopoletin, 0.09~0.13%), 아피제닌(apigenin, 0.004~0.006%)이 원료 각각의 지표 성분이다.

차조기 등 복합추출물(KD-28)은 프로테오글리칸의 분해를 저해하고, 염증 유발 매개물질인 프로스타글란딘(prostaglandin)과 일산화질소(nitric oxide, NO)의 분비를 감소시키는 작용으로 관절 건강에 기여할 것으로 기대되지만, 아직은 시험관 내 실험과 동물 실험의 연구 결과가 충분하지 않다. 인체 적용 연구에서 차조기 등 복합추출물(KD-28)의 효과를 관찰해 보았을 때, 관절 통증 등과 같은 관절의 불편함을 개선시키는 것을 확인하였다. 따라서 차조기 등 복합추출물(KD-28)은 "관절 건강에 도움을 줄 수 있습니다"로 기능성을 인정받았다. 인정 등급은 기반 연구와 인체 적용 연구의 수가 충분하지는 않으나, 그 결과가 일관성 있어 '생리활성기능 2등급'에 해당한다. 안전성과 기능성을 확보할 수 있는 차조기 등 복합추출물(KD-28)의 하루 섭취량은 2.4 g이다.

그림 12-16 • 차조기

사진 자료: 국립농산물품질관리원

(2) 로즈힙 분말

로즈힙 분말은 건조시킨 로즈힙(*Rosa canina* L.) 열매로 만든다. 하이페로사이드(hyperoside, 0.025~0.065%)가 지표 성분으로 알려져 있다.

로즈힙 분말에 의해 염증세포의 활성이 억제되었다는 시험관 내 실험 결과가 있으나 반복 실험에 의해 밝혀진 바는 없다. 그러나 관절에 이상이 있는 사람을 대상으로 로즈힙 분말의 기능성을 관찰해 본 결과, 관절 통증 억제 및 연골 건강에 도움을 줄 수 있다는 것이 확인되었다. 따라서 로즈힙 분말은 "관절 및 연골 건강에 도움을 줄 수 있습니다"로 기능성을 인정받았다. 인정 등급은 기반 연구와 인체 적용 시험 연구 결과는 일관성을 보이나 근거 자료 수가 충분하지 않아 '생리활성기능 2등급'에 해당한다. 안전성과 기능성을 확보할 수 있는 로즈힙 분말의 하루 섭취량은 5 g이다. 과다하게 섭취할 경우 설사를 유발할 수 있으므로 주의하여야 한다.

그림 12-17 • 로즈힙 열매

(3) 황금 등 복합물

황금 등 복합물은 황금(*Scutellaria baicalensis*) 물추출 분말(80%)과 아선약(*Uncaria gambir*) 물추출 분말(20%)을 합하여 만든다. 바이칼린(baicalin)과 카테킨(catechin)이 지표 성분으로 각각 18%, 3%가 되도록 한다.

그림 12-18 • 황금

사진 자료: 국립농산물품질관리원

황금 등 복합물이 염증 매개 관련 지표의 생성을 억제하고 콜라겐의 분해를 감소시킨다는 것이 시험관 내 실험을 통해 확인되었으며, 골관절염이 유도된 동물에서 황금 등 복합물에 의해 염증 및 부종이 저해되는 것이 동물 실험을 통해 확인되었다. 또한 퇴행성 관절 이상을 지닌 사람을 대상으로 황금 등 복합물을 섭취하게 했을 때 관절의 뻣뻣함이 개선되었다는 인체 적용 시험 결과가 보고되었다. 따라서 "관절 건강에 도움이 될 수 있습니다"로 기능성을 인정받았다. 인정 등급은 자료의 수가 충분하지는 않으나 그 결과가 일관성이 있어 '생리활성기능 2등급'에 해당한다. 안전성과 기능성을 확보할 수 있는 하루 섭취량은 황금 등 복합물로 1,100 mg이다. 다만 이 원료를 주요 성분으로 만든 제품은 관절 관련 질환의 치료 목적으로 사용될 수 없다.

(4) 초록입홍합 추출 오일복합물

초록입홍합 추출 오일복합물은 초록입홍합 초임계추출물, 올리브오일, D-α-토코페롤의 세 가지 원료를 혼합하여 만든다. EPA, DHA, α-리놀렌산 등의 오메가-3 불포화지방산 혼합물이 지표 성분으로, 25% 이상이 되도록 한다.

초록입홍합 추출 오일복합물에 의해 사람 단핵세포에서의 염증 유발 매개물질의 생성이 억제된다는 것이 시험관 내 실험을 통해 관찰되었고, 관절 염증이 유발된 동물에 초록입홍합 추출 오일복합물을 투여한 결과 부종이 감소되었다는 동물 실험 결과가 확인되었다. 또한 관절에 이상을 보이는 사람을 대상으로 인체 적용 시험을 한 결과 초록입홍합 추출 오일복합물이 관절 건강에 도움을 줄 수 있음이 확인되었다. 따라서 "관절 건강에 도움이 될 수 있습니다"로 기능성을 인정받았다. 기반 연구와 인체 적용 연구 결과가 일관성은 있으나 근거 자료의 수가 충분하지 않아 '생리활성기능 2등급'에 해당한다. 안전성과 기능성을 확보할 수 있는 하루 섭취량은 초록입홍합 추출 오일복합물로 620 mg이다. 혈전 용해제를 복용하는 경우 의사와의 상담 후에 섭취해야 한다.

(5) 기타

- **호프 추출물** : 지표 성분은 알파산(alpha acids), 이소알파산(iso-alpha acids)의 합으로, "관절 건강에 도움을 줄 수 있습니다"로 생리활성기능 2등급을 인정받았다. 호프 추출물로 하루 섭취량은 1~2 g이다. 어린이, 임산부 및 수유 여성은 섭취에 주의해야 하며, 호프 추출물 알레르기 반응을 나타내거나 항울제 또는 호르몬제를 복용 중이면 섭취에 주의해야 한다.
- **지방산 복합물** : 지표 성분은 미리스트올레산(myristoleic acid)이며, "관절 건강에 도움을 줄 수 있습니다"로 생리활성기능 2등급을 인정받았다. 우지에서 추출한 것으로 하루 섭취량은 1,248 mg이다. 임산부 및 수유부는 섭취 시 주의가 필요하다.
- **비즈왁스알코올** : 비즈왁스알코올(Bees Wax Alcohol)은 벌집 밀랍에서 추출한 6가지 고분자지방족알코올의 혼합물이다. 지표 성분은 1-tetracosanol(C24), 1-hexacosanol(C26), 1-octacosanol(C28), 1-triacontanol(C30), 1-dotriacontanol(C32), 1-tetratriacontanol(C34)로 "관절 건강에 도움을 줄 수 있습니다"로 '생리활성기능 2등급'을 인정받았다. 하루 섭취량은 50~100 mg이며, 어린이, 임산부 및 수유부는 섭취 시 주의가 필요하다.
- **전칠삼추출물 등 복합물** : 전칠삼, 숙지황, 가시오갈피 추출물을 복합한 원료이다. 관절 기능 손상을 유발하는 염증 인자(cytokines) 분비를 억제하여 연골 파괴 과정을 억제하는 메커니즘으로 "관절 건강에 도움을 줄 수 있습니다"로 '생리활성기능 2등급'을 인정받았다. 지표 성분은 ginsenoside Rb1, stachyose, eleutheroside E이며, 하루 섭취량은 800 mg이다.
- **가시오갈피 등 복합추출물** : 가시오갈피, 중국당귀, 황금의 복합추출물 원료이다. 인체 적용 시험에서 가시오갈피 등 복합추출물을 섭취한 결과, 관절 통증과 불편함을 평가하는 워막점수(WOMAC score)가 개선된 것으로 관찰되어 "관절 건강에 도움을 줄 수 있습니다"로 기능성을 인정받았다. 지표 성분은 가시오갈피의 엘레우케로사이드 E(Eleutheroside E), 중국당귀의 리그스틸라이드(ligustilide), 황금의 바이칼린이다. 하루 섭취량은 1.5 g이며, 임산부 및 수유부 여성, 알레르기 및 특이체질, 질병 치료 중인 사람은 섭취 시 주의해야 한다.
- **강황추출물** : 강황은 인도의 전승의학 고서인 『아유르베다』와 우리나라 『동의보감』에 관절 질환에 도움을 주는 것으로 기록된 약용식물이다. 강황추출물은 강황

을 열수추출하여 제조하며, 지표 성분은 파라-쿠마르산(ρ-coumaric acid)이다. 동물 시험에서 염증에 대한 저해 활성이 관찰되었다. 인체 적용 시험에서도 강황추출물을 섭취한 실험군이 글루코사민 섭취 대조군과 비교해 섭취 21일차부터 관절 통증, 관절 마찰음, 관절 불편함 등이 빠르고 효과적으로 감소된 것이 입증되어 "관절 건강에 도움을 줄 수 있습니다"로 기능성을 인정받았으며, 인정 등급은 '생리활성 기능 2등급'에 해당한다. 하루 섭취량은 강황추출물로 1 g이며, 영유아, 임산부, 수유부, 강황 알레르기가 있는 사람이나 특정 질환이 있다면 섭취에 주의를 기울여야 한다.

- **보스웰리아 추출물** : 보스웰리아(Boswellia)는 유향나무의 유향을 말하며, 인도의 전통 의학서 『아유르베다』에 만성 염증 및 관절염, 소염 등에 사용되었다고 기록되어 있다. 지표 성분은 3-acetyl-11-keto-β-boswellic acid(AKBBA)와 11-keto-β-boswellic acid(KBA)의 합이다. "관절 및 연골 건강에 도움을 줄 수 있습니다"로 기능성을 인정받았으며 '생리활성기능 2등급'에 해당한다. 하루 섭취량은 보스웰리아 추출물로 1,000 mg이다. 임산부와 수유부는 섭취 시에 주의를 기울여야 한다.
- **CMO 함유 FAC** : CMO 함유 FAC는 소의 지방조직에서 얻은 기름에서 최대한 지방산만 정제한 후 세틸알코올을 첨가하여 제조한다. 지표 성분은 세틸 미리스톨리에이트(cetyl myristoleate, CMO)이며 "관절 건강에 도움을 줄 수 있습니다"로 기능성을 인정받아 '생리활성기능 2등급'에 해당한다. 하루 섭취량은 CMO 함유 FAC로는 893 mg, CMO로는 250 mg이다. 임산부와 수유부는 섭취 시 주의해야 한다.
- **닭가슴연골분말** : 지표 성분은 콘드로이틴황산(chondroitin sulfate)이며, 관절 건강에 도움을 줄 수 있으나 인체 적용 시험이 미흡하여 '생리활성기능 3등급'에 해당한다. 하루 섭취량은 닭가슴 연골분말로 40 mg이다. 임산부, 수유부, 복용 중인 의약품이 있는 사람은 섭취 시 주의해야 한다.
- **참당귀추출분말** : 당귀는 산형과에 속하는 다년생 초본식물이며, 어린순은 나물로 식용하고 뿌리는 약재로 사용한다. 참당귀추출분말을 섭취한 결과 퇴행성 무릎관절염 환자와 경견완증후군 환자에서 통증평가척도(VAS)와 관절통증평가척도(WOMAC) 지수가 유의적으로 감소하여 "관절 건강에 도움을 줄 수 있습니다"로 기능성을 인정받았다. 지표 성분은 데커신(decursin)이고, 하루 섭취량은 800 mg이다. 섭취 시 주의사항으로는 소화불량, 속쓰림 등의 부작용이 있을 수 있다.

- **까마귀쪽나무열매주정추출물** : 까마귀쪽나무의 열매를 주정에 15~24시간 침지한 후 열매를 빼고 남은 액상을 농축하여 동결건조한 분말로 제조한다. 지표 성분은 Hamabiwalactone B이며, 하루 섭취량은 200 mg이다.
- **흑효모배양액 분말** : 흑효모(*Aureobasidium pullulans*) 균주 발효를 통해 얻는 수용성 복합다당체이며, 지표 성분은 베타글루칸(β-glucan)이다. 뼈 건강에 도움을 줄 수 있으나 관련 인체 적용 시험이 미흡하여 '생리활성기능 3등급'에 해당한다. 하루 섭취량은 150 mg이다.
- **가시오갈피 숙지황 복합추출물** : 가시오갈피와 숙지황은 예로부터 신경통, 관절염 등 염증 작용 관련 질병과 당뇨병, 강장제로 사용해 왔다. 복합추출물 중 가시오갈피의 지표 성분은 Eleutheroside E이고 숙지황은 Tachyose이며, 하루 섭취량은 800 mg이다.
- **유단백추출물** : 지표 성분은 락토페린(lactoferrin)이며, "뼈 건강에 도움을 줄 수 있습니다"로 기능성을 인정받았다. 하루 섭취량은 40 mg이며, 우유 알레르기를 나타내는 사람은 섭취 시 주의해야 한다.

표 12-3 • 골다공증 개선 관련 고시형 건강기능식품의 분류[8]

영양소 및 기능성 원료명	기능(지표) 성분	인정 등급
칼슘	칼슘	생리활성기능 2등급
비타민 D	비타민 D	생리활성기능 2등급
글루코사민	글루코사민 염산염	생리활성기능 2등급
N-아세틸글루코사민	*N*-acetyl glucosamine	생리활성기능 2등급
Dimethylsulfonylmethane(MSM)	Dimethylsulfone	생리활성기능 2등급 생리활성기능 3등급
뮤코다당·단백	단백질과 콘드로이틴황산	생리활성기능 2등급
프락토올리고당	프락토올리고당	생리활성기능 2등급
대두이소플라본 추출물	대두이소플라본 배당체(Daidzin, Genistin, Glycitin)에 전환계수를 적용한 것과 배당체(Daidzin, Genistin, Glycitin)의 합	생리활성기능 2등급

표 12-4 • 골다공증 개선 관련 개별인정형 건강기능식품의 분류[8]

원료명	기능(지표) 성분	인정 등급
차조기 등 복합추출물	Puerarin, Scopoletin, Apigenin	생리활성기능 2등급
로즈힙 분말	Galacto lipid, Hyperoside	생리활성기능 2등급
황금추출물 등 복합물	Baicalin, Catechin	생리활성기능 3등급, 생리활성기능 2등급
초록입홍합 추출 오일복합물	EPA, DHA, DPA, α-Linolenic acid의 합	생리활성기능 2등급
지방산복합물	Myristoleic acid	생리활성기능 2등급
호프 추출물	Alpha acids, Iso-alpha acids의 합	생리활성기능 2등급
비즈왁스알코올	1-tetracosanol(C24), 1-hexacosanol(C26) 1-octacosanol(C28), 1-triacotanol(C30) 1-dotriacotanol(C32), 1-tetratriacotanol(C34)	생리활성기능 2등급
전칠삼추출물 등 복합물	Ginsenoside Rb1, Stachyose, Eleutheroside E	생리활성기능 2등급
가시오갈피 등 복합추출물	Eleutheroside E (가시오갈피); Ligustilide (중국당귀); Baicalin (황금)	생리활성기능 2등급
강황추출물	ρ-Coumaric acid	생리활성기능 2등급
보스웰리아추출물	3-Acetyl-11-keto-β-bos wellic acid (AKBBA)와 11-keto-β-bos wellic acid (KBA)의 합	생리활성기능 2등급
CMO 함유 FAC(Fatty acid complex)	Cetyl Myristoleate (CMO)	생리활성기능 2등급
닭가슴연골분말	Chondroitin sulfate	생리활성기능 3등급
참당귀추출분말	Decursin	생리활성기능 2등급
까마귀쪽나무열매주정추출물	Hamabiwalactone B	생리활성기능 2등급
흑효모배양액분말	β-Glucan	생리활성기능 3등급
가시오가피 숙지황 복합추출물	Eleutheroside E(가시오갈피); Tachyose(숙지황)	생리활성기능 2등급
유단백추출물	Lactoferrin	생리활성기능 2등급

제2절 치아 건강

1. 치아, 충치의 정의 및 개요

치아는 소화의 첫 단계로 음식물을 으깨어 소화하기 쉽도록 잘게 부수는 저작 기능을 담당한다. 이는 필요한 영양분을 섭취할 수 있게 하며, 음식물과 타액과의 혼합에 의해 혈행을 원활하게 하여 대사 작용 및 구강 건강에도 도움을 준다.

1) 치아의 구조

치아는 크게 머리 부분인 치관(crown)과 뿌리 부분인 치근(root)으로 구분된다. 치관은 법랑질(enamel)과 상아질(dentin)로 구성되어 있으며, 치근은 잇몸과 뼈 속에 있는 부분으로 백악질(cementum)로 싸여 있다.

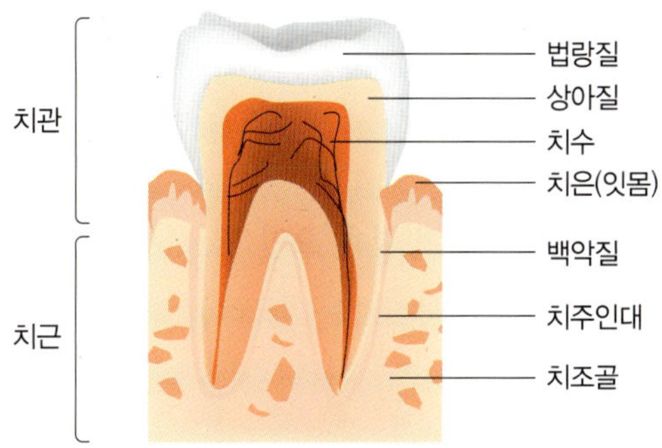

그림 12-19 • 치아의 구조

표 12-5 • 치아의 구조 및 특성

구분		특징
치관(crown)	법랑질(enamel)	• 치아의 표면을 구성하며 신체조직 중 가장 단단함 • 무기질 96%, 수분 3%, 유기물 1%로 이루어짐
	상아질(dentin)	• 치아의 대부분을 구성하며 지수의 영향을 받음 • 법랑질 다음으로 단단하며, 황색의 불투명한 색을 띰 • 주로 칼슘과 인으로 구성 • 무기질 70%, 유기질 20%, 수분 10%, 콜라겐 8% 함유
치근(root)	백악질(cementum)	• 치아의 뿌리 부분을 감싸고 있음 • 뼈보다는 단단하나 법랑질, 상아질보다는 덜 단단함 • 샤피섬유(Sharpey fiber)에 의해 치아를 치조골에 부착시킴 • 백악질의 내면은 상아질에 단단하게 접착됨 • 백악질의 외면은 치근막에 연결됨 • 치아를 악골에 고정시켜 지지함 • 무기질 65%, 유기물 22%, 수분 13% 함유
	치주인대(periodontal ligament)	• 치아와 치조골을 연결해 주는 조직 • 치아의 지지 역할과 교합력을 완충시켜 전달하는 작용 • 많은 지각신경섬유 분포로 압력, 동통 등의 촉각 가짐 • 일반적으로 유치의 치근막이 영구치보다 두꺼움 • 연령이 증가함에 따라 두께 감소
	치은(gingiva)	• 치조골과 치아 사이에 부착됨 • 치아를 보호, 구강의 건강 상태를 알려줌

(계속)

구분		특징
치근(root)	치수(dental pulp)	• 신경조직과 연결되어 영양 공급 • 연조직성 유기물질로 구성 • 신경조직과 혈관, 림프관, 섬유조직 등이 포함 • 유기물 25%, 수분 75% 로 이루어짐
	치조골(alveolar bone)	• 치아가 담겨 있는 뼈 • 치주인대, 백악질과 치조골을 연결, 지지

2) 충치(치아우식증)

충치(dental caries)는 숙주 요인과 병원체 요인 및 환경 요인이 복합적으로 작용하여 발생하는 질병이다. 충치는 입안에 서식하는 세균이 치아에 남아 있는 음식을 분해하면서 생기는 산(acid)에 의해 법랑질이 손상되는 것을 말하며 '우치' 또는 '치아우식증'이라고도 한다.[9] 입안은 항상 축축하고 따뜻하며 영양분이 풍부하여 세균이 서식하기 좋은 환경이다. 입안에서 세균은 세균막(biofilm)을 형성하는데 특히 치아 표면에 부착하여 세균과 세균의 부산물 및 음식물 찌꺼기가 합쳐진 끈적끈적한 막을 치면세균막(dental plaque) 또는 치태라고 한다. 이러한 치면세균막은 치석의 전단계로 충치를 유발하는 주된 역할을 한다.[10]

현재까지 치면세균막과 관련된 약 300여 종의 세균들이 발견되었지만, 그중에서 그람 양성(gram-positive), 조건적 혐기성(facultative anaerobic) 세균인 *Streptococcus mutans*가 충치를 유발하는 주된 세균으로 보고되었다. *S. mutants*는 글라이코실 전달효소(glucosyltransferase, GTase)를 분비하여 수크로스(sucrose)로부터 불용성 글루칸을 합성한다. 강력한 접착력을 가지고 있는 이러한 불용성 글루칸은 *S. mutants*를 치면에 부착하여 정착시킨다. 이와 같이 치면에서 성장 증식한 *S. mutants*는 구강 내 세균들과 균괴를 생성하며 성장한다. 성장한 균괴가 치면을 덮으면 치면세균막이 되어 육안으로 볼 수 있게 된다. 치면세균막의 *S. mutants*는 당질 대사를 통해 산을 만들어 냄으로써 치면세균막 내부에 축적시키고 pH를 떨어뜨린다. 이로 인해 법랑질의 탈회가 유발되고 치아우식증을 일으키게 된다. 따라서 *S. mutants* 항균 작용, GTase 활성 저해, 세포 부착능 저해, 산 생성 저해 등에 효능이 있다면 치아우식증 예방에 도움이 된다고 할 수 있다. 최근 이러한 치아 건강을 위한 건강기능식품에 대한 연구가 활발히 이루어지고 있다.[7]

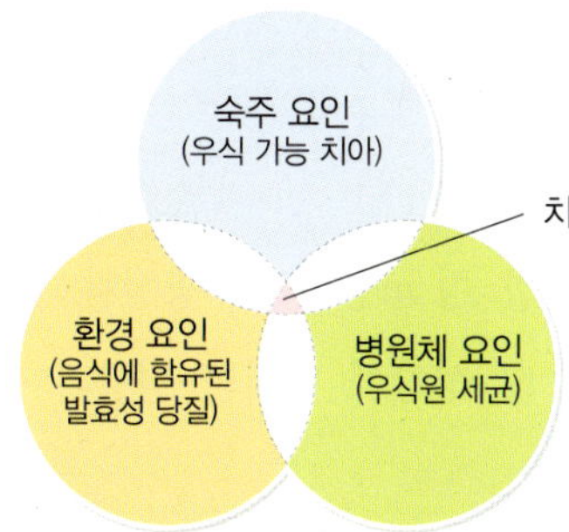

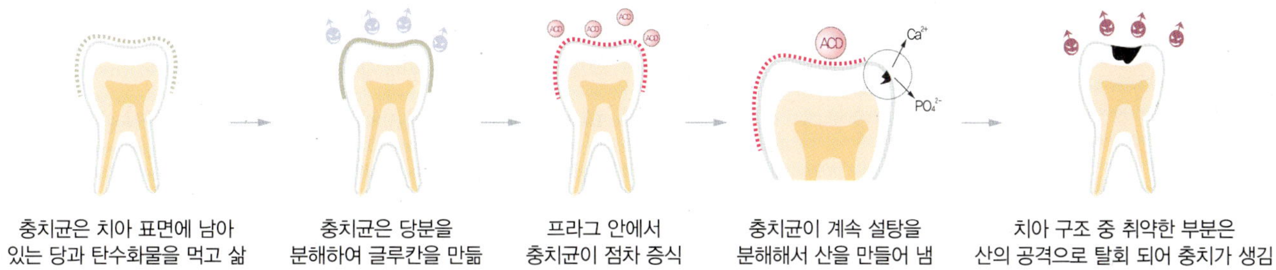

그림 12-20 • 충치의 발생 원인

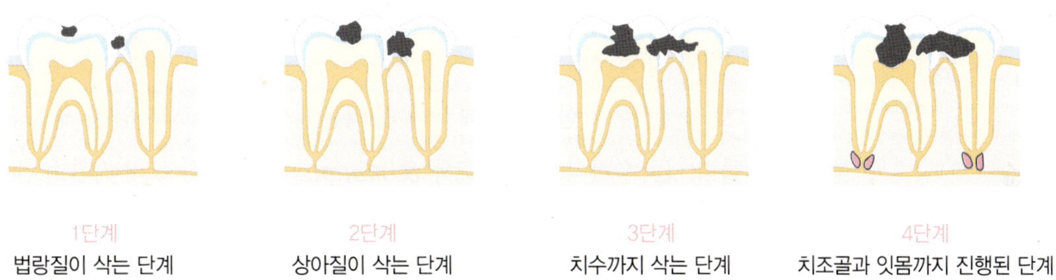

그림 12-21 • 충치의 진행 단계

표 12-6 • 충치의 진행 단계

단계		손상 정도
1단계	초기 단계	충치가 법랑질에 국한된 경우로 자각증상이 전혀 없는 단계
2단계	상아질이 썩는 단계	충치가 상아질까지 진행된 경우로 통증은 없지만 냉수나 자극에 의해 이가 시린 단계
3단계	신경조직이 손상된 단계	충치가 치수에까지 진행된 경우로 치수에 염증이 생기고 심한 통증이 있는 단계
4단계	염증이 뼈 속으로 진행된 단계	3단계에서 더 진행되어 치관이 붕괴되고 치근만 남아 있는 단계. 더 이상의 치아 보존이 어렵기 때문에 치아를 제거해야 함

2. 기능성 평가 방법

1) 시험관 내 실험

*S. mutants*에 대한 항균성과 산 생성량, 균체 부착 억제 정도를 측정함으로써 *S. mutants*의 발효성 및 성장에 미치는 영향과 불용성 글루칸 합성 유무에 미치는 영향을 알아본다.

(1) 항균성 측정

S. mutants 균의 수가 10^5이 되도록 뇌심장침출배지(brain heart infusion broth)에 24시간 배양한다. 시료 추출물을 다양한 농도로 처리하고 48시간 동안 배양한다. 여지디스크확산법(paper disc)을 이용하여 *S. mutants*에 대한 항균성을 측정한다.

(2) 산 생성량 측정

다양한 농도의 시료 추출물을 뇌심장침출배지에 처리한 후 *S. mutants*의 균 수가 10^5~10^6가 되도록 접종한다. 48시간 배양한 후 고성능 액체크로마토그래피(HPLC)를 이용해 *S. mutants*의 작용으로 배지에 분비된 산의 생성량을 측정한다.

(3) 균체 부착 억제 정도 측정

1% 수크로스 함유 뇌심장침출배지를 유리관에 준비하고, 다양한 농도의 시료 추출물을 처리한다. 균 수가 10^5이 되도록 *S. mutants*를 접종하고 유리관을 30° 기울여 24시간 정치배양한다. 유리관 벽면에 부착한 균체에 0.5 M NaOH용액을 가하여 균체를 현탁시킨 후 1 mL을 취해 550 nm에서 흡광도 값을 얻고 균체 부착 억제 정도를 측정한다.

2) 동물 실험

쥐 모델을 이용하여 미세경도 측정, 치면세균막의 유기산 함량 등을 측정한다.

(1) 미세경도 측정

*S. mutants*와 같은 우식원 세균이 생성한 산의 치아 표면에서의 접촉 시간이 증가하게 되면 법랑질이 삭게 되어 치면에 탈회가 유발된다. 이러한 변화를 표면 미세경도 측정으로 확인한다. 생후 3주 정도 Sprague-Dawley계 암컷 흰쥐 60마리를 적응 기간을

거친 후 원하는 기간(적어도 8주 이상) 동안 시료를 다양한 농도로 섭취하도록 한다. 섭취 기간이 끝나면 마취 후 치은선(gingival line)상에서 흰쥐의 앞니를 절단한다. 치아 시료는 수세, 세마를 마친 후에 생리식염수에 담아 보관한다. 청량음료에 윈도(window)가 형성된 흰쥐 앞니 시료를 2시간 침지시킨다. 채취한 흰쥐의 윗쪽 앞니는 4 mm^2 이상의 절편으로 절단하고, 총 72개의 법랑질 시편을 만든다. 불포화 폴리에스테르(unsaturated polyester)를 이용하여 탈회한 평활면을 제외한 모든 면이 포매되도록 10×15 mm의 원기둥을 제작한다. 법랑질 조직 표면이 포매된 시편의 장축에 대해 수직이 되도록 연마하고, 산화알루미늄 분말로 최종 연마한다. 그 후 미세경도 측정기를 사용해 시편당 세 군데 부위의 미세경도를 측정한다. 측정한 시료들 중 평균 ±2 S.D 내의 시료만 골라서 청량음료에 침지시킨 후 다시 표면 미세경도를 측정한다.

(2) 치면세균막의 유기산 함량 측정

치면세균막에 존재하는 *S. mutants*가 당질 대사를 통해 생성한 유기산의 함량을 측정하는 시험이다. 275 nM 포도당용액을 이용하여 치아 표면을 씻어 낸 후 냉동된 HPLC 시약에 넣고 음파 처리(sonication)한다. 현탁액은 1,200 g 냉동 원심분리기에서 10분간 원심분리용 0.2 ㎛ 미세필터퓨즈 튜브(microfilterfuge tube)를 사용해 거르고 -20℃에 얼린다. 퍼킨-엘머 크로마토그래프(Perkin-Elmer chromatography)와 분배 고속액체크로마토그래피 칼럼(partition HPLC column)을 이용한 HPLC로 카복실산(carboxylic acid)을 분리하여 분석한다. 구연산, 젖산, 피루브산, 개미산, 호박산, 프로피온산, 초산, 이소발레르산, 이소부티르산으로 기준을 잡아 결과를 비교한다.

3) 임상 시험

치면세균막의 형성 억제 효과, 치면세균막의 부착 정도 측정, *S. mutants*균 수의 측정, 치면세균막의 pH 변화, 세균 활성도 중 2가지 이상을 측정하여 시험한다. 이외에도 치면별/치아별 우식 경험도의 변화 정도, 탈회 재결정화 정도를 측정하기도 한다.

(1) 치면세균막 형성 억제 효과

40명 정도의 시험 대상자는 시험 기간 동안 항생제 복용과 구강 진료를 금한다. 시험 대상자 전원의 치면세균막 부착 정도를 측정하고, 치면세균막 지수가 0이 되도록 치면을 세마한다. 그 후 시험 시료를 식음하는 군과 대조 시료를 식음하는 두 군으로 나누어 하루에 3회씩 식음하도록 한다. 시험이 시작된 후 2주, 4주, 6주에 걸쳐 치면세균막의 부착 정도를 측정하여 통계적 유의성을 검증한다.

⑵ 치면세균막 부착 정도 측정

각 시험 대상자의 협설측 치면을 Turesky가 변형한 Quigley와 Hein의 치면세균막 평점 기준에 따라서 각각 근심, 원심, 중앙 치면으로 구분하여 15, 35, 26, 36, 32, 44번의 치아 6개 부위를 측정한다.

⑶ *S. mutans* 수의 측정

40명 정도의 시험 대상자는 시험 기간 동안 항생제 복용과 구강 진료를 금한다. 시험 대상자 전원의 치면세균막 부착 정도를 측정하고, 치면세균막 지수가 0이 되도록 치면을 세마한다. 그 후 시험 시료를 식음하는 군과 대조 시료를 식음하는 두 군으로 나누어 하루에 3회씩 식음하도록 한다. 시험 시작 후 2주, 4주, 6주에 시험 대상자의 타액을 채취하여 *S. mutants* 수를 측정한다. 시험 대상자로 하여금 0.1% 펩톤용액을 15초간 수구하게 한다. 멸균된 0.067 M 인산 완충액으로 펩톤용액을 10배 희석하고 미티스 살리바리우스 한천(Mitis Salivarius agar, MSA)에 분주하여 평판도말한다. 이를 37℃ 혐기성 배양기(anaerobic chamber)에서 다시 48시간 배양한다. *S. mutants*의 균락 수를 균락수 측정기(colony counter)를 사용하여 측정하고, 통계적 유의성을 확인한다.

⑷ 치면세균막의 pH 변화 측정

- **치태표본추출법** : 치면세균막 채취 후 즉시 이온선택성 전극(combination type)을 이용하여 pH 변화량을 측정한다.

Turesky가 변형한 Quigley와 Hein의 치면세균막 지수의 기준

- 0 : 치면세균막 불부착
- 1 : 치은연부에 점상 부착
- 2 : 치은연(치아와 잇몸이 만나는 경계)을 따라서 선상 부착(넓이가 1 mm 이하)
- 3 : 치경부측 1/3까지 치면세균막이 있는 경우
- 4 : 치경부측 2/3까지 치면세균막이 있는 경우
- 5 : 치경부측 2/3을 넘어서 치면세균막이 있는 경우

- Microtouch method : 치간 사이의 치면세균막에서 palladium touch micro-electrode(지름 0.1 mm)를 이용하여 pH를 측정한다.
- Telemetric method : 가철성 의치에 부착되어 있는 인공 면에 쌓인 치면세균막의 pH 농도 변화를 glass pH electrode(지름 2 mm)를 이용하여 측정한다.

3. 치아 건강기능식품 및 효능[5]

1) 고시형 건강기능식품

(1) 칼슘 함유 제품[11]

칼슘은 임신기, 폐경기 여성과 성장기 어린이 및 청소년에게 꼭 필요한 영양소로 골격계와 치아의 형성 및 유지를 돕는다. 임신을 하게 되면 호르몬의 변화로 치아 지탱을 담당하는 치조골에서 칼슘이 빠져나가게 되어 잇몸 뼈가 무르고 약해진다. 따라서 극소량의 치석과 치태에 의해서도 잇몸 질환이 악화되고, 치조골이 주저앉으며 치아 뿌리가 일부 노출되면서 치아 시림을 느끼게 된다. 성장기 어린이에게 칼슘이 부족할 경우 골격 및 치아의 석회화가 불완전하여 성분 변화뿐 아니라 성장이 저하되고 충치 유발 가능성도 높아진다.

따라서 칼슘은 "뼈와 치아를 형성하는 데 필요합니다"로 기능성을 표시할 수 있다. 안전성과 기능성 두 가지를 모두 확보할 수 있는 하루 권장량은 성인(19~49세)의 경우 남자는 800 mg, 여자는 700 mg이다. 하지만 청소년기의 남자는 900~1,000 mg, 여자는 800~900 mg, 폐경기 여성의 경우에는 800 mg으로 보통 사람들보다 권장량이 높다.

(2) 프로폴리스 추출물

벌집(소방)의 구성 성분 중 하나인 프로폴리스(propolis)는 꿀벌이 식물의 싹이나 수액에 자신의 타액 및 분비물을 섞어 만든 교질성 물질로 유기산, 수지, 방향유, 밀납 등을 함유하고 있다. 프로폴리스 추출물의 항균 활성에 대한 연구 보고는 많은 편으로, 프로폴리스 추출물이 구강 내 미생물의 증식을 억제하는 것으로 알려져 있다. 건강한 사람의 구강 섬유아세포를 감염시킨 후 프로폴리스를 처리하였을 때, 섬유아세포 억제 및 균의 성장을 억제함도 확인하였다. 또한 쥐를 충치 원인균인 *Streptococcus sobrinus*에 감염시킨 후 프로폴리스를 먹였을 때 항균 활성이 나타남을 확인하였다. 이외에도 인체 적용 시험에서 구강 내에 상처가 있는 실험자에게 프로폴리스 추출물 용액을 섭취하게 했을 때 염증이 감소됨을 확인하였다.

이러한 결과들로 인하여 프로폴리스 추출물은 '구강에서의 항균 작용'의 기능성을 인정받았다. 현재 건강기능식품으로 사용되고 있는 프로폴리스 추출물은 꿀벌이 만든 프로폴리스에서 왁스를 없애고, 물이나 주정 및 이산화탄소를 이용하여 추출한 후 식용에 적합하도록 만든 것이다. 이러한 건강기능식품으로서의 프로폴리스 추출물은 총 플라보노이드의 함량이 1% 이상이어야 하며 파라-쿠마르산 및 계피산이 포함되어 있어야 하고, 다이에틸렌글리콜(diethylene glycol)은 검출되지 않아야 한다.

또한 프로폴리스 추출물은 '항산화 작용'으로도 기능성을 인정받았는데, 안전성과 기능성을 모두 확보할 수 있는 총플라보노이드의 하루 섭취량은 16~17 mg이다. 이 섭취량은 프로폴리스 추출물의 항산화 작용에만 적용되므로 아직까지 '구강에서의 항균 작용'에 대한 기능성 관련 섭취량은 별도로 정해지지 않았다. 프로폴리스는 예전부터 오랫동안 섭취해 왔던 식품으로 심각한 독성이나 부작용이 알려진 바는 없으나 프로폴리스에 의해 점막에 염증이나 궤양이 유발되고 이로 인해 천식과 같은 과민 반응이 일어날 수 있다고 보고되어 있다. 따라서 천식이 있는 사람은 프로폴리스의 섭취를 피하는 것이 좋으며, 벌꿀에 과민 반응을 나타내는 사람 또한 섭취에 주의하여야 한다.

2) 개별인정형 건강기능식품

(1) 자일리톨

자일리톨(xylitol)은 너도밤나무류의 자작나뭇과 및 아몬드 외피, 귀리, 사탕수수 등에서 얻은 자일란(xylan)을 가수분해하고 수소를 첨가하여 만든 것이다. 자일리톨은 설탕과 비슷하여 충치 원인균인 *S. mutants*가 설탕으로 인식하여 이용하지만 자일리톨의 독특한 5탄당 구조 때문에 *S. mutants*가 소화하지 못한다. 따라서 치태와 산 생성이 억제되어 치아 손상을 막는다. 자일리톨은 그 자체의 독성으로 *S. mutants*의 사멸을 유

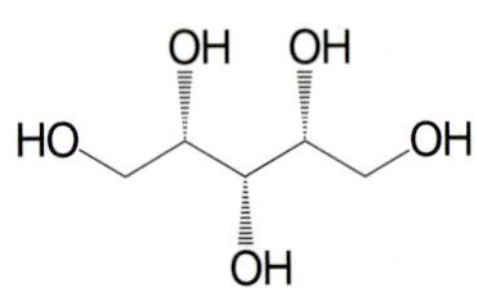

그림 12-22 • 자일리톨의 구조

도하고, 장기적으로 자일리톨을 섭취하여 생긴 내성균은 병원성이 약하다는 보고도 있다. 또한 다수의 인체 적용 연구 결과, 자일리톨을 섭취하였을 때 치태 생성, 구강 산성화 및 치아우식 발생을 감소시킨다는 결과를 확인하였다.

1985년 WHO는 32개월간 어린이를 대상으로 자일리톨을 섭취하도록 하였을 때 치아우식 발생률이 50% 저해되었음을 보고한 바 있고, 우리나라 식품의약품안전처에서도 "치태 감소, 산 생성 억제, 충치균 성장을 저해시켜 충치 발생 위험을 감소시킬 수 있습니다"로 기능성을 인정받았다. 자일리톨에 의한 치아우식 발생 위험 감소에 대한 충분한 과학적 근거 자료가 확보되었으므로 인정 등급은 '질병 발생 위험 감소 기능'에 해당된다. 안전성과 기능성을 확보할 수 있는 자일리톨의 하루 섭취량은 10~25 g으로 3회에 나눠서 섭취한다. 섭취 시 입속에 자일리톨이 오랫동안 머물 수 있도록 하는 것이 좋으며, 일시에 40 g 이상 섭취하면 복부 팽만감 등의 불쾌감이 생길 수 있다. 당과 전분의 함량이 높은 음식을 피하여 자일리톨의 충치 발생 위험 감소 기능을 최대화할 수 있다.

표 12-7 • 치아 개선 관련 고시형 건강기능식품의 분류

구분	기능성 원료명	함유 식품
영양소	칼슘	고형 두부, 배추, 케일, 브로콜리, 칼슘 강화 오렌지주스, 모유, 쇠고기
페놀류	프로폴리스 추출물	벌집

표 12-8 • 치아 개선 관련 개별인정형 건강기능식품의 분류[8]

원료명	기능(지표) 성분	인정 등급
자일리톨	자일로스(xylose)	질병 발생 위험 감소 기능

참고문헌

1 대한골다공증학회(http://www.koreanosteoporosis.or.kr)

2 서울대학교 병원(http://health.search.naver.com/search.naver?where=health_detail&sm=tab_txc&ie=utf8&query=%EA%B3%A8

3 http://juya112.egloos.com/1963533

4 Whitney, Understanding nutrition, Wadsworth, 2007

5 김병태, 식품의약품안전청, 건강기능식품 기능성 표시·광고 가이드라인, 식품의약품안전청, 2009

6 보건복지부, 국민건강영양조사, 2014

7 식품의약품안전처, 건강기능식품의 기능성 시험 가이드, 2016

8 식품의약품안전처, 건강기능식품 기능성 원료 인정 현황, 2016년 12월

9 자일리톨스터디(http://www.xylitol.co.kr)

10 Walter J. Loesche, Role of streptococcus mutans in human dental decay, Microbiological Reviews 50(4): 353-380, 1986

11 보건복지부, 2015 한국인 영양소 섭취기준, 2015

장 건강 개선

1. 장 건강의 정의 및 개요

우리가 섭취한 음식물은 위장관을 통하여 소화, 흡수되고 항문으로 배설된다. 또한 대장에서는 음식물이 장내 세균에 의해 분해된다. 따라서 이 기능들을 큰 무리 없이 적절하게 수행할 때 건강한 장이라고 할 수 있다. 건강한 장을 유지하기 위해 바람직한 식생활에 신경을 써야 하는데 정제설탕 및 과자류, 과도한 육식, 스트레스, 항생제 복용, 술, 담배, 인스턴트식품 등을 피하려는 노력이 필요하며, 식이섬유 등의 섭취도 배변활동을 원활하게 하는 데 도움을 줄 수 있다.

1) 염증성 장 질환의 문제점 및 특성

염증성 장 질환이란 장에 발생하는 원인 불명의 만성적인 염증을 말한다. 일반적으로 특발성 염증성 장 질환인 궤양성 대장염과 크론병을 지칭하지만, 우리나라에 비교적 흔한 장형 베체트병도 염증성 장 질환에 속한다. 넓은 의미로는 세균성, 바이러스성, 아메바성, 결핵성 장염 등의 감염성 장염과 허혈성 장 질환, 방사선장염 모두가 장에 발생하는 염증성 질환으로, 염증성 장 질환의 감별 대상으로 고려되어야 한다.

염증성 장 질환의 원인은 아직까지 정확하게 알려지지 않았으나 유전 및 환경적 영향을 받으며 면역학적 이상과 관련이 있음은 분명하다. 염증성 장 질환을 완치시키는 방법은 알려져 있지 않다. 하지만 질환의 경과에 미치는 인자에 관한 연구는 상당히 진척

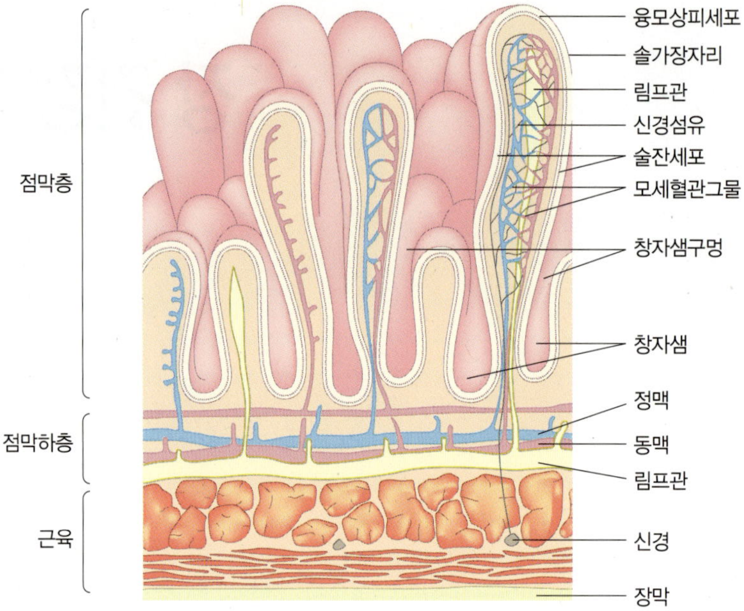

그림 13-1 • 장내 상피세포의 구조

되어 있으며 염증을 완화시키기 위한 여러 가지 약품이 개발되어 사용되고 있다. 외국의 연구에 따르면 궤양성 대장염의 경우 발병률은 인구 10만 명당 6~8명이고 유병률은 70~150명이며, 크론병의 발병률은 인구 10만 명당 2명이고 유병률은 20~40명인데 궤양성 대장염에 비해 크론병의 증가 경향이 뚜렷하다고 한다. 두 질환 모두 남녀 비율은 비슷하고 젊은 층에서(15~35세경) 발병률이 높으며, 흑인종이나 황인종보다 백인종에서 흔하고, 특히 유태인에게서 발생 빈도가 높은 것으로 나타났다.

궤양성 대장염의 빈도는 비흡연군보다 흡연군에서 낮으나, 크론병은 흡연군에서 높게 나타났다. 최근 우리나라와 일본 등 동양에서도 염증성 장 질환의 빈도가 급격하게 증가하고 있는데, 이는 서구화되어 가는 생활습관과 더불어 의술의 발달과도 연관이 있을 것으로 추측된다. 서구에서는 가족 내 집합률이 높게 나타나서 염증성 장 질환 환자의 약 15~20%는 가족 중에 또 다른 염증성 장 질환 환자가 있을 정도이다. 일란성 쌍생아에서의 합치율은 크론병에서 약 50%로 궤양성 대장염에 비하여 높다.

2) 염증성 장 질환 치료법의 한계[1]

장염의 병리 메커니즘은 염증 반응이 촉발되는 초기 단계와 그 후 염증 반응의 증폭 및 지속 단계로 구분된다. 현재까지는 초기 단계에서 일어나는 일에 대해서는 알려진 바가 많지 않기 때문에 현재 사용하고 있는 치료제는 초기 단계 이후 염증 반응의 증폭 및 지속 단계에 관련된 것이 많으며, 염증 반응의 각종 매개체에 대한 것이라고 할 수 있다.

2. 기능성 평가 방법

장 기능 조절에 관한 기능성의 평가는 크게 세 가지로 나눌 수 있다. 첫째는 장내 균총 개선이다. 장내에서 수많은 세균들은 서로 공생 또는 길항 관계를 유지하며 여러 가지 대사산물들을 생산하는데 이들은 숙주의 영양, 생리작용, 발암, 노화, 면역 등에 크게 영향을 미친다. 둘째는 장운동 장애와 장 손상으로 인한 설사의 개선이다. 설사를 유발하는 데는 다양한 원인이 있지만, 장의 운동 저하와 장염 등과 같은 장내 손상으로 인한 것이 큰 비중을 차지한다. 셋째는 적절한 배변 활동이다. 현대인들은 기능성 장 질환, 심리적 불안, 게실염, 대장 통과시간 지연 등으로 인해 적절한 배변 활동을 하지 못하는 경우가 많기 때문에 이는 하나의 평가 영역이 될 수 있다.

장내 균총 개선의 효능 측정은 주로 시험관 내 실험을 이용하고, 장 손상이나 배변 활동 개선의 경우 시험관 내 실험보다는 동물 실험 및 임상 시험이 이용된다.

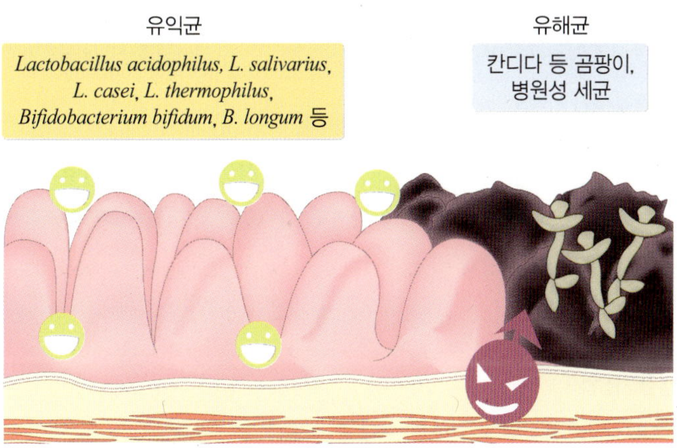

그림 13-2 • 장내 유익균과 유해균

1) 시험관 내 실험

(1) 장내 균총 개선

장내 균총(intestinal microflora)의 개선을 알아보기 위해 표준균주들의 단독 배양 방법을 사용할 수도 있으나 장내에서는 수많은 균이 혼합, 서식하고 있기 때문에 이를 설명하는 데 큰 한계가 있다. 따라서 시험관 내 실험법에서도 장내의 균총 변화에 대한 현상을 해석하기 위해 엄격한 혐기 상태의 유지, 장내 균들의 혼합 배양, 동물 실험 상태와 유사한 배지 조성 등 많은 조건들이 충족되어야만 의미 있는 결과를 얻을 수 있을 것으로 예상된다.

선택배지, PCR(polymerase chain reaction), ELISA(enzyme-linked immunospecific assay)를 이용하여 효능을 보고자 하는 물질 투여 전후로 미생물을 동정하여 세균 수를 측정한다.

2) 동물 실험 및 임상 시험

(1) 장 손상의 개선

장 손상의 개선과 관련된 기능성을 평가하기 위한 시험항목을 표 13-1과 같이 주 시험항목과 보조 시험항목으로 구분 설정하였다.

표 13-1 • 장 손상의 개선과 관련된 주 시험항목과 보조 시험항목

<table>
<tr><th colspan="3">분류</th><th>주 시험항목(필수 시험항목)</th><th>보조 시험항목(추가 시험항목)</th></tr>
<tr><td rowspan="3">동물 실험</td><td colspan="2">감염에 의한 장 손상 개선</td><td>감염원 공격 접종에 의한 시험법</td><td>–</td></tr>
<tr><td rowspan="2">장 손상 개선</td><td>동물 모델</td><td>• 6-trinitrobenzene sulfinic acid(TNBS)에 의한 유발
• dextran sodium sulphate(DSS)에 의한 유발</td><td>주 시험항목 이외의 제시 모델</td></tr>
<tr><td>시험법</td><td>• Histopathologic change test
- macroscopic assessment
- microscopic assessment
• Myeloperoxidase(MPO) activity</td><td>• IgG, cytokine(Th1, IFN-γ, TNF-α, IL-10 등) 레벨 측정
• 결장 mRNA 분석</td></tr>
<tr><td colspan="3">임상 시험</td><td>설문조사를 통한 시험법</td><td>–</td></tr>
</table>

*장 손상 동물 모델의 경우는 두 가지 이상을 시행하되 주 시험 모델은 반드시 포함되어야 한다.

(2) 배변 활동 개선

배변 활동 개선과 관련된 기능성을 평가하기 위한 시험항목을 표 13-2와 같이 주 시

표 13-2 • 배변 활동 개선과 관련된 주 시험항목과 보조 시험항목

분류	주 시험항목(필수 시험항목)	보조 시험항목(추가 시험항목)
동물 실험	–	• 변의 중량 및 수분량 • 소화관 운동능 ① 황산 바륨을 이용한 방법 ② 장관 운동 기록법(physio graph)
임상 시험	• 변의 중량 및 수분량 • 소화관 운동능(장관 통과시간) • 문진과 설문조사	–

*임상 시험에 있어서 주 시험항목 중 변의 중량 및 수분량과 소화관 운동능 둘 중의 하나 이상은 필수이며, 문진과 설문조사만으로는 인정하지 않는다.

험항목과 보조 시험항목으로 구분 설정하였다.

3. 장 건강기능식품 및 효능[2]

장 건강에 관련된 건강기능식품으로는 유익한 균을 장에 공급하거나 장내 유익균의 증식을 도와주는 식품, 배변량을 늘리는 식품이나 수분을 많이 함유함으로써 배변 활동 자체를 개선해 주는 식품이 있다. 장내 건강에 도움을 줄 수 있다고 효능을 인정받은 고시형·개별인정형 건강기능식품은 다음과 같다.

1) 고시형 건강기능식품

(1) 알로에 전잎

알로에는 건강기능식품으로 장 건강에 도움을 준다고 인정되는데, 다양한 종 가운데 알로에 베라(*Aloe vera*), 알로에 아보레센스(*Aloe arborescence*, 키타치), 알로에 사포나리아(*Aloe saponaria*)의 잎만을 허용한다. 건강기능식품 '알로에 전잎'은 알로에 베라, 아보레센스, 사포나리아의 잎 중 비가식 부분을 제거한 후 건조하거나 분쇄·농축하여 식용에 적합하게 만든 것이다. 안트라퀴논계 화합물의 함량은 0.2~5%이어야 한다. 알로에 전잎에는 아세만난(acemannan)과 같은 다당류(polysaccharides)와 당단백질(glycoprotein), 알로인(aloin) 등의 기능 성분이 포함되어 있다. 이 중 알로인은 소장에서 유액의 배출을 촉진시키는데, 대변의 수분 함량을 증가시켜 배변 활동 원활에 도움을 줄 수 있는 성분으로 알려져 있다.

제안된 양보다 많이 섭취하는 경우 장 운동 둔화, 위장관 경련, 전해질 불균형, 장 점막 색소침착 등의 부작용이 나타날 수 있다. 배변 활동을 원활하게 하기 위한 하루 섭취량은 무수바바로인으로 20~30 mg이 설정되어 있다.

(2) 식이섬유

식이섬유는 고시형 기능성 원료로 배변 활동 개선, 식후 혈당 상승 억제, 콜레스테롤 개선 등의 기능을 인정받고 있다. 하지만 식이섬유는 각 원재료에 따라 물에 용해되는 성질, 분자량, 구성하고 있는 성분 등이 크게 달라서 기능성을 나타내는 특성과 유효 섭취량 또한 다르다.

식이섬유는 식물의 세포벽 성분을 지칭하여 부르기 시작한 용어이며, 사람의 소화효소로 분해하기 어려운 난소화성 고분자물질이다. 식이섬유는 물에서의 용해성을 기준으로 하여 수용성과 불용성으로 구분된다. 불용성 식이섬유로는 셀룰로스가 있으며, 이는 긴 포도당 사슬 형태로서 직선으로 서로 가깝게 뭉쳐 있어 매우 강한 섬유상(fibrous) 구조를 띠고 있다. 이러한 특성 때문에 물에 녹지 않는다. 셀룰로스는 아밀로스와 같은 긴 사슬 형태의 포도당 중합체이지만 알파 결합으로 이루어진 아밀로스와 달리 베타 결합으로 연결되어 있다. 수용성 식이섬유로는 펙틴, 검 등이 있으며 식물세포가 서로 붙어 있도록 접착제 역할을 하면서 식물의 세포벽을 구성하고 있는 성분들이다. 물에 용해되거나 팽윤된다. 과일, 채소, 콩류, 쌀겨, 차전자피 종자껍질에 이러한 수용성 식이섬유가 많이 포함되어 있다.

식이섬유 중 배변 활동 개선으로 기능성을 인정받은 원료는 다음과 같다.

① 구아검/구아검가수분해물

건강기능식품 기능성 원료로서 구아검/구아검가수분해물은 콩과 구아(*Cyamopsis tetragonolobus* TAUB.)의 종자 배유 부분을 분쇄하거나 온수나 열수로 추출하여 고분자 다당류인 갈락토만난(galactomannan)을 얻은 후 이 갈락토만난을 가수분해하거나 그대로 식용에 적합하도록 만든 것을 말한다. 식이섬유를 66% 이상 함유하고 있어야 한다. 배변 활동 원활의 기능성을 갖기 위한 구아검 또는 구아검가수분해물의 하루 섭취량은 5~27 g이다.

② 글루코만난(곤약, 곤약만난)

건강기능식품 기능성 원료로서 글루코만난(glucomannan)은 곤약 혹은 곤약만난이라고도 하며, 천남성과 구약나물(곤약, *Amorphophalus konjac*)을 이소프로필알코올(isopropyl alcohol)로 추출하고 정제하여 다당류 분획을 얻은 후 식용에 적합하도록 만든 것을 말한다. 식이섬유를 69% 이상 함유하고 있어야 한다. 임상 시험에서 기능성이 확인된 용량을 고려하여 4~17 g을 하루 섭취량으로 설정하였다.

③ 난소화성 말토덱스트린

건강기능식품 기능성 원료로서 난소화성 말토덱스트린(maltodextrin)은 옥수수전분을 가열하여 얻은 배소덱스트린을 알파-아밀레이스(α-amylase, *Bacillus subtilis* 또는 *Bacillus licheniformis* 유래) 및 아밀로글루코시데이스(amyloglucosidase, *Aspergillus niger* 유래)로 분해하고 정제한 것 중 난소화성 성분을 분획하여 식용에 적합하도록 만든 것을 말한다. 액상인 경우에는 식이섬유를 58% 이상 함유하여야 하나, 액상이 아닌 경우에는 85% 이상 함유해야 한다. 배변 활동 원활 기능성이 확인된 섭취량을 고려하여 난소화성 말토덱스트린 3~29 g을 하루 섭취량으로 설정하였다.

④ 대두식이섬유

건강기능식품 기능성 원료로서 대두식이섬유는 대두를 탈단백, 탈지 등의 방법으로 처리하여 식이섬유를 분리하여 만든 것을 말하며, 식이섬유를 60% 이상 함유하고 있어야 한다. 배변 활동 원활 기능성을 고려하여 대두식이섬유 20~60 g을 하루 섭취량으로 설정하였다.

⑤ 목이버섯

건강기능식품 기능성 원료로서 목이버섯은 목이버섯(*Auricularia auricula judae*)을 건조하고 분말화한 것을 말하며, 식이섬유를 45% 이상 함유하여야 한다. 기능성이 확인된 임상 시험에서의 섭취량을 고려하여, 목이버섯 분말 12 g을 하루 섭취량으로 설정하였다.

그림 13-3 • 목이버섯

⑥ 밀 식이섬유

건강기능식품 기능성 원료로서 밀 식이섬유는 밀(*Triticum turgidum durum*)의 외피 또는 줄기를 세정, 건조, 분쇄하여 만들거나 밀가루 제조 공정 중 그 부산물에서 식이섬유를 분리하여 만든 것을 말하며, 식이섬유를 70% 이상 함유하고 있어야 한다. 임상 시험에서 기능성이 확인된 섭취량을 고려하여, 배변 활동 원활 기능성에 대해서 밀 식이섬유 36 g을 하루 섭취량으로 설정하였다.

그림 13-4 • 밀

⑦ 보리 식이섬유

건강기능식품 기능성 원료로서 보리 식이섬유는 보리(*Hordeum vulgare*)의 외피 또는 낟알을 건조하거나 보리를 탈단백, 탈지 방법으로 처리해 식이섬유를 분리하여 만든 것을 말하며, 식이섬유를 50% 이상 함유하고 있어야 한다. 기능성이 확인된 임상 시험에서의 섭취량을 고려하여, 보리 식이섬유 20~25 g을 하루 섭취량으로 설정하였다.

⑧ 아라비아검(아카시아검)

건강기능식품 기능성 원료로서 아라비아검(아카시아검)은 콩과의 아라비아고무나무(*Acacia senegal* Willdenow) 또는 그 밖의 같은 속 식물의 분비액을 기계적으로 착즙하거나 건조, 탈염하여 만든 것을 말하며, 식이섬유를 80% 이상 함유하고 있어야 한다. 임상 시험에서 기능성이 확인된 섭취량을 고려하여, 아라비아검 25 g을 하루 섭취량으로 설정하였다.

⑨ 이눌린/치커리 추출물

건강기능식품 기능성 원료로서 이눌린/치커리 추출물은 치커리 또는 기타 국화과 식물(*Chicorium intybus*)의 뿌리를 열수추출한 후 정제하여 만든 것을 말하며, 식이섬유를 80% 이상 함유하고 있어야 한다. 배변 활동 원활 기능성에 대해서 이눌린 8~20 g을 하루 섭취량으로 설정하였다.

⑩ 차전자피

건강기능식품 기능성 원료로서 차전자피는 차전자(*Plantago ovata* 또는 *Plantago* spp.)의 겹질을 분쇄하여 식용에 적합하도록 만든 것을 말하며, 식이섬유를 79% 이상 함유하고 있어야 한다. 차전자피를 섭취할 경우 많은 물로 내용물을 충분히 부풀린 후에 섭

그림 13-5 • 보리

사진 자료: 국립농산물품질관리원

그림 13-6 • 차전자

사진 자료: 국립농산물품질관리원

취하여야 한다. 배변 활동 원활 기능성에 대해서는 차전자피 5~25 g을 하루 섭취량으로 설정하였다.

⑪ 폴리덱스트로스

폴리덱스트로스(polydextrose)는 포도당, 솔비톨, 구연산을 비롯한 유기산이 결합하여 합성된다. 건강기능식품 기능성 원료로서 폴리덱스트로스는 이렇게 합성된 것 중 평균 중합도가 12 정도가 되도록 제조된 것을 말하며, 식이섬유를 65% 이상 함유하고 있어야 한다. 기능성이 확인된 임상 시험에서의 섭취량을 고려하여 폴리덱스트로스 7~12 g을 하루 섭취량으로 설정하였다.

(3) 알로에 겔

알로에는 백합목 백합과의 한 속으로, 전 세계에 약 600여 종이 분포되어 있으며 세계 여러 지역에서 오랫동안 사용되어 온 식물이다. 현재 건강기능식품으로서 알로에 베라, 아보레센스, 사포나리아의 잎만 허용되어 있는데, 이 중 잎이 큰 알로에 베라에서만 알로에 겔을 얻는 것으로 알려져 있다. 건강기능식품으로 사용되는 알로에 겔은 알로에 베라의 잎 중 비가식 부분과 외피를 제거한 후 겔 부분을 분리하여 건조하거나 분쇄·농축하여 식용에 적합하도록 한 것을 말하며, 총다당체가 3% 이상이 되어야 한다.

그림 13-7 • 알로에

알로에 겔의 하루 섭취량은 100~420 mg으로 설정되어 있다. 알로에 겔을 과량으로 장기 복용한 경우에는 장운동의 둔화 등의 부작용이 나타날 수 있으므로 주의하여야 한다. 배변 활동을 원활히 할 목적으로 알로에를 섭취할 때에는 먼저 식이에 변화를 주거나 팽창제(bulk-forming agent)를 섭취하여도 배변 활동이 개선되지 않는 경우에 알로에 겔을 섭취하는 것이 좋다.

(4) 프락토올리고당

프락토올리고당은 양파, 치커리 뿌리, 바나나, 아스파라거스, 우엉, 마늘, 벌꿀 등과 같은 채소나 버섯, 과일류 등에 포함되어 있는 천연물질로, 돼지감자, 용설란속 식물 등에서 발견된다. 1950년대에는 효소를 이용하여 제조하였는데, 이후 사탕무 잎에 존재하는 효소나 미생물 유래의 효소를 이용한 생물학적 전이 반응으로 제조하는 기술이 개발되었다.

극히 소량의 프락토올리고당은 위산에 의해 가수분해되어 포도당과 과당으로 흡수되지만, 대부분은 소화효소에 의해 분해되지 않고 대장에서 장내 균에 의해 발효된다. 발효의 결과로 생성된 단쇄지방산은 장내 균이 사용할 수 있는 손쉬운 에너지원으로 작용하며, 장내 환경을 산성화한다. 따라서 유해균은 감소하고 유익한 비피더스균 등이 크게 증가하는 등 장내 균총의 변화를 가져온다. 프락토올리고당은 식이섬유와 달리 팽창제(bulking agent)가 아니어서 직접적으로 연동운동을 촉진하지는 못하지만, 삼투성 설사제의 기능과 더불어 비피더스균의 성장을 촉진시키는 기능을 하여 간접적으로 장의 연동운동이 활발할 수 있게 돕는다.

건강한 성인이 하루 2.5~15 g의 프락토올리고당을 섭취하면 장 기능 개선, 정장 작용, 칼슘 흡수의 증진 기능을 기대할 수 있지만 하루 30 g 이상 섭취 시에는 더부룩한 불쾌감을 느낄 수 있다. 따라서 기능성 임상 시험 자료를 토대로 하루 섭취량은 3~8 g으로 제시되었다.

(5) 프로바이오틱스

프로바이오틱스란 살아 있는 상태로 장내 환경에서 건강에 좋은 효과를 주는 균을 말한다. 현재까지 알려진 대부분의 프로바이오틱스는 유산균들이며 일부 간균(*Bacillus*) 등을 포함한다. 러시아의 과학자 매치니코프(Elie Mechinikoff)가 젖산간균(*Lactobacillus*)으로 발효된 발효유의 섭취 덕분에 불가리아 사람들이 장수한다는 사실을 밝혀내어 노벨상을 받은 이래로 유산균, 프로바이오틱스의 기능성은 계속적으로 연구되고 있다. 유산균을 비롯한 세균들이 프로바이오틱스로 인정받기 위해서는 우선 독성이 없고 비병원성이어야 하며, 위산과 담즙산을 거쳐 살아 있는 상태로 소장까지 도달해서 장에서 증식하고 정착하여 장관 내에서 유용한 효과를 나타낼 수 있어야 한다. 프로바이오틱스 제품들은 전통적으로 젖산간균 등의 젖산균을 이용하여 만들어진 발효유제품 형태였으나, 최근에는 젖산간균 이외의 비피더스균(*Bifidobacterium*), 장내 구균(*Enterococcus*), 일부 균주 등을 포함한 과립, 분말 등의 형태로 판매되고 있다.

프로바이오틱스는 장내 환경에 도달했을 때 유익한 작용을 하는 균주를 말하는데, 장에 도달하여 장점막에서 생육하며 젖산을 생성하여 장내 환경을 산성화한다. 산성 환경에서 견디지 못하는 유해균들은 수가 감소하고 산성에서 생육이 잘되는 유익균들은 더욱 증식하게 되어 장내 환경을 건강하게 만들어 준다. 사람의 장에는 음식물의 양과 균의 양이 거의 동일하게 존재하는데, 약 1 kg의 균이 서식하고 있다. 매일 배설하는 분변 내용물도 수분을 제외하면 약 40%가 균이다. 사람의 분변은 균덩어리로 이루어지며 이들 균의 99% 정도는 혐기성 균이다. 모유를 먹는 건강한 아기의 경우 분변균 중 90% 이상이 비피더스균으로 이루어져 있으나 나이가 들면서 점차 비피더스균은 감소하고 장내 유해균은 증가하게 된다. 프로바이오틱스는 나이가 들면서 변하는 장내 균총의 분포를 건강한 상태로 유지하도록 도와준다.

프로바이오틱스가 장에 도달하여 유익한 젖산균 증식, 유해균 억제, 배변 활동 원활의 기능을 나타내기 위해서는 하루에 10^8~10^{10} CFU(colony-forming unit)를 섭취하여야 한다. 그러나 이는 「건강기능식품공전」에서 정하는 프로바이오틱스에 해당하는 경우이고, 새롭게 개발되는 균주의 경우는 섭취량이 달라질 수 있다. 제안된 섭취량 이상으로 섭취한다고 기능성이 더 좋아지는 것은 아니며, 이형젖산발효(hetero lactic acid fermentation)를 하는 균주의 경우 과량으로 섭취 시 가스를 발생시켜 설사 등을 유발할 수 있으므로 주의하여야 한다. 또한 항생제 복용 시에는 프로바이오틱스의 기능이 저해될 수 있음을 유의한다.

(6) 라피노스

라피노스(raffinose)는 D-갈락토스(galactose), D-글루코스(glucose), D-프럭토스(fructose)가 결합된 3당류로, 설탕 제조 시 생성되는 부산물에서 분리하여 얻는다. 기능 성분인 라피노스 함량은 99% 이상이 되도록 표준화되어 있다.

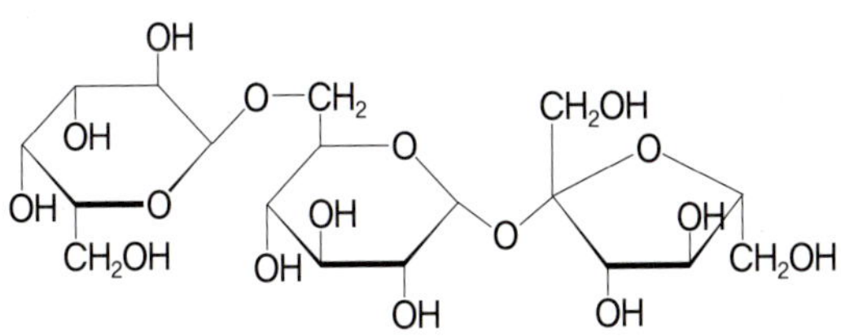

그림 13-8 • 라피노스의 구조

시험관 실험에서 비피더스균이나 젖산간균 같은 장내 유익균은 라피노스를 이용하여 증식할 수 있으나 유해한 균들은 라피노스를 이용하지 못하여 증식이 억제되는 것이 확인되었다. 장내에서 라피노스가 증가하면 유해균은 증식하지 못하고 유익균은 증식하여 장내 환경이 개선되는 것으로 추정된다.

실제로 라피노스의 보충 효과를 비교한 인체 적용 연구에서도 라피노스는 장내 유익균의 수를 증가시키고 유해균을 감소시키며, 배변 횟수 및 배변 일수를 증가시키는 데 도움을 주는 것으로 확인되었다. 따라서 "장내 유익균의 증식과 유해균의 억제에 도움을 줄 수 있습니다"와 "배변 활동을 원활히 하는 데 도움을 줄 수 있습니다"로 기능성을 인정받았다. 기능성과 안전성 모두 확보할 수 있는 라피노스의 하루 섭취량은 3~5 g이며, 제안된 섭취량보다 과다하게 섭취하는 경우 설사를 유발할 수 있다. 기반 연구와 인체 적용 연구의 수가 충분하지는 않으나, 그 결과가 일관성이 있으므로 '생리활성 기능 2등급'에 해당한다.

(7) 분말한천

분말한천 GA-900은 점질성 다당류로 세포벽이 구성된 홍조식물(Rhodophyta)인 우뭇가사리를 열수추출하여 여과, 응고시킨 뒤 동결, 융해, 탈수, 건조의 과정을 여러 차례 반복하여 만든다. 기능 성분인 식이섬유의 함량은 80% 이상으로 표준화되어 있다.

식이섬유는 일반적으로 배변 일수 및 배변량을 증가시킨다고 알려져 있다. 실제로 분말한천의 보충 섭취 효과를 조사한 인체 적용 연구에서 한천이 배변 일수 및 배변량을 증가시키는 데 도움을 주는 것으로 확인되었다. 따라서 "배변 활동에 도움을 줄 수 있습니다"로 기능성이 인정되었다. 기능성과 안전성 모두 확보할 수 있는 하루 섭취량은 분말한천으로 2~5 g이다. 충분한 물과 함께 섭취해야 하며 어린이나 임산부, 수유부는 섭취에 주의해야 한다. 또한 제안된 섭취량보다 과다하게 섭취하는 경우 미약한 설사, 구토, 배변량 증가, 배변 빈도 증가, 복부 팽만, 두통 등의 부작용을 유발할 수 있다. 일관성 있는 결과를 나타내는 인체 적용 연구의 수가 확보되었으므로 '생리활성기능 2등급'에 해당한다.

2) 개별인정형 건강기능식품

(1) 이소말토올리고당

이소말토올리고당은 전분을 효소(α-amylase, transglucosidase, glucoamylase, pullulanase)로 처리하고 정제, 농축하여 만들어진다. 기능 성분인 이소말토올리고당(isomaltose, panose, isomaltotriose, isomaltotetraose, isomaltopentaose)의 함량은 40% 이상으로 표준화되어 있다.

이소말토올리고당은 소화효소에 의해 분해되지 않고 장에 도달한다. 시험관 실험에서 이소말토올리고당이 장에서 장내 유익균인 비피더스균, 젖산간균 등의 증식 인자로 작용하는 것이 관찰되었다. 이런 유익균이 증식됨에 따라 생성되는 지방산 등에 의하여 장내가 산성화되고 유해균이 성장하기 어려운 환경으로 변화되어 배변 활동이 개선되는 효과가 나타나는 것으로 추정된다.

실제로 인체 적용 연구에서 이소말토올리고당의 보충 효과를 비교했을 때, 이소말토올리고당의 보충은 장내 유익균의 증식을 돕고 배변감과 변 상태를 개선하는 데 도움을 주는 것으로 확인되었다. 따라서 "배변 활동에 도움을 줄 수 있습니다"와 "장내 유익균의 증식과 유해균의 억제에 도움을 줄 수 있습니다"로 기능성을 인정받았다. 기능성과 안전성을 확보할 수 있는 이소말토올리고당의 하루 섭취량은 8~15 g이며, 제안된 섭취량보다 과다하게 섭취할 경우 설사를 유발할 수 있다. 일관성 있는 결과를 나타내는 인체 적용 연구의 수가 적당히 확보되었으므로 기능성 등급은 '생리활성기능 2등급'에 해당한다.

(2) 대두올리고당

대두올리고당은 대두에 함유되어 있는 수용성 소당류의 총칭으로, 대두 유청에서 단백질을 제거하고 정제, 농축하여 만든다. 기능 성분인 라피노스(raffinose), 스타키오스(stachyose)는 그 함량의 합이 20~35%가 되도록 표준화되었다.

대두 올리고당의 라피노스와 스타키오스는 장내 유익균인 일부 비피더스균에 의해서만 발효된다는 것이 시험관 실험을 통해 관찰되었다. 라피노스는 소화효소로 분해되지 못해 장까지 그대로 도달하며 선택적으로 장내 유익균에 의해 분해되어 장내 pH가 저하된다. 따라서 유해균이 성장하는 데 좋지 않은 환경이 되어 배변 활동이 개선되는 효과가 나타나는 것으로 추정된다.

그림 13-9 • 대두

실제로 대두올리고당의 보충 효과를 비교한 인체 적용 연구에서 대두올리고당의 보충으로 장내 유익균은 증식하고 유해균이 감소하며, 변의 pH, 배변 횟수 및 변의 성상 등이 개선되는 것으로 확인되었다. 따라서 "배변 활동에 도움을 줄 수 있습니다"와 "장내 유익균의 증식과 유해균의 억제에 도움을 줄 수 있습니다"로 기능성을 인정받았다. 기능성과 안전성 모두 확보할 수 있는 하루 섭취량은 스타키오스와 라피노스의 합으로 2~3 g이며, 제안된 섭취량보다 과다하게 섭취하는 경우 설사를 유발할 수 있다. 일관성 있는 결과를 나타내는 인체 적용 연구의 수가 확보되었으므로 인정 등급은 '생리활성기능 2등급'에 해당한다.

(3) 기타

이외에도 커피만노 올리고당분말, 락추로스 파우더, 자일로올리고당, 밀전분 유래 난소화성 말토덱스트린, 갈락토 올리고당, 무화과 페이스트가 장내 유익균 증식, 유해균 억제, 배변 활동 개선 등으로 기능성이 인정되어 있다.

표 13-3 • 장 건강 개선 관련 고시형 건강기능식품의 분류[3]

원료명	기능(지표) 성분	인정 등급
알로에 전잎	페놀류	알로에 베라, 알로에 아보레센스, 알로에 사포나리아의 잎
식이섬유	당 및 탄수화물	과일, 채소, 콩류, 쌀겨, 차전자피 종자 껍질
알로에 겔		알로에 베라
프락토올리고당		바나나, 양파, 아스파라거스, 우엉, 마늘, 벌꿀, 치커리 뿌리 등과 같은 채소나 버섯, 과일류
프로바이오틱스	발효미생물류	발효유제품
라피노스	Raffinose	생리활성기능 2등급
분말한천	총 식이섬유	생리활성기능 2등급

표 13-4 • 장 건강 개선 관련 개별인정형 건강기능식품의 분류[3]

원료명	기능(지표) 성분	인정 등급
이소말토올리고당	이소말토올리고당(isomaltose, kojibiose, nigerose, isomaltotriose, panose, isomaltotetraose, isomalto-pentaose)	생리활성기능 2등급
대두올리고당	stachyose, raffinose	생리활성기능 2등급
커피만노 올리고당분말	만노올리고당의 합	생리활성기능 2등급
락추로스 파우더	Lactulose	생리활성기능 2등급
자일로올리고당	Xylooligosaccharide	생리활성기능 2등급
밀전분 유래 난소화성 말토덱스트린	식이섬유	생리활성기능 2등급
갈락토 올리고당	Galacto-oligosaccharide	생리활성기능 3등급
무화과페이스트	식이섬유	생리활성기능 2등급

참고문헌

1 Am. J. Gastroenterol, Mar. 9 2010

2 김병태, 식품의약품안전청, 건강기능식품 기능성 표시·광고 가이드라인, 식품의약품안전청, 2009

3 식품의약품안전처, 건강기능식품 기능성 원료 인정 현황, 2016년 12월

기능성 식품의 전망

제1절 식품 유전체 연구와 개인 맞춤형 기능성 식품

1. 식품유전체학

1) 식품유전체학의 정의

식품유전체학(food genomics)은 유전학과 분자생물학이 발달함에 따라 식품의 기능성 및 안전성을 평가하는 새로운 학문 영역으로 등장하였다. 현재 식품유전체학은 크게 두 가지 방향으로 연구되고 있다. 첫째, 생리 활성 식품 성분(영양 또는 비영양 성분)이 어떻게 식이 관련 질환의 발병을 조절하며 체내 대사 과정과 항상성 유지에 관여하는지를 대용량 분석 기술을 이용하여 밝혀내는 방향으로 연구되고 있다. 둘째, 최근에는 식품 성분과 개인별 유전형질 간의 관계를 탐구하고 개인별로 상이하게 나타나는 식이 관련 질병(심혈관계 질환, 비만, 당뇨, 암 등)에 대한 반응의 양상 차이를 반영하여 개인 맞춤형 기능성 식품을 개발하는 방향으로 연구되고 있다. 식품유전체학 연구를 위해서는 유전체 분석(genomics), 특정 유전자의 mRNA 분석(transcriptomics), mRNA에서 유래된 단백질의 분석(proteomics), 대사체 분석(metabolomics), 생물정보학(bioinformatics) 등과 같은 다양한 방법이 통합적으로 이용된다.[1]

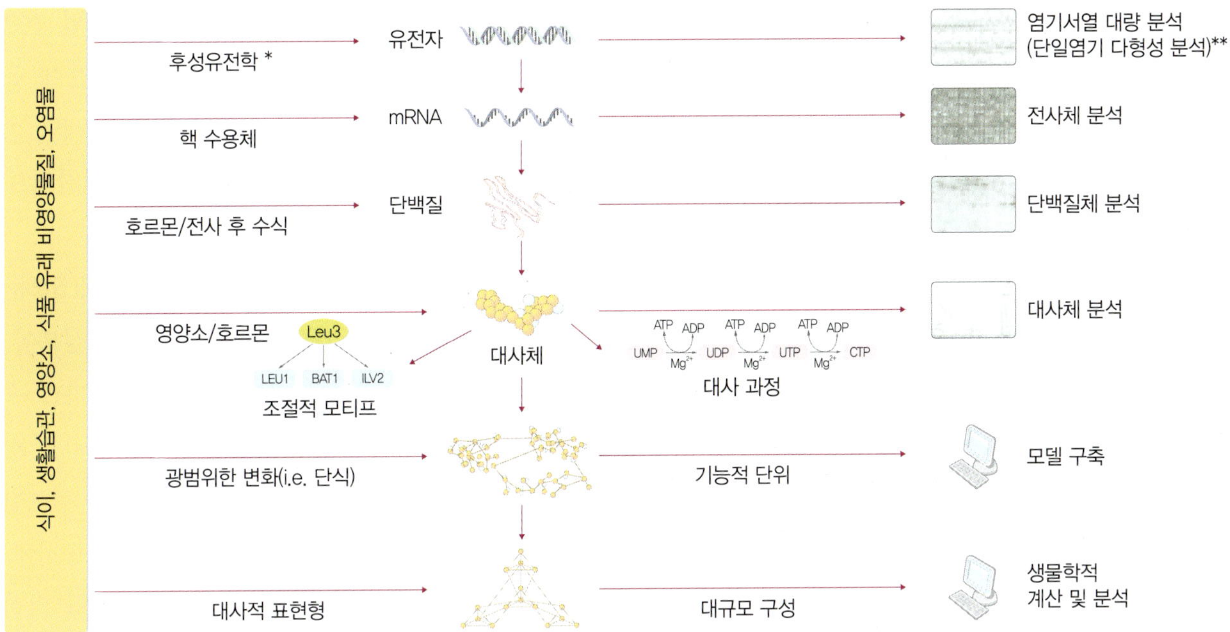

그림 14-1 • 식품유전체학의 기본 개념 및 구성

*후성유전학(Epigenetics) : DNA 서열의 변화가 아닌 다른 방식으로 유전자의 발현이나 표현형이 달라지는 현상
**단일염기 다형성(SNP: '스닙'이라고 발음함) : single-nucleotide polymorphism. 유전체상의 DNA 서열 중 하나의 염기서열에 변이가 일어난 것

2) 식품 유전체 연구의 필요성

식품은 정제된 약과 달리 서로 다른 기능을 가진 성분들이 복잡하게 혼합되어 있다. 따라서 식품유전체학에서는 식품 성분이 생체 내에 미치는 영향을 올바로 이해하고, 나아가 식이를 통해 비롯되는 대사 질환이나 만성질환과 같은 질병을 근본적으로 치료하기 위하여 분자 수준의 정밀한 분석과 동시에 통합적 연구를 진행한다. 유전체, mRNA 단백질 분석 수준에서 생체 내 미세한 변화까지도 인식할 수 있는 복합적 바이오마커의 연구는 식품이 궁극적으로 체내에서 나타낼 수 있는 변화를 예측하는 중요한 수단이 된다. 즉, 개인의 유전체상, 대사 과정상의 특징을 파악하여 식품 성분에 의한 생체 내 다양한 유전자 발현의 패턴을 평가함으로써 유전형질이 서로 다른 개개인의 필요를 충족시키는 맞춤형 식단 또는 기능성 식품을 제공할 수 있다. 또한 새로운 기능성 물질을 찾아내거나 그 기능을 매우 신속하고 효율적으로 예측할 수 있다.

이러한 식품 유전체의 연구는 질병을 예방하고 각 개인의 건강 상태를 최적화하는 데 좀 더 적극적인 대안이 될 것이라 기대한다. 예를 들어 1형 페닐케톤뇨증(phenylketonuria)과 갈락토스혈증(galactosemia) 환자의 경우 갈락토스-1-인산 유리딜 전환효소(galactose-1-phosphate uridyl transferase)가 유전적으로 결핍되어 있기 때문에 유전자검사를 통해 질병 여부를 확인하고 이에 알맞게 식단을 조정할 수 있다. 해당 환자들은 페닐알라닌(phenylalanine)이 제한되며 타이로신(tyrosine)은 첨가되고 갈락토스(galactose)는 빠진 식단을 처방받게 된다.[2]

또한 식품 유전체 연구는 새로운 바이오마커를 발굴하고 분자생물학적 표적(질병을 일으키는 생체 요소)을 연구하는 데에 기여할 수 있으며, 기능성을 가지는 식품 성분이 질병 관련 바이오마커에 미치는 영향을 측정함으로써 식품 성분의 효능을 평가할 수도 있다. 즉, 식품 성분의 섭취 전후에 달라지는 바이오마커의 발현 양상(profile)을 비교 분석하여 기능성을 가진 식품 성분의 구체적인 효능을 밝히고 관련 유전자를 탐색함으로써 새로운 바이오마커를 찾는다. 이와 같은 식품 유전체 연구는 정밀함과 동시에 종합적으로 질병의 분자생물학적 발생 메커니즘과 그에 대한 식품 성분의 효능을 밝힘으로써 궁극적으로 식이 관련 질병을 예방, 치료하는 데 기여할 수 있다.

3) 식품유전체학의 국내외 연구 현황

식품유전체학의 연구는 오랫동안 동식물에서의 유전자 변형을 통한 효용성 높은 식품의 개발에 활용되어 왔다. 현재 새롭게 떠오르는 주요 활용 분야는 영양소 및 식품 성분이 유전자 발현에 미치는 영향을 분석하고 이를 식이 관련 질병의 예방과 치료에 이용하는 연구이며, 더 나아가 개인의 유전적 차이에 기인한 맞춤식단을 개발하는 데 있다.[3] 질병 관련 바이오마커의 발굴과 그에 따른 의약품 개발을 위한 연구는 국내외에서 상당히 진행되고 있는 반면, 식품 성분의 기능성에 따라 달리 발현되는 유전자(바이오마커)를 찾고 해당 유전자의 기능을 밝혀내는 연구는 국내에서는 미미한 수준이다. 전문가들은 오는 2020년 세계 바이오마커 시장이 약 300억 달러, 연평균 성장률은 16%에 이를 것으로 전망하였다. 이러한 추세에 맞추어 미국 FDA는 2013년까지 유전체-약물 정보를 기준으로 137종의 신약 및 이를 위한 155종의 바이오마커를 승인한 바 있다.[4]

바이오마커에 대한 최근의 연구 동향은 타깃 물질은 '유전자'에, 대상 질환은 '암'에 집중되어 있다. 특히 암의 조기진단과 표적치료제의 개발과 연계하여 사용할 수 있는 민감하고 특이적인 '암 바이오마커'에 대한 관심이 높은 편이다. 바이오마커의 중요성은 여러 약물 사례에서도 언급하였지만, 해외에서는 약물 개발 시 바이오마커가 기반이 되지 않으면 임상 승인이 어려울 만큼 중요성이 부각되고 있다.

우리나라는 맞춤의료와 연관되는 바이오마커 시장은 아직 초기 단계로, 대부분 해외 업체로부터 장비와 시약을 수입해 사용하고 있다. 국내 기업들은 주로 유전체 분석과 바이오마커를 중심으로 맞춤의료 시장 진출을 노리고 있지만, 학계와 바이오벤처 기업을 중심으로 질환 마커 발굴과 일부 마커의 검증 및 임상 시험을 수행하는 수준에 머물러 있다.[5]

4) 식품 유전체 연구 방법

(1) 식품과 생체 반응

영양소와 그 외 식품 성분들의 생체 내 역할을 이해하기 위해서는 분자 수준에서 작용 메커니즘을 규명할 필요가 있다. 그림 14-2에서 보듯이 식품 속의 다양한 성분은 세포가 인식할 수 있는 식이신호(dietary signal)로 작용하여 다양한 신호 전달 경로를 거쳐 세포핵에서 유전자의 발현을 조절하는 전사 인자에 전달된다. 이는 다양한 방식으로 mRNA와 단백질의 발현에 영향을 미쳐 궁극적으로는 세포가 생산하는 대사체에도

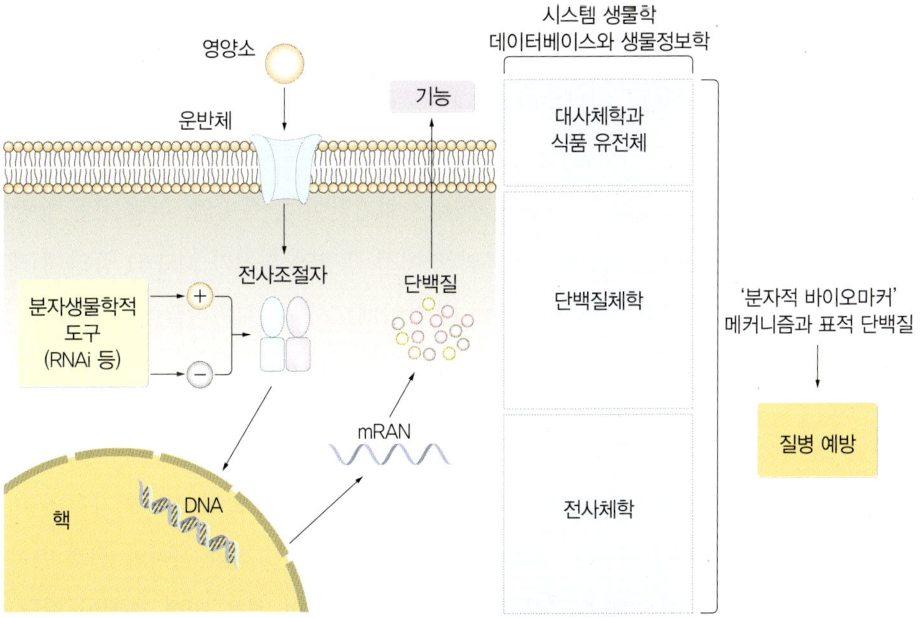

그림 14-2 • 식품유전체학의 개요[6]

영향을 준다. 이러한 일련의 변화는 식이 관련 질병을 촉진시키거나 반대로 억제하기도 하기 때문에 식품 성분과 생체 사이의 상호 작용을 이해하는 것이 식이 관련 질병을 예방, 치료하는 첫걸음이라 할 수 있다.[6]

(2) 바이오마커란

바이오마커(biomarker)란 생명체의 정상 또는 병리적인 상태, 약물에 대한 반응 정도 등을 객관적으로 측정해 줄 수 있는 표지자로 정의한다. 구체적으로는 특정 질병의 상태를 표현해 주는 것이거나, 약물에 대한 생체 반응을 알려 주는 것 또는 치료 예측을 가능하게 하는 표지자이다. 바이오마커는 혈중 포도당 같이 저분자물질에서 단백질이나 특정 핵산 같은 고분자물질까지 다양하며, 생화학의 발전과 더불어 오래된 개념이다. 당뇨의 진단에 쓰이는 혈중 포도당은 의학적 진단과 신약 개발에 두루 쓰이는 바이오마커로 가장 오래되고 널리 알려진 예이며 그 외에도 혈중 콜레스테롤이나 전립선 특이적 항체 단백질 등은 바이오마커로 개발된 좋은 예라고 할 수 있다. 2017년에는 암의 종류에 상관없이 바이오마커에 따라 사용할 수 있는 항암제가 등장함에 따라 기존의 항암제 처방에 있어 패러다임의 변화가 찾아왔다.

미국 FDA는 2017년 5월 MSD의 면역항암제 '키트루다(성분명 : pembrolizumab)'를 특정 유전자 변이가 나타나는 다른 고형암 환자에 쓸 수 있도록 허가하였다. 기존 치료법이 듣지 않는 환자로 한정했지만, 암종이 아닌 바이오마커에 근거해 치료제 사용을 승인한 것은 이번이 처음이다.[7] 키트루다는 MSI-H(microsatellite instability-high, 현미부수체 불안정성) 바이오마커를 가지는 환자의 치료에 사용할 수 있게 된다. MSI-H가 가장 많이 발견되는 환자군은 대장암, 자궁내막암, 소화기암이며, 유방암, 전립선암, 방광암, 갑상샘암 등에서 발견되기도 한다. 약 5%의 전이성 대장암 환자가 MSI-H 종양에 해당한다. MSD는 5종의 임상을 통해 바이오마커 항암제로서 승인을 이끌어냈다(2017년 기준).[8,9]

(3) 바이오마커의 탐색 방법

바이오마커는 체내 항상성의 변화 또는 질병의 진행에 따라 달라지는 인자들의 미세한 변화를 검출해 내고 그 차이를 정확하게 반영해야 한다. 그러나 식이와 생체 반응의 관계는 매우 복잡하고 식습관에 의해 발병하는 만성질환의 경우 진행 과정이 길고 단계별로 관여하는 인자들이 다양하여 효과적인 바이오마커를 발굴하는 것이 쉬운 작업

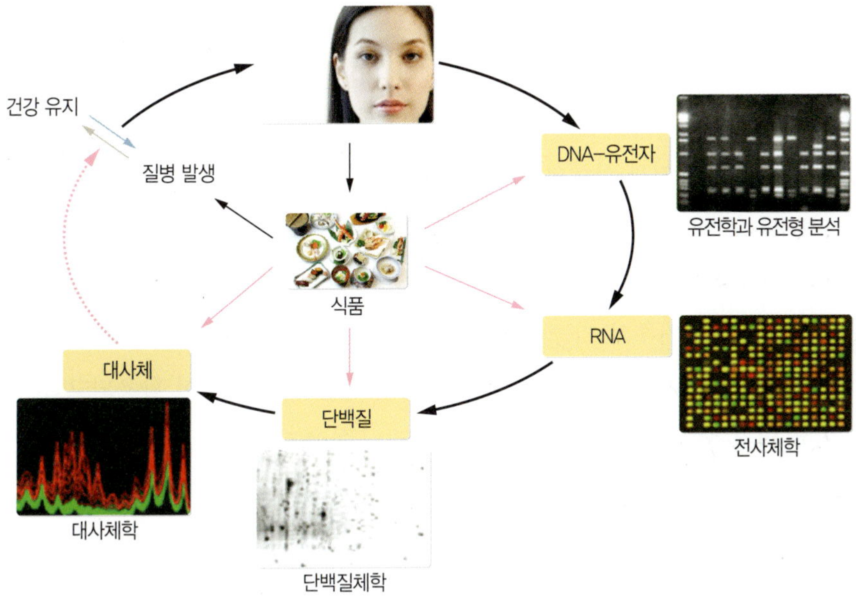

그림 14-3 • 오믹스(omics) 기술에 기반한 바이오마커의 탐색 방법[10]

이 아니다. 따라서 단일 인자를 바이오마커로 삼아 질병 전체를 파악하려 하기보다는 유전체, 단백질체, 대사체 수준에서 통합적으로 바이오마커 양상을 분석하는 것이 더 효과적일 것이다. 이와 같은 연구에 유용한 'Omic'방식들로 유전체학, 전사체학, 단백질학, 대사체학 등이 있다.[11~15]

① 유전체학

유전체학(genomics)은 전통적인 방식의 유전학(genetics)을 유전체(genome) 수준에서 연구하는 방식이다. 20세기 후반 미국의 주도로 시작된 인간게놈프로젝트(human genome project, HGP)는 약 30억 개에 해당하는 인간 유전체의 염기서열을 결정함으로써 인간 생명의 실체를 이해하는 기초 마련과 질병의 원인 분석 및 치료제 개발을 획기적으로 앞당길 수 있는 발판을 확립하였다. 이와 같은 인간 유전체 지도의 완성은 기능유전체학(functional genomics) 시대의 도래를 의미하였다. 최근에는 차세대 염기서열 분석 방식(next generation sequencing, NGS)을 이용하여 기존의 DNA 염기서열 분석 기법과는 비교할 수 없을 정도의 빠른 속도로 대량 분석을 이전보다 저렴한 비용으로 수행할 수 있게 되었다. 따라서 가까운 미래에는 개개인이 자신의 유전체를 분석하고 그 정보를 이용하여 맞춤형 식품 및 의료 혜택을 누릴 수 있을 것이라 전망한다.[16] 최근 대표적으로 이용되는 차세대 염기서열 분석 방식에는 Emulsion PCR, 로슈(Roche)의 454 GS FLX, Illumina genome analyzer, ABI solid platform 등이 있다.

유전체학은 식품 유전체 연구를 가능하게 하는 하나의 도구로서 질병별 바이오마커를 발굴하고 개인 유전체 사이의 차이를 분석하여 개인 맞춤형 기능성 식품을 개발하는 데 이용될 수 있다. 유전체 정보 분석에서 다루는 분야들은 다양하다. 실험을 통해 얻은 DNA의 서열에서 단백질을 발현하는 유전자가 있는가를 예측하거나 미지의 DNA나 단백질의 서열을 기존의 기능이 알려진 DNA나 단백질 서열과 비교하여 그 미지 서열의 기능을 밝히거나 유추하는 것 등과 같은 방법들이 현재 많이 활용되고 있는 방법이다. 또한 미지 서열의 기능을 이미 상호 메커니즘 관계까지 밝혀진 유전자들의 정보와 비교하여 밝히는 것, 한 생물의 유전체를 다른 생물체의 유전체와 총체적으로 비교하는 것 등과 같이 유전체 프로젝트의 종료와 함께 새로운 방법들이 많이 등장하고 있다. 즉, 유전자 서열을 대상으로 하여 유전자의 기능을 유추하거나 서열 간의 관계에 대한 정보를 추출하는 등 서열로 표현되어 있는 생명체의 암호를 판독하고 식품 성분과의 상호 작용이나 바이오마커로서의 이용 가능성을 탐색한다. 최근 DNA 칩을 활용한 대용량의 유전자 분석에서는 생물정보학적 방법이 데이터 해석에 이용되고 있다.[17]

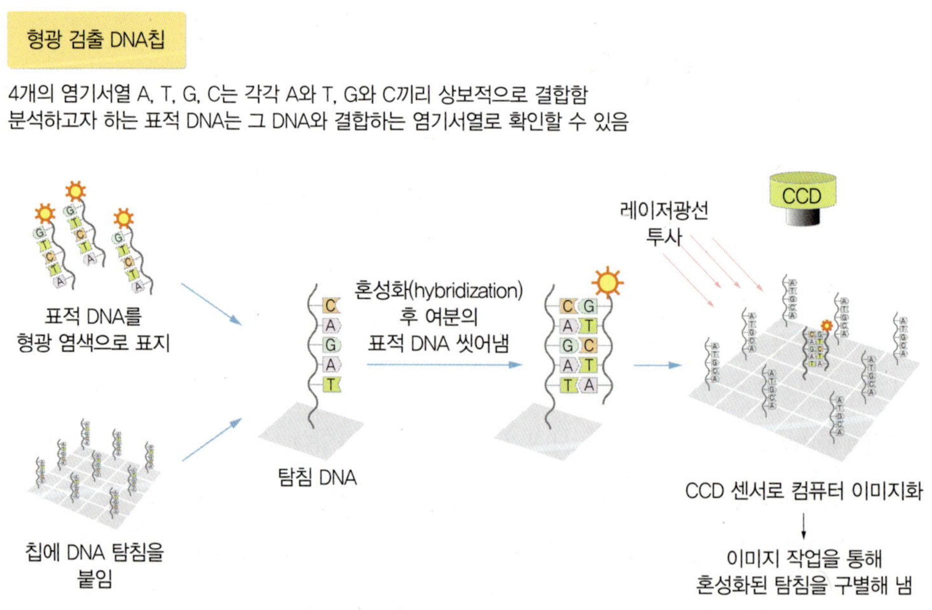

그림 14-4 • DNA 칩을 이용한 유전자 분석의 예[18]

② **전사체학**(transcriptomics)

식품 유전체 연구에서 마이크로어레이(microarray) 기술의 이용은 매우 강력한 도구가 된다. 마이크로어레이는 식품 성분의 기능성을 판별하고 이들이 어떻게 다양한 질병 관련 유전자들의 발현을 유도하는지 분석할 수 있게 해준다.

수년간 mRNA 발현량을 정량하기 위해 Northern blotting 방식이 이용되었지만 이보다 더 간편하고 정확도가 높은 real-time PCR과 같은 방법이 그 자리를 대체하였다. 그러나 이 두 방식 모두 제한된 숫자의 후보 유전자들만을 시험해 볼 수 있다는 점에서 체내에서 식품 성분이 장기간에 걸쳐 광범위하게 유전자에 미치는 영향을 분석하는 도구로서는 한계가 있었다. 이에 따라 지난 십여 년에 걸쳐 수백, 수천 개의 유전자를 한번에 확인할 수 있는 기술들이 개발되었다. 크게 두 가지 방식이 이용되는데 그중 한 방법은 마이크로어레이 기술에, 다른 한 방법은 DNA 염기서열 분석 기술에 기반을 둔 방식이다.

마이크로어레이 기술에 기반을 둔 방식

이 방식이 개발된 이래 지금까지 상당한 수준으로 최적화와 표준화가 진행되어, 현재 마이크로어레이는 식품 유전체 연구에서 가장 강력한 도구의 하나로 자리 잡았다.

일반적으로 DNA 마이크로어레이는 유리판과 같은 기질의 특정 위치에 수천 개의 올리고뉴클레오타이드 또는 탐침(probe)를 탑재하여 시료에 존재하는 mRNA와 탐침 사이의 특이적 결합에 의해 발생하는 형광을 분석함으로써 수천 개의 유전자를 한 번에 검출해 낸다. 분석 방법은 그림 14-5에 나타낸 것과 같다. 이를 간단히 요약하면 조

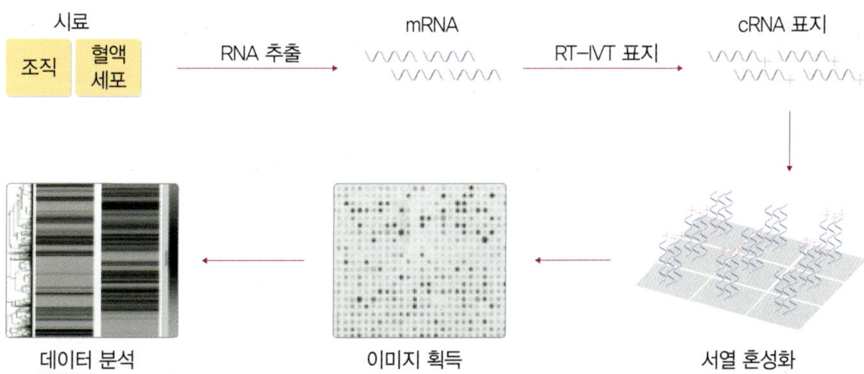

그림 14-5 • 마이크로어레이의 분석 방법[19]

직, 세포 또는 다른 시료가 될 물질에서 RNA를 추출해 낸 후 형광염료와 같은 검출 가능한 마커로 표지하고 마이크로어레이상의 탐침과 상보적으로 반응하도록 한다. 이후 반응물을 세정하고 공초점레이저 판독장치(confocal laser scanner)를 이용하여 형광의 발광 패턴을 화면으로 얻어 낸다. 이론적으로 형광 신호가 강할수록 시료 내에 해당 유전자와 상보적인 mRNA 양이 많은 것을 의미하므로 형광의 강도를 측정함으로써 mRNA의 발현량을 정량할 수 있다.

이렇게 하여 얻어지는 방대한 양의 마이크로어레이 데이터로부터 정확한 생물학적 의미를 분석해 내는 것이 또 하나의 어렵고도 중요한 문제가 된다. 데이터 분석 과정은 크게 세 부분으로 나뉠 수 있는데, 첫째로 특정 상황에서 발현량이 달라지는 유전자를 구별해 내기 위해 구체적인 판별 기준을 마련해야 한다. 즉, 몇 배 정도의 차이를 차이가 있는 것으로 인정할 것인지, 그리고 그 차이를 통계적으로 어느 정도 유의적이라고 볼 것인지 등을 정할 필요가 있다. 그 다음으로는 기준에 의해 판별된 유전자들을 발현 양상 변화를 기준으로 개개의 군별로 묶는다. 이 과정을 통해 상호 연관성을 가지는 유전자군을 밝혀낼 수 있게 된다.

이와 같은 마이크로어레이 방식으로 진행된 식품 유전체 연구의 예는 표 14-1과 같다.

표 14-1 • 식품 유전체에서 DNA 마이크로어레이를 이용한 연구의 예[19]

생리 활성물질, 식품 성분	식품, 음료	연구 모델	기대 효과	분석 방법
안토사이아닌, 안토사이아니딘	과일, 채소, 적포도주, 생선, 해조류	인간, 마우스 지방세포	• 지방세포의 기능 조절 • 산화적 인산화와 스트레스 조절	• 인간 게놈 마이크로어레이 • 마우스 유전자 발현 마이크로어레이
클로렐라 해조류	식이	건강한 남성의 혈액세포	• 지방과 포도당의 대사 과정 • 인간의 포도당 감수성 조절	• 당뇨 관련 인자 마이크로어레이(히타치)
에피카테킨	코코아	인간 대장암세포	• DNA의 산화적 손상 예방 • 염증 반응 감소	• 인간 혈액 분석 마이크로어레이
에피갈로카테킨-3-갈레이트	녹차	인간 상피세포, 인간 전립선암세포, 인간 대장암세포	• 항암 활성 • 세포 성장 억제 작용	• 인간 게놈 마이크로어레이 • cDNA 마이크로어레이
제니스테인	콩	폐경기 여성	• camp 신호 전달과 세포 분화 조절	• 인간 올리고(oligo) 마이크로어레이

DNA 염기서열 분석 기술에 기반을 둔 방식

마이크로어레이 기술과는 대조적으로 DNA 염기서열 분석 기술에 기반을 둔 방식은 DNA 조각에 표지(tag)를 하고 염기서열을 읽어 냄으로써 디지털 형식으로 유전자 발현 수준을 표현한다. 구체적으로는 Serial Analysis of Gene Expression(SAGE) 방식과 변형된 형태인 LongSAGE, Cap Analysis of Gene Expression(CAGE), Gene Identification Signature(GIS) 등이 있다. SAGE 방식에서는 특정 mRNA의 말단에 표시한 표지의 수를 세어 mRNA의 발현량을 측정한다. 우선 14~21 bp 정도의 mRNA 단편을 얻기 위해 제한효소 처리를 하고 이를 증폭시켜 염기서열을 분석한다. 마이크로어레이 방식에 비해 통계적으로 더 유의성 있는 결과를 얻을 수 있으며 시료 적용상의 제한점도 적지만, 소량의 mRNA를 정확하게 분석하기 위해서는 표본이 되는 표지의 길이가 가능한 한 길어야 한다는 한계점이 있다.[19]

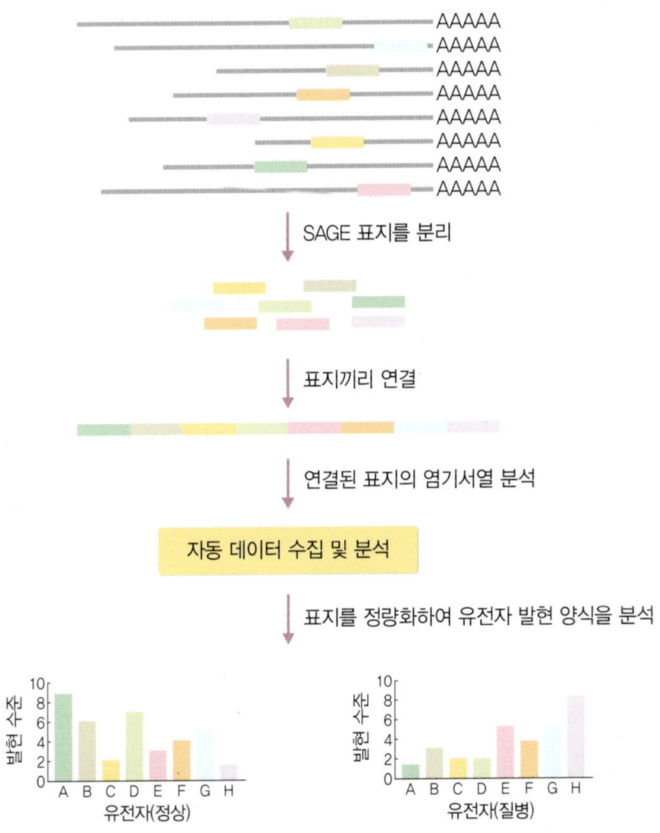

그림 14-6 • SAGE 방법을 이용한 mRNA 발현량의 분석[20]

③ 단백질체학(proteomics)[11]

아무리 mRNA까지 만들어진다고 해도 그 이후 과정인 번역 후 수식 과정(post-translational modification) 등이 뒤따라 실제 세포 내 신호 전달의 역할을 할 수 있는 단백질이 만들어져야 식품 성분에 의한 효과도 실현될 수 있으므로, 식품 유전체 연구를 위해서는 단백질체학 역시 활용된다. 한 유전자당 대략 6~10개의 단백질이 만들어질 수 있다고 추정되며 이렇게 만들어지는 단백질들은 아세틸화, 인산화, 유비퀴틴화, 수모화, 글리코실화와 같은 번역 후 수식 과정을 거치며, 나아가 단백질은 mRNA 분석에서 PCR로 RNA 단편을 증폭시키는 것과 같은 기술이 아직 없기 때문에 여타의 기술보다 훨씬 더 복잡한 분석 형태로 인식되고 있다. 구체적인 분석 방법으로는 2차원 전기영동장치(2D differential gel electrophoresis), 질량분석기(mass spectrometer, MS), Enzyme-linked immunosorbent assay(ELISA)가 있다. 즉, 전기적으로나 크로마토그래피 방식으로 단백질을 질량, 이온화 정도에 따라 분리한 후 electrospray ionization (ESI)와 matrix-assisted laser desorption/ionization(MALDI)와 연계된 질량분석기를 이용하여 어떤 단백질이 존재하는지 분석하게 된다. 최근에는 특정한 단백질분해효소(endoproteinase)로 분석할 단백질 시료를 분해하여 분석하는 Shotgun 단백질체학(proteomics) 방식도 등장하였다.

실제로 시료상에서 단백질들은 큰 농도 차이를 보이며 존재하기 때문에 본격적인 분석에 들어가기 전에 단백질들을 분획화하고 농축하는 과정이 필요한 경우가 많다. 이를 위해서는 화학적 표지(chemical tagging)나 연속적 면역-친화성 감소(sequential or simultaneous immuno-affinity depletion) 방식을 이용할 수 있다.

표 14-2 • 식품 유전체에서 단백질체학을 이용한 연구의 예

생리 활성물질, 식품 성분	식품, 음료	연구 모델	기대 효과	분석 방법
퀘세틴		인간 대장암세포	대장암 예방	2DE, MALDI-TOF-MS
지방산	생선 기름	유전자 변형 마우스	지방과 포도당 대사 연구	2DE, MALDI-TOF-MS
제니스테인, 다이드진, 이소플라빈류	콩	인간 상피세포	동맥경화 예방	2DE, MALDI-TOF-MS
폴리페놀류	녹차	인간 폐암세포	항암 효과	2DE, nLC-ESI-Q-TOF-MS/MS
비타민 A	-	쥐 혈장	영양 상태의 변화 연구	SELDI-TOF

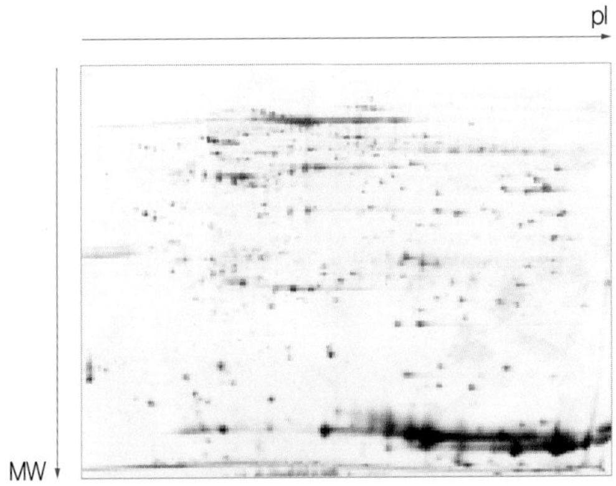

그림 14-7 • 2차원 전기영동[11]

④ 대사체학

대사체학(metabolomics)에서는 세포, 조직, 기관에서 생산하는 분자량 100~1,000 사이의 저분자 대사물질(metabolite)의 농도 변화를 측정해 생화학적 수준에서 생명체 상호 간의 영향 및 외부 화합물들과의 반응을 분석할 수 있도록 한다. 바이오마커의 개발에 있어서는 정상 상태와 질병 상태 모델의 대사체 양상을 비교해서 질병 상태에서 변화되는 주요 대사체들을 검출 및 규명함으로써 질병의 증상이 발현되지 않은 초기 상태에서도 질병의 조기진단을 가능하게 하는 데 활용된다. 예를 들어 암 연구에서 NMR은 대사체들의 전체적인 변화를 분석함으로써 초기 암에 대한 바이오마커를 발굴하는 데 사용되고 있으며 백혈병, 간암, 뇌종양, 대장암을 가진 동물 모델들의 암 대사경로를 분석하는 데도 대사체학 기술들이 사용되어 왔다.

가장 일반적으로 분석되는 대사체로는 탄수화물, 아미노산, 지질, 비타민과 저분자 펩타이드 등이 있다. 이들 대사체들은 생체 활성 식품 성분의 영향으로 유전자와 단백질 발현에 일어난 변화의 최종 산물이므로 대사체의 연구는 다른 종류의 바이오마커 연구보다 중요할 수 있다.

대사체 연구에는 크게 3가지 기본 연구 방식이 존재하는데, 표적 분석(target analysis), 대사체 개요화(metabolic profiling), 대사체 지문 인식(metabolic fingerprinting)이 그것이다. 표적 분석은 바이오마커나 반응물질 등 특정 분석물질을 정량하기 위해 이루어지며, 대사체 개요화는 한 군의 대사체 또는 특정 대사 과정에 관여하는 대사체들을 총체적으로 분석할 때 활용된다. 반면 대사체 지문 인식은 모든 대사체를 구체적으로 분석

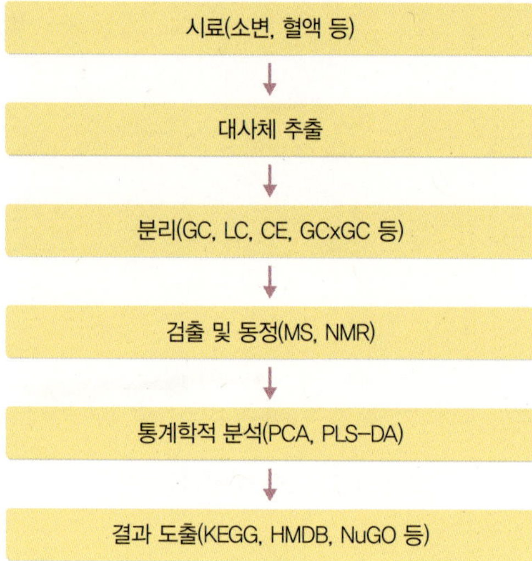

그림 14-8 • 대사체학의 연구 방법[21]

하지 않고 환경 변화에 따른 세포의 반응 변화로부터 대사체의 발생 양상을 비교 분석한다.

시료로부터 대사체를 추출하기 위해서는 제일 먼저 동결 건조 또는 급속 냉동을 통하여 대사 과정을 중단시킨다. 효율적인 추출을 위해서는 추출 방법의 최적화가 중요한데 1차 및 2차 대사물질들의 추출 효율은 용매의 종류, 혼합량 및 사용량에 따라 달라진다. 일반적으로 극성 대사체는 메탄올, 에탄올, 물 등을 사용하고, 비극성 대사체의 경우 클로로포름 등을 이용한다. 일반적으로 대사체 분석에서 한 종류의 기기로 전

표 14-3 • 식품 유전체 연구에서 대사체학을 활용한 예

생리 활성물질, 식품 성분	식품, 음료	연구 모델	기대 효과	분석 방법
피토케미컬	피토케미컬 포함 식이	인간 소변	• 비뇨기 대사에 긍정적 효능	^{1}H-NMR, HPLC-ESI-Q-TOF
플라보노이드, 페놀성 물질	적포도주, 포도주스, 차	인간 소변, 혈장, 대변	• 심혈관계 질환에 긍정적 효능	GC-TOF-MS
폴리페놀	카모마일 차	인간 소변	• 마뇨산염과 글라이신의 증가 • 크레아틴의 감소	^{1}H-NMR
	포도주, 포도주스	인간 대변	• 대장 미생물군의 변화를 통한 장 기능 향상	^{1}H-NMR
이소플라본	콩 강화 식단	인간 소변, 혈장	• 탄수화물 대사 변화 • 신장 기능 강화	^{1}H-NMR

체를 분석하는 것은 불가능하기 때문에 대개 2가지 이상의 기기를 이용한다. 이때 이용되는 기기 분석 방법으로는 gas chromatography-mass spectrometry(GC-MS), liquid chromatography-mass spectrometry(LC-MS), fourier transform ion cyclotron mass spectrometry(FT-ICR MS), nuclear magnetic resonance spectrometry(NMR) 등이 있다.[21]

(4) 질병별 바이오마커의 예

실제로 각 질병에 연관되어 있는 주요 유전자들과 그를 예방할 수 있는 식품성분 또는 식이에 대하여 알아보자. 대사 질환의 대표적인 질병 중 하나인 고혈압의 경우 혈중에 안지오텐시노겐(angio-tensinogen)이 많을수록 혈압이 올라가는데 이 물질을 생산하는 데 요구되는 유전자의 ANG 유전자의 6번째 뉴클레오타이드(nucleotide)에 아데닌(adenine)이 존재하는 경우 혈압 상승이 가속화된다. 이러한 유전적 결함을 가지고 있는 사람이라고 할지라도 dietary approaches to stop hypertension(DASH)에 따른 식단대로 음식을 섭취하는 경우 혈압 강하의 효과를 본 것으로 알려져 있다. 즉, 고혈압을 유도하는 유전적 형질을 타고난 사람이라도 적절한 영양소의 섭취를 통해 해당 질병을 예방하고 완화시킬 수 있다.

또한 심혈관계 질환에 있어서는 Apo-A1이 중심적 역할을 하는데, 이 유전자의 프로모터(promoter)에서 G가 A로 치환된 유전형질을 가질 경우 고밀도지단백(high density lipoprotein, HDL)이 증가하는 표현형을 갖게 된다. 반대로 Apo-A1 대립유전자(allele)의 형태 변화는 HDL의 농도를 낮추는 역할을 한다. 이렇듯 사람마다 유전형질이 조금씩 다르며 그에 따라 표현형도 다르게 나타나게 되는데, 이러한 경향성을 심화 또는 완화시킬 수 있는 요인 중에 하나가 적절한 식품 섭취이다.

비만은 잉여 에너지원이 지방조직에 축적되면서 진행되는데, 영양물질이 지방의 형태로 축적되기까지는 여러 유전자가 관여하고, 이들 유전자의 활성에 식품 구성 성분들이 상호 작용하여 이 과정을 촉진시키기도 하고 저해하기도 한다. 그림 14-9에서 볼 수 있는 것처럼 peroxisome proliferator-activated receptors(PPARγ), ERRα, SCD-1, sterol response element binding protein(SREBP-1C), fatty acid synthase(FAS) 등의 유전자가 주된 역할을 하며, 여기에서 주요 조절자인 전사인자 PPAR의 경우 어떤 종류의 리간드가 작용하느냐에 따라 전사하는 유전자가 달라지기 때문에 이 과정을 조절하여 비만을 예방할 수 있다.

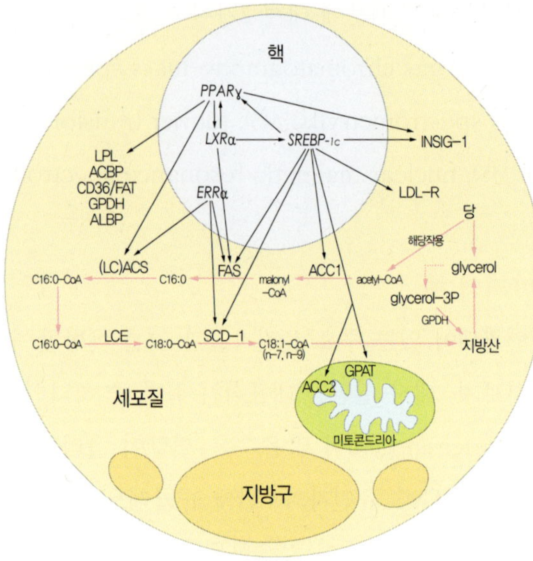

그림 14-9 • 지방세포의 분화와 지방 축적에 관여하는 인자들

당뇨병의 경우 관련된 주요 유전자로는 SREBP, PPARs, intestinal fatty acid binding protein(IFABP) 등이 있다. 당뇨가 유발되는 체내 신호전달 체계에 식품 성분이 관여할 수 있음을 보고하는 예가 다수 발표되어 있으며, 최근의 한 예로 당뇨병이 발병하기 훨씬 전에 미리 혈중의 microRNA(MiR)-126 농도 변화를 바이오마커로 삼아 당뇨병에 걸릴 가능성을 예측할 수 있다는 연구 결과가 발표되기도 하였다.[22]

암의 경우 그 예가 매우 다양하지만 여기서는 유전형질에 따라 발생 가능성이 높아지는 암 중 대표적으로 알려진 MTHFR TT 유전형 관련 암에 관하여 살펴보도록 하겠다. MTHFR TT 유전형을 가진 사람은 체내에서 메틸화 반응이 적절하게 이루어지지 않아 DNA 메틸화와 유전자 발현에 장애가 생김으로써 암이 유발된다. 뿐만 아니라 deoxyuridine monophosphate(dUMP)가 deoxythymidine monophosphate(dTMP)으로 전환되는 것을 증가시켜 엽산 부족에 의한 티미딘(thymidine)의 생합성이 가속화되어 엽산의 결핍을 유도한다. 따라서 엽산의 부족으로 궁극적으로는 신경관 손상(neural tube defects, NTDs)과 심혈관계 질환의 발병률도 증가된다.

2. 개인 맞춤형 기능성 식품 : 개인별 영양·건강 상태 분석 기술의 발달

1) 개인 유전체 분석 기술의 발달

1995년 최초의 유전체 분석이 이루어진 이후 인간게놈프로젝트(HGP)의 성공과 유전체학의 발전에 힘입어 단일염기 다형성(single nucleotide polymorphism, SNP), 유전자 복제수 변이(copy number variations, CNV) 등의 유전적 다형성이 발견되었다. 이에 따라 밝혀진 더욱 중요한 사실은 이러한 유전자상의 작은 차이가 개인의 질병 민감도에 직간접적으로 연관된다는 것이다. 실제로 각 개인의 유전적 다양성에서 비롯되는 신체 조건, 건강 상태, 대사 능력의 차이는 결과적으로 필요한 영양소와 영양소 섭취 후 신체 반응의 차이를 불러온다. 이에 따라 개인별로 최적의 방식으로 질병을 예방하고 치료하고자 하는 사회의 요구가 생겨났고, 개개인의 유전체 염기서열을 분석해야 할 필요성이 대두되었으며, 이러한 필요에 의해 시작된 것이 바로 개인게놈프로젝트(personal genome project, PGP)이다. 개인별 유전체 분석이 가능하기 위해서는 차세대 DNA 서열 분석 기술(next generation sequencing, NGS)과 같이 방대한 양의 염기서열 분석이 가능한 도구가 필수적이며, 나아가 3세대 DNA서열 분석 기술(third generation sequencing)의 발달에 힘입어 2017년 초 JP모건 증권사가 주최한 헬스케어 콘퍼런스에서 2일 이내에 약 60명의 전장 유전체를 분석할 수 있는 '노바식 6000'을 소개하고, 수년 이내 '100달러 유전체 분석 시대'를 열 것을 선언하였다.[23] 이러한 개인별 유전체 분석 기술의 발달은 개인 맞춤형 기능성 식품의 개발을 가능하게 한다.[24, 25]

이와 관련된 용어를 자세히 설명하자면 다음과 같다.

① 유전자 다형성(gene polymorphism)

사람이 저마다 조금씩 다르게 생긴 이유는 유전자 사이에 다형성(polymorphism)이 존재하기 때문이다. 이는 주요 유전자가 기능을 하지 못하여 기형을 유발하는 돌연변이와는 구별되는 것이다. 유전적 다형성은 염기서열에 변이가 생겨 유전자의 발현 조절 부위(프로모터 등)에 영향을 끼치는 단일염기 다형성과 유전자 발현량에 직접적으로 관여하는 복제수가 있다.

- **단일염기 다형성**(SNP) : 같은 종 또는 개인이 가지는 쌍염색체의 유전체 또는 비교의 대상이 되는 DNA 염기서열(DNA sequence) 사이에서 단일 뉴클레오타이드(A, T, C, G)에 변이가 일어나는 현상을 말한다. 예를 들어 2명의 개인에서 분석된 특정

loci의 염기서열이 AAGCCTA와 AAGCTTA로 다르다면 차이가 나는 밑줄 그어진 뉴클레오타이드가 SNP이다. 이 경우 C와 T 두 가지 대립형질(alleles)을 가졌다고 하며, 대부분의 일반적인 단일염기다형성들은 오직 두 대립형질만을 가진다. 대개 단일염기 다형성은 열성 대립형질 빈도로 여겨지지만, 최근 개체 간의 형질 차이를 이해하기 위한 분석 도구로 각광받고 있다.

- **유전자 복제수 변이**(CNV) : 유전자 복제수 변이는 복제수가 다른 DNA 단편으로 두 개 이상의 유전체를 비교할 때 발견된다. DNA 조각은 1 킬로베이스(kilobase)에서 수 메가베이스(megabases) 정도의 크기를 가지며 제거나 복제에 의해 유전자 영역(genetic region)별로 다양한 양상으로 나타난다. 유전자 복제수 변이는 유전되거나 de novo mutation이 일어남으로써 발생할 수 있고, DNA 복제 시 실수로 생길 수도 있는 것으로 알려져 있다. 유전자 복제수 변이는 제거, 복제, 도치, 전좌 등의 유전체 재배열에 의해 생기기 때문에 영역 특이적 반복 서열인 low copy repeats(LCRs)의 경우 유전자 복제수 변이를 일으키는 유전체 재배열에 노출되기 쉽다. 유전자 복제수 변이는 fluorescent in situ hybridization(FISH), 비교 게놈 혼성화(comparative genomic hybridization), 어레이 비교 게놈 혼성화(array comparative genomic hybridization), 단일염기 다형성 어레이를 이용한 가상 염색체 분석을 통해 검출할 수 있다. 사람에서 유전자 복제수 변이가 일반적인 현상이라는 것은 인간게놈프로젝트를 통해 알려졌으며, 개체 사이의 대략 0.4%의 유전체가 복제수의 차이로 변이를 가지고 있다고 한다. 몇몇 유전자 복제수 변이들은 질병의 발생과도 연관성이 있는 것으로 보고되었다. 예를 들어 암세포에서 유전자 복제수가 증가되어 있는 것이 관찰되었는데 EGFR 복제수의 경우 폐암세포에서 정상 세포에 비해 높은 복제수가 발견된다. 또한 유전자 복제수 변이는 염증성 자가면역 질환이나 자폐증, 정신분열증과 학습 장애와도 연관성이 있는 것으로 알려져 있다. 인간의 경우 유전자 복제수 변이는 단일염기 다형성보다 다수의 DNA를 포괄하기 때문에 표현형의 다양성과 행동적 특성, 질병에의 민감성 등에 더 큰 영향을 끼칠 것으로 예상되고 있다.

2) 생물정보학의 발달[17]

유전체 분석 기술에서 생산되는 대량의 정보를 비교 분석할 수 있는 기술, 즉 생물정보학의 발달로 개인별 영양, 건강 상태 분석이 가능해졌다. 생물정보학에서는 현재까지 이룬 방대한 생물학적 정보들과 실험적 데이터를 가공(processing), 조직화(clustering), 역학(dynamics), 통합(integration), 저장(storage)함으로써 일관되고 유의미한 생물학적 분석 결과를 도출해 내고자 한다.

차세대 DNA서열 분석 기술로부터 나오는 데이터를 비교 분석해야 하기 때문에 컴퓨터 소프트웨어를 활용한 분석이 필요하다. CLCbio Genomics Workbench는 여러 염기서열 분석 도구들과의 호환성이 좋아 Illumina GA analyzers, AB/SOLiD, Roche/454와 같은 차세대 DNA서열 분석 기술 기계들을 하루 종일 가동시켜 얻어 내는 굉장한 양의 염기서열 데이터를 처리하는 데 이용되고 있다. 또한 GATC의 경우 유전체 조립(genome assembly), 전사체 분석(transcriptome analysis), RNA 단편 분석(small RNA analysis) 등에 활용될 수 있으며 서열 분석 정보의 최적화된 신생 조립(optimized de novo assembly)에도 활용할 수 있다. 또한 미국 건강관리 관련 회사의 NextGENe와 혼성 주형/신생합성 방식(hybrid templated/de novo approach)에 유용한 SeqMan Genome Analyser도 이용 가능하다. 한편, RNA 염기서열을 진행하는 실험에서 사용 가능한 전사체 분석 소프트웨어(transcriptomics software) 중에는 TopHat과 Cufflinks이 잘 알려져 있다. 이렇게 분석된 방대한 정보들은 데이터베이스의 형태로 공유되고 있는데, 전 세계적인 정보의 교류와 공유는 이 분야의 발전을 가속화시키고 있다.

표 14-4 • 데이터를 공유하기 위해 구축된 데이터베이스

- Physiome project(http://www.physiome.org/)
- Systems Biology Software at the Keck Graduate Institute (http://www.cds.caltech.edu/~hsauro/)
- Virtual Cell Project of The National Resource for Cell Analysis and Modeling (http://www.nrcam.uchc.edu/)
- E-Cell Project (http://www.e-cell.org/)
- Microbial Cell Project (http://microbialcellproject.org/)
- World Wide Web Instructional Committee Virtual Cell (http://www.ndsu.nodak.edu/instruct/mcclean/vc/)
- Cytoscape (http://www.cytoscape.org/)
- GoMiner (http://discover.nci.nih.gov/gominer/)
- Database of functional networks at EMBL (http://www.ebi.ac.uk/research/pfmp/)

지금까지의 언급된 식품 유전체 연구에서 이용하는 다양한 분석 방법으로 얻은 전사체, 단백질체, 대사체와 같은 정보는 최종적으로 생물정보학적 도구들을 통해 분석되고 저장된다. 이렇듯 생물정보학은 식품 유전체 연구에서 유의미한 결과를 도출하는 데 매우 중요한 역할을 한다.

표 14-5 • 식품 유전체 연구에서 생물정보학의 역할[26]

	실험 설계	실 험	데이터 분석	데이터 저장
전사체학	유전체 수준에서 DNA array를 통해 전사체 발현 수준 분석 : 시료가 처리되거나 되지 않은 군, 정상 또는 비정상군을 비교 분석	RT-PCR 표지 시료 처리 array에 혼성화(hybridization) 형광 분석(scanning)	이미지 분석 통계 표준화 조직화 주석 표기	MAGE-ML, MIAME, 상관적인 데이터베이스, arrayExpress, GEO, Stanford microarray DB
단백질체학	세포 또는 생체물질에 포함된 모든 단백질을 정량적 질량분석기를 이용하여 결정함. 시료가 처리되거나 되지 않은 군, 정상 또는 비정상군을 비교 분석	단백질 추출 시료 분획화 분리(ZD-GE, LC) 용해 ESI/MALDI/FT-MS	통계적 분석과 동정 : 데이터베이스 검색, 정량화, 주석 표기	mzXML, PEDRO, 상관적인 데이터베이스, GenBank, EMBL, BIND, DIP 등
대사체학	세포 또는 생체물질에 포함된 모든 대사체 결정. 시료가 처리되거나 되지 않은 군, 정상 또는 비정상군을 비교 분석	대사체 추출 시료 분획화 분리(LC, GC) 동정(MS, GC, NMR)	통계적 분석과 동정 : 데이터베이스 검색, 주석 표기, 조직화, 네트워크 모델링	SBML, 상관적인 데이터베이스, KEGG, E-cell, EMP 등

3) 개인 맞춤형 식품 개발에 있어 고려할 사항[27]

(1) 개인 유전정보의 관리

2005 IFIC 조사에 따르면 71%의 응답자가 자신의 유전적 정보를 개인 맞춤형 영양소/식단 추천(personalized nutrition/diet recommendations)을 위해 이용해도 좋다고 대답했지만, 이러한 정보를 오용할 수 있는 여지가 있으므로 개인의 유전정보를 관리하고 보안하는 체계가 구축되어야 한다. 예를 들어 보험회사나 의약 및 식품 산업체 등 영리단체에서 자신들의 영리 추구를 목적으로 개인의 유전정보가 이용될 가능성이 있음을 염두에 두어야 한다.

(2) 전문 지식인의 양성

전문적인 지식을 갖춘 허가받은 기관 또는 전문가를 충분히 양성하고, 분명한 허가기준을 제시하여 소비자들이 그릇된 시험이나 증명되지 않은 제품으로 사기를 당하고 올바르지 않은 식단의 섭취를 추천받는 일이 일어나지 않도록 해야 한다.

(3) 지적재산권의 보호

탁월한 효능을 내는 기능성 식품 또는 식단을 개발하였다고 해도 그에 대한 특허(지적재산권)를 보장받을 수 있을지에 대한 판단 기준이 아직 없기 때문에 이 역시 좀 더 고려해야 할 부분이라 하겠다. 실제로 미래에 영양유전체학(nutrigenomics)의 혜택을 개개인이 누릴 수 있는 시대가 온다면 개인차에 의한 약의 부작용과 의술적 한계, 그리고 예방하기 어려웠던 질병들을 보다 적극적으로 치료, 예방할 수 있게 되므로 인류의 건강 증진에 크게 기여할 수 있을 것으로 기대된다. 그러나 이와 같은 긍정적 효과를 가능하게 하기 위해서는 과학적이고 총체적인 관리 체계와 허가 기준 등의 마련이 선행되어야 할 것이다.

4) 개인 맞춤형 식품 개발 동향

스타트업을 중심으로 개인의 유전자, 장내 미생물, 생체 대사 등의 정보를 기반으로 맞춤형 식품 서비스를 제공하는 기업이 크게 늘어나고 있다. 2018년 네슬레는 DNA와 인공지능(AI)를 이용하여, 최대 연 600달러짜리 개인 맞춤형 건강식품 추천 서비스를 시작하였다. 혈액 및 DNA를 고객 스스로 수집할 수 있는 홈 키트를 배포하고, 이 생체 정보를 받아 각 고객들이 유전적으로 어떤 질병에 취약한지 분석한 후 결과에 따라 '네슬레 AI'는 개인별로 부족한 영양소를 보충해 주는 맞춤제작형 차(茶) 캡슐, 스무디, 비타민 과자 등을 추천함과 동시에 판매도 한다.

대기업뿐만 아니라 스타트업의 참여도 적극적이다. 2016년 미국 실리콘벨리 스타트업 'Habit.com'은 캠벨 수프로부터 3,200만 달러를 투자받았다. 299달러짜리 가정용 테스트 키트를 제공하고, 유전자와 혈액 분석을 통해 개인별 맞춤 영양소 및 식단을 추천한다. 국내에서는 2018년 푸드테크 스타트업 '인테이크'와 바이오스타트업 '제니끄'의 경우, 유전자와 라이프스타일 분석을 통해 만든 개인 맞춤형 식품 배달 서비스를 런칭하였다.

| 제2절 | 고부가가치 창출을 위한 마케팅 전략

1. 기능성 식품 마케팅 특징

기능성 식품의 개발과 판매를 통해 수익을 얻으려고 하는 대기업, 바이오벤처기업, 학계 연구진에게는 효능 있는 제품을 만들 수 있게 하는 기술의 개발뿐만이 아니라 제품의 마케팅 전략 또한 매우 중요하다. 실제로 2000년대 초반 많은 바이오벤처기업들이 국내 바이오 시장이 빠르게 팽창할 것이라는 기대하에 시장에 대한 이해가 부족한 상태로 기술 개발에만 전력하여 실제 신기술을 개발하였지만 그것을 산업화시키고 소비자에게 효과적으로 인지시키는 부분에서 실패를 겪었다. 시장에서의 기능성 식품을 통한 수익 창출을 위해서는 사업 구상 시기부터 시장성을 가늠하고 기술 개발과 함께 전략적 마케팅을 구사하여 투자자와 소비자의 신뢰를 바탕으로 한 안정적인 매출 확보가 필요하다.

기능성 식품 마케팅은 기능성 식품이 가지는 근본적인 제품의 특수성만큼이나 일반적인 일상제품(commodity)의 마케팅에 비하여 까다롭다. 마케팅의 범위를 사회적 수요 파악을 바탕으로 한 제품 개발과 실제 판매 과정까지로 포괄적으로 규정한다면, 기능성 식품의 개발부터 판매까지의 과정에는 법적 규제와 같은 특별한 요구사항을 확실히 만족시켜야 하는 의무가 주어지기 때문에 보다 복잡하고 비용이 많이 들어간다. 또한 제품의 판매 가능성에 대한 불확실성에서 오는 위험성 역시 항상 존재하게 된다. 이러한 이유로 개발부터 판매 과정까지 연구진 차원의 특별한 노력이 요구되는데, 기능성 물질과 그것의 생리학적 효과에 대한 명확한 규명, 적정 섭취량의 명확성화, 체내에 흡수되었을 때도 여전히 예상되는 활성을 나타낼 수 있는 제품인지에 대한 명확성, 식품 제조 과정에서의 잠재적 변화 가능성은 없는지에 대한 규명, 소비자가 이러한 것들을 이해하고 납득할 수 있도록 하기 위한 소비자 교육, 건강증진식품이라는 주장을 홍보에 사용할 수 있는 인증을 받기 위한 임상 시험 등이 필요하다. 이러한 과정들에는 산업과 학계 그리고 이 둘의 균형을 조절하는 중간 역할자의 노력이 모두 투입되어야 하며, 특히 소비자들로부터 동의와 지지를 이끌어 낼 수 있는 과정이 있어야 한다.

기능성 식품 시장에서 성공을 바라는 사업 조직은 제품 생산의 핵심이 되는 기술인 결정적 기술(critical technology)을 명확히 하고 효과적으로 관리해야 한다. 이를 위해서는 조직 내부 기술력의 구축, 창조적인 외부 기술의 도입, 신시장의 개발, 다른 조직과의 협력 체계 구축, 포장 기술의 개발, 강력한 브랜드 구축, 새로운 개발을 위한 벤처 자본의 탐색 등이 필요하다. 이러한 전략적 움직임들은 기존의 전통적 식품산업에서는 크게 부각되지 않았던 것들이다.[28]

2. 기능성 식품 마케팅 전략

1) 기능성 식품 마케팅 전략의 목표와 범위

효과적인 기능성 식품의 마케팅 방안을 이야기하기에 앞서 마케팅의 목표와 범위를 명확히 규정하는 것이 필요하다. 기능성 식품 마케팅 전략의 목표는 제품이 인체 건강 증진에 확실한 도움을 주는 훌륭한 제품이라는 가정하에 많은 수익을 추구하는 것이다. 많은 수익은 크게 두 가지 방법으로 달성될 수 있는데, 되도록 많은 양의 제품을 생산자가 원하는 가격으로 판매함으로써 달성될 수 있다. 이것이 이루어지기 위해선 소비자들이 해당 기능성 식품의 존재를 인지해야 함은 물론 실제 구매로 이어져야 하며, 구매한 소비자들이 제품의 효과를 인정할 수 있어야 한다. 이러한 과정의 선순환은 결국 많은 매출 증가를 가져올 것이다.

기능성 식품의 마케팅은 넓은 의미로 보면 앞에서 잠깐 언급하였듯이 수요 예측을 기반으로 한 제품의 개발 과정부터 실제 판매 과정까지 포함한다. 즉, 기능성 식품 마케팅의 범위는 소비자 욕구 파악, 제품 개발, 적정 판매 채널(경로) 구축, 적정 가격 책정, 사후 서비스, 기술적 서비스, 제품 홍보 등 많은 과정을 포함한다. 해외 선진국 시장 소비자들의 트렌드, 건강과 관련한 국민들의 관심사, 중장년층과 노년층이 필요로 하는 건강 제품 등과 관련한 정보 파악 등을 통해 소비자들의 요구를 파악할 수 있으며, 이를 바탕으로 특정 소비자층을 겨냥한 제품 개발이 가능하다. 이 과정에는 제품 개발에 필요한 역량 보유 여부, 경쟁사 제품 정보, 법적 규제, 예상 수익성 파악 등의 분석 과정이 필요하다. 또한 해당 제품의 특성과 사업체의 유통망 상황을 고려하여 어떤 판매 채널을 통해 판매하였을 때 많은 수익을 올릴 수 있을지, 얼마의 가격대에 판매할 것이며 각 채널과 각 소비자층에 대한 가격 차별 여부는 어떻게 가져갈지에 대한 고민이 필요하다. 사후 서비스에 대한 문서화된 규정 정립과 부작용 등에서 오는 클레임에 대한 대응 방침 수립 또한 요구되며, 추가적으로 기술적 서비스 측면에서 수익이 기대되는 의뢰자(의뢰조직)의 요구를 반영한 변형 제품 개발과 특별 공급 체계 수립에 대한 대응책 구축이 필요하다. 마지막으로 어떠한 방식의 제품 홍보가 효과적일지, 홍보의 내용은 어떤 포인트들을 담아야 하는지 등에 대한 결정이 필요하다.

이러한 많은 과정들이 포괄적 의미의 기능성 식품 마케팅의 범위에 포함된다. 이어서 제품 개발과 서비스 관련 부분을 제외하고 실제 마케팅 전략 수립에 있어 큰 영향력을 미치는 부분인 소비자 욕구 파악, 판매 채널 구축, 제품 홍보에 대해 알아보겠다.

(1) 소비자 욕구 파악

기능성 식품에 대해 구매 의향이 있는 소비자들의 욕구를 파악하기 위해서는 근본적으로 그 구매층이 어떠한 특성을 가지고 있는지를 파악하는 것이 중요하다. 전문조사 기관인 AC Nielsen의 미국 소비자 7,195명을 대상으로 한 연구에 의하면, 먼저 성별을 기준으로 미혼 여성이 미혼 남성보다 건강기능식품에 대한 선호도가 높았다. 남성들은 당분이 첨가된 음료수를 구매하는 경향이 유의하게 높았고 여성들은 요구르트나 칼슘이 첨가된 오렌지주스에 대한 구매 경향이 높았다. 한 가지 재미있는 결과는 여성들은 유제품에 대한 구매 경향이 낮았으며, 무지방 우유나 저지방 치즈라 할지라도 마찬가지였다. 결혼한 주부는 나이를 기준으로 아이를 가진 젊은 주부는 기능성 식품과 건강에 좀 더 도움이 된다는 제품들에 대한 구매도가 낮았다. 그들은 설탕이 많이 포함된 일반 시리얼을 구매하고 탄산음료와 감자칩을 많이 구매하였다. 반면에 중년층의 주부는 전 영역의 제품 구매에 있어 건강에 상당히 신경을 쓰는 구매 행태를 보였다. 칼슘이 포함되었다는 사실을 중요시하였으며, 저지방 또는 무지방 유제품과 콩을 원재료로 사용한 제품을 선호하였다. 노년층의 경우에는 식단을 그들의 건강과 연결시키려는 인식을 보였다. 특히 낮은 콜레스테롤 제품에 대해 신경을 많이 쓰며, 낮은 당분을 포함한 제품과 신선한 과일, 채소, 저지방 유제품, 기름기가 적은 육류, 칼슘이 포함된 오렌지주스에 대한 선호도가 높았다. 하지만 콩 제품에 대한 선호는 낮았다.

이 조사는 또한 교육의 정도가 건강기능식품에 대한 구매에 큰 영향을 미친다는 결과를 보여 주었다. 대학교육 이상을 받은 주부들은 그렇지 않은 주부들에 비해 건강에 도움이 된다는 제품에 대한 선호가 높았는데, 대학교육을 받은 주부들은 육류가 포함되지 않은 제품을 선호하여 콩 제품에 대한 선호가 유의하게 높았다. 그들은 주로 육류를 구매할 때는 일반적으로 기름기가 적은 닭고기나 생선류를 대부분 선택하였다. 대학교육을 받은 주부들이 더 건강한 제품을 선호하는 경향은 그들의 나이나 남편의 지위와는 상관없이 일관적으로 나타났다. 하지만 대학교육을 받았다고 할지라도 나이가 많은 소비자는 콩 제품에 대한 구매도가 낮았다. 대학교육을 받은 미혼 여성의 경우에는 두유를 제외한 모든 콩 관련 제품 구매도가 높았으며, 대학교육을 받은 젊은 주부는 두유, 탈지유, 저지방유, 건강식 시리얼을 구매하였다.

구매자의 수입 정도도 기능성 식품 구매에 큰 영향력을 미치는 것으로 나타났다. 일 년에 5만 달러 이상의 수입을 갖는 주부의 경우 그렇지 않은 주부들보다 건강 제품에 대한 선호도가 높았다.

이렇듯 기능성 식품에 대한 선호도는 남성보다는 여성, 젊은층보다는 중년층과 노년층에서 높음을 확인할 수 있고, 교육이나 경제적 수입과 같은 사회적 요소 또한 건강에 도움이 되는 식품을 구매하는 데 있어 큰 영향을 미치는 인자임을 알 수 있다. 이러한 소비자에 대한 정보를 바탕으로 하여 누구에게 어떠한 제품을 제공할 것인가에 대한 판단이 기능성 식품 시장이 본격적인 성장 궤도에 진입하면서 더욱 중요해지고 있다. 소비자들의 기능성 식품에 대한 취향이 다르므로 이에 대한 적절한 제품 및 마케팅 전략이 필요하다. 예컨대 소비자들의 연령대별로 18~29세의 젊은 세대에게는 체력 강화나 체중 조절과 관련된 제품이, 건강에 위협을 느끼는 40대 이상의 소비자들에게서는 질병 예방의 효능을 가진 기능성 식품이 크게 주목을 받고 있다. 미드 존슨(Mead Johnson)의 칼슘 강화 제품인 Viactiv Soft Calcium Chews나 라이네(Leiner)의 여성 전용 영양소 강화 제품인 True Rhapsody Bars와 같은 제품은 호르몬이나 칼슘 등의 보강이 요구되는 갱년기 전후 여성들을 타깃으로 개발된 제품으로 볼 수 있다.[29]

향후 기능성 식품 기업들은 특정 고객층을 대상으로 한 제품 개발과 마케팅에 주력할 것으로 예상된다. 한편으로는 건강기능식품 역시 유행에 민감한 산업이므로 새로이 시장에 진입할 경우 소비 동향을 정확히 파악하고 적절히 대처할 수 있는 전략이 필요하다. 이를테면 인기를 끈 건강기능식품의 국제적 추이를 보면 소화 → 체중 조절 → 심혈관 → 뼈·관절 → 정신·기억력 → 피부미용 쪽으로 급격히 변화하고 있어 자칫 특정 제품 생산을 위해 무리하게 투자할 경우 위험이 발생할 수 있다.[30]

(2) 판매 채널 구축

한국건강기능식품협회는 2015년부터 3년간 전국 5,000가구를 대상으로 실시한 '가정 내 건강기능식품 구매 및 소비 패턴 분석' 자료를 토대로 2017년 국내 건강기능식품의 유통 채널별 시장 구조를 발표하였다. 그 결과는 인터넷몰(26.3%), 다단계판매(14.2%), 대형 할인점(12.3%)의 순으로 나타남으로써 온라인 채널이 강세를 보였다.

상당 부분 인터넷 판매에 의존하고 있는 현재 기능성 식품 시장의 발전을 위해서는 점진적으로 슈퍼마켓과 같은 일반 소매상 또는 할인점과 같은 대규모 유통경로의 이용이 추가적으로 요구된다. 실제로 이들은 유럽 기능성 식품 시장의 가장 중요한 유통경로들이다. 물론 이러한 전략이 전문 매장과 같은 특별한 유통경로의 이용 가능성을 배제하는 것은 아니다. 전체 유통 채널의 균형을 찾아가는 것이 중요하며, 기능성 식품이 할인매장과 같은 대형 유통경로에 노출되었을 때에도 소비자로 하여금 정확한 정보에 기반한 구매가 이루어지도록 하는 노력이 필요하다.[31]

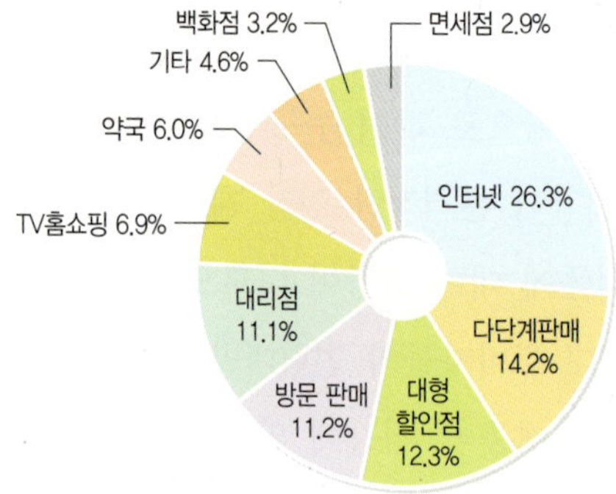

그림 14-10 • 건강기능식품의 구매금액별 유통채널 비중

(3) 제품 홍보

기능성 식품 홍보의 목적은 대중들에게 제품의 존재를 인지시키고 우수성을 내세워 구매를 유도하는 것이다. Mark-Herbert의 기능성 식품의 소비자 인지 구축 과정에 대한 연구에 의하면 새로 개발된 제품은 그림 14-11과 같이 몇 가지 혁신의 단계(X축)를 거쳐 대중들에게 인지(Y축)되며, 인지 수준에 따라 목표로 삼는 소비자층이 달라진다고 한다. 광고 단계는 이전의 대중과의 관계와 임상 연구들에 의해 결정되며, 대중과의 관계 단계는 텔레비전과 라디오 뉴스와 같은 매체를 통해 공표된 임상 연구를 통해 밝혀진 사실들에 의해 결정된다. 대중과의 관계 단계는 제품마다 각기 다른 소비자층에게 인지를 구축하게 된다.

인지를 구축하는 각 단계 중 먼저 임상 연구 단계는 주로 명성 있는 대학 또는 의료기관에 의해 수행되고 국제적으로 인지도가 있는 논문지에 결과가 리뷰된 것을 선호한다. 이러한 연구들은 반드시 실제 제품 성분의 사람(실험동물이 아닌)에 대한 효과를 보여 주어야 한다. 대중과의 관계와 광고 단계는 각기 다른 고객층을 목표로 한 여러 가지 프로그램들을 포함한다. 이러한 프로그램들은 텔레비전, 라디오, 잡지, 신문, 우편을 통한 브로슈어와 샘플 전달, 무료 전화, 인터넷사이트, 컨벤션, 광고지 등을 통해 전달된다. 대중과의 관계를 맺는 활동은 주로 소비자들이 관심을 갖는 새로운 건강에 대한 정보와 연관이 되는데, 예를 들어 텔레비전 프로그램에서 전문가인 의사에게 임상 시험을 시행하게 하고 그 경험을 시청자들과 공유하게 하는 방식이 대표적이다. 이 방법은 많은 수의 사람들에게 상품을 인식시킬 수 있다. 한 연구에 따르면 홍보료를 받지 않는 비영리 무료 미디어 채널을 통해 발표된 정보에 대해 오히려 시청자들은 신뢰를 보였다.[32]

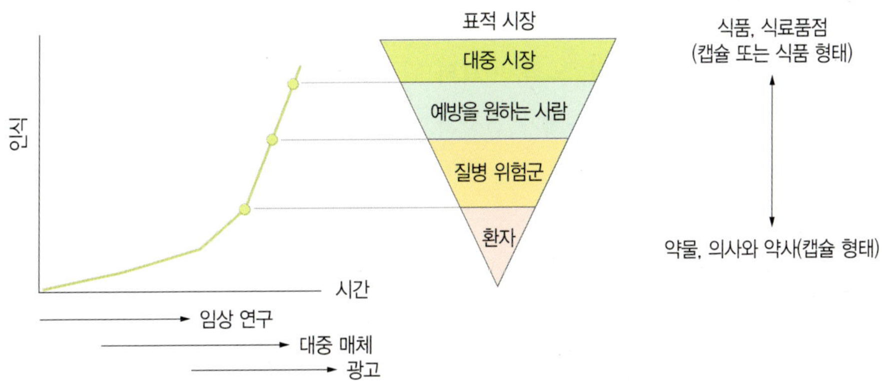

그림 14-11 • 기능성 식품의 소비자 인지 구축 과정

기능성 식품의 우수성을 내세워 구매를 유도함에 있어서는 소비자가 제품을 구매함으로써 얻는 이득을 중점적으로 내세우는 것이 중요하다. 즉, 제품의 특성 설명에서 그치는 것이 아니라 고객이 실제 가져갈 수 있는 이득을 제안하는 것이다. 제품의 특성이라고 하면 주로 과학적 접근을 통한 성분 함량, 포장 특성, 사용 특성을 의미하며, 한 단계 더 나아가 제품의 장점을 소개할 수 있다. 예를 들어 유사한 타사 제품 또는 기존 제품과의 비교라든지, 소비자들의 어떠한 욕구를 살린 제품인지에 대한 정보들이다. 이러한 정보들을 바탕으로 최종적으로는 고객이 어떠한 이득을 얻게 되는지 설명해야 한다.[33]

소비자들이 가져갈 수 있는 기능성 식품으로부터의 이득에 대해 권위 있는 트렌드 보

고서인 「HealthFocus」는 5가지 종류로 그 이득을 구분하였다. 「HealthFocus」는 소비와 먹는 것에 대한 국가적 트렌드를 2년마다 한 번씩 조사하여 발간하는 보고서로, 이에 따르면 모든 건강식품은 다음의 5가지 이득 중 하나 또는 그 이상의 가치를 내세워서 포지셔닝할 수 있다.

- **예방**(prevention) : 질병과 증후군으로부터 건강을 관리해 줌. 장기적인 측면에서 높은 삶의 질을 추구하는 데 도움을 줌.
- **효능**(performance) : 신체적, 정신적 개선을 가져옴. 단기적인 하루하루의 건강에 초점을 맞춤.
- **웰빙**(wellness) : 좋은 느낌을 선사하며 신체의 균형을 찾아 줌. 신체, 정신, 영혼을 모두 포함한 전반적인 측면의 개선.
- **영양**(nutrition) : 건강에 대한 세심한 주의와 더 나은 만족을 추구하는 사람들을 위한 식품. 주로 성장, 발달, 노화, 치료와 관련된 제품인 경우가 많음.
- **미용**(cosmetics) : 용모와 육체가 건강하고 개선되어 보이도록 도와주고, 개인의 자신감을 높여 줌.

이러한 이득의 예시들처럼 판매하려는 제품이 가지는 특성을 소비자의 측면에서 얻는 이익으로 연결시키고 더욱 설득력 있게 구체화시키는 홍보가 효과적이다.[34]

참고문헌

1 홍경희, 맞춤식품의 현재와 미래 식품개발에서의 영양유전체학 및 개인별 맞춤영양학의 적용, 식품산업과 영양 12(2): 37-43, 2007

2 D. Ghosh et al., Pharmacogenomics and nutrigenomics: synergiesanddifferences,European Journal of Clinical Nutrition 61: 567-574, 2007

3 엄수종, 식품과 영양에서 유전체학의 중요성 및 응용, 식품과학과 산업 35(1): 26-32, 2002

4 Clin. Pharmacol. Ther. 69 (3): 89-95.

5 http://www.ibric.org/myboard/read.php?Board=report&id=3005&Page=1&PARA9=1

6 Michael Müller, Sander Kersten, Nutrigenomics: goals and strategies,Nature Reviews Genetics 4: 315-322, 2003

7 http://www.accessdata.fda.gov

8 생명공학정책연구센터, BioINwatch(BioIN+Issue+Watch): 17-49

9 유전성 대장암의 1차 스크리닝검사 및 산발성 대장암의 예후예측검사, GC Labs

10 http://www.nugo.org/nip/24023

11 Edwin, C.M. et al., Nutrigenomics and nutrigenetics: the 'omics' revolution In nutritional science. Biotechnol. Appl. Biochem. 44, 2006

12 Irène Corthésy-Theulaz et al., Nutrigenomics: The Impact of Biomics Technology on Nutrition Research, Ann Nutr Metab 49: 355-365, 2005

13 Zeisel et al., Nutrition: a reservoir for integrative science,Journal of Nutrition 131: 1319-1321, 2001

14 Jim Kaput et al., Nutritional genomics: the next frontier in the postgenomic era, Physiol Genomics 16: 166-177, 2004

15 David M. Mutch, Nutrigenomics and nutrigenetics: the emerging faces of Nutrition, FASEB J. 19(12): 1602-1616, Oct. 2005

16 Regina Brigelius-Floheé et al., Nutritional genomics, Wiley-VCH, 2006

17 박기정, 유전체학과 생물정보 산업, 정보과학회지 23(5): 24-31, 2005

18 http://museum.toshiba.co.jp/05human/newtech121.html

19 V. Garcia-Cãnas et al., Advances in Nutrigenomics research: Novel and future analytical approaches to investigate the biological activity of natural compounds and food functions, Journal of Pharmaceutical and Biomedical Analysis 51: 290-304, 2010

20 http://www.biocompare.com/Articles/ApplicationNote/1327/Serial-Analysis-Of-Gene-Expression-Using-ABI-PRISM-DNA-Sequencers-And-BigDye-Terminators.html

21 김소현 외, 대사체학의 연구동향, 응용 및 국내 연구 활성화 방안, KSBB journal, 24: 113-121, 2009

22 Anna Zampetaki et al., Plasma MicroRNA Profiling Reveals Loss of Endothelial MiR-126 and

Other MicroRNAs in Type 2 Diabetes,Circulation Research 107: 810-817, 2010

23 genomeweb. Illumina Unveils New High-Throughput Sequencing Instrument at JP Morgan; https://www.genomeweb.com/sequencing/illumina-unveils-new-high-throughput-sequencing-instrument-jpmorgan, Jan 10, 2017.

24 Laurent B. Fay et al., Personalizing foods: is genotype necessary? Current Opinion in Biotechnology, 2008

25 Patrick J. Stover, Influence of human genetic variation on nutritional requirements, Am. J. Clin. Nutr. 83, 2006

26 Frank Desiere, Towards a systems biology understanding of human health: Interplay between genotype, environment and nutrition., Biotechnology Annual Review 10, 2004

27 Kevin H. Sutton, Considerations for the successful development and launch of personalised nutrigenomic foods, Mutation Research 622: 117-121, 2007

28 Istva'n Siro et al., Functional food. Product development, marketing and consumer acceptance-review, Appetite 51: 456-467, 2008

29 고은지, 본격 성장 예상되는 기능성식품 시장, LG주간경제, 2001. 9. 12

30 건강기능식품 시장 급속 팽창, 농민신문, 2010. 7. 11(nongmin.com/article/ar_detail.htm?ar_id=176358&subMenu=point)

31 한국건강기능식품협회, 2017 건강기능식품 시장현황 및 소비자 실태조사 보고, 2017

32 Cecilia Mark-Herbert, Development and Marketing Strategies for Functional Foods, AgBioForum 6(1 & 2): 75-78, 2003

33 우창명, 식품산업의 마케팅 전략, 2009. 4. 7 (OMI-C 우리경영혁신연구소 ppt 자료)

34 Linda Gilbert, Marketing Functional Foods: How To Reach Your Target Audience, AgBioForum 3(1): 20-38, 2000

MEMO

APPENDIX

부록

1 건강기능식품 표시 및 원료 인정

제1절 건강기능식품의 표시

건강기능식품의 표시는 「건강기능식품에 관한 법률(이하 법률)」 제17조(표시기준)에 명시된 사항을 식품의 용기와 포장에 표시하는 것을 말하고, 기능성 광고는 방송 매체, 인쇄 매체, 인터넷 등을 이용하여 건강기능식품에 대한 정보를 알리는 행위를 말한다. 건강기능식품의 기능성 표시와 광고는 식품의약품안전처의 자체 세부 운영 규정을 따라야 한다.

1. 코덱스의 건강 강조 표시

식품의 건강 강조 표시는 그 정의나 사용 범위 등에서 각국이 일치하지 않는다. 이에 식품의 국제 기준을 결정하는 코덱스(Codex, 국제식품규격위원회)에서 제안한 건강 강조 표시를 기초로 하여 국가마다 독자적인 제도를 만들어 관리하고 있다.

건강 강조 표시란 '식품 또는 식품 성분이 건강에 효과가 있음을 표시하는 것'을 말한다. 건강 강조 표시는 영양소 기능 강조 표시, 기타 기능 강조 표시(고도 기능 강조 표시), 질병 위험 감소 강조 표시로 구분된다.[1]

1) 영양소 기능 강조 표시

영양소 기능 강조 표시란 '신체의 정상적인 성장, 발달 및 일상적 기능에 관련하여 생리적인 역할을 하는 특정 영양소에 대하여 기술한 것'을 말한다. 예를 들어, "엽산은 적혈구 형성의 중요한 재료이다"와 같이 신체의 정상 기능하에서 해당 영양소의 역할을 나타낸 표시이다.

2) 기타 기능 강조 표시

'기타 기능 강조 표시'는 초기의 초안에서 '고도 기능 강조 표시'라고 한 것을 개칭한 것으로, 식품 또는 그 구성 성분을 섭취하였을 때 건강 기여, 기능 향상과 더불어 건강 보존 및 개선 효과에 관한 표시를 말한다. "칼슘은 뼈의 밀도를 높여줄 수 있다"는 기타 기능 강조 표시의 예가 될 수 있다.

영양 · 기능 정보 표시 내용 예시 1

❶ 영양 · 기능 정보

❷ 1회 분량/1일 섭취량 : ○정(○mg)

1회 분량/ 1일 섭취량 당	함 량	%영양소기준치
❸ 열량	150 kcal	
탄수화물	23 g	7%
단백질	2 g	3%
지방	6 g	11%
나트륨	55 mg	2%
❹ 비타민 C	11 mg	20%
칼슘	20 mg	7%
❺ 기능성분 또는 지표성분	○mg	

❻ ※%영양소기준치 : 1일 영양소기준치에 대한 비율

영양 · 기능 정보 표시 내용 예시 2

❶ 영양 · 기능 정보

❷ 1회 분량/1일 섭취량 : ○정(○mg)

1회 분량/ 1일 섭취량 당	함 량	%영양소기준치
❸ 열량	150 kcal	
탄수화물	23 g	7%
식이섬유	3 g	12%
당류	10 g	
단백질	2 g	3%
지방	6 g	11%
포화지방산	2 g	
불포화지방산	3 g	
콜레스테롤	10 mg	3%
나트륨	55 mg	2%
❹ 비타민 C	11 mg	20%
칼슘	20 mg	7%
❺ 기능성분 또는 지표성분	○mg	

❻ ※%영양소기준치 : 1일 영양소기준치에 대한 비율

영양 · 기능 정보 표시 내용 예시 3

❶ 영양 · 기능정보

❷ 1회 분량/1일 섭취량 : ○정(○mg)

1회 분량/ 1일 섭취량 당	함 량	%영양소기준치
❸ 열량	150 kcal	
탄수화물	23 g	7%
식이섬유	3 g	12%
❹ 비타민 C	11 mg	20%
❺ 기능성분 또는 지표성분	○mg	

❻ ※%영양소기준치 : 1일 영양소기준치에 대한 비율

1회 분량/ 1일 섭취량 당	함 량	%영양소기준치
단백질	2 g	3%
지방	6 g	11%
나트륨	55 mg	2%
칼슘	20 mg	7%

3) 질병 위험 감소 강조 표시

식품이나 그 구성 성분의 섭취로 인한 특정 질병 유발 요인의 감소를 표시한 것으로, "암에 걸릴 확률을 줄여줄 수 있다" 또는 "칼슘 부족으로 인한 골다공증의 발병률을 낮출 수 있다"와 같은 예는 질병 위험 감소 강조 표시의 좋은 예이다. 이 표시는 소비자들이 특정 질병을 예방하는 것으로 오인하지 않도록 주의해야 한다.

2. 건강기능식품의 표시기준

「건강기능식품에 관한 법률」 제3조제3호에서 규정한 '표시'란 건강기능식품의 용기·포장(첨부물과 내용물을 포함한다. 이하 같다)에 기재하는 문자·숫자 또는 도형을 말한다. 〈개정 2015. 2. 3.〉

- 건강기능식품이라는 문자 또는 건강기능식품임을 나타내는 도형(그림 1)
- 기능 성분 또는 영양소 및 그 영양 권장량에 대한 비율(영양 권장량이 설정된 것에 한함)
- 섭취량 및 섭취 방법, 섭취 시 주의사항
- 유통기한 및 보관 방법
- 질병의 예방 및 치료를 위한 의약품이 아니라는 내용의 표현
- 그 밖에 식품의약품안전처장이 정하는 사항

건강
기능식품
식품의약품안전처

그림 1 • 건강기능식품 도형

3. 건강기능식품의 허위·과대 표시·광고 금지

「건강기능식품에 관한 법률」 제18조(허위·과대의 표시·광고 금지)에서 영업자는 건강기능식품의 명칭, 원재료, 제조 방법, 영양소, 성분, 사용 방법, 품질 및 건강기능식품 이력추적관리 등에 관하여 다음 사항에 해당하는 허위·과대 표시·광고를 해서는 안 된다고 명시하고 있다.

- 질병의 예방 및 치료에 효능·효과가 있거나 의약품으로 오인·혼동할 우려가 있는 내용의 표시·광고
- 사실과 다르거나 과장된 표시·광고
- 소비자를 기만하거나 오인·혼동시킬 우려가 있는 표시·광고

- 의약품의 용도로만 사용되는 명칭(한약의 처방명 포함)의 표시·광고
- 식품의약품안전처장이 정한 건강기능식품 표시·광고 심의 기준, 방법 및 절차에 따라 심의를 받지 아니하거나 심의받은 내용과 다른 내용의 표시·광고

| 제2절 | 건강기능식품 기능성 원료의 인정

1. 건강기능식품의 허가

건강기능식품의 허가는 식품의약품안전처에서 제시한 '건강기능식품의 허가 관련 안내(그림 2)'를 따른다. 이는 건강기능식품을 품목 제조 신고 또는 수입 신고하기 위한 절차를 나타낸 것이다.

2. 건강기능식품 기능성 원료 인정을 위한 제출 자료

'건강기능식품 기능성 원료 및 기준·규격 인정에 관한 규정'의 제3장 제12조(제출 자료의 범위)에 따라 원료로 인정받기 위하여 신청자가 제출해야 하는 자료의 종류는 다음과 같으며, 제13조(제출 자료의 내용 및 요건)에서 명시한 부분을 항목별로 자세하게 기록한다.

① 구비 서류(건강기능식품 기능성 원료 인정 신청서)

- 제출 자료 1부
- 제출 자료 수록 CD 1개
- 제품 또는 시제품 및 기능 성분(또는 지표형분) 표준품
- 건강기능식품 검사 기관이 발행한 시험성적서

② 제출 자료(건강기능식품 기능성 원료 인정 신청서)

- 제출 자료 전체의 총괄 요약본
- 기원, 개발 경위, 국내외 인정·사용 현황 등에 관한 자료
- 제조 방법 및 그에 관한 자료
- 원료의 특성에 관한 자료
- 기능 성분(또는 지표 성분)에 대한 규격 및 시험 방법에 관한 자료

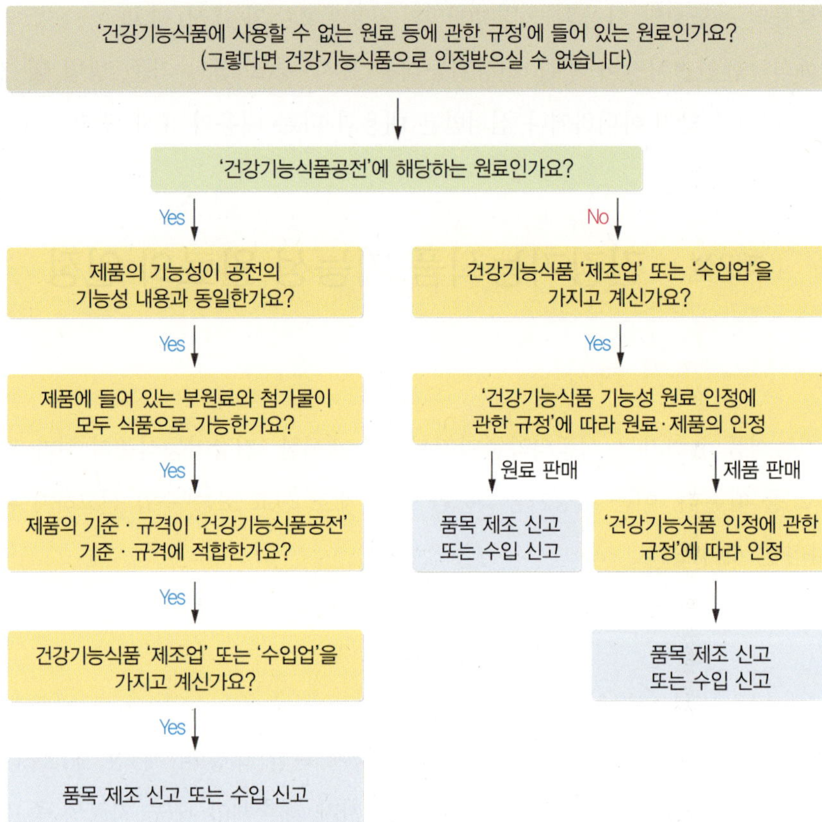

그림 2 • 식품의약품안전처의 건강기능식품의 허가 절차[2]

- 유해물질에 대한 규격 및 시험 방법에 관한 자료
- 안전성에 관한 자료
- 기능성 내용 및 그에 관한 자료
- 섭취량, 섭취 시 주의사항 및 그 설정에 관한 자료
- 의약품과 같거나 유사하지 않음을 확인하는 자료

3. 건강기능식품 기능성 원료 인정을 위한 평가 원칙[3]

식품의약품안전처에서는 '건강기능식품 기능성 원료 및 기준·규격 인정에 관한 규정'의 제14조에 명시된 자료의 제출을 요구하고, 제15조(기준 및 규격), 제20조(안정성, 제기능성)의 고시에 따라 제출된 기능성 자료들을 평가한다.

기준 및 규격 부분에서는 ① 원료의 기원, 학명, 원산지, 사용 부위 등이 기재되었는지를 평가하며, 복합 원료인 경우에는 각각의 원재료에 대한 내용이 잘 기재되어 있는지를 평가한다. ② 원료의 제조 과정에 사용된 용매, 효소 등이 '건강기능식품의 기준 및 규격', '식품의 기준 및 규격', '식품첨가물의 기준 및 규격'에 적합하게 사용되었는지를 평가한다. ③ 원료의 기능 성분(또는 지표 성분)에 대한 함량, 규격 및 시험 방법이 적절히 설정되었는지를 평가하고, 원재료로부터 신청한 원료에 이르기까지 제조 단계별 기능 성분(또는 지표 성분)의 함량 변화가 잘 분석되었는지를 평가한다. ④ 원료의 유해물질에 대한 규격이 안전성을 확보할 수 있도록 설정되어 있는지를 평가하고, 식품의약품안전처장이 지정한 검사 기관의 시험 결과가 적합한지 평가한다.

안정성 부분에서는 섭취량 평가 결과, 영양 평가 결과, 생물학적 유용성, 인체 적용 시험 결과, 독성 시험 결과 등을 종합적으로 검토하여 평가한다.

기능성 부분에서는 연구의 유형과 수준에 따라 개별적으로 평가하고, 근거 자료의 양, 일관성, 관련성 등을 평가한다.

1) 기능성 평가[4]

(1) 기능성의 정의

「건강기능식품에 관한 법률」 제3조(정의)에 의하면 기능성은 인체의 구조 및 기능에 대하여 영양소를 조절하거나 생리학적 작용 등과 같은 보건 용도에 유용한 효과를 얻는 것을 말한다.

(2) 제출 자료의 범위

'건강기능식품 기능성 원료 및 기준·규격 인정에 관한 규정'에서 기능성에 관한 자료는 인체 적용 시험, 동물 실험, 시험관 실험, 총설(review), 메타분석(meta-analysis), 전통적 사용 근거 자료 등을 사용할 수 있다.

- 해당 원료의 인체에서 기능성을 확인하기 위해서는 중재 시험(intervention study) 또는 관찰 시험(observational study) 등의 인체 적용 시험 자료를 제출하여야 한다.
- 인체 적용 시험 결과를 과학적으로 뒷받침하기 위해서는 동물 실험, 시험관 실험 등의 연구 기반 자료를 제출하여야 한다.
- 두 가지 이상의 원재료를 혼합한 경우에는 혼합된 원료로서 기능성이 입증되어야

하며, 타당한 혼합 사유 및 그 과학적 근거가 제출되어야 한다.

(3) 제출 자료의 요건

제출된 기능성 자료는 국제임상시험관리기준(Guideline for Good Clinical Practice by International Conference on Harmonization, ICH GCP)에 따라 연구윤리 심사위원회의 승인을 받은 인체 적용 시험 계획에 의해 수행된 인체 적용 시험의 최종보고서 또는 국내외 학술지에 게재된 것(게재증명서 포함)이어야 한다.

(4) 기능성 평가의 원칙

식품의약품안전처의 '건강기능식품 기능성 원료 인정에 관한 규정'의 제16조(기능성)에 따라 식품의약품안전처장은 해당 원료의 기능성을 확인하기 위하여 제출된 기능성 자료를 연구의 유형과 수준에 따라 개별적으로 평가하고, 총체적인 근거 자료의 양, 일관성, 관련성을 고려하여 종합적으로 평가한다.

- 제출된 기능성 자료가 질병의 발생 위험 감소를 나타내며, 확보된 과학적 근거 자료의 수준이 과학적 합의에 이를 수 있을 정도로 높을 경우 '질병발생위험 감소 기능'을 인정한다.
- 제출된 기능성 자료가 인체의 정상 기능이나 생물학적 활동에 특별한 효과가 있어 건강상의 기여나 기능 향상 또는 건강 유지·개선을 나타낸 경우 '생리활성기능'을 인정한다.

참고문헌

1 http://www.riss.kr/search/detail/DetailView.do?p_mat_type=be54d9b8bc7cdb09&control_no=ee11ed90b42403d3ffe0bdc3ef48d419#redirect

2 식품의약품안전처, 건강기능식품정보, 허가 관련 안내

3 식품의약품안전처, 건강기능식품 기능성 원료 인정에 관한 규정(제14조·제16조)

4 식품의약품안전처, 건강기능식품 기능성 원료 인정에 관한 규정〔기능성 내용 및 그에 관한 자료, 제4장 평가원칙(제16조)〕

2
건강기능식품의 제조, 품질관리 및 표준화

| 제1절 | 건강기능식품의 표준화

식품의약품안전처의 '건강기능식품 기능성 원료 인정에 관한 규정'에 따라 기능 성분(지표 성분)에 관한 자료를 갖추어야 건강기능식품의 원료로 인정을 받을 수 있다. 이는 기능 성분(지표 성분)의 함유량뿐만 아니라 기능 성분(지표 성분)의 특성(구조식, 시성식, 분자식, 분자량 등) 및 제조 단계에 있어서 수율과 함유량의 변화 등에 관한 자료를 요구하고 있다. 이러한 조건을 만족시키기 위해서는 추출물이 안정적인 물질이어야 하며 데이터 내 활성 성분의 안전성과 효능이 생물학적으로 재현성이 있어야 한다.

1. 표준화의 개념 및 목적

건강기능식품에서의 표준화란 천연물질에 포함되어 있는 성분 용량의 변화 정도가 생산이 이루어지는 배치(batch)에 영향을 받지 않고 일정한 품질을 유지하는 것을 목적으로 하여, 원재료의 생산에서부터 제조 과정 전반에 걸쳐 사용된 기술과 정보를 관리하는 것을 말한다.

건강기능식품의 표준화를 위해서는 지표를 설정하여 식품의 '기능성'을 관리하여야 하는데 기본적으로 화학적(용매, 식품첨가물 등), 물리적(시간, 온도, 압력 등), 미생물학적(효소, 미생물, 대장균 등) 요소와 함께 원재료의 종, 생산 지역, 기후, 토양, 재배 방법, 사용 부위 등의 지표를 일정하게 유지할 수 있는가도 포함된다. 원재료의 표준화는 안전성, 기능성 확보와 더불어 건강기능식품 기능성 원료로 인정받기 위해 우선적으로 갖추어야 하는 중요한 요소이다.[1]

2. 표준화의 방법

1) 지표 성분의 표준화

지표 성분은 일반적으로 자연 속에 존재하며 식물, 조류, 미생물 등의 특성을 갖고 있을 수 있고 이 성분이 일정량 이상 함유되어 있을 때 그 원료가 기능성을 갖게 된다. 따라서 지표 성분은 원재료에서 추출한 것에서도 확인 가능한 성분이어야 한다. 지표 성분이나 기능 성분을 확인할 때 TLC(thin layer chromatography), 적정 시험, 흡광도 측정과 같은 방법을 사용하여 함량을 확인하는 방법은 적절하지 않다. 함량의 표시를 보다 정밀하게 할 수 있는 크로마토그래피를 사용하여 분석이 이루어져야 한다. 따라서 지표 성분이나 기능 성분 확인을 위해서는 HPLC(high pressure liquid chromatography), GC(gas chromatography), GC-Mass(gas chromatography Mass spectroscopy) 등의 분석 장비를 이용하는 것이 바람직하다. 이와 같이 기능성을 갖는 성분의 함량을 확인하는 방법을 모색할 경우 함량 분석 능력이 우수하고 공인된 방법을 선택하여 사용하기를 권유한다.

표준화는 최소 한 가지 특정 화학물질을 선택하여 '지표 성분(marker compounds/substance)'으로 정하고, 제품 각 배치 간 농도를 모니터링한다. 지표 성분을 선택함에 있어서는 생물학적 활성이나 임상 효과를 나타내는 기능 성분을 택하는 것이 바람직하나, 활성이 없을지라도 원료의 재배 계절과 지역 등의 요인에 영향을 받지 않고 재현성 있게 존재하는 성분을 지표 성분으로 할 수도 있다. 이와 관련하여 지표 성분은 다음과 같이 분류할 수 있다.

(1) 활성 지표 성분

생리학적 활성을 나타내는 성분으로 어떠한 효능에 기여하는 성분을 활성 지표 성분(active marker)이라고 하며 임상적 효능은 가지지 않을 수도 있다. 표준화를 위해 최소 함량과 그 범위가 규격화되어 있고 유통기간 동안 정량화되어야 한다.

(2) 분석 지표 성분

활성 성분도 활성 지표 성분도 없는 경우에 정량 분석을 위한 후보물질로 선택될 수 있는 것이 분석 지표 성분(analytical marker)이다. 그 함량이 유통기간 동안 최소 또는 특정 범위를 만족할 수 있는 수준으로 유지되어야 한다.

(3) 부정적 지표 성분

부정적 지표 성분(negative marker)은 알레르기나 독성 등에 관련된 성분으로 최종 제품에 바람직하지 않은 영향을 미친다.

2) 원료의 표준화

제품의 재현성을 향상시켜 기능성 있는 원료를 생산하기 위해서는 원료의 표준화를 통한 기반 마련이 필요하다. 원료의 표준화를 위해 천연물의 경우 기원, 학명, 원산지, 사용 부위, 재배 조건(산지, 토양, 기후, 농사 방법 등), 수확, 수확 후 보존 등의 요소 및 원재료의 화학적 구성 성분에 대한 정확한 기록이 필요하다. 기록하여 정리되어야 할 요소들은 다음과 같다.[2]

- 식물 확인 : 육안
- 유전자(종) : 다른 식물 종과의 오염, 독성 있는 종·속과의 관련성 확인
- 명명 : 학명, 일반명
- 성장 단계 : 성장, 번식
- 사용한 식물 부위 : 꽃, 잎, 종자, 껍질, 뿌리, 근경, 줄기
- 재배 조건(환경) : 온도, 강수량, 일조량, 고도, 대기 조성, 토양
- 오염물질 : 화학적·미생물학적 성분, 중금속, 잔류 농약, 아플라톡신, 방사능 등
- 재배 상태 : 야생, 재배
- 채집 위치 : 지역
- 수확 시기 : 계절
- 수확 후 저장 조건 : 온도, 습도, 빛 등
- 수확 전후의 처리 : 살충제 사용 등
- 우수농산물관리기준(GAP) : 수행 여부

3) 제조공정의 표준화

원재료가 제조공정을 거치면서 제조 과정(시간, 압력, 온도, 입자의 크기 등)과 용매, 효소, 미생물 등의 요소에 영향을 받기 때문에 이에 대한 정확한 기록이 이루어져야 한다. 기능 성분(또는 지표 성분)의 함량과 수율은 주요 제조 단계별로 기록되어야 하며 항상 통일된 방법을 사용하여 추출용매의 종류, 추출 과정, 추출용매의 재료 비율 등에

의한 영향을 최소화해야 한다. 또한 기타 첨가물(carriers, fillers, flow agents, stabilizers, preservatives 등), 정제, 위생 처리 과정, 건조 등의 요소들도 고려되어야 한다. 특히 우선적으로 원재료의 기능 성분(또는 지표 성분)의 함량을 측정할 수 있는 정밀하면서도 용이한 시험 방법이 필요하다.

원재료를 이용하여 건강기능식품을 개발, 수입할 경우 기능 성분에 대해 다른 품목과 차별화하여 확인할 수 있는 방법이 갖춰져야 한다.

(1) 제분

입자의 크기에 의해서 추출 수율, 혼합의 균질화 정도, 저장할 수 있는 기간이 영향을 받을 수 있으므로 제분(milling)은 원료의 경도, 요구되는 입자 크기, 성분의 안정성 등의 요인에 따라 적절한 선택이 필요하다.

(2) 추출

추출용매의 종류, 비율 및 농축 정도 등의 추출(extraction) 조건 설정 및 정제를 위해 추출 공정의 표준화가 필요하다. 표준화에 있어 가장 중요한 요소는 원료물질과 추출물의 비율이다. 추출 조건과 정제에 관해 좀 더 구체적으로 알아보면 다음과 같다.

표 1 • 건강기능식품 원료 표준화 시 고려 사항

항목	고려해야 할 항목	대상 식물
원재료 표준화 시 고려 사항	원재료 유사종(정확한 종 확인)	선정된 후보 식물
	원재료의 부위	
제조공정 표준화 시 고려 사항	원산지	
	채취 시기(계절)	
	채취 시기(년생)	
	추출용매	
	추출 온도	
	용매 비율	
	추출 시간	
	추출 횟수	
	건조 방법	
	원재료 모니터링	

*원료의 특성에 따라 필요한 항목만을 선정하여 자료화한다.

① 추출 조건의 설정

표준화를 위한 추출 조건에는 출발물질의 비율, 추출물 내 지표 성분의 일정한 정량, 재현성, 즉 일관성 있는 추출물 생산을 위한 요인들에 의해 설정된다. 추출은 여과, 침지, 혼화, 농축의 원리를 통해 이루어진다.

② 정제

추출물은 대부분 건조물의 상태로 제품화되며 그 밖에 액상, 분말, 반고형의 형태로도 얻을 수 있다. 활성 성분을 용매와 방해물질(불순물)들로부터 완전히 분리하기 위해 추출을 하는데, 이 과정 중 활성 성분이 제거되는 경우가 있기 때문에 최종 추출물에 목표 성분이 충분히 존재하는지 확인해야 한다. 표준화된 추출물을 얻기 위해서는 '우수제조기준(good manufacturing practice, GMP)'을 따르는 것이 바람직하다.

(3) 혼합

혼합(blending)은 혼합물이 균질하게 분포하도록 관리하기 위해 필요하다. 이를 위해 혼합시간, 속도, 혼합기의 구조, 분말의 밀도, 입자 크기에 대한 관리가 필요하다. 혼합의 균질성을 확인하는 방법으로는 지표 성분 함량이 이용된다.

(4) 1회 분량

여러 가지 제형, 예를 들면 캡슐, 정제, 액상에 맞춰 1회 분량(dose unit)을 결정해야 한다. 이 분량이 생리학적 효과가 나타나는 데 적절한지를 확인하기 위해 1회 분량당 지표 성분을 측정하는 방법을 이용한다.

(5) 포장 및 저장

품질의 유지와 유통기간 동안의 완전성을 확보하기 위해 포장(packaging)과 저장(storage)의 단계가 필요하다. 제조업자는 안정성(stability) 조사 결과를 통해 제품의 물리적·화학적·미생물학적 특성을 밝히고 포장 및 저장 방식의 적절함을 보여야 한다.

4) 분석 방법의 검증

검증(validation)은 분석 방법의 정당성을 인정받기 위해 확인하는 과정으로 조사 전의도와 조사 방법이 목적에 적합한지를 증명하기 위한 단계이다. 검증이 요구되는 경우는 새로운 분석 방법이 개발되었을 경우, 기존의 검증된 방법을 상당히 수정한 경우 또는 기존에 검증된 방법을 상이한 샘플에 적용하는 경우 등이다.

분석 방법의 경우 보통 사용되는 방법은 공정 분석법(official methods of analysis, OMA)이지만 성분 수가 많은 혼합물의 경우에는 이 방법의 적용이 어려운 경우가 많아 새로운 분석 방법을 개발해야 하는 경우가 있는데 이럴 경우 검증 자료의 제출이 필요하다.

5) 품질 관리

(1) 문서화와 기록

표준화 과정에 있어 모든 방법 및 데이터에 대한 문서화와 기록 관리는 필수적이다. 과정 중에 포함되는 재배, 가공, 포장, 기록, 샘플링, 실험, 제품의 세부 사항 및 검사 성적서에 대한 기록과 제품의 개발, 제조 과정, 안정성에 대한 평가, 분석 방법의 적절성, 독성 및 임상 시험이나 효능 평가에 대한 자료의 문서화가 필요하다. 이러한 문서화는 정보, 경험 및 미래에 평가할 때의 근거 자료가 되는 등 꼭 필요한 단계이다. 제품이나 공정이 완전하게 조사된다고 하더라도 예측하지 못한 문제점이 발생할 수 있는데, 상세한 기록 과정을 통해 이러한 문제를 쉽게 해결할 수 있다.

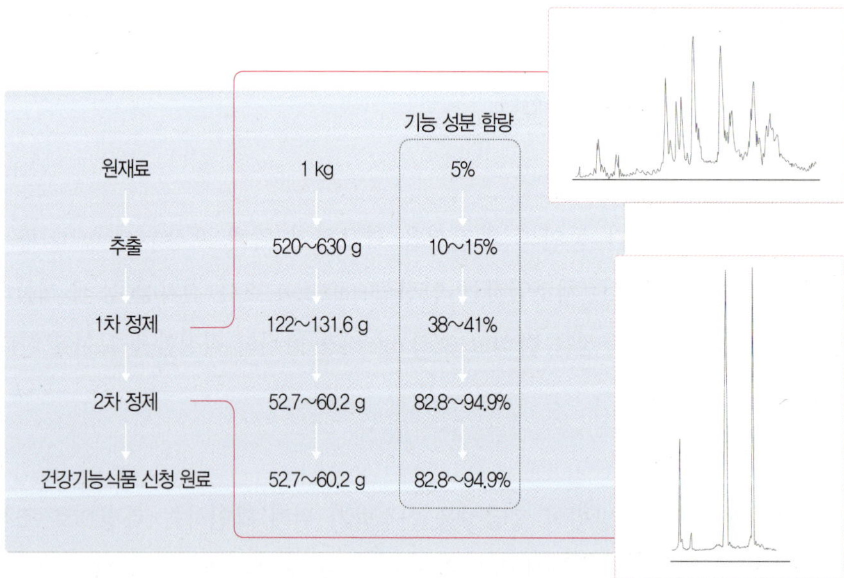

그림 1 • 원재료에서 기능성 원료까지의 목표하고자 하는 기능 성분(또는 지표 성분)의 수율, 함량 변화율

⑵ 기준 및 규격

판매를 목적으로 하는 최종 제품의 관리에 대한 기준과 규격이 있는데, 그 내용은 「식품공전」, 「식품첨가물공전」 및 「건강기능식품공전」에 고시되어 있다. 기준과 규격의 의미는 일반적으로, 기준의 경우 제품의 제조 과정이나 사용 유형, 보존 등에 관련하여 지켜져야 할 최소한의 규정을 의미하며, 규격은 기능 성분(또는 지표 성분) 자체에 대하여 그 함량이나 미생물, 중금속 등에 관한 규정 및 이를 확인할 수 있는 시험 방법 등을 의미한다. 한편 국제식품규격위원회(Codex Alimentarius Commission, CAC)에는 이에 대한 명확한 구분이 없으며, 기준(standard)이란 정부의 수락을 전제로 제시되는 CAC의 권고 사항을 의미하는 것으로 기준과 규격을 모두 포괄하는 개념으로 설명된다.

⑶ 검사

검사(inspection)의 경우 제조 업자가 자신의 제품에 대해서 자율적으로 하는 품질검사와 관리 기관에 의해 감시의 목적으로 수행되는 수거검사가 있다. 검사를 하기 위해 지정된 정부기관과 민간기관이 기준·규격의 적합 여부를 평가하여 제품의 품질 및 위해 여부에 대한 식품 안전관리를 하고 있다.

⑷ 우수제조기준

좋은 원료를 통해 품질 좋은 제품을 생산하기 위해 세계적으로 원료의 생산 자체는 우수농산물관리기준(Good Agriculture Practice, GAP)을 따르고, 수확 후 원료는 우수제조기준(GMP)에 따라 생산하고 있다. 우리나라 또한 건강기능식품에 GMP 제도를 도입하여 운영하고 있다.

| 제2절 | 우수 건강기능식품 제조기준GMP

1. 우수 건강기능식품 제조기준의 정의 및 필요성

1) GMP의 정의

우수 건강기능식품 제조기준(GMP)은 제조 업자가 우수한 품질이 보장된 건강기능식품을 제조하도록 그 기준을 제시한 것으로 'Good Manufacturing Practice'의 약자이다. 시설 구조·설비, 제조 관리, 품질 관리 등에 관한 기준이 있다.

2) GMP의 필요성

건강기능식품에서 중요한 것은 기능성, 안전성, 안정성이다. 기능 성분을 통한 품질의 일관성 확인은 품질 관리의 중요한 부분이나, 계절적·지리적 차이에 따라 원료에 다양한 변이가 일어나기 쉬워 최종 제품에 대한 품질 보장이 어렵다. 이러한 문제를 해결하기 위해 세계보건기구(WHO)에 의해 채택된 GMP 기준에 따라 원료에서 최종 제품까지 모든 품질 관리가 생산 계획에 따라 특정 품질이 일정하게 유지될 수 있도록 관리될 수 있다. 또한 국제 교류에서도 GMP에 따르지 않은 제품의 경우 수출입이 힘든 상황이기 때문에 GMP의 도입이 필요하다.

3) GMP제도의 국내외 동향

국내에서는 2004년 2월 1일부터 식품의약품안전처 고시 2004-7호(2004. 1. 31)에 의하여 GMP를 시행하고 있으며, 위탁 생산 업체의 경우에는 2006년 2월 1일부터 의무적으로 GMP를 도입하도록 법제화하였다. 다른 분야의 경우 의약품 GMP(KGMP, 1977년)를 시작으로, 인삼 제품 GMP(1986년), 화장품 GMP(CGMP, 1990년), 원료의약품 GMP(BGMP, 1990년), 의료용구 GMP(1997년), 생물학적 제제 GMP(BioGMP, 2000년) 등 각종 GMP가 제정되고 실시되어 제조 관리 체계가 구축되어 있다.

미국과 유럽, 일본 등도 식품이나 그 외 일부 분류군에 있어서는 current Good Manufacturing Practice(cGMP) 또는 Hazard Analysis Critical Control Point(HACCP)를 적용하기도 하지만, 건강기능식품과 비슷한 식이보조제(dietary supplement) 등의 제조에는 GMP 생산을 권장하는 추세이다.

2. GMP를 위한 운영조직

1) GMP 조직의 구성

영업자는 GMP 적용 업소의 GMP 기준서 제14~17조에 따라 영업자, GMP 총괄 책임자, 제조 관리부서 책임자, 품질 관리부서 책임자를 구성하여야 한다.

2) 영업자의 역할

- GMP 기준서에 정해진 제조 관리와 품질 관리를 적절히 이행하기 위해 필요한 조

직 및 인력의 확보

- 구성원의 역할 분배
- 교대근무 시 인수·인계 방법 설정
- 작업장별로 적절한 인원 배치

3) GMP 총괄 책임자의 역할

- 작업원이 임무를 효과적으로 수행할 수 있도록 GMP의 제조 관리, 시설 관리, 위생 관리, 보관 관리, 품질 관리 및 기타 사항의 지도 및 관리
- 작업원에 대해 정기적 교육 및 훈련
- 제품을 판매하는 영업자 및 판매 종업원에 대한 허위·과대광고 금지
- 위생적 제품 보관 등의 정보 제공 및 안내
- 기록의 보관 및 유지

4) 제조 관리부서 책임자의 역할

- 제품표준서, 제조 관리기준서 및 제조 위생 관리기준서의 작성·비치·운영 관리
- 제조 지시기록서의 작성 및 관리
- 제조 위생 관리, 보관 관리의 점검 및 관리
- 보관 관리 담당자의 지정

5) 품질 관리 책임자의 역할

- 제품표준서 및 품질 관리기준서의 작성·비치·운영
- 시험지시기록서의 작성과 확인
- 시험 결과에 따른 적부 판정, 문서 관리 및 관련 부서 통지

3. GMP를 위한 일반제조관리기준

1) 목적

GMP 실시 목적에 합당한 위생 디자인과 구조를 가진 시설을 확립하여 최종 제품의 품질을 보장하는 데 목적이 있다.

공장의 입지는 작업의 특성 및 장비와 시설에 관련된 위험에 따라 선정하고, 작업장의 설계와 배치는 오염의 최소화, 적절한 관리, 세척, 해충 방지 및 공기로부터의 오염을 피할 수 있도록 한다. 또한 온도, 습도 및 다른 조절이 가능하고, 해충 및 동물 서식지로부터 효과적으로 보호되어야 한다. 구조는 식품에 직접적으로 닿는 표면이나 물질에 독성이 없고, 세척과 관리가 용이하며 적절한 내구성이 있어야 한다.

2) 적용 범위

작업장, 특수 작업장, 보관 시설, 제조 시설, 품질 관리 시설을 포함한다.

3) 관련 규정 및 고려사항[3]

(1) 제조소의 설계와 입지

- 입지 : 용수, 노동력, 지질, 교통, 주변 환경, 공해 등을 고려
- 제조공정의 구성 : 물류와 인력 동선의 합리화, 설비 배치의 적정화
- 생산 능력 설계 : 기계의 생산 능력을 고려하여 향후 2~4년 후의 생산 목표 설정
- 레이아웃 : 상호 관련성, 교차 오염의 방지, 완충 지역의 설치 등

(2) 작업장

작업장 관련 규정은 다음과 같다.

제4조(작업장) 작업장(제조작업을 행하는 장소를 말한다. 이하 같다)은 법 제4조에 따른 업종별시설기준 외에 다음 각 호의 기준에 적합하여야 한다.

1. 청정구역과 일반구역(비청정구역을 말한다. 이하 같다)은 벽 등으로 교차오염이 발생하지 않도록 분리되어야 한다. 다만 특수작업장(미생물을 이용·배양 등을 하여 건강기능식품을 제조하는 작업장을 말한다. 이하 같다)을 제외한 다른 작업장은 작업특성에 따라 구획, 구분할 수 있다.
2. 청정구역은 제조하는 제품의 종류 또는 제조방법에 따라 적정한 온·습도 및 공기를 정화·유지할 수 있는 공조시설을 설치하여야 하고, 출입구와 창을 밀폐하여 외부의 공기 등이 직접 들어오지 아니하도록 하여야 한다. 다만, 제조하고자 하는 제품의 제형과 제조환경에 따라 공조시설을 필요로 하지 않는 경우에는 그러하지 아니한다
3. 바닥은 작업특성에 따라 콘크리트 등으로 내수 처리하여야 하며 파여 있거나 물이 고이지 아니하여야 한다.
4. 배수로는 배수 및 청소가 용이하도록 설치하고 폐수가 역류하거나 퇴적물이 쌓이지 않도록 설치하여야 한다.
5. 내벽 및 천정은 표면이 매끄럽고 내수처리가 되어 있어 청소가 용이하여야 한다.
6. 채광 또는 조명은 적절한 밝기이어야 하고, 채광·조명설비 등으로부터 오염을 방지하기 위해 보호 장치가 설치되어야 한다.
7. 환기시설은 악취, 유해가스, 매연, 증기 등을 환기시키는데 충분하도록 설치되어야 하며, 미생물을 배양, 발효

하는 작업장(종균을 배양, 발효하는 작업장을 말한다)에는 공조시설을 설치하여야 한다.

8. 작업장에는 방충시설 및 방서시설을 갖추고 있어야 한다.
9. 화장실, 탈의실 및 수세시설은 작업원이 위생적으로 이용할 수 있도록 충분한 시설을 갖추고 작업실과 분리되어야 하며 화장실 출입구와 필요한 작업실에는 소독 설비를 갖추어야 한다. 다만, 미생물을 배양, 발효하는 작업장의 경우 생균이 다른 작업실로 교차 오염되는 것을 방지하기 위하여 별도의 전용 탈의실 및 작업복을 갖추어야 한다.
10. 화장실의 구조는 수세식으로 하고 벽과 바닥은 내수성 재질로 하여야 하며 화장실의 배기를 위하여 외부로 통하는 환기시설을 하여야 한다.
11. (삭제)
12. 분말이 날아 흩어지는 작업장은 이를 제거하는 시설이 있어야 한다.
13. 작업실내의 배관은 청소하기 쉽도록 설치하고 벽을 통과할 경우에는 틈이 없도록 하여야 한다.
14. 작업장 내부에는 종업원의 이동 경로를 표시하여야 하고, 이동통로에 물건을 적재하거나 다른 용도로 사용하지 아니하여야 한다.
15. 폐기물, 폐수처리시설은 식품 또는 음용수의 오염에 따른 위해를 방지하기 위한 설비를 갖추어 작업장과 떨어진 곳에 설치하여야 한다.
16. 수돗물이 아닌 지하수 등을 사용하는 경우에는 먹는물관리법 제 5조의 규정에 의한 먹는 물의 수질기준에 적합한 물을 공급할 수 있는 시설을 갖추어야 한다.
17. 지하수를 사용하는 경우 취수원은 화장실, 폐기물처리시설, 동물사육장 등 지하수가 오염될 우려가 있는 장소로부터 떨어진 곳에 위치하여야 하고, 용수저장 시설은 인체에 무해한 재질이어야 하고 외부로부터 오염되지 않도록 설치되어야 하며 잠금장치를 하여 오염물질의 유입을 방지해야 한다.

(3) 보관 시설

보관 시설 관련 규정은 다음과 같다.

제6조(보관시설) 보관시설(원료, 자재, 완제품 및 시험시료를 보관하는 장소를 말한다. 이하 같다)은 다음 각 호에 적합하여야 한다.

1. 원료, 자재, 완제품 및 시험시료의 보관소는 각각 구분되어 있어야 한다. 다만, 보관시설에 착오의 우려가 없도록 설비된 경우에는 분리하지 않을 수 있다
2. 원료, 자재, 완제품 및 시험재료는 위생적이며 품질에 영향을 미치지 아니하도록 보관하여야 한다.

(4) 제조 시설

제조 시설 관련 규정은 다음과 같다.

제7조(제조시설) 제조시설(해당식품의 제조에 필요한 시설기구 등을 말한다. 이하 같다)은 법 제4조에 따른 업종별 시설기준 외에 다음 각 호의 기준에 적합하여야 한다.

1. 제조시설은 당해 품목의 제조공정 흐름에 따라 적절히 배치하여야 한다.
2. 제조시설 및 기구는 청소하기 쉽고 다른 제조공정으로부터 오염되지 아니하도록 배치되어 있어야 한다.
3. 건강기능식품과 접촉하는 부분은 건강기능식품을 변질시키거나 인체에 유해한 재료이어서는 아니된다.
4. 품질에 영향을 미치지 아니하도록 제조과정중의 반제품을 보관할 수 있어야 한다.

(5) 품질 관리 시설

품질 관리 시설 관련 규정은 다음과 같다.

제8조(품질관리시설) 품질관리를 위한 시험시설은 법 제4조에 따른 시설기준 외에 다음 각 호에 적합하여야 한다.

1. 미생물시험실은 일반시험실 등과 구획되어 있어야 하며 무균실 또는 무균적 조건을 갖춘 무균시설이 있어야 한다.
2. 무균실인 경우에는 전실이 있어야 한다.

4. GMP 기준서

1) 기준서 작성의 목적

기준서는 GMP 관리 유지를 목표로 GMP를 도입하고자 하는 제조 업체 각각의 상황에 맞는 조직의 구성 및 조직원의 역할을 명확히 규정하여, 기준서와 담당 분야의 결정에 따르면 누구라도 언제든지 그 역할을 담당할 수 있도록 재료, 기계, 기구, 방법 등을 통일하고 구체적으로 기록·작성하는 것을 목적으로 한다.

2) 작성 범위

제품표준서, 제조 관리기준서, 제조 위생 관리기준서, 품질 관리기준서

3) 관련 규정 및 고려 사항

(1) 기준서의 종류

기준서 종류 관련 규정은 다음과 같다.

제9조(기준서 종류) 건강기능식품제조영업자는 건강기능식품의 제조관리와 품질관리를 적절히 이행하기 위하여 제품표준서, 제조관리기준서, 제조위생관리기준서 및 품질관리기준서를 작성하여 비치하여야 한다.

(2) 제품표준서

제품표준서는 품목 유형에 따라 제조에 필요한 사항을 표준화한 문서로, 그 품목의 제조에 필요한 내용을 표준화함으로써 작업상 착오가 없도록 하고 항상 동일한 수준의 제품을 생산하도록 하는 데 목적이 있다. 작업의 완료 시 그 작업이 규정대로 이루어졌는지를 확인하기 위한 목적으로도 사용할 수 있다. 제품표준서 관련 규정은 다음과 같다.

제10조(제품표준서) 제품표준서는 품목마다 작성하여야 하며 다음 각 호의 사항이 포함되어야 한다.

1. 제품명, 유형 및 성상

2. 품목신고연월일
3. 작성자 및 작성연월일
4. 기능성, 섭취방법, 섭취량 및 섭취시 주의사항
5. 원료·성분 및 함량(또는 원료·성분배합비율)
6. 제조공정 및 제조방법과 공정중의 검사
7. 제조단위 및 공정별 이론 생산량
8. 품질향상 및 위해요소제거를 위한 중점관리대상 및 관리방법
9. 원료, 반제품 및 완제품(포장단위)의 기준·규격과 시험방법
10. 필요시 자재의 기준규격 및 시험방법
11. 제조 및 품질관리에 필요한 시설 및 기구
12. 보존기준 및 유통기간
13. 표시사항 및 기타 필요한 사항

(3) 제조 관리기준서

제조 관리기준서의 작성은 제품을 적절하게 제조·관리하는 것을 목적으로 한다. 특히 미생물을 이용한 건강기능식품의 경우 미생물과 건강기능식품 상호 간의 교차 오염에 특별한 주의가 요구되기 때문에 이에 대해서 상세하게 작성하는 것이 바람직하다. 제조 관리기준서 관련 규정은 다음과 같다.

제11조(제조관리기준서) 제조관리기준서에는 다음 각 호의 사항이 포함되어야 한다.

1. 제조공정관리에 관한 사항
   가. 다음 사항을 기재한 제조기록의 작성
      (1) 제품명, 유형 및 성상
      (2) 제조번호, 제조단위 및 제조연월일
      (3) 원료·성분 및 함량(또는 원료·성분배합비율)
      (4) 사용한 원료의 제조번호 또는 시험번호
      (5) 공정별 실제생산량과 이론 생산량과의 비교
      (6) 공정중 주의사항 또는 특별히 관찰(모니터)할 사항
      (7) 공정중의 점검·시험결과 부적합된 경우에 취한 조치
      (8) 작업자의 성명 및 작업연월일
      (9) 기타 필요한 사항
   나. 작업장 평면도(작업 특성별 분리 또는 구획, 기계·기구 등의 배치, 제조공정의 흐름도, 세척·소독조의 위치, 작업자의 이동경로, 출입문 및 창문 등을 표시한 평면도면)
   다. 공조시설 계통도(여과, 온도·습도 및 작업장별 흡기·배기 등 공기흐름의 계통도)
   라. 용수(취수, 정수, 저장·공급 등) 및 배수처리 계통도
   마. 품질향상 및 위해요소의 효과적인 관리를 위한 공정중의 점검(모니터)·시험방법 및 확인방법
   바. 중량 또는 용량을 측정할 수 있는 적당한 계량기의 규격설정
   사. 사용하려는 원료에 대한 적합판정의 확인방법
   아. 작업원에 대한 교육·훈련(특히, 신입 작업원은 중점 교육·훈련)
   자. 기타 필요한 사항

2. 시설 및 기구관리에 관한 사항
   가. 정기적인 점검 및 청소의 확인방법
   나. 작업중인 시설 및 기구에의 표시방법
   다. 고장 등 사고발생시에 취할 조치
   라. 기타 필요한 사항
3. 원료 및 자재관리에 관한 사항
   가. 원료·자재구입시 품명, 수량 및 기준·규격확인 방법
   나. 용기의 파손여부에 대한 확인과 파손품의 처리방법
   다. 보관장소 및 보관방법
   라. 시험결과 부적합품에 대한 처리방법
   마. 사용하고 남아 반납된 재료 및 자재의 수량 확인방법
   바. 표시기재사항의 변경시 취할 조치
   사. 혼동을 방지하기 위한 대책
   아. 기타 필요한 사항
4. 완제품 관리에 관한 사항
   가. 입고 및 출하시 승인의 확인 등 관리방법
   나. 보관장소 및 보관방법
   다. 기타 필요한 사항
5. 위탁제조품의 경우 그 제조관리에 관한 사항
   가. 반제품의 운송 및 보관방법
   나. 수탁자의 제조기록서의 평가방법

(4) 제조 위생 관리기준서

제품 제조 시 모든 제조공정에서 작업자에 의한 제품의 오염을 방지하고, 필요한 모든 조치를 취할 수 있도록 관리하는 것을 목적으로 한다. 특히 작업자의 건강진단, 작업자의 위생 개념 교육 및 그 밖에 설정된 기준을 통한 제품의 오염을 방지하는 데 주된 목적이 있다. 제조 위생 관리기준서 관련 규정은 다음과 같다.

제12조(제조위생관리기준서) 제조위생관리기준서에는 다음 각 호의 사항이 포함되어야 한다.

1. 청소 장소 및 청소주기
2. 청소방법과 청소에 사용하는 소독약품 및 도구
3. 청소상태의 평가방법
4. 작업복장의 규격 및 착용규정
5. 작업원의 건강상태 파악방법
6. 작업원의 손씻기 및 필요시 소독방법
7. 작업중의 위생에 관한 주의사항
8. 소독설비 및 소독약품에 대한 점검횟수 및 점검방법
9. 방충·방서방법 및 해충침입 확인방법
10. 작업장의 온·습도 및 공기흐름 등 적정한 공조시설 관리방법
11. 사용하는 용수의 관리방법

12. 화장실 시설 및 사용에 관한 사항
13. 기타 필요한 사항

(5) 품질 관리기준서

업체의 품질 관리 부서에서 시행하는 시험·검사에 관한 시험의뢰서와 시험성적서 작성 방법 및 시험 결과를 관련 부서에 통지하는 방법 등을 규정하여 업무를 효율적으로 수행하는 데 목적이 있다. 품질 관리기준서 관련 규정은 다음과 같다.

제13조(품질관리기준서) 품질관리기준서에는 다음 각 호의 사항이 포함되어야 한다.

1. 다음 사항을 기재한 시험기록의 작성
   가. 제품명, 제조번호 및 제조일자
   나. 시험번호
   다. 접수, 시험 및 시험연월일
   라. 시험항목, 시험기준 및 시험성적
   마. 판정결과 및 판정연월일
   바. 시험자의 성명 및 판정자의 서명날인
2. 검체의 채취량, 채취장소, 채취 및 취급방법
3. 시험결과를 관련부서에 통지하는 방법
4. 시험검사시설·기구의 관리 및 점검방법
5. 보관용 검체의 관리
6. 표준품, 시약 등의 관리 및 취급 요령
7. 위탁제조제품의 경우 수탁자의 시험기록서 및 평가방법
8. 기타 필요한 사항

5. 제조 공정 관리

1) 목적

제조 전 공정에 대해 단계별로 제조 관리 방법을 설정하고 그에 따라 제조공정 시설, 제조 위생 시설 및 보관 관리 시설을 운영·관리하여 우수한 건강기능식품을 제조·공급하는 데 그 목적이 있다.

2) 적용 범위

제조공정의 관리는 섭취에 적절하고 안전하며 일관된 품질과 우수성이 확보된 최종제품의 생산을 위해서 반드시 필요하다. 원료, 성분, 제조, 분배, 소비에 이르기까지 필요한 각 제조공정에서 적절하게 위해를 예방하고 관리하는 시스템을 갖추어야 하며, 인

위적 실수나 오염의 발생 시 적절한 사전 조치를 시행함으로써 최종 제품의 품질을 보증하여야 한다.

3) 관련 규정 및 고려 사항[3]

제조공정 관리 관련 규정은 다음과 같다.

제18조(제조공정관리) GMP적용지정업소가 준수하여야 하는 제조공정관리는 다음 각 호와 같다.

1. 당해 작업에 종사하지 아니하는 자의 작업장 출입을 제한하여야 한다.
2. 작업전에 작업에 사용될 시설 및 기구의 청결상태를 확인하여야 한다.
3. 작업중인 시설 및 기구에는 제조되고 있는 건강기능식품의 제품명과 제조번호를 표시하여야 한다.
4. 완제품의 표시 및 포장의 적합여부를 확인하여야 한다.
5. 포장, 표시작업에서 사용하고 남은 표시재료는 수량을 파악하고 폐기 또는 반납하여야 한다.
6. 제조관리기준서에 준한 제조기록을 제조번호별로 작성하여야 한다.
7. 동일 또는 인접한 작업장에서 다른 제조작업을 할 때에는 건강기능식품 상호간의 혼동 및 자재 상호간의 혼동이 일어나지 아니하도록 관리하여야 한다.
8. 특수작업을 요하는 건강기능식품의 제조작업을 하는 때에는 오염의 방지에 유의하여야 한다.
9. 반제품은 구분·보관하여야 하며 품질변화가 없도록 가능한 빠른 시간내에 처리되어야 한다.

6. 제조 위생 관리

1) 목적

제조 시설의 제조 환경 위생을 적절히 유지하고, 제조식품 간 오염을 방지하기 위한 시설및 작업원의 위생 관리 시스템을 확립하여 우수한 건강기능식품을 제조·공급하는 데 목적이 있다.

2) 적용 범위

제조 시설·기계·기구의 청소·소독, 해충 관리, 폐기물 관리, 유독성 물질, 제조를 담당하는 개인의 위생 관리 등에 필요한 점검표(체크리스트) 등을 활용한 확인·기록 및 이의 보존과 작업원의 위생교육을 포함한다.

3) 관련 규정 및 고려 사항[3]

제조 위생 관리 관련 규정은 다음과 같다.

제19조(제조위생관리) 제조위생관리는 다음 각 호에 따라야 한다.

1. 작업장의 시설 및 기구는 항상 청결을 유지하여야 한다.
2. 위생관리에 필요한 시설·기구 등은 위생적으로 유지하여야 한다.
3. 작업장에 종사하는 작업원은 개인청결을 유지한 상태에서 해당 작업에 필요한 복장을 착용하여야 한다.
4. 신체질환 등으로 인하여 건강기능식품에 위해를 끼칠 우려가 있는 작업원은 제조 등에 직접 종사시켜서는 아니된다.
5. 폐기물, 폐수처리 시설은 작업장과 떨어진 곳에 설치·운영하여야 하며, 그 관리에 대한 기록을 작성·유지하여야 한다.
6. 폐기물은 매일 연속적으로 반출하여 방치되지 아니하도록 하고, 폐기물 용기는 자주 소독 및 세척을 하여야 한다.
7. 작업장내에서 쥐와 곤충의 구제는 건강기능식품에 대한 오염을 막기 위한 예비조치를 취한 후 제한된 장소에서만 허용되어야 한다.
8. 살충제 등과 같은 유독성물질과 인화성물질은 취급주의 표시를 하여 격리된 장소에 안전하게 관리 및 보관되어야 한다.
9. 작업원에 대하여 제조위생관리를 지도하고 교육하여야 한다.

7. 보관 관리

1) 목적

최종 제품의 제조에 필요한 물품 또는 제조된 물품을 일정한 장소(보관소)에서 수량의 유지 등 품질 저하나 오염을 일으키지 않도록 일정 기간 관리하는 데 목적이 있다.

2) 적용 범위

물품의 입고에서부터 출고까지 각 단계별로 보관 관리 방법, 입·출고 시 필요한 기록서, 보관소의 청소·보관 상태 등의 점검표(체크리스트)를 확인·기록하고 이를 보존하는 것을 포함한다.

3) 관련 규정 및 고려 사항[3]

보관 관리 관련 규정은 다음과 같다.

제20조(보관관리) 보관관리는 다음 각 호에 따라야 한다.

1. 원료 및 자재는 종류별로 보관·관리하되, 시험전과 시험후임을 표시하고, 그 표시에 따라 구분·보관하여야 한다.
2. 사용 전에 시험이 필요한 원료 및 자재는 시험결과 적합한 것만 반출하여야 한다.
3. 시험결과 부적합으로 판정된 원료 및 자재는 다른 원료 및 자재와 구분·관리하여야 하고, 신속히 반품 또는 폐기 등 처리하여야 한다.
4. 원료, 자재 및 완제품은 품질에 나쁜 영향을 미치지 아니하는 조건하에서 보관하여야 한다.
5. 반품된 제품은 다른 제품과 구분되도록 보관·관리하고, 가능한 신속하게 폐기 등 처리하여야 한다.

8. 품질 관리

1) 목적

업체의 품질 관리 부서에서 시행하는 시험검사 관리, 결과 기록 등에 대한 사항을 규정하여 업무를 효율적으로 수행하고 품질이 보증된 건강기능식품을 제조·공급하는 데 목적이 있다.

2) 적용 범위

원료, 자재, 반제품 및 완제품의 시험검사 관리, 보존 조건 및 안정성 평가, 검체의 채취, 보관, 기재 사항 변경 및 건강기능식품과 접촉하는 자재에 대한 확인 등의 내용을 포함한다.

3) 관련 규정 및 고려사항[3]

품질 관리 관련 규정은 다음과 같다.

제21조(품질관리) 품질관리는 다음 각 호에 따라야 한다.

1. 원료, 반제품, 완제품, 반품된 제품 및 시험을 요하는 자재에 대하여 시험하고 품질관리기준서에 준한 시험기록을 작성하여야 한다.
2. 검체를 채취·취급할 때에는 오염 또는 변질되지 아니하도록 하여야 한다.
3. 건강기능식품의 보존조건을 평가하여야 한다.
4. 경시변화, 부패·변질 등의 우려가 있는 건강기능식품에 대하여서는 안전성 시험을 실시하고 보존 및 유통기한을 설정하여야 한다.
5. 완제품은 시험에 필요한 충분한 양을 제조번호별로 채취하여 유통기간 만료시까지 보관하여야 한다.
6. 표시재료는 기재사항이 변경될 때마다 규정에 적합한지 여부를 확인하고 견본을 보존하여야 한다.
7. 건강기능식품과 접촉하는 자재가 건강기능식품을 변질시키거나 인체에 유해하지 아니한 재료인지를 확인하여야 한다.

9. GMP 적용 업소의 지정 및 관리

1) 사후 관리

GMP 적용 업소에 대하여 연 1회 이상 조사 및 평가한다.

2) GMP 적용 업소 관리를 위한 조직 구성

식품의약품안전처장은 GMP 적용 업소의 지정 및 사후 관리를 위하여 식품의약품안전처 또는 지방 식품의약품안전청에 건강기능식품 위생 감시원의 자격을 갖추고 소정의 교육훈련을 받은 자를 대상으로 GMP 지도관과 GMP 지도원을 둔다.

3) 관련 규정 및 고려 사항[3]

GMP 적용 업소의 지정 및 관리 관련 규정은 다음과 같다.

제22조(GMP적용업소의 지정·관리) ① GMP적용업소로 지정받으려는 영업자는 「건강기능식품에 관한 법률 시행규칙」(이하 "시행규칙"이라 한다) 제26조제1항에 따라 지방식품의약품안전청장에게 GMP적용업소 지정신청을 하여야 한다. 이때 시행규칙 제26조제1항제6호에 따른 자체평가결과 및 관련서류는 각각 이 고시 제4조부터 제21조까지의 우수건강기능식품제조기준에 따라 3회 이상 적용·운영한 후 별표 1의 GMP적용실시상황평가표에 따라 자체 평가를 실시한 결과와 제9조에 따른 기준서 등을 말한다.

② 지방식품의약품안전청장은 법 제22조 및 법 시행규칙 제26조제1항에 따라 GMP적용업소 지정신청을 받은 경우에는 관계공무원으로 하여금 서류검토와 별표 1의 GMP적용실시상황평가표에 의한 현장확인 등 평가를 실시하게 하여 적합한 경우에 GMP적용업소로 지정한다.

③ 지방식품의약품안전청장은 제2항에 따른 GMP적용업소로 지정한 업소에 대하여 별표 2에 따른 우수건강기능식품제조기준적용업소표지판을 교부할 수 있다

④ 지방식품의약품안전청장은 GMP적용업소로 지정받은 업소에 대하여 관계공무원으로 하여금 별표 1의 GMP적용실시상황평가표에 따라 연1회 이상 조사·평가하게 할 수 있다.

참고문헌

1 http://www.foodbank.co.kr/news/view.php?cat_name=%BF%C0%C7%C7%B4%CF%BE%F0&cat_sel=&section=003003&secIndex=10683&page=1&cat_sel=&back=I

2 식품의약품안전처, 건강기능식품 기준 및 규격 작성지침서

3 식품의약품안전처, 우수건강기능식품 제조기준, 〔식품의약품안전처고시 제2016-127호, 2016. 11. 23., 일부개정.〕

3 건강기능식품의 안전성 평가 및 인체 적용 시험

| 제1절 | 안전성 평가

1. 건강기능식품 안전성 평가의 개요

1) 안전성에 관한 자료에 포함되어야 할 내용

기능성 원료가 적용되는 식품 및 제안된 방법에 따라 섭취했을 경우 해당 원료가 인체에 위해가 없다는 과학적 자료가 뒷받침되어야 한다. 안전성을 입증하는 자료는 그림 1에 따라 섭취 근거 자료, 해당 기능 성분 및 관련된 물질에 대한 안전성 정보 자료, 섭취량 평가 자료, 영양 평가 자료, 생물학적 유용성(bioavailability) 자료, 인체 적용 시험 자료(중재 시험, 역학조사 등), 독성 시험 자료 등을 말한다.

독성 시험 자료는 섭취량 평가 자료, 영양 평가 자료, 인체 적용 시험 자료, 생물학적 유용성 자료, 흡수·분포·대사·배설 자료 등을 근거로 제안된 섭취량에서 해당 원료의 안전성을 입증할 수 있는지 확인하고, 근거가 부족한 경우에는 반드시 독성 시험을 실시한 결과를 제출하여야 한다.

복합원료의 경우 각 원재료에 대한 '의사 결정도'를 적용하여 원료별 안전성 자료를 제출하고, 복합원료로서 상호 작용 등에 의해 안전성에 문제가 발생하지 않는다는 것을 증명하는 자료(섭취 근거 자료, 기능성 시험과 동시에 실시된 안전성 시험 자료 등)를 추가로 제출하여야 한다. 단, 복합원료를 이용해 독성 시험을 실시한 경우 복합원료로서의 상호 작용에 대한 안전성 추가 자료는 면할 수 있다.[1]

2) 안전성 제출 자료의 요건

안전성을 입증하는 자료는 제조하려는 건강기능식품으로 인해 섭취하게 되는 원료의

그림 1 • 건강기능식품 기능성 원료의 안전성 평가를 위한 의사 결정도

*가, 나, 다, 라 항목은 다음 표 1에 적용하여 안전성 자료의 범위를 참고하게 됨

표 1 • 의사 결정도에 따라 제출되어야 하는 안전성 자료의 범위

제출되어야 하는 안전성 자료	가	나	다	라
건강기능식품으로 신청할 수 없음				
섭취 근거 자료[1]				
해당 기능 성분 또는 관련 물질에 대한 안전성 정보 자료[2]				
섭취량 평가 자료[3]				
영양 평가 자료, 생물학적 유용성 자료, 인체 시험 자료[4]				
독성 시험 자료[5]				

1) 섭취 경험이 있음을 증명하는 근거 자료로 「건강기능식품공전」, 「식품공전」, 「식품첨가물공전」 자료; 전통적 사용이 기록되어 있는 과학적 자료 또는 역사적 사용 기록; 국외 정부기관의 인정 자료 등

2) 데이터베이스에서 해당 기능 성분 또는 관련 물질에 대한 독성 또는 안전성 자료를 검색한 자료

3) 국민영양조사 결과, 섭취량 실태조사 결과 등을 근거로 평균섭취량과 제안된 섭취량을 비교·분석한 자료

4) 원료의 섭취로 인하여 다른 영양 성분의 흡수·분포·대사·배설 등에 영향을 미치는지를 평가한 자료, 즉 생물학적 유용성 자료(중재 시험, 역학조사의 인체 시험 자료)

5) 독성 시험 자료는 단회 투여 독성 시험(설치류, 비설치류), 3개월 반복 투여 독성 시험(설치류), 유전 독성 시험(복귀돌연변이 시험, 염색체 이상 시험, 소핵 시험)을 기본으로 하며, 원료의 특성에 따라 생식 독성, 항원성, 면역 독성, 발암성 시험을 추가하여야 함. 단, 기타 안전성 자료로 안전성이 확보되었음을 입증할 수 있는 경우에는 예외 적용 가능

양이 원료의 상한섭취량, 일일섭취허용량(acceptable daily intake, ADI) 등을 초과하지 않는 등 안전성 확보가 가능한 양이라는 것을 입증할 수 있어야 한다. 이러한 점은 일반 식품으로부터의 섭취, 보충제로부터의 섭취 등 총식이로부터 섭취되는 모든 양을 고려해야 한다.

(1) 섭취 근거 자료

섭취 근거 자료는 해당 원료가 안전하다고 여길 수 있는 역사적 사용 기록(원료의 전통성 및 제조 방법, 용도, 섭취량 등)이 기술된 과학적 자료이어야 한다.

섭취 경험이 있는 동물, 식물, 조류, 미생물 원료를 건조 또는 분쇄하였거나 물이나 주정을 사용해 단회 추출한 후 용매와 고형분을 제거했다면, 대체로 원료의 전통성을 인정할 수 있으며, 이러한 경우에는 기존의 안전성 자료를 근거 자료로 사용할 수 있다.

만약 원재료의 품종이 개량되었거나 사용 부위가 달라진 경우, 특정 성분 농축을 위해 에테르, 아세톤, 헥산, 이산화탄소를 추출용매로 사용하거나 정제한 경우 또는 추출한 이후에 화학적 변형이나 발효 등으로 화학적 특성에 변화가 있는 경우는 기존의 안전성 자료 이외에 추가 근거 자료의 제시가 필요하다. 화학적 특성이나 조성분이 뚜렷이 변화된 경우 해당 원료를 사용한 독성 시험의 자료 제출이 필요하다.

(2) 기능 성분 또는 관련 물질에 대한 안전성 자료

국내외 학술지에 게재되었거나 게재증명서를 받은 것, 국내외 정부보고서 또는 국제기구보고서, 관련 데이터베이스 검색 결과 등이어야 한다.

(3) 섭취량 평가 자료

섭취량 평가 자료는 과학적으로 기술된 다양한 자료(섭취 실태 조사 자료, 통계 자료 등)를 사용하여 작성한다.

(4) 독성 시험 자료

독성 시험 자료는 경제협력개발기구(Organization for Economic Cooperation and Development, OECD)에서 정하는 독성 시험 방법(OECD test guideline)에 따르거나 그에 준하며, 우수실험실운영규정(good laboratory practice, GLP)에 따라 운영되는 기관에서 시험을 실시한 보고서도 사용할 수 있다.

(5) 기타 자료

영양 평가 자료, 생물학적 유용성 자료, 인체 적용 시험 자료 등은 국내외 학술지에 게재되었거나 게재증명서를 받은 것, 국내외 정부보고서 또는 국제기구보고서, 관련 데이터베이스 검색 결과 등이어야 한다. 인체 적용 시험 자료는 국제임상시험관리기준(ICHGCP)에 따른 윤리위원회의 승인을 받은 최종보고서도 사용이 가능하다.

2. 독성 시험(비임상 시험)과 GLP

건강기능식품의 원료 또는 성분에 대한 독성 시험은 GLP에 따라 운영되는 기관에서 실시된다. 독성 시험의 결과에 대한 신뢰성을 확보하는 것이 중요하기 때문에 많은 국가에서 GLP를 따르고 있다.

GLP는 각 시험별로 시험책임자(study director)를 임명하여 시험의 계획, 실시, 보고서 작성에 관한 모든 사항에 책임을 부여하고 있으며, 전 과정이 일관되게 운영될 수 있도록 표준작업순서(standard operating procedures, SOP)를 작성하여, 이에 따라 시험을 실시하도록 한다. 또한 시험마다 기관의 내부 직원 중에서 신뢰성 보증 부서(quality assurance unit, QAU)를 임명하여 시험의 전 과정 및 보고서 작성까지 검토하도록 한다. 시험이 종료된 이후에는 시험에 관련된 기초 자료(raw data)를 포함한 모든 기록과 검체를 지정된 장소(archives)에 일정 기간 보관하도록 한다.

3. 독성 시험의 항목 및 방법[2]

건강기능식품에서의 독성 시험은 표 1의 각주 설명과 같이 단회 투여 독성 시험, 3개월 반복 투여 독성 시험, 유전 독성 시험을 필수로 하고, 생식 독성, 항원성, 면역 독성, 발암성 시험이 원료의 특성에 따라 추가적으로 실시되어야 한다. 단, 기타 안전성 자료로 안전성이 입증되는 경우에는 예외 적용이 가능하다.

1) 단회 투여 독성 시험

시험물질을 실험동물에 단회 투여(24시간 이내의 분할 투여하는 경우도 포함)하였을 때 단기간 내에 나타나는 독성을 질적·양적으로 검사하는 시험을 말한다.

(1) 실험동물

- 2종 이상으로 하고 그중 1종은 설치류, 1종은 토끼를 제외한 비설치류이어야 하며, 비설치류의 경우 반복 투여 독성 시험의 적정 용량 설정을 위하여 실시하는 예비 시험을 단회 투여 독성 시험으로 인정할 수 있다.
- 최소한 1종에 대하여는 암수 모두에서 조사하며, 군당 동물 수는 시험 결과를 해석할 수 있는 충분한 수로 한다.

(2) 시험 방법

- 여 경로는 적어도 2개의 경로로 시험한다(다만, 임상 적용 경로가 정맥인 경우에는 정맥 투여로만 시험해도 무방). 경구 투여는 원칙적으로 강제 투여로 하고, 통상 투여 전 일정 시간 동물을 절식시킨다.
- 용량 단계는 설치류의 경우 개략의 치사량을 구하기에 적절한 단계를 설정하고, 비설치류의 경우는 독성증상을 명확히 관찰하기에 적절한 단계를 설정한다.
- '의약품 등의 독성시험기준'(식품의약품안전처 고시)에서는 통상 2주간으로 하되, 명확한 증상이 지속되거나 사망이 지연될 경우 그 이상으로 한다.

(3) 시험 결과

단회 투여 독성 시험의 시험 결과에는 다음의 사항이 포함되어야 한다.

- 개략의 치사량(비설치류는 독성증상을 명확하게 관찰할 수 있는 용량도 가능)
- 일반 증상의 1일 1회 관찰기록
- 시험 기간 중 3회 이상의 체중 측정 기록
- 관찰 기간 종료 후 육안적 해부 소견
- 육안적 이상 소견이 관찰된 장기·조직에 대하여 필요 시 병리조직학적 검사

(4) 독성 동태 시험

단회 투여 독성 시험 중 독성 동태 시험은 다음과 같이 적용할 수 있다.

- 단회 투여 독성 시험은 대체로 생체 분석 방법이 개발되기 전에 수행되므로, 단회 투여 독성 시험에서 독성 동태 시험을 동시에 실시하는 것은 대체적으로 불가능하다. 다만 필요한 경우 추후의 분석을 위해 혈장 시료를 채취하여 저장할 수 있으며, 이 경우 채취된 생체 시료에서의 분석물질에 대한 안정성 자료가 필요하다.
- 독성 시험 결과에 대해 문제점이 제기될 경우 단회 투여 독성 시험이 완료된 후에

추가적인 독성 동태 시험을 수행할 수도 있다.

- 단회 투여 독성 동태 시험 결과는 제제의 선택 및 시험물질의 노출 속도와 노출 기간을 예측하고 다음 단계의 독성 시험에서 적절한 용량 단계를 선택하는 데 도움이 될 수 있다.

2) 반복 투여 독성 시험

시험물질을 실험동물에 반복 투여하여 중·장기간 내에 나타나는 독성을 질적, 양적으로 검사하는 시험을 말한다.

(1) 실험동물

실험동물은 2종 이상을 사용한다. 그중 1종은 설치류로 1군에 암수 각각 10마리 이상으로 하고, 1종은 토끼를 제외한 비설치류로 하고 암수 각각 3마리 이상으로 한다. 다만 중간 도살 및 회복성 시험을 수행하는 경우 필요한 수를 추가한다.

(2) 시험 방법

- 투여 경로는 원칙적으로 임상 적용 경로로 한다.
- 투여 기간은 임상 시험 기간 및 의약품으로서의 임상 사용 예상 기간에 따라 정하며, 시험물질 투여는 1일 1회 주 7회 투여함을 원칙으로 한다. 3개월 이상의 반복 투여 독성 시험을 수행하는 경우는 용량 설정과 초기 독성검사를 위하여 이에 앞

표 2 • 임상 1상 및 임상 2상 시험을 위한 반복 투여 독성 시험의 최소 투여 기간

임상 시험 기간	최소 투여기간	
	설치류	비설치류
단회 투여	2~4주*	2~4주*
~2주	2~4주*	2~4주*
~1개월	1개월	1개월
~3개월	3개월	3개월
~6개월	6개월	6개월
6개월 이상	6개월**	만성**

* 단기 사용(1주 이내) 또는 생명을 위협하는 질환 치료를 목적으로 하는 생물공학 약품의 경우, 2주 반복 투여 독성 시험을 수행할 수 있다.

** 비설치류에 있어서는 9개월의 반복 투여 독성 시험을 고려한다.

표 3 • 임상 3상 시험 및 신약 허가를 위한 반복 투여 독성 시험의 최소 투여 기간

임상 시험 기간 또는 임상 사용 예상 기간	최소 투여 기간	
	설치류	비설치류
~2주	1개월	1개월
~1개월	3개월	3개월
~3개월	6개월	3개월
3개월 이상	6개월	만성*
임상 사용 예상 기간에 상관없이 특히 필요하다고 인정되는 경우**	6개월	만성*

* 비설치류에 있어서는 9개월의 반복 투여 독성 시험을 고려한다.

** 시험물질이 고도의 체내 축적성, 비가역적 독성의 발현, 투여 기간의 장기화에 의해 현저히 독성이 증가하는 특성을 가진 경우

서 보다 단기의 반복 투여 독성 시험을 수행한다.

- 용량 단계는 적어도 3단계의 시험물질 투여군으로 하고, 최대 내성용량 및 무해용량 등을 포함하여 용량 반응 관계가 나타날 수 있도록 설정한다. 대조군은 음성 대조군과 필요에 따라 비투여 대조군, 양성 대조군을 둔다.
- 독성 변화의 회복성과 지연성 독성을 검토하기 위해 회복군을 두어 시험하는 것이 바람직하다.

(3) 시험 결과

반복 투여 독성 시험의 시험 결과에는 다음의 사항이 포함되어야 한다.

① 일반증상, 체중, 사료 섭취량, 물 섭취량 : 모든 실험동물에 대하여 일반증상을 매일 관찰하고, 정기적으로 체중 및 사료 섭취량을 측정하며, 필요한 경우 물 섭취량을 측정한다. 체중 측정은 시험물질 투여 시작 시점, 시험의 단계 및 체중 증가의 추이에 따라 체중 측정의 빈도를 정한다. 원칙적으로 체중은 투여 개시 전과 투여 개시 후 3개월까지는 적어도 매주 1회, 그 후에는 4주에 1회 이상 측정한다.

② 혈액검사 : 설치류는 부검(중간 도살군도 포함) 시에 채혈한다. 비설치류는 투여 개시 전과 부검 시에, 1개월을 초과하는 시험에서는 투여 기간 중에 적어도 1회 채혈하여 검사한다. 혈액검사는 혈액학적 검사 및 혈액생화학적 검사 항목을 포함한다.

③ 소변검사 : 설치류는 각 군마다 일정 수의 동물을 선정하여 투여 기간 중 1회 이

상, 비설치류는 각 군 전부에 대하여 투여 개시 전과 투여 기간 중 1회 이상 소변 검사를 실시한다. 소변검사 항목은 소변량, pH, 비중, 단백, 당, 케톤체, 빌리루빈, 잠혈, 침사 등이다.

④ 안과학적 검사 : 설치류의 경우 투여 기간 중 적어도 1회, 각 군마다 일정 수의 동물을 선정하여 안과학적 검사를 실시하며, 비설치류의 경우 투여 전 및 투여 기간 중 적어도 1회 각 군 모두에 대하여 실시한다. 검사는 육안 및 검안경으로 실시하고 전안부, 중간 투광체 및 안저에 대하여 각각 실시한다.

⑤ 기타 기능 검사 : 필요에 따라 심전도, 시각, 청각, 신기능 등의 검사를 실시한다.

⑥ 병리조직학적 검사 : 생존 및 사망한 모든 동물의 장기 무게를 측정한다. 원칙적으로 무게를 측정하여야 할 장기는 심장, 간장, 폐, 비장, 신장, 부신, 전립샘(선), 고환, 난소, 뇌 및 뇌하수체이고, 폐, 침샘(타액선), 가슴샘(흉선), 갑상샘(선), 정낭, 자궁에 대하여도 측정할 수 있다. 설치류는 고용량군 및 대조군에 대하여, 비설치류는 모든 실험동물군에 대하여 병리조직학적 검사를 실시한다.

⑦ 확실 중독량 및 무독성량

⑧ 투여 기간 중 빈사 동물이 발생할 경우에 더 많은 소견을 얻기 위하여 도살하도록 한다.

⑨ 투여 기간 중 사망 예가 발생할 경우 즉시 부검하는 것을 원칙으로 한다. 장기·조직의 육안 관찰 외에 필요에 따라 장기의 무게 측정, 병리조직학적 검사를 실시함으로써 사망 원인과 그 시점에서의 독성 변화 정도를 관찰한다.

⑩ 회복성 실험 : 회복성 시험은 투여 기간에 상관없이 모든 반복 투여 독성 시험에서 실시하는 것이 바람직하다.

(4) 독성 동태 시험

반복 투여 독성 시험 중 독성 동태 시험은 다음과 같이 적용할 수 있다.

- 반복 투여 독성 시험에서 투여 방법 및 동물종은 가능한 한 시험물질의 효능 및 약물 동태학적 원리에 근거하여 선택되어야 하나, 동물 및 사람에서의 약물동태학 자료가 대체적으로 입수 가능하지 않은 시점인 초기 연구에서는 어려움이 있을 수 있다.
- 반복 투여 독성 시험 계획에 적절하게 독성 동태 시험이 포함되도록 한다. 즉, 적절한 용량군에서 투여와 투여 사이의 기간 또는 보통 14일간 수행되는 첫 단계의 반

복 투여 독성 시험 기간 중에 적당 횟수의 생체 시료를 채취하여 최고 혈장농도(C_{max}), 최고 혈장 농도에 도달하는 시간(T_{max}), 특정 시간에서의 혈장 농도(C_{time}) 및 혈중 농도-시간 반응 곡선하면적 등을 산출할 수 있다.

- 다음 단계의 반복 투여 독성 시험 계획은 첫 단계에서 실시한 반복 투여 독성 시험 결과 및 독성 동태 시험 결과에 의해 제안된 투여 계획에 따라 수정할 수 있다. 진행된 독성 시험 결과를 해석하는 데 문제가 있을 경우에는 생체 시료의 채취 횟수를 적절히 변경할 수 있다.

3) 유전 독성 시험

유전 독성 시험은 시험물질이 유전자 또는 염색체에 미치는 상해 작용을 검사하는 시험으로 원칙적으로 모든 시험물질에 대하여 최소한 아래의 유전 독성 시험을 실시해야 한다.

- 박테리아를 이용한 복귀돌연변이 시험
- 포유류 배양세포를 이용한 체외 염색체 이상 시험 또는 마우스 림포마 TK 시험
- 설치류 조혈세포를 이용한 체내 소핵 시험

(1) 박테리아를 이용한 복귀돌연변이 시험

이 시험에서는 최소한 다음의 5개의 균주를 사용한다.

- *Salmonella typhimurium* TA98
- *Salmonella typhimurium* TA100
- *Salmonella typhimurium* TA1535
- *Salmonella typhimurium* TA1537 또는 TA97 또는 TA97a
- *Salmonella typhimurium* TA102 또는 *E.Coli P2*uvrA 또는 *E.ColiWP2*uvrA(pKM101)

시험물질은 5단계 이상의 용량 단계를 설정하며 최고 용량은 시험물질의 특성에 따라 선정하고, 매 용량마다 3매 이상의 플레이트를 사용하도록 한다. S9mix를 첨가한 대사 활성화법을 병행하여 수행하도록 하고, 대조군은 대사 활성계의 유무에 관계없이 동시에 실시한 균주-특이적 양성 및 음성 (용매 또는 담체) 대조물질을 포함하도록 한다.

결과는 대사 활성계 존재 유무에 관계없이 최소 1개 균주에서 평판당 복귀된 집락 수

에 있어 1개 이상의 농도에서 재현성 있는 증가를 나타낼 때 양성으로 판정한다. 또한 음성 결과에 대해서는 필요에 따라 재현성을 확인한다.

(2) 포유류 배양세포를 이용한 염색체 이상 시험

이 시험에서 세포주는 사람 또는 포유동물의 초대 또는 계대배양세포를 사용한다. 시험물질의 최고 용량은 시험물질의 특성에 따라 선정하고 용량 단계는 3단계 이상을 설정하도록 한다. S9mix 등 적절한 대사 활성화법을 병행하며 염색체 표본은 시험물질 처리 후 적절한 시기에 제작하도록 한다. 염색체 이상의 검색은 농도당 200개의 분열 중기상에 대하여 염색체의 구조 이상 및 수적 이상을 가진 세포의 출현빈도를 구한다. 대조군은 대사 활성계의 유무에 관계없이 적합한 양성과 음성(용매 또는 담체) 대조군들을 포함하며, 양성 대조군은 알려진 염색체 이상 유발물질을 사용해야 한다.

결과는 염색체 이상을 가진 분열 중기상의 수가 통계학적으로 유의성 있게 용량 의존적으로 증가하거나, 하나 이상의 용량 단계에서 재현성 있게 양성 반응을 나타낼 경우를 양성으로 한다.

(3) 체외 마우스 림포마 TK 시험

이 시험에서 세포주는 마우스 림포마 L5178Y 세포를 이용하며 적절한 대사 활성화법을 병행하도록 한다. 시험물질은 4단계 이상의 용량 단계를 설정하며 최고 용량은 시험물질의 특성에 따라 선정하고, 대조군은 대사 활성계의 유무에 관계없이 적합한 양성과 음성(용매 또는 담체) 대조군들을 포함한다. 양성 대조군은 알려진 염색체 및 유전자 손상 유발 물질을 사용하도록 한다. 시험물질의 처리는 3~4시간으로 하며 24시간까지 연장할 수 있고 유발 변이의 표현형 발현을 위하여 최적에 가까운 발현 기간을 부여한다.

결과는 돌연변이 발생빈도가 통계학적으로 유의성 있게 용량 의존적으로 증가하거나, 적어도 하나 이상의 용량 단계에서 재현성 있게 양성 반응을 나타내는 경우를 양성으로 한다.

(4) 설치류를 이용한 소핵 실험

설치류 조혈세포를 이용한 체내 소핵 시험에서 실험동물은 마우스나 그 밖의 설치류를 사용하며, 수컷과 암컷 사이에 독성 및 대사에 차이가 없다면 1군당 성숙한 수컷 5마리를 사용한다. 성 특이 시험물질의 경우는 그에 적합한 성을 가진 동물을 이용한다.

시험물질의 용량 단계는 3단계 이상으로 하며 시험물질의 최고 용량은 시험물질의 특성에 따라 선정하도록 한다. 투여 경로는 원칙적으로 복강 투여 또는 임상 적용 경로로 하고, 투여 횟수는 1회 투여를 원칙으로 하며 필요에 따라 24시간 간격으로 2회 이상 연속 투여한다. 대조군은 병행 실시한 양성과 음성(용매/담체) 대조군을 포함한다. 시험물질 투여 후 적절한 시기에 도살하여 골수 도말표본을 만든다. 원칙적으로 개체당 2,000개의 다염성 적혈구에 대해 소핵의 유무를 검색한다. 동시에 전적혈구에 대한 다염성 적혈구의 출현빈도를 구한다.

결과는 소핵을 가진 다염성 적혈구의 수가 통계학적으로 유의성 있게 용량 의존적으로 증가하거나, 하나 이상의 용량 단계에서 재현성 있게 양성 반응을 나타낼 경우를 양성으로 한다.

(5) 독성 동태 시험

유전 독성 시험 중 독성 동태 시험은 생체 내(*in vivo*) 유전 독성 시험에서 음성의 결과가 나온 경우, 사용된 시험종에서의 전신적 노출을 증명하거나 지표조직에서의 노출 특성을 확인하는 것이 바람직하다.

4) 생식·발생 독성 시험

생식·발생 독성 시험은 시험물질이 포유류의 생식과 발생에 미치는 영향을 규명하는 시험으로 수태능 및 초기배 발생 시험, 출생 전후 발생 및 모체 기능 시험, 배·태자 발생 시험 등이 있다.

5) 항원성 시험

시험물질이 생체의 항원으로 작용하여 나타나는 면역원성 유발 여부를 검사하는 시험으로, 아나필락시스 쇼크 반응 시험 및 수동 피부 아나필락시스 반응 시험 등이 있다. 피부 외용제의 경우 피부 감작성 시험을 실시한다.

6) 면역 독성 시험

면역 독성 시험이란 반복 투여 독성 시험의 결과, 면역계에 이상이 있는 경우 시험물질의 이상 면역 반응을 검사하는 시험이며, 세포 매개성 면역 시험 및 체액성 면역 시험에 대하여 각 1종 이상의 시험을 실시한다. 필요 시 대식세포 기능 시험이나 자연살해

세포 기능 시험을 추가로 실시할 수 있다.

7) 발암성 시험

발암성 시험은 시험물질을 실험동물에 장기간 투여하여 암(종양)의 유발 여부를 질적, 양적으로 검사하는 시험이며, 1종의 설치류에 대한 장기 투여 발암성 시험과 1종의 추가시험으로 한다. 1종의 설치류에 대한 장기 투여 발암성 시험에 사용되는 동물종은 확실한 근거가 없는 경우에는 쥐가 권장된다.

8) 국소 독성 실험

피부에 적용되는 시험물질의 피부 노출에 따른 피부 자극을 평가하는 시험이다. 폐쇄 첩포를 이용하는 방법이 가장 보편적으로 사용되고 있으며, 실험동물로는 동일한 조건 하에서 사람 피부보다 예민하게 반응하는 것으로 알려진 백색토끼(2.0~3.0 kg)를 6마리 이상 사용한다.

9) 국소 내성 시험

국소 내성 시험은 시험물질이 투여되는 신체 부위의 내성 반응을 보기 위해 실험동물의 주사 부위(예를 들어 정맥, 근육, 피내, 피하 주사 등)에서 나타나는 임상·병리학적 반응을 검사하는 시험을 말한다. 국소 내성 시험에서는 보통 사람보다 예민하게 반응하고 귀 부위의 혈관 관찰이 용이한 토끼가 적절하다. 시험물질은 시판되는 제형을 사용하고 타당성이 있는 경우에는 유사한 제형을 사용하여 시험을 수행한다.

10) 흡입 독성 시험

흡입 독성 시험은 기체, 휘발성 물질, 증기 및 에어로졸 상태의 물질을 포함하고 있는 공기를 실험동물에 흡입 투여하여 나타나는 독성을 검사하는 시험을 말한다. 또한 투여 횟수에 따라 단회 투여 흡입 독성 시험과 반복 투여 흡입 독성 시험으로 나눌 수 있다. 흡입 독성 시험은 시험물질이 정해진 시간 동안 일정하게 분사될 수 있도록 특별히 고안된 장비인 흡입 챔버(inhalational exposure chamber)를 사용해야 한다.

11) 복합제의 독성 실험

복합제에 대한 독성 시험은 주로 단회 투여 독성 시험과 반복 투여 독성 시험, 그리고 기타 독성 시험 중 국소 독성 시험(점막 자극 시험)을 필요에 따라 수행해야 한다. 복합제에 대한 단회 투여 독성 시험, 반복 투여 독성 시험, 그리고 국소 독성 시험의 시험 방법은 '의약품 등의 독성시험기준'(식품의약품안전처 고시)에 제시되어 있다.

4. 시험 결과의 평가

시험물질 투여군과 음성 대조군(무처치 또는 용매 투여)의 결과를 비교하여 평가하나, 일반적으로 통계학적 평가와 생물학적 평가를 이용한다.

1) 통계학적 평가

독성 시험의 결과는 대부분 수치로 나타내거나 수치화가 가능한 것들이므로 유의차 검정법에 따라 시험물질 투여군과 음성 대조군 결과의 통계학적 유의차에 대한 유무를 검정한다.

독성 시험 시에는 4~5군을 이용하는 경우가 많아 이를 다중 비교할 수 있는 검정법이 편리하며, 일반적으로 많이 사용하고 있는 방법은 다음과 같다.

- 체중, 사료 및 물 섭취량, 혈액검사 결과, 장기 중량 등 정량적 결과는 모수분포가 정규분포라고 추정되므로 등분산 검정 및 분산분석을 수행하여 다중 비교법(duncan 또는 tukey법)을 이용하여 군별 비교한다.
- 소변검사 결과 등 정성적 결과는 모수분포를 추정할 수 없기 때문에 비모수검정법으로 Kruskal-Wallis의 순위 검정이 자주 사용된다.
- 생존율이나 병리조직학적 검사에서의 병변 이상 출현율 등의 all or none data (categorical data)는 카이2승검정법(χ^2)을 주로 사용한다.
- 반복 투여 독성 시험에서 회복군과 음성 대조군의 비교 등 2군의 결과를 비교해야 하는 경우, 2군 사이의 비교 검정법을 이용한다. 2군 사이의 정성적 결과 비교 시 Mann-Whittney의 U 검정법을 이용하고, 실무적 결과 검정 시에는 Fisher의 직접 확률법을 이용한다.

2) 생물학적 평가

반복 투여 독성 시험에서의 장기 중량이나 생화학적 분석 결과 등에서는 통계적 유의차가 나오기 쉽다. 하지만 시험물질 투여군에서의 결과값이 문헌 대조치와 비교했을 때 생리학적 변동 범위 내의 값이고, 용량 의존성이 인정되지 않을 경우(용량의 높고 낮음에 따라 반응 강도나 반응률이 변화하지 않을 경우)에는 생물학적으로 유의한 차가 아니라고 판정한다. 생물학적 판정법은 수치화가 어려운 병리 소견의 판정에 유용하다.

3) NOEL과 NOAEL

반복 투여 독성 시험에서는 음성 대조군과의 사이에 유의한 차이가 인정되지 않는 최고 용량인 최대 무작용량(no observed effect level, NOEL)을 구하는 것을 목적으로 하는 경우가 많다. 하지만 NOEL에서는 혈청 중의 AST(GOT)와 cholinesterase(sChE)값에 작은 변동만 있어도 통계적 유의차에서 용량 의존성을 나타낸다면 작용이 있다고 판정하며, 이러한 판정은 결과의 편차가 적은 우수한 시험일수록 나오기 쉽다. 하지만 AST나 sChE의 미약한 변동 등은 생물학적으로 유해한 반응이라 하기 어렵기 때문에 이러한 반응을 제외하고, 생체 유해 가능성이 있는 반응으로만 한정하여 최대 무유해 작용량을 결정해야 한다는 연구자도 많다.

제2절 건강기능식품의 인체 적용 시험[3]

1. 인체 적용 시험의 개요

1) 정의

인체 적용 시험이란 시험물질의 안전성과 기능성을 증명하기 위하여 사람을 대상으로 하는 관찰 시험 또는 중재 시험을 말한다. '건강기능식품 기능성 원료 인정에 관한 규정'에 따라 해당 원료의 기능성에 관한 자료 중 인체에서의 기능성을 확인하기 위해서는 중재 시험 또는 관찰 시험 등의 인체 적용 시험이 필요하다.

2) 인체 적용 시험 수행 기본 원칙

인체 적용 시험 수행의 기본 원칙은 다음과 같다.

- 인체 적용 시험은 헬싱키 선언을 토대로 한 윤리 규정에 따라 수행되어야 한다.
- 예측 가능한 위험 및 불편 사항에 대하여 사전에 충분히 고려하여 인체 적용 시험을 수행할 것인지의 여부를 결정해야 하고, 무엇보다도 피험자의 권리와 안전, 복지를 우선적으로 검토하여야 하며, 이는 과학과 사회의 이익보다 중요하다.
- 이는 인체 적용 시험 심사위원회(윤리위원회)에서 승인한 계획서에 따라 실시하여야 하며, 이 시험에 사용되는 기능성 원료에 대한 정보가 충분히 인체 적용 시험을 뒷받침할 수 있어야 한다.
- 인체 적용 시험에 참여하기 전에 모든 피험자의 자발적 동의가 필수이며, 시험의 수행에 참여하는 모든 사람들은 업무 수행을 위한 적절한 교육과 훈련을 받아야 하고 경험이 있어야 한다.
- 피험자의 신원에 대한 모든 기록은 비밀이 보장되어야 한다.
- 모든 관련 정보는 정확하게 보고하고, 해석과 확인이 가능하도록 기록 및 처리, 보존되어야 한다.
- 인체 적용 시험에 사용되는 시험물질은 표준화되어야 하고, 시험은 신뢰성을 보증할 수 있는 절차에 따라 실시되어야 한다.

2. 인체 적용 시험 관련 팀의 역할

인체 적용 시험은 건강기능식품을 제조한 의뢰자(sponsor), 시험자(investigator), 허가기관(식품의약품안전처, MFDS), 심사위원회(Institutional Review Board, IRB), 윤리위원회(Independent Ethics Committee, IEC)의 협력을 통해 수행된다.

1) 심사위원회/윤리위원회

심사위원회(IRB)는 인체 적용 시험의 윤리적, 과학적, 의학적 부분을 검토 및 평가할 수 있는 자격을 지닌 5인 이상으로 구성이 된다. 이 중 식품학, 영양학, 의학, 약학 등의 관련 분야를 전공하지 않은 자로 변호사 또는 종교인 등 1인 이상과 해당 시험기관과 관련이 없는 자 1인 이상이 반드시 포함되어야 한다.

(1) 심사위원회(또는 윤리위원회; 이하 심사위원회)의 임무

① 피험자 보호

심사위원회는 피험자의 권리 보호, 안전 보장, 복지 증진을 기해야 하고, 취약한 환경의 피험자가 인체 적용 시험에 참여하는 경우 그 이유의 타당성을 검토하여야 한다.

② 해당 자료 검토

심사위원회는 시험책임자가 제출한 사항을 정해진 기간 내에 검토하여, 시험의 명칭과 검토한 문서, 날짜 및 검토 의견(승인 또는 '시정 승인, 보완, 반려, 승인된 인체 적용 시험의 중지 또는 보류 권고' 중 하나)을 기록, 문서화해야 한다. 또한 시험책임자가 해당 인체 적용 시험을 수행할 자격을 갖추었는지 검토하여야 한다.

③ 인체 적용 시험 관리

심사위원회는 수행 중인 인체 적용 시험에 대해 최소 1년에 1회 이상 지속적으로 검토해야 한다. 검토 주기는 피험자에게 미칠 수 있는 위험의 정도에 따라 정하고 피험자의 권리 보호, 안전 보장, 복지 증진을 위해 필요하다고 판단될 경우 의뢰자에게 추가 정보를 제공하도록 요구할 수 있다.

(2) 심사위원회의 운영

심사위원회는 모든 업무를 수행함에 있어 표준작업지침서에 따라야 하며, 모든 활동 및 회의에 관한 내용을 기록, 보관하여야 한다.

2) 시험자

(1) 시험자의 요건

시험자는 인체 적용 시험을 적절히 수행하는 데 필요한 교육과 훈련을 받고 충분한 경험이 있어야 하며 의뢰자나 심사위원회의 요청이 있을 경우 이를 입증할 수 있어야 한다.

(2) 피험자의 보호

시험책임자나 시험담당자 중 의사·치과의사·한의사는 피험자의 모든 의학적 결정에 대한 책임을 갖게 되므로 시험 도중 또는 이후에 발생한 모든 이상 반응에 대해 피험자가 적절한 의학적 처치를 받을 수 있도록 조치하여야 한다. 또한 시험책임자가 피험자의 병적 질환에 대해 알게 된 경우 의학적 처치가 필요하다면 이를 피험자에게 알려주어야 한다. 피험자는 시험이 종료되기 이전에 참여를 중단하더라도 이유를 제시하여야 할 의무는 없다.

시험책임자는 안전성 보고에 관련하여 다음 중 어느 하나에 해당되는 사항이 발생할 경우 심사위원회에 신속히 보고하여야 한다.

- 피험자에게 발생한 즉각적 위험 요소에 대한 제거가 필요하여 승인된 계획서와 다르게 시험을 수행하여야 하는 사항
- 피험자에게 발생하는 위험 요소를 증가시키거나 시험의 수행에 중대한 영향을 미칠 수 있는 변경 사항
- 예상하지 못한 심각한 이상 반응에 관한 사항
- 피험자의 안전성이나 시험의 수행에 부정적 영향을 미칠 수 있는 새로운 정보에 관한 사항

(3) 피험자의 선정 및 동의

시험책임자는 피험자를 선정할 때 피험자의 보호를 위해 피험자의 건강 상태, 증상, 연령, 성별 및 자발적 동의 능력 등 인체 적용 시험 참가에 대한 적합 여부를 신중하게 검토하여야 한다.

시험책임자는 인체 적용 시험을 시작하기 전에 헬싱키 선언에 근거한 윤리적 원칙 및 관련 제안서를 준수하여 피험자로부터 동의를 받아야 하고 이를 문서화하여야 한다. 자발적 동의를 얻는 과정에서 피험자에게 제공하는 정보와 동의서 서식, 피험자 설명서 등 문서화된 정보에는 다음의 사항이 기록되어야 한다.

- 인체 적용 시험의 목적 및 배경과 관련된 사항
- 사용되는 시험물질에 대한 정보
- 피험자의 준수 사항
- 검증이 되지 않은 인체 적용 시험의 실험적 측면
- 피험자에게 끼칠 수 있을 것으로 예상되는 위험 또는 불편 사항
- 피험자의 이익을 포함하여 기대할 수 있는 이익이 없을 경우의 해당 사실
- 인체 적용 시험과 관련되어 어떠한 손상이 발생하였을 때 피험자에 대한 보상이나 치료 방법
- 피험자가 시험에 참여함으로써 금전적 보상이 있을 경우 예상되는 금액과 이것이

시험에 참여하는 정도 및 기간에 따라 조정될 수 있다는 사항

- 시험에 참여함으로써 피험자에게 발생할 수 있는 예상 비용
- 인체 적용 시험 참여 여부의 결정이 피험자의 자의에 따른 것이며, 피험자가 받을 수 있는 이익에 손실이 없이도 시험 참여를 거부하거나 시험 도중 참여를 포기할 수 있다는 사실
- 모니터 요원 및 심사위원회, 식품의약품안전처장이 피험자의 비밀 보장을 침해하지 않고 관련 제안서가 정하는 범위 내에서 해당 시험의 실시 절차와 자료의 신뢰성 검증을 위해 피험자의 의무기록을 열람할 수 있다는 사실
- 피험자의 신원기록은 비밀이 보장되며, 시험의 결과와 관련된 출판물 등에서 비밀 상태가 유지될 것이라는 사실
- 피험자가 시험에 참여하려는 의지에 영향을 줄 수 있는 정보가 수집되었을 경우 피험자에게 즉시 알려 줄 것이라는 사실
- 인체 적용 시험과 피험자의 권익에 대하여 정보를 추가적으로 얻으려고 하거나 시험과 관련된 손상이 발생한 경우 접촉해야 하는 사람
- 시험 도중 피험자의 참여가 중지되는 경우와 그 사유
- 피험자의 인체 적용 시험 참여 예상 기간
- 인체 적용 시험에 참여하는 대략적인 피험자 수

(4) 기록 및 보고

시험책임자는 의뢰자에게 보고하는 증례 기록서나 다른 모든 자료가 정확하고, 완결되며, 읽기 쉽고, 시의적절하도록 하여야 한다. 또한 관련 문서를 보존하고 이들 문서가 사고 등으로 파손되거나 분실되지 않도록 관리해야 한다. 다만 결과보고서 작성을 완료한 이후에는 이를 보관책임자에게 인계한다.

3) 의뢰자

(1) 의뢰자의 임무

의뢰자는 인체 적용 시험이 심사위원회의 승인을 받은 시험계획서와 '건강기능식품의 인체 적용 시험' 등 관련 제안서에 적합하게 수행될 수 있도록 작성된 표준작업지침서에 따라 실시되고 있는지를 확인하고 책임져야 할 임무가 있다. 또한 인체 적용 시험

에 대해 충분한 훈련을 받고 경험이 있으며 시험을 수행하는 데 적절한 자격을 갖춘 사람을 시험책임자로 선정해야 하며, 선정된 시험책임자에게 시험 프로토콜과 최신 인체 적용 시험자 자료집을 제공하여 시험자가 충분히 검토할 수 있도록 하여야 한다.

(2) 인체 적용 시험의 관리

의뢰자는 시험 계획 수립 시 시험물질에 대한 전통적 사용 근거, 동물 시험 연구, 시험관 연구, 그 밖의 인체 적용 시험 결과에서 얻은 정보가 해당 인체 적용 시험의 안전성과 기능성을 충분히 뒷받침할 수 있는지를 확인하여야 한다. 의뢰자도 시험자와 마찬가지로 피험자의 보호에 대해 책임을 져야 하며, 인체 적용 시험과 관련하여 발생한 손상에 대한 피험자의 치료비 등을 제공하는 원칙과 절차를 수립하여야 한다.

시험자를 선정하는 것이 의뢰자의 의무이므로 이들의 관리도 의뢰자의 책임이다. 인체 적용 시험에 대해 지속적인 모니터링이 필요하므로 이를 위한 모니터링 요원을 두어야 한다. 모니터링 요원은 적절한 훈련 등을 받아 인체 적용 시험에 사용되는 시험물질, 계획서, 동의서 서식, 피험자 설명서 및 피험자에게 제공되는 그 밖의 서면 정보 등 시험과 관련된 전반적인 내용에 대해 충분한 지식이 있어야 한다. 모니터링 요원들은 의뢰자와 시험자 간의 의사 소통자로서의 역할을 수행하여야 하며, 시험자 및 의뢰자가 인체 적용 시험 계획서·표준작업지침서·건강기능식품의 인체 적용 시험 제안서를 제대로 준수하고 있는지 지속적으로 감시해야 한다.

(3) 기록의 보존

의뢰자는 인체 적용 시험과 관련한 자료를 5년간 보존하여야 하며, 의뢰자가 필요하다고 판단한 경우 보존 기간을 연장하여야 한다. 또한 의뢰자는 자료 보존의 필요성과 보존 기간에 대해 시험책임자와 시험기관의 장에게 문서로 알리고, 더 이상 자료를 보존할 필요가 없다고 판단한 경우 의뢰자는 반드시 문서로 시험책임자와 시험기관의 장에게 알려야 한다.

참고문헌

1 식품의약품안전처, 건강기능식품 기능성 원료 및 기준·규격 인정에 관한 규정 전문(제2018-73호)

2 식품의약품안전처, 의약품 등의 독성 시험기준 전문(제2017-71호)

3 식품의약품안전평가원, 건강기능식품의 인체적용시험, 2012

찾아보기

저자 소개

이형주 현재 서울대학교 식품생명공학 전공 명예교수
위스콘신대학교 식품과학과 박사

장해동 현재 한남대학교 식품영양학과 교수
노스캐롤라이나주립대학교 식품과학과 박사

이기원 현재 서울대학교 식품생명공학과 교수
서울대학교 식품공학과 박사

이홍진 현재 중앙대학교 식품공학부 교수
러트거스대학교 식품과학과 박사

강남주 현재 경북대학교 식품과학부 교수
서울대학교 식품공학과 박사

김서영 현재 차세대융합기술연구원 책임연구원
서울대학교 바이오모듈레이션 전공 박사 수료

양 희 현재 서울대학교 농생명공학부 연구교수
서울대학교 식품생명공학 전공 박사

기능성식품학 개정판

2024년 8월 20일 개정판 4쇄 발행
2019년 2월 28일 개정판 1쇄 발행
2017년 8월 14일 초　판 5쇄 발행
2011년 2월 25일 초　판 1쇄 발행

지은이　이형주 · 장해동 · 이기원 · 이홍진 · 강남주
김서영 · 양희
발행인　이 영 호
발행처　**수학사**
10881 경기도 파주시 회동길 56 기한재 1층
출판등록　1953년 7월 23일 제2020-000143호
전화번호　031) 946-4642(代)　팩스 031) 944-1457
http://www.soohaksa.co.kr
디자인 북큐브

정가 28,000원

ISBN 978-89-7140-724-0 93570